Handbibliothek für Bauingenieure

Ein Hand- und Nachschlagebuch für Studium und Praxis

Herausgegeben

von

Robert Otzen

Geh. Regierungsrat, Professor an der Technischen Hochschule zu Hannover

I. Teil. Hilfswissenschaften. 2. Band:

Mechanik

von

Fritz Rabbow

Berlin

Verlag von Julius Springer

1922

Mechanik

Von

Fritz Rabbow

Dr.-Ing., Hannover

Mit 237 Textfiguren

Berlin

Verlag von Julius Springer

1922

ISBN-13: 978-3-642-98308-5 e-ISBN-13: 978-3-642-99120-2
DOI: 10.1007/978-3-642-99120-2

Softcover reprint of the hardcover 1st edition 1922

Vorwort.

Der Band „Mechanik" der „Handbibliothek für Bauingenieure" umfaßt, dem Wesen des Gesamtwerkes entsprechend, nur die Teilgebiete der Mechanik, die für das Bauingenieurwesen von besonderer Bedeutung sind. Mit Rücksicht auf den beschränkten Umfang und im Interesse einer gedrängten Darstellung des Stoffes wurden alle Gebiete in knappste Form gebracht, aber trotzdem, von nur wenigen Ausnahmefällen abgesehen, keine fertigen Gleichungen gebracht, sondern alle Gleichungen mit Beweis entwickelt. Bei der Führung dieser Beweise wurde Wert darauf gelegt, sie möglichst so zu gestalten, wie sie sich dem Gedächtnis am leichtesten einprägen.

Bei der erforderlichen gedrängten Darstellung des Stoffes kann das Werk nicht den Anspruch erheben, als Lehrbuch angesprochen zu werden. Die Hinweise auf die maßgebende Literatur am Kopf jedes Abschnittes ermöglichen es dem Leser, eingehender in den Stoff einzudringen.

Hannover, im Januar 1922.

Dr.-Ing. Fritz Rabbow.

Inhaltsverzeichnis.

V. Statik elastischer Körper.

VI. Dynamik elastischer Körper.

VII. Statik flüssiger und gasförmiger Körper.

A) Tropfbar flüssige Körper.

B) Gasförmige Körper.

C) Flüssige und gasförmige Körper.

D) Relatives Gleichgewicht von Flüssigkeiten.

VIII. Dynamik flüssiger und gasförmiger Körper.

I. Allgemeines.

1. Erklärung der Begriffe „Mechanik", „Bewegung", „Kraft", „Masse" und „Massenpunkt".

Literatur: Galiläi, Discorsi e dimostrazione matimatiche, Leiden 1638. — Newton, Philosophiae naturalis principia Mathematica. — Rühlmann, Grundzüge der Mechanik. 3. Aufl. S. 1. — Keck-Hotopp, Mechanik. 1. Teil. 4. Aufl. S. 30. — August Ritter, Lehrbuch der technischen Mechanik. 8. Aufl. S. 1. — Föppl, Vorlesungen über technische Mechanik. I. Bd. 6. Aufl. S. 12.

Der Begriff „Mechanik". Die „Mechanik" ist die Lehre von den Gesetzen der Bewegungen von Körpern. Als ein Teilgebiet der „Physik" geht sie, wie diese Wissenschaft ausnahmslos, von auf Beobachtung der Naturerscheinungen beruhenden „Grundsätzen" oder „Prinzipien" aus.

Der erste Newtonsche Grundsatz der Mechanik, von Galilei (1564—1642) zuerst erkannt, aber erst von Newton (1642—1727) in Worte gebracht, lautet: „Jeder Körper verharrt in seinem Zustande der Ruhe oder der gleichförmigen Bewegung in geradliniger Bahn, solange er nicht durch einwirkende Kräfte gezwungen wird, diesen Zustand zu ändern."

Erklärung der Begriffe des ersten Newtonschen Grundsatzes. Ein Körper wird als in Bewegung befindlich bezeichnet, wenn er seine Lage im Raume, etwa in bezug auf andere Körper, verändert und dabei eine bestimmte Bahnlinie durchläuft. Anderenfalls befindet sich der Körper in Ruhe. Der Zustand der Ruhe ist jedoch nur als ein Grenzfall des Zustandes der Bewegung anzusehen, nämlich der Bewegung gleich Null.

Absolute und relative Bewegung. Bei dem Begriffe „Bewegung" ist zu unterscheiden zwischen absoluter und relativer Bewegung. Unter absoluter Bewegung ist die Bahnlinie im unbegrenzten Weltraume zu verstehen, sie ist für den Ingenieur fast ausnahmslos ohne Bedeutung, vielmehr interessiert ihn gewöhnlich die relative Bewegung eines Körpers, seine Lagenänderung gegen Punkte unseres Erdkörpers oder gegen Punkte eines anderen sich bewegenden Raumes. Ein im fahrenden Zuge sitzender Reisender hat für den Zug die relative Bewegung Null, für die Erde und weiter für das Weltall dagegen befindet er sich im Zustande der Bewegung.

Begriff der gleichförmigen Bewegung. Des weiteren sagt das erste Newtonsche Grundgesetz, der Körper bleibt in gleichförmiger Bewegung in geradliniger Bahn. Hierunter ist zu verstehen, daß alle Punkte, die der Körper im Verlaufe seiner Bewegung einnimmt, auf einer geraden Linie liegen, und daß die Punkte, die der Körper nach gleichen Zeitteilen einnimmt, voneinander gleich weit entfernt sind.

Die Kraft als Ursache einer Bewegungsänderung. Soll der Körper in irgendeiner Weise seinen Bewegungszustand ändern, d. h. soll er aus der Ruhe in den Zustand der Bewegung übergehen, soll seine Bewegung eine schnellere oder langsamere werden, oder soll er von der geraden Bahn abgelenkt werden, so bedarf es einer äußeren Einwirkung, einer Kraft. Unter Kraft ist daher die Ursache einer Bewegungsänderung eines Körpers zu verstehen.

Die Trägheit oder das Beharrungsvermögen der Körper. Die Eigenschaft der Körper, in dem Bewegungszustande, in dem sie sich einmal befinden, zu beharren und ihn nur auf einen äußeren Anstoß hin, die Einwirkung einer Kraft, zu verändern, wird mit Beharrungsvermögen oder Trägheit (inertia) bezeichnet. Das erste Newtonsche Grundgesetz heißt danach auch das Gesetz von dem Beharrungsvermögen oder das Trägheitsgesetz.

Der zweite Newtonsche Grundsatz der Mechanik. Greifen an einem Körper nacheinander verschieden starke Kräfte an, so werden sie auch verschieden große Bewegungsänderungen hervorbringen. Diese Beziehungen regelt das zweite Newtonsche Grundgesetz. Es lautet: Die Änderung der Bewegung ist der einwirkenden Kraft proportional und findet in der Richtung der Geraden statt, in der die Kraft einwirkt.

Einfluß der „Masse" auf die Trägheit. Die Trägheit eines Körpers, sein Widerstand gegen eine seine Bewegung ändern wollende Kraft, ist um so größer, je größer seine Stoffmenge, seine „Masse" ist.

Der „Massenpunkt". Soll die Bewegung eines Körpers in seiner Bahnlinie festgelegt werden, so müßte dies streng genommen für jedes der unendlich vielen Teilchen des Körpers besonders geschehen. Da dies aber praktisch zwecklos und auch unmöglich wäre, begnügt man sich damit, die Bewegung eines bevorzugten mittleren Punktes zu verfolgen, in dem man sich die gesamte Masse des Körpers vereinigt denkt; einen solchen gedachten Punkt nennt man „Massenpunkt".

II. Mechanik des Massenpunktes.

2. Geradlinige gleichförmige Bewegung.

Literatur: Rühlmann, Grundzüge der Mechanik. 3. Aufl. S. 19. — August Ritter, Lehrbuch der technischen Mechanik. 8. Aufl. S. 6. — Keck-Hotopp, Mechanik. 1. Teil. 4. Aufl. S. 5.

Die einfachste Bewegungsmöglichkeit eines Massenpunktes ist die geradlinige gleichförmige Bewegung. Sie ist nach dem im Abschnitt 1 S. 1 Gesagten die Bewegungsform, die ein sich selbst überlassener Massenpunkt annimmt.

Die Geschwindigkeit und der Weg einer Bewegung. Bei Zugrundelegung einer bestimmten Zeitdauer als Zeiteinheit ergibt sich, daß alle Punkte der Bahnlinie, die der Körper nach Verstreichen einer Zeiteinheit einnimmt, gleich weit von einander entfernt liegen. Die Länge der Bahnlinie, die von dem Massenpunkte in der Zeiteinheit durchlaufen wird, heißt Geschwindigkeit der Bewegung. Die gesamte in einem beliebig begrenzten Zeitraume zurückgelegte Strecke wird Weg genannt. Zwischen Zeit t (von tempus), Weg s (von spatium) und Geschwindigkeit c (von celeritas) besteht demnach die Beziehung

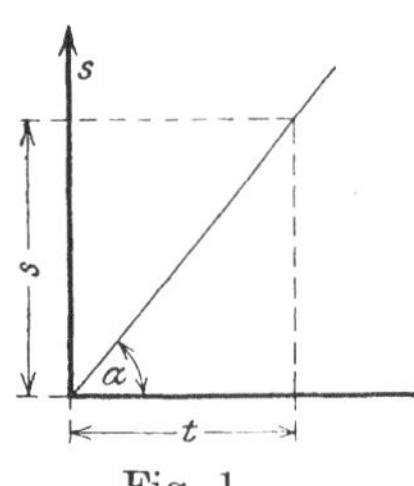

Fig. 1.

1) $$s = c \cdot t.$$

Da s als Länge die Dimension der Länge, etwa m (Meter), t die Dimension der Zeit, etwa sec (Sekunde), hat, so ist die Dimension der Geschwindigkeit m/sec.

Graphische Darstellung der geradlinigen gleichförmigen Bewegung. In Gleichung 1) ist c eine Konstante, s und t stehen in linearer Abhängigkeit. Wird die Zeit t als Abszisse und der Weg s als Ordinate aufgetragen, so entsteht nach Fig. 1 die graphische Darstellung der geradlinigen gleichförmigen Bewegung. Die Geschwindigkeit c erscheint als Tangens des Neigungswinkels α der die Bewegung darstellenden Geraden.

3. Geradlinige ungleichförmige Bewegung.

Literatur: Rühlmann, Grundzüge der Mechanik. 3. Aufl. S. 20 und 74. — August Ritter, Lehrbuch der techn. Mechanik. 8. Aufl. S. 10. — Keck-Hotopp, Mechanik. 1. Teil. 4. Aufl. S. 11, 36. — 3. Teil. 2. Aufl. S. 14. — Föppl, Vorlesungen über technische Mechanik. I. Band. 6. Aufl. S. 23, 41.

Eine geradlinige ungleichförmige Bewegung entsteht, wenn an einem Körper in seiner Bewegungsrichtung eine beliebige, entweder dauernd gleich große oder nach irgendeinem Gesetz veränderliche Kraft angreift. Ist die angreifende Kraft während der ganzen Bewegung konstant, so entsteht

a) die gleichmäßig beschleunigte geradlinige Bewegung.

Nach dem zweiten Newtonschen Grundsatze ist die Änderung der Bewegung der Kraft proportional, die Geschwindigkeit (= Weg in der Zeiteinheit) muß also in gleichen Zeiträumen um gleiche Werte größer werden. Ist c die Geschwindigkeit des Massenpunktes vor dem Angreifen der Kraft gewesen, so ist die Geschwindigkeit t Zeiteinheiten nach Beginn der Krafteinwirkung v (von velocitas):

2) $$v = c + \gamma \cdot t$$

Der Begriff der Beschleunigung. Der Wert γ, um den sich die Geschwindigkeit in der Zeiteinheit verändert, heißt „Beschleunigung". Wirkt die angreifende Kraft der ursprünglichen Bewegungsrichtung entgegen, so wird γ negativ und hat dann auch häufig die Bezeichnung „Verzögerung". Mathematisch betrachtet, besteht aber zwischen beiden Begriffen nur ein Unterschied im Vorzeichen.

Aus Gleichung 2) errechnet sich

3) $$\gamma = \frac{v - c}{t}.$$

Wird als Zeiteinheit nicht die Sekunde, sondern ein unendlich kurzes Zeitteilchen dt eingeführt, so erscheint v — c als Änderung der Geschwindigkeit im unendlich kurzen Zeitteilchen dt, also als dv, demnach:

3a) $$\gamma = \frac{dv}{dt}.$$

Nach Gleichung 3) hat, da v und c die Benennung m/sec hat, γ die Benennung m/sec^2.

Der Weg der gleichmäßig beschleunigten Bewegung. Der im Zeitteilchen dt zurückgelegte Weg ist, wenn die Geschwindigkeit während des Zeitteilchens dt konstant angesehen wird, nach den Gesetzen der gleichförmigen Bewegung (s. Gleichung 1)

$$ds = v \cdot dt = (c + \gamma \cdot t) \cdot dt,$$

daraus folgt der Weg s nach t Zeiteinheiten durch Integration

4) $$s = c\,t + \gamma \frac{t^2}{2}.$$

Wird in Gl. 4) t durch $\frac{v - c}{\gamma}$ aus Gleichung 2) ersetzt, so entsteht

4a) $$s = \frac{v^2 - c^2}{2\gamma}.$$

Graphische Darstellung der gleichmäßig beschleunigten geradlinigen Bewegung. Fig. 2 gibt die zeichnerische Darstellung. Nach Gleichung 2) besteht zwischen v und t lineare Abhängigkeit. t ist als Abszisse, v als Ordinate aufgetragen, γ erscheint als Tangens des Winkels α, der Weg s als Inhalt des Trapezes A B C D.

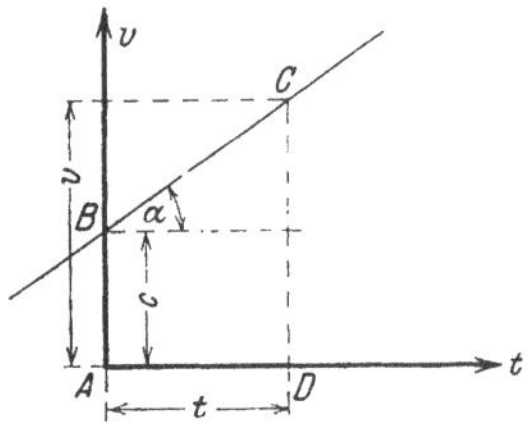

Fig. 2.

Die Erdbeschleunigung. Beispiele für gleichmäßig beschleunigte Bewegungen sind der freie Fall oder der freie senkrechte Wurf (unter Vernachlässigung des Luftwiderstandes). Als Beschleunigung bzw. Verzögerung erscheint hierbei die aus dem Gesetze der Massenanziehung hervorgehende Erdbeschleunigung. Sie wird gewöhnlich mit g (von gravitas) bezeichnet und hat die Größe

$$g = 9{,}81 \text{ m/sec}^2.$$

Ist die an dem Massenpunkte in der Bewegungsrichtung angreifende Kraft während der Bewegung nicht konstant, so entsteht

b) die ungleichmäßig beschleunigte geradlinige Bewegung.

Zwischen v und t besteht nicht mehr lineare Abhängigkeit. Die Begriffe „Beschleunigung“, „Geschwindigkeit“ und „Weg“ errechnen sich dann nach den allgemeinen Gleichungen:

5) $$v = \frac{ds}{dt}; \quad \gamma = \frac{dv}{dt} = \frac{d^2s}{dt^2}$$

oder

5a) $$v = \int \gamma \cdot dt + C_1; \quad s = \int v \cdot dt + C_2.$$

Ist z. B. das Gesetz der Beschleunigung gegeben, $\gamma = A + A_1 t + A_2 t^2$ und soll für $t = 0$ die Geschwindigkeit $v = c$ und der Weg $s = s_0$ sein, so ist

$$v = c + \int_0^t [A + A_1 t + A_2 t^2]\, dt = c + A t + A_1 \frac{t^2}{2} + A_2 \frac{t^3}{3},$$

$$s = s_0 + \int_0^t \left[c + A t + A_1 \frac{t^2}{2} + A_2 \frac{t^3}{3}\right] dt = s_0 + c t + A \frac{t^2}{2} + A_1 \frac{t^3}{6} + A_2 \frac{t^4}{12}$$

Ist dagegen das Gesetz des Weges gegeben:

$$s = s_0 + B t + B_1 t^2 + B_2 \cdot t^3,$$

so ist

$$v = \frac{ds}{dt} = B + 2 B_1 \cdot t + 3 B_2 t^2$$

$$\gamma = \frac{dv}{dt} = 2 B_1 + 6 B_2 \cdot t.$$

4. Zusammensetzung und Zerlegung von Bewegungen, Geschwindigkeiten und Beschleunigungen.

Literatur. Rühlmann, Grundzüge der Mechanik. 3. Aufl. S. 29. — August Ritter, Lehrbuch der technischen Mechanik. 8. Aufl. S. 20. — Keck-Hotopp, Mechanik. I. Teil. 4. Aufl. S. 17. — Föppl, Vorlesungen über technische Mechanik. I. Bd. 6. Aufl. S. 51.

a) In der Ebene. Das Parallelogrammgesetz.

Ein Massenpunkt m eines Körpers a b c d e (Fig. 3) vollführe in diesem die relative Bewegung m (m_1). Zu gleicher Zeit vollführe der Körper selbst, dessen

Gesamtmasse im Punkte M vereinigt gedacht sei, die absolute Bewegung $M M_1$. Dann folgt aus Fig. 3 die absolute Bewegung des Punktes m als Diagonale $m m_1$ eines Parallelogrammes aus den beiden Bewegungen $M M_1$ und $m (m_1)$. Dieses Parallelogramm wird „Parallelogramm der Bewegungen" genannt.

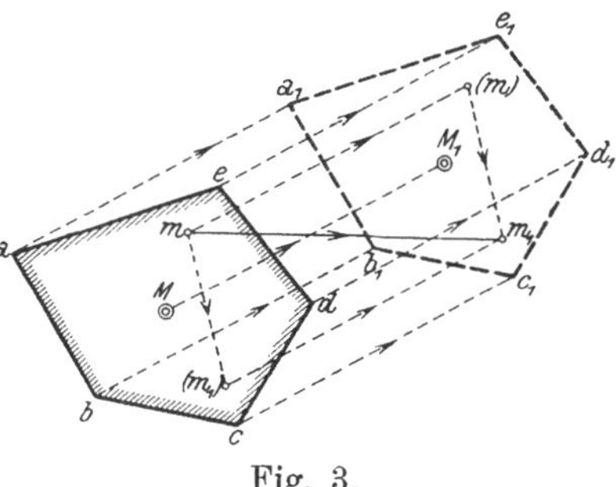

Fig. 3.

Da die Geschwindigkeit nach Abschnitt 2 als Weg in der Zeiteinheit oder nach Abschnitt 3 mit $\frac{ds}{dt}$ gekennzeichnet war, so ergibt sich aus dem Parallelogramm der Bewegungen das „Parallelogramm der Geschwindigkeiten". Hat ein Massenpunkt m eines Körpers M eine relative Geschwindigkeit v in einer bestimmten Richtung, außerdem der Körper M eine absolute Geschwindigkeit V, so ist die absolute Geschwindigkeit des Massenpunktes gleich der Diagonale des Parallelogrammes aus beiden Geschwindigkeiten.

Von dem Parallelogramm der Geschwindigkeiten kommt man durch eine entsprechende Überlegung wie vorher zu dem „Parallelogramm der Beschleunigungen". Erfährt ein Massenpunkt zwei Beschleunigungen, so setzen diese sich zu einer Beschleunigung zusammen, die sich als Diagonale eines Parallelogramms aus den beiden Beschleunigungen ergibt.

Auf rechnerischem Wege wird die Zusammensetzung durch folgende Formeln bewirkt: In Fig. 4 stellen s_x und s_y die beiden Bewegungen des Punktes m dar. Die tatsächliche Bewegung s ist dann festgelegt durch die beiden Gleichungen:

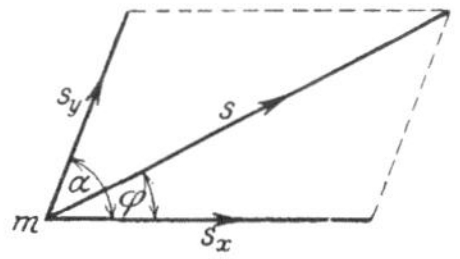

$$6)\quad \begin{cases} s = \sqrt{s_x^2 + s_y^2 + 2 \cdot s_x \cdot s_y \cdot \cos\alpha} \\ \sin\varphi = \sin\alpha \dfrac{s_y}{s}. \end{cases}$$

Fig. 4.

Waren die Bewegungen s_x und s_y zueinander senkrecht, also $\alpha = 90^0$, so ist

$$6\text{a})\quad \begin{cases} s = \sqrt{s_x^2 + s_y^2} \\ \sin\varphi = \dfrac{s_y}{s}; \quad \cos\varphi = \dfrac{s_x}{s}; \quad \operatorname{tg}\varphi = \dfrac{s_y}{s_x}. \end{cases}$$

Dieselben Gleichungen gelten auch für die Zusammensetzung von Geschwindigkeiten und Beschleunigungen.

Ebenso wie sich zwei Bewegungen, Geschwindigkeiten oder Beschleunigungen, zu einer zusammensetzen, läßt sich eine gegebene Größe dieser Art in zwei Seitengrößen von bestimmter Richtung zerlegen.

Es ist nur erforderlich, die Gleichungen 6) und 6a) nach s_x und s_y zu lösen. Für den Fall $\alpha = 90$ wäre bei gegebenen s und φ:

$$7)\quad \begin{cases} s_x = s \cdot \cos\varphi \\ s_y = s \cdot \sin\varphi. \end{cases}$$

b) Im Raume. Das Parallelepipedongesetz.

Stellt man sich vor, daß in Fig. 3 die ganze Zeichenebene noch eine Bewegung vollführe, indem sie sich parallel verschiebt, so ergibt sich die absolute Bewegung des Punktes m als Diagonale eines aus den drei Bewegungen ge-

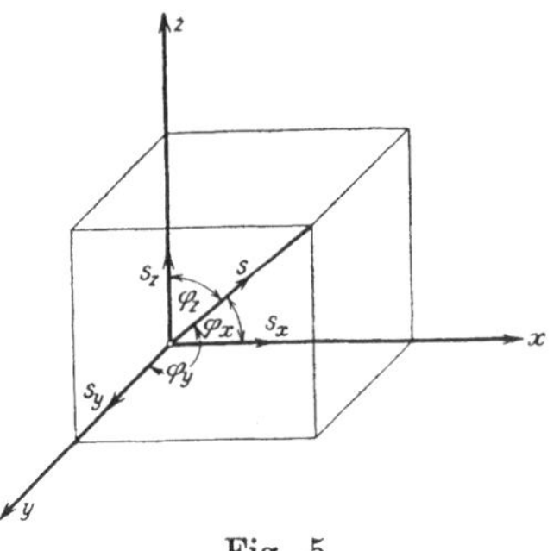

Fig. 5.

bildeten Parallelepipeds. Dieses wird „Parallelepiped der Bewegungen“ genannt.

Dieselben Überlegungen, die in der Ebene vom Parallelogramm der Bewegungen zum Parallelogramm der Geschwindigkeiten und der Beschleunigungen führten, ergeben im Raume das „Parallelepiped der Geschwindigkeiten“ und das „Parallelepiped der Beschleunigungen“.

Für die rechnerische Behandlung von besonderer Wichtigkeit ist nun der Fall, daß die drei Bewegungsrichtungen s_x, s_y und s_z aufeinander senkrecht stehen. (Fig. 5.) Die Gleichungen lauten dann:

8) $$\left\{\begin{array}{c} s = \sqrt{s_x^2 + s_y^2 + s_z^2}; \\ \cos\varphi_x = \dfrac{s_x}{s}; \quad \cos\varphi_y = \dfrac{s_y}{s}; \quad \cos\varphi_z = \dfrac{s_z}{s}. \end{array}\right.$$

Ist s und die drei Winkel φ_x, φ_y und φ_z gegeben, so ist

9) $$s_x = s \cdot \cos\varphi_x; \quad s_y = s \cdot \cos\varphi_y; \quad s_z = s \cdot \cos\varphi_z.$$

Zwischen den drei Winkeln φ_x, φ_y und φ_z besteht die Beziehung

$$\cos^2\varphi_x + \cos^2\varphi_y + \cos^2\varphi_z = 1.$$

5. Die Wurfbewegung.

Literatur: Rühlmann, Grundzüge der Mechanik. 3. Aufl. S. 106. — August Ritter, Lehrbuch der technischen Mechanik. 8. Aufl. S. 32 und S. 81. — Keck-Hotopp, Mechanik. 1. Teil. 4. Aufl. S. 52. 3. Teil. 2. Aufl. S. 129. — Cranz, Kompendium der theoretischen äußeren Ballistik. Stuttgart 1896. — Föppl, Vorlesungen über technische Mechanik. I. Bd. 6. Aufl. S. 60.

Ein unter einem Winkel α nach Fig. 6 mit einer Geschwindigkeit c geworfener Massenpunkt m würde, sich selbst überlassen, geradlinig mit der gleichbleibenden Geschwindigkeit c fortfliegen. Da aber auf jeden Körper der Erde die Erdbeschleunigung $g = 9{,}81\ \text{m/sec}^2$ einwirkt, so ist die tatsächliche Bahn des geworfenen Massenpunktes die Zusammensetzung einer gleichmäßigen Bewegung von der Geschwindigkeit c und einer gleichmäßig beschleunigten Fallbewegung. Für die Zusammensetzung wird zweckmäßig die unter dem Winkel α herrschende Geschwindigkeit in eine lotrechte und eine wagerechte Geschwindigkeit, $c_y = c \cdot \sin\alpha$; $c_x = c \cdot \cos\alpha$ zerlegt. Die lotrecht wirkende Erdbeschleunigung erteilt dem Massenpunkte eine lotrechte Geschwindigkeit $v_y = -g \cdot t$ und eine wagerechte Geschwindigkeit $v_x = 0$.

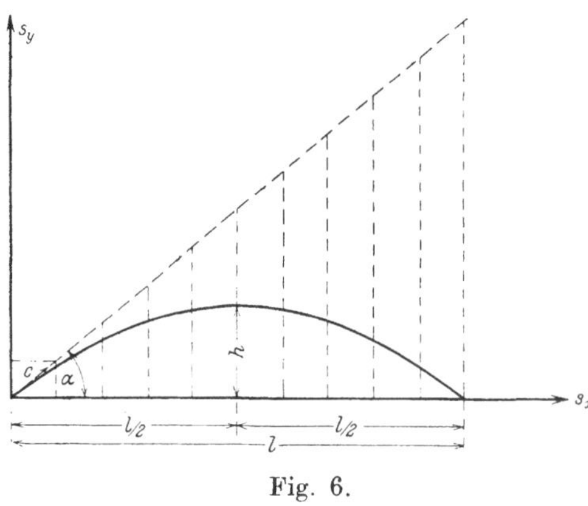

Fig. 6.

Die lotrechten und wagerechten Wege ergeben sich dann aus den beiden Gleichungen

$$\frac{ds_y}{dt} = c_y + v_y = c \sin\alpha - g\,t; \quad \frac{ds_x}{dt} = c_x + v_x = c \cdot \cos\alpha$$

10) $$\begin{cases} s_y = c \cdot t \sin\alpha - g\,\dfrac{t^2}{2} \\ s_x = c \cdot t \cdot \cos\alpha. \end{cases}$$

Die Elimination von t ergibt:

11) $$s_y = s_x \cdot \operatorname{tg}\alpha - s_x^2\,\frac{g}{2\,c^2 \cdot \cos^2\alpha}.$$

Die Bahnlinie ist eine Parabel. Aus den Eigenschaften dieser Kurve ergeben sich dann folgende Werte:

Die größte Wurfhöhe:

12) $$h = \frac{c^2 \cdot \sin^2\alpha}{2\,g}.$$

Die zur Erreichung von h erforderliche Zeit:

13) $$t_h = \frac{c \cdot \sin\alpha}{g}.$$

Die Wurfweite:

14) $$l = \frac{c^2 \cdot \sin 2\,\alpha}{g} = \frac{2\,c^2 \sin\alpha \cdot \cos\alpha}{g}.$$

Die zur Erzielung der Wurfweite erforderliche Zeit:

15) $$t_l = \frac{2 \cdot c \sin\alpha}{g} = 2\,t_h.$$

Die größte Wurfhöhe wird erreicht bei $\alpha = 90^0$, nämlich

12a) $$h_{max} = \frac{c^2}{2\,g}.$$

Die größte Wurfweite wird erzielt bei $\alpha = 45^0$, nämlich

14a) $$l_{max} = \frac{c^2}{g}.$$

Der Einfluß des Luftwiderstandes auf die Wurfbewegung. Bisher war die Annahme gemacht, daß auf den Massenpunkt mit der gleichförmigen Geschwindigkeit c nur die Erdbeschleunigung g einwirke. Tatsächlich kommt aber bei allen Wurfbewegungen auf der Erde noch ein zweiter, der Bewegung entgegenwirkender Widerstand in Betracht, nämlich der Widerstand der Luft. Dieser nimmt mit der Geschwindigkeit der Bewegung zu. Die Wurfkurve, die sich unter Berücksichtigung des Luftwiderstandes ergibt, heißt „Ballistische Kurve". Ihre Bedeutung ist für das Bauingenieurwesen gering, sie soll also hier nicht behandelt werden. (Literatur: Siehe Keck-Hotopp, Mechanik. 3. Teil. 2. Aufl. S. 129. — Cranz, Kompendium der theorethischen äußeren Ballistik.

6. Gleichförmige Kreisbewegungen.

Literatur: Rühlmann, Grundzüge der Mechanik. 3. Aufl. S. 99 und S. 121. — August Ritter, Lehrbuch der technischen Mechanik. 8. Aufl. S. 38 und S. 94. — Keck-Hotopp, Mechanik. 1. Teil. 4. Aufl. S. 64. 3. Teil. 2. Aufl. S. 133. — Föppl, Vorlesungen über technische Mechanik. I. Bd. 6. Aufl. S. 63.

Die in Abschnitt 5 angestellten Betrachtungen lehrten, daß ein mit der Geschwindigkeit c sich gleichmäßig bewegender Massenpunkt, der gleichzeitig einer Beschleunigung in einer anderen, dauernd gleichen Richtung unterworfen ist, eine Parabel durchläuft. Es drängt sich dann die Frage auf, welche Beschleunigung müßte dem Massenpunkte erteilt werden, damit er einen Kreis vom Radius r durchläuft, wenn noch die Bedingung gestellt ist, daß die Beschleunigung immer nach dem Mittelpunkte des Kreises hinwirken soll. Diese Beschleunigung, die „Zentripetalbeschleunigung" genannt wird, ergibt sich zu

16) $$\gamma_c = \frac{c^2}{r}.$$

Beweis siehe Literatur.

Mit diesem Wert ist auch zugleich die Frage geklärt, welche Beschleunigung einem Massenpunkte erteilt werden muß, wenn er eine beliebige Kurve durchlaufen soll und die Beschleunigung immer nach dem Krümmungsmittelpunkte der Kurve hinwirken soll. Ist ρ der Krümmungsradius an einer beliebigen Stelle der Kurve, so muß dort sein

16a) $$\gamma_c = \frac{c^2}{\rho}.$$

Beim Kreise ist $\rho = \text{const} = r$, also auch γ_c konstant, bei beliebigen Kurven mit veränderlichem ρ dagegen ist auch γ_c veränderlich.

7. Die Begriffe „Kraft" und „Masse". Die Maßsysteme.

Literatur: August Ritter, Lehrbuch der technischen Mechanik. 8. Aufl. S. 40. — Keck-Hotopp, Mechanik. 1. Teil. 4. Aufl. S. 30. — Föppl, Vorlesungen über technische Mechanik. I. Bd. 6. Aufl. S. 33.

Der dritte Newtonsche Grundsatz. Nach dem ersten Newtonschen Grundsatze war eine Kraft die Ursache für eine Bewegungsänderung, also die Ursache, die einer Masse eine Beschleunigung erteilte.

Ein dritter von Newton aufgestellter Grundsatz sagt nun: Wirkung und Gegenwirkung sind einander gleich, d. h. die Kraft, die die Masse einer Bewegungsänderung durch eine Kraft entgegensetzt, die Trägheit der Masse, ist gleich der angreifenden Kraft. Danach ist die Kraft gleich dem Produkte aus der Masse m und der Beschleunigung γ.

17) $$P = m \cdot \gamma.$$

Das Gewicht eines Körpers. Jede Masse setzt demnach jedem Versuche, ihr in einer Richtung eine Beschleunigung zu erteilen, eine Kraft entgegen. Die augenfälligste Krafterscheinung auf der Erde ist die, die aus der Einwirkung der Erdbeschleunigung $g = 9{,}81\ \text{m/sec}^2$ hervorgeht. Diese Kraft wird „Gewicht" genannt, und ist gekennzeichnet durch die Gleichung

18) $$G = m \cdot g.$$

Masse und Gewicht. Während die Masse als ein unveränderlicher Wert anzusehen ist, ist ihr Gewicht von der Erdbeschleunigung abhängig. Dieselbe Masse würde auf einem anderen Weltkörper ein anderes Gewicht haben, da dort die Beschleunigung eine andere ist.

Die Maßsysteme. Je nachdem, ob neben der Zeit- und der Längeneinheit als Einheit die Masse oder das Gewicht angenommen wird, entstehen das „absolute" oder das „irdische" Maßsystem.

Das absolute Maßsystem hat als Grundeinheiten:

1. Die Masse eines Grammes = g.
2. Die Länge eines Zentimeters = cm.
3. Die Zeit einer Sekunde = sec.

Es wird auch das „Gramm-Zentimeter-Sekunden-System“ genannt. Da die Beschleunigung die Benennung cm/sec^2 hatte, so hat die Krafteinheit dieses Systems die Benennung $g \cdot cm \cdot sec^{-2}$. Sie wird Dyne genannt. Die Kraft eines Kilogramms ist: 1 kg = 981 000 Dynen.

Das irdische, auch terrestrisches oder technisches Maßsystem genannt, hat als Einheiten:

1. Die Kraft (1 kg oder 1 t = 1000 kg).
2. Die Länge (1 cm oder 1 m = 100 cm).
3. Die Zeit (1 sec).

Wenn dieses Maßsystem vom wissenschaftlichen Standpunkte aus auch viele Mängel aufweist, so genügt es doch für die Zwecke der Bautechnik vollkommen und wird daher auch in der technischen Mechanik fast ausschließlich angewandt.

Die Wagen. Für das Messen der Gewichte gibt es zwei Arten von Wagen.

1. Wagen, bei denen die zu wiegende Menge mit einem aufgelegten Gewichtsstücke verglichen wird. Mittels dieser Wagen werden tatsächlich Massen abgemessen, da sowohl die zu wiegende als auch die Masse des Gewichts derselben Erdbeschleunigung unterliegen.
2. Wagen, die durch Federkräfte wiegen. Sie messen die Kraft.

Da die Erdbeschleunigung g an verschiedenen Punkten der Erde verschieden ist (9,78 m/sec^2 am Äquator, 9,83 m/sec^2 am Pol, im Mittel 9,81 m/sec^2), so wiegt ein und derselbe Gegenstand, auf einer Federwage gewogen, an verschiedenen Punkten der Erde verschieden viel. Durch diese Tatsachen dürfte der Unterschied zwischen Kraft und Masse in besonders augenfälliger Weise dargestellt sein.

Zentripetalkraft. Wirkt auf die Masse m irgendeine andere Beschleunigung ein, z. B. eine Zentripetalbeschleunigung $\gamma_c = \frac{c^2}{\rho}$ nach Gleichung 16a), S. 8, so ist die auf die Masse auszuübende nach dem Krümmungsmittelpunkte wirkende Kraft

$$P_c = m \frac{c^2}{\rho}. \tag{19}$$

Diese Kraft wird „Zentripetalkraft“ genannt. Die entgegengesetzte Kraft, die die Masse m auf den Krümmungsmittelpunkt ausübt, heißt „Zentrifugalkraft“.

8. Die Begriffe der „Arbeit“ und der „lebendigen Kraft“.

Literatur: Rühlmann, Grundzüge der Mechanik. 3. Aufl. S. 93. — August Ritter, Lehrbuch der technischen Mechanik. 8. Aufl. S. 59. — Keck-Hotopp, Mechanik. 1. Teil. 4. Aufl. S. 43. 3. Teil. 2. Aufl. S. 103. — Föppl, Vorlesungen über technische Mechanik. I. Bd. 6. Aufl. S. 47.

Die Arbeit einer Kraft. Bewegt eine Kraft einen Körper in ihrer Richtung fort, so sagt man, die Kraft verrichtet eine Arbeit. Die „Arbeit einer Kraft“ ist das Produkt aus Kraft und in der Kraftrichtung zurückgelegtem Wege.

$$A = P \cdot s. \tag{20}$$

Ist der zurückgelegte Weg der Kraftrichtung entgegengesetzt, so ist die Arbeit negativ.

Die Arbeit wird in kg · m oder kg · cm oder t · m gemessen.

Die lebendige Kraft oder das Arbeitsvermögen. Setzt man für P den Wert $m \cdot \gamma$ aus Gleichung 17), S. 8, und für s den Wert $\frac{v^2 - c^2}{2\gamma}$ aus Gleichung 4a), S. 3, so entsteht

$$A = P \cdot s = \frac{m v^2}{2} - \frac{m c^2}{2}. \tag{20a}$$

Die Werte $\frac{m\,v^2}{2}$ und $\frac{m\,c^2}{2}$ werden „lebendige Kraft“ (nach Leibniz), auch „Arbeitsvermögen“, „kinetische Energie“ genannt. Die Differenz stellt die Zunahme an Arbeitsvermögen dar, die nach obiger Gleichung der geleisteten Arbeit gleich ist.

War P der Bewegungsrichtung entgegen gerichtet, wirkt es also verzögernd, so ist $s = \frac{c^2 - v^2}{2\gamma}$ und

20 b) $$A = P \cdot s = \frac{m\,c^2}{2} - \frac{m\,v^2}{2}.$$

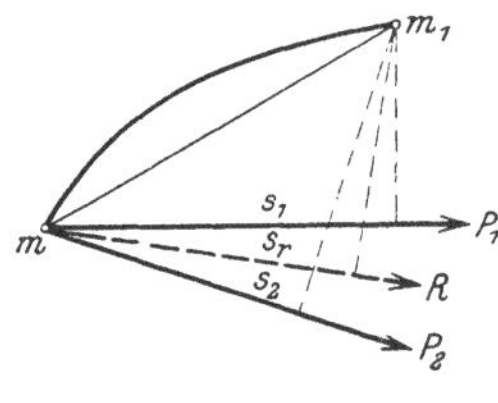

Fig. 7.

Welcher Weg ist bei dem Begriffe der Arbeit maßgebend? Ist die Kraftrichtung gleichbleibend, der Weg dagegen eine Kurve, so ist unter s nur die Projektion des zurückgelegten Weges auf die Kraftrichtung zu verstehen. Fig. 7.

Die Arbeit mehrerer Kräfte. Greifen an dem Massenpunkte mit beliebiger Bewegung mehrere Kräfte an, so ist die Summe der Arbeiten der Einzelkräfte gleich der Arbeit der Resultierenden.

21) $$R \cdot s_r = P_1 \cdot s_1 + P_2 \cdot s_2 + \cdots = \Sigma\, P \cdot s.$$

Steht die Kraftrichtung zum zurückgelegten Wege senkrecht, so ist die geleistete Arbeit gleich Null.

Gleichwertigkeit zweier Kräfte. Eine Kraft P_1 ist als einer anderen Kraft P_2 gleichwertig anzusehen, wenn sie imstande ist, die durch diese hervorgebrachte Geschwindigkeitszunahme $v - c$ des Massenpunktes m zu vernichten, also die Geschwindigkeit v wieder auf c zurückzuführen. Dies ist der Fall, wenn die Arbeiten beider Kräfte gleich groß sind, also

22) $$P_1 \cdot s_1 = P_2 \cdot s_2.$$

III. Statik starrer Körper.

9. Zusammensetzung mehrerer an einem Punkte angreifender Kräfte in einer Ebene.

Literatur: Rühlmann, Grundzüge der Mechanik. 3. Aufl. S. 141. — August Ritter, Lehrbuch der technischen Mechanik. 8. Aufl. S. 156. — Keck-Hotopp, Mechanik. 1. Teil. 4. Aufl. S. 39, 101. — Müller-Breslau, Graphische Statik der Baukonstruktionen. Bd. I. 3. Aufl. S. 3. — Keck, Graphische Statik. S. 8. — Föppl, Vorlesungen über technische Mechanik. I. Bd. 6. Aufl. S. 146. II. Bd. 3. Aufl. S. 5. — Mehrtens, Vorlesungen über Statik der Baukonstruktionen und Festigkeitsl. I. Bd. S. 89, 116. — Culmann, Graphische Statik. S. 160.

a) Zeichnerische Lösung.

Zeichnerische Darstellung einer Kraft als Länge, das Kräfteparallelogramm. Greifen an einem Massenpunkte m (Fig. 8) 2 Kräfte P_1 und P_2 an, so wollen beide den Punkt in ihrer Richtung in gleichmäßig beschleunigte Bewegung setzen. Die beiden Beschleunigungen $\gamma_1 = \frac{P_1}{m}$ und $\gamma_2 = \frac{P_2}{m}$ setzen sich nach Abschnitt 4, S. 5, zu einer Beschleunigung γ zusammen, die die Diagonale des

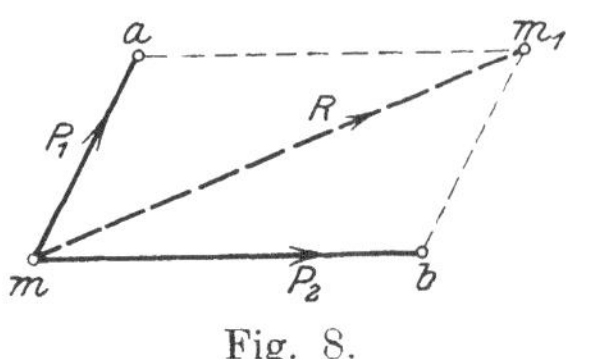

Fig. 8.

Parallelogramms aus γ_1 und γ_2 ist. Diese Beschleunigung γ könnte aber auch durch eine Kraft R hervorgebracht werden. Diese Kraft R würde an dem Massenpunkt dieselbe Wirkung hervorrufen, wie die beiden Einzelkräfte P_1 und P_2 zusammen, sie wird daher die „Mittelkraft" oder „Resultierende" genannt. Da alle 3 Kräfte proportional den Beschleunigungen sind, diese sich aber nach dem Parallelogrammgesetze zusammensetzen, so bildet sich die Mittelkraft ebenfalls nach einem Parallelogramme, das „Kräfteparallelogramm" genannt wird. Die in gleichen Zeiträumen zurückgelegten Wege s_1, s_2 und s sind proportional den Beschleunigungen γ_1, γ_2 und γ, also auch proportional den Kräften P_1, P_2 und R, mithin können die Kräfte als Strecken dargestellt werden. Statt das ganze Parallelogramm $m\,a\,m_1\,b$ zu zeichnen, genügt es auch, durch Parallelverschiebung einer Kraft nur das Dreieck $m\,a\,m_1$ oder $m\,b\,m_1$ zu zeichnen. Dieses wird „Kräftedreieck" genannt.

Zusammensetzung mehrerer Kräfte. Wenn an dem Punkte m mehrere Kräfte P_1 bis P_5 angreifen, so werden nacheinander P_1 mit P_2 zu R_1, R_1 mit P_3 zu R_2 usw., R_3 mit P_5 zu R mittels Kräftedreiecks zusammengesetzt. Die Zusammensetzung geschieht zweckmäßig nach Fig. 9 in einer besonderen Figur,

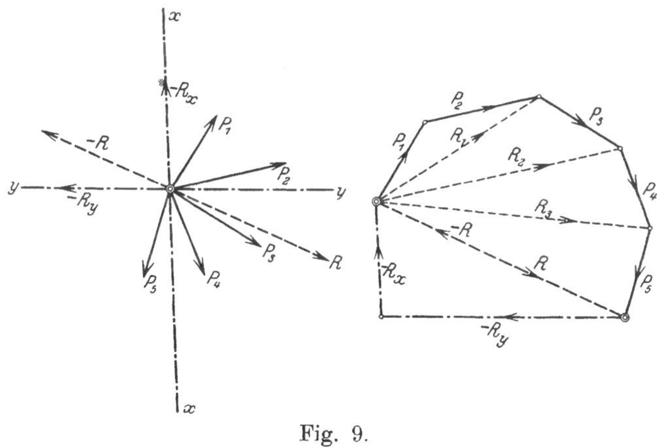

Fig. 9.

die „Krafteck" genannt wird. Die Einzelkräfte müssen im Pfeilsinne aneinander gereiht werden, die Mittelkraft R erscheint dann als Schlußlinie, hat aber entgegengesetzten Pfeilsinn.

Gleichgewicht einer Kraftgruppe. Soll eine neue Kraft so hinzugefügt werden, daß der Massenpunkt keine Bewegung ausführt, so ist diese Kraft dadurch gegeben, daß sie der Resultierenden entgegengesetzt gerichtet und der Größe nach dieser Kraft gleich sein muß. Die Kräfte werden dann als im Gleichgewicht befindlich bezeichnet. Eine an einem Punkte angreifende Kräftegruppe ist demnach im Gleichgewicht, wenn das Krafteck ein geschlossener Linienzug mit gleichbleibendem Pfeilsinne ist.

Zerlegung einer Kraft in zwei Seitenkräfte. Ebenso wie sich zwei Kräfte zu einer Mittelkraft zusammensetzen, kann auch eine Kraft in zwei Seitenkräfte nach bestimmten Richtungen x und y zerlegt werden. Die Resultierende R braucht nur durch ein neues Kräftedreieck in zwei gleichwertige Kräfte R_x und R_y zerlegt zu werden. Soll zwischen den gegebenen Kräften und R_x und R_y Gleichgewicht herrschen, so muß das Krafteck wieder schließen und gleichbleibenden Pfeilsinn haben. Jedes von den Enden der Resultierenden R ausgehende und ein Dreieck bildende Linienpaar stellt daher 2 Kräfte dar, die mit den gegebenen Kräften im Gleichgewicht sind.

b) Rechnerische Lösung.

Für die rechnerische Lösung könnten die im Abschnitt 4, S. 5, entwickelten Gleichungen 6) nach sinngemäßer Ersetzung der Wege s durch die Kräfte angewandt werden. Ist also α der Winkel, den die beiden Kräfte P_1 und P_2 bilden, φ der Winkel zwischen P_1 und der Mittelkraft R, so ist

23) $$\begin{cases} R = \sqrt{P_1^2 + P_2^2 + 2\,P_1 \cdot P_2 \cdot \cos\alpha} \\ \sin\varphi = \frac{P_1}{R} \cdot \sin\alpha. \end{cases}$$

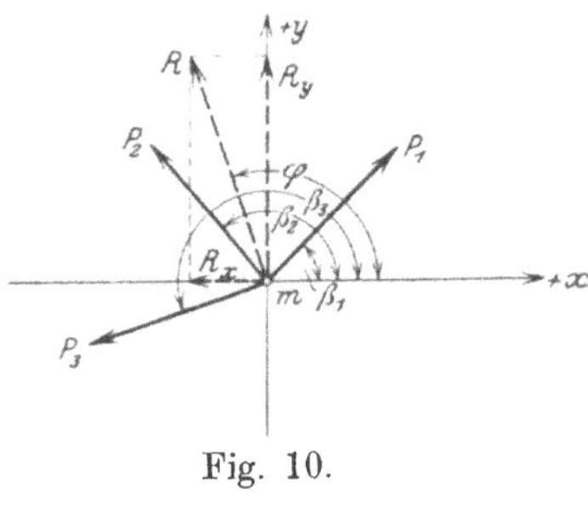

Fig. 10.

Fast ausnahmslos ist es aber zweckmäßiger, durch den Angriffspunkt m der Kräfte ein rechtwinkliges Koordinatenkreuz zu legen und jede der gegebenen Kräfte nach diesen Achsrichtungen in zwei zueinander senkrechte Seitenkräfte zu zerlegen. Sind nach Fig. 10 β die Winkel der Kraftrichtungen mit der positiven x-Achsenrichtung, so sind, entsprechend den Gleichungen 7) im Abschnitt 4, S. 5, die Seitenkräfte

24) $$\begin{cases} P_{nx} = P_n \cdot \cos\beta_n \\ P_{ny} = P_n \cdot \sin\beta_n. \end{cases}$$

Die Resultierenden in den beiden Achsrichtungen sind dann:

24a) $$\begin{cases} R_x = \Sigma\, P_n \cdot \cos\beta_n \\ R_y = \Sigma\, P_n \cdot \sin\beta_n. \end{cases}$$

Entsprechend den Gleichungen 6a) im Abschnitt 4, S. 5, ist dann die Resultierende R und ihr Neigungswinkel φ gegen die positive x-Richtung

24b) $$\begin{cases} R = \sqrt{R_x^2 + R_y^2} \\ \sin\varphi = \frac{R_y}{R}; \quad \cos\varphi = \frac{R_x}{R}; \quad \operatorname{tg}\varphi = \frac{R_y}{R_x}. \end{cases}$$

Besonders ist darauf zu achten, daß, wenn die vom Punkte m fortziehende Kraft P_n als positive Kraft angesehen wird, der Winkel β_n auch bis an diese Richtung gerechnet wird; das richtige Vorzeichen der Seitenkräfte ergibt sich dann von selbst aus den Vorzeichen der Winkelfunktionen.

10. Das Drehmoment einer Kraft.

Literatur: August Ritter, Lehrbuch der technischen Mechanik. 8. Aufl. S. 75. — Keck-Hotopp, Mechanik. 1. Teil. 4. Aufl. S. 104. — Müller-Breslau, Graphische Statik der Baukonstruktionen. Bd. I. 3. Aufl. S. 15. — Föppl, Vorlesungen über technische Mechanik. I. Bd. 6. Aufl. S. 75. — Culmann, Graphische Statik. S. 181.

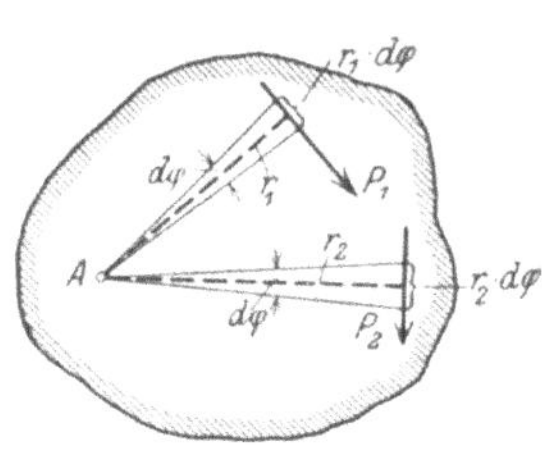

Fig. 11.

Eine mit Masse belegt gedachte Fläche sei nach Fig. 11 in einem Punkte A drehbar festgehalten. Jede nicht in A angreifende Kraft hat dann das Bestreben, die Fläche in eine gleichmäßig beschleunigte Drehbewegung um eine durch A gehende, auf der Fläche senkrecht stehende Achse zu versetzen. Zwei Kräfte sind in bezug auf die Bewegung ein und derselben Masse als gleichwertig anzusehen, wenn sie nach Abschnitt 8, S. 10, gleiche Arbeiten verrichten. Wird nur ein unendlich kleiner

Drehungswinkel $d\varphi$ (Fig. 11) betrachtet, so sind die Wege, die die Kräfte P_1 und P_2 zurücklegen, $r_1\,d\varphi$ und $r_2\,d\varphi$, wenn r_1 und r_2 die Längen der Lote vom Drehpunkte A auf die Kraftrichtungen sind. Aus der Gleichsetzung der Arbeiten

$$P_1 \cdot r_1\,d\varphi = P_2 \cdot r_2 \cdot d\varphi$$

folgt, daß die beiden Drehkräfte gleichwertig sind, wenn

25) $$P_1 \cdot r_1 = P_2 \cdot r_2.$$

Die Produkte $P \cdot r$ werden „Drehmomente der Kräfte" genannt.

Werden die einzelnen Drehkräfte P zu einer Mittelkraft R zusammengesetzt, so gilt für diese der Satz: Das Moment der Mittelkraft ist gleich der Summe der Momente der Einzelkräfte, oder

26) $$R \cdot r = \Sigma\, P_n \cdot r_n.$$

Befindet sich eine Kräftegruppe P_1 bis P_n im Gleichgewicht, so ist ihre Mittelkraft $R = 0$. Denkt man sich die ganze Kräftegruppe in zwei Teilgruppen zerlegt, die die Mittelkräfte R_1 und R_2 haben, so müssen R_1 und R_2 im Gleichgewicht sein. Bei den später zu besprechenden Aufgaben der Balken ist das Moment einer dieser Teilmittelkräfte R_1 oder R_2 in bezug auf einen beliebigen Drehpunkt von besonderer Bedeutung. Es hat die Bezeichnung „Biegungsmoment". Das Moment der Mittelkraft R_1 der ersten Gruppe muß mit dem der Mittelkraft R_2 der zweiten Gruppe im Gleichgewicht sein, also muß sein:

27) $$M_{R_1} = -M_{R_2}.$$

11. Zusammensetzung beliebiger Kräfte in einer Ebene.

Literatur: Rühlmann, Grundzüge der Mechanik. 3. Aufl. S. 156. — Keck-Hotopp, Mechanik. 1. Teil. 4. Aufl. S. 108. — Müller-Breslau, Graphische Statik der Baukonstruktionen. Bd. I. 3. Aufl. S. 5. — Keck, Graphische Statik. S. 10. — Föppl, Vorlesungen über technische Mechanik. II. Bd. 5. Aufl. S. 35, 58. — Mehrtens, Vorlesungen über Statik der Baukonstruktionen und Festigkeitsl. I. Bd. S. 117. — Culmann, Graphische Statik. S. 168, 327.

a) Zeichnerische Lösung.

Erste Lösungsart. Sollen beliebige nicht in einem Punkte angreifende Kräfte in einer Ebene zu einer Mittelkraft zusammengesetzt werden, so bringt man nach Fig. 12 zwei Kräfte, P_1 und P_2, zum Schnitt in a, zeichnet mittels des Kraftecks die Mittelkraft R_1, bringt diese in b zum Schnitt mit P_3, woraus mittels des Kraftecks die Mittelkraft R_2 folgt usf. bis zur letzten Kraft, die dann die Gesamtresultierende R ergibt.

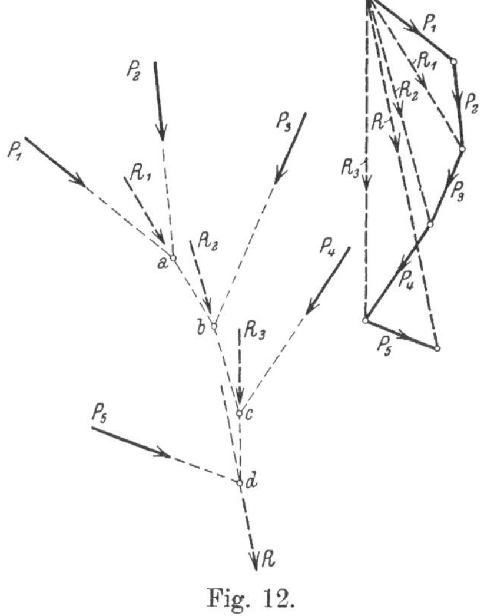

Fig. 12.

Zweite Lösungsart mit Hilfe des Seilecks. Die erste Lösungsart wird unbequem, wenn Kräfte so gerichtet sind, daß die Schnittpunkte sehr weit entfernt liegen, d. h. wenn die Kräfte annähernd gleiche Richtung haben. In diesem Falle zerlegt man eine Kraft, etwa P_1 in Fig. 13, in zwei Seitenkräfte mit den Richtungen 1 und 2, indem man im Krafteck zwei mit P_1 ein Dreieck bildende Strahlen I und II, parallel zu den Richtungen 1 und 2, zieht. Der Punkt O wird „Pol" genannt.

Nunmehr sind für P_1 zwei Kräfte eingeführt, die den anderen nicht mehr annähernd parallel sind, und es kann das anfangs erwähnte Verfahren angewandt werden. Nacheinander wird 2 zum Schnitt in b mit P_2 gebracht, das Krafteck gibt die Mittelkraft III, die Kraftrichtung 3 zum Schnitt in c mit P_3 gebracht gibt im Krafteck die Mittelkraft IV usf. Zum Schluß bleiben nur noch die Kräfte I und VI in den Richtungen 1 und 6 wirkend. Ihre Mittelkraft ist R und muß durch den Schnittpunkt f der Linien 1 und 6 gehen. Der auf diese Weise entstehende Linienzug a b c d e heißt „Seileck", die das Seileck bildenden Linien 1, 2, 3, 4, 5, 6 heißen „Seileckseiten", sie stellen die Richtung der Kräfte I, II, III, IV, V dar, die im Krafteck alle vom Pole O auslaufen. Diese Strahlen werden „Polstrahlen", der senkrechte Abstand H des Poles von der Mittelkraft R „Polweite" genannt. Es wird besonders darauf hingewiesen, daß jede Linie im Krafteck, also auch die Polstrahlen und Polweite, Kräfte darstellen, also mit dem Maßstabe der Kraftauftragung zu messen sind. Alle Größen im Seileck dagegen sind, da dieses nur Kraftrichtungen darstellt, mit dem Längenmaßstabe der Figur zu messen.

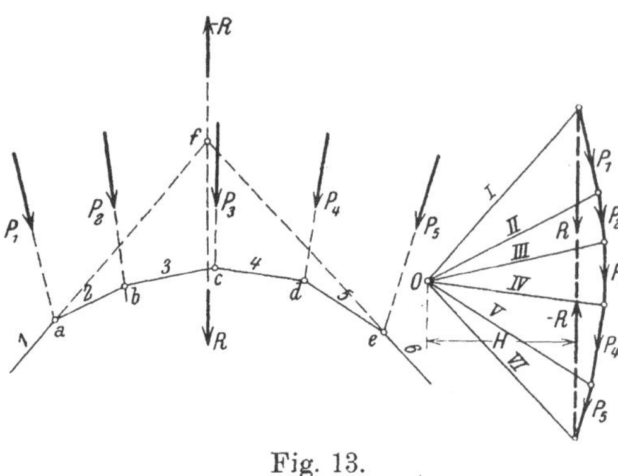

Fig. 13.

Soll eine Kraft gefunden werden, die mit den gegebenen Kräften P im Gleichgewicht ist, so ist R nur mit entgegengesetzter Richtung, also bei schließendem Krafteck, einzuführen. In diesem Falle hat das Seileck die Form a b c d e f, es ist also auch ein geschlossener Linienzug.

Zweckmäßige Wahl des Poles. Es empfiehlt sich aus zeichnerischen Gründen, den Pol so anzunehmen, daß nicht zu spitze Schnitte zwischen Kraftrichtung und Seileckseiten entstehen. Am günstigsten arbeitet es sich mit dem Seileck, wenn die Polweite ungefähr gleich der halben Resultierenden ist und die letzten Strahlen sich etwa senkrecht schneiden.

b) Rechnerische Lösung.

Die rechnerische Lösung geht von folgenden Betrachtungen aus. Die Seitenkraft der Resultierenden R nach einer bestimmten Richtung muß gleich der Summe der entsprechenden Seitenkräfte der Einzelkräfte P, das Moment der Mittelkraft R gleich der Summe der Momente der Einzelkräfte sein. Die Kräfte P_n in Fig. 14 werden auf ein beliebiges Achsenkreuz bezogen, die Neigung der Kräfte gegen die positive x-Achse sei mit β_n bezeichnet. Dann sind die Seitenkräfte R_x und R_y der Mittelkraft R und diese selbst durch die Gleichungen 24a) und 24b)

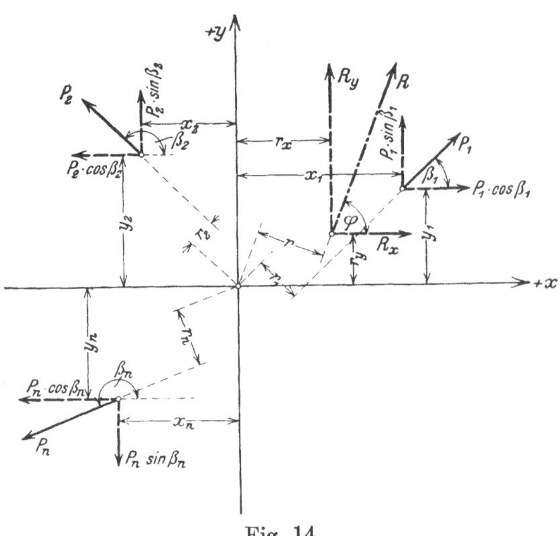

Fig. 14.

S. 12 der Größe und Richtung nach gegeben. Die Lage der Mittelkraft R folgt aus der Momentengleichung. Sind r_n die Hebelarme der Kräfte P_n, r der der Mittelkraft, so ist

28) $$R \cdot r = \Sigma P_n \cdot r_n; \quad r = \frac{\Sigma P_n \cdot r_n}{\sqrt{R_x^2 + R_y^2}}.$$

Dabei ist bei der Summenbildung darauf zu achten, daß die in einer Richtung, etwa im Sinne des Uhrzeigers, drehenden Kräfte ein positives, die entgegengesetzt drehenden ein negatives Moment haben.

Werden statt $\Sigma P_n \cdot r_n$ die Momente der Seitenkräfte $P_n \cdot \cos \beta_n$ und $P_n \cdot \sin \beta_n$ eingeführt, so lautet die Gleichung

28a) $$r = \frac{-\Sigma x_n \cdot P_n \cdot \sin \beta_n + \Sigma y_n \cdot P_n \cos \beta_n}{\sqrt{(\Sigma P_n \cdot \sin \beta_n)^2 + (\Sigma P_n \cos \beta_n)^2}}$$

In Gleichung 28a) ergibt sich das richtige Vorzeichen von selbst durch konsequente Beachtung der Vorzeichen der Winkelfunktionen und der Koordinaten x_n und y_n der Punkte, in denen die Kräfte P_n zerlegt sind.

Anstatt mit den Gesamtkräften P_n und ihren Hebeln r_n zu rechnen, kann man auch getrennt mit den Seitenkräften als zwei Kräftegruppen rechnen. Die Lagen der beiden Seitenkräfte $R_x = \Sigma P_n \cdot \cos \beta_n$ und $R_y = \Sigma P_n \cdot \sin \beta_n$ sind gegeben durch ihre Abstände r_x und r_y von den Achsen. Sie sind

28b) $$\left\{ \begin{aligned} r_x &= \frac{\Sigma x_n \cdot P_n \cdot \sin \beta_n}{R_y} = \frac{\Sigma x_n \cdot P_n \cdot \sin \beta_n}{\Sigma P_n \cdot \sin \beta_n} \\ r_y &= \frac{\Sigma y_n \cdot P_n \cdot \cos \beta_n}{R_x} = \frac{\Sigma y_n \cdot P_n \cdot \cos \beta_n}{\Sigma P_n \cdot \cos \beta_n}. \end{aligned} \right.$$

r_x und r_y sind die Koordinaten eines Punktes der Richtung von R, der Neigungswinkel φ gegen die x-Achse folgt aus Gleichung 24b), S. 12.

Wahl des Koordinatenanfangspunktes. Es empfiehlt sich, als Koordinatenanfangspunkt einen Punkt zu wählen, durch den einige Kräfte hindurchgehen, da dann diese Kräfte aus der Momentengleichung verschwinden.

12. Das Kräftepaar.

Literatur: Rühlmann, Grundzüge der Mechanik. 3. Aufl. S. 149. — August Ritter, Lehrbuch der technischen Mechanik. 8. Aufl. S. 167. — Keck-Hotopp, Mechanik. 1. Teil. 4. Aufl. S. 114, 117 und S. 136. — Föppl, Vorlesungen über technische Mechanik. Bd. I. 6. Aufl. S. 136. Bd. II. 5. Aufl. S. 113 — Mehrtens, Vorlesungen über Statik der Baukonstruktionen und Festigkeitsl. I. Bd. S. 92. — Culmann, Graphische Statik. S. 187.

Zwei entgegengesetzt gerichtete parallele Kräfte P_1 und P_2 nach Fig. 15 ergeben durch Zeichnung des Seileckes eine Mittelkraft $R = P_1 - P_2$ durch den Schnitt c der Seileckseiten 1 und 3 gehend. R liegt außerhalb der beiden Kräfte P_1 und P_2 auf der Seite der größeren Kraft, hier P_1, und hat die Richtung der größeren Kraft.

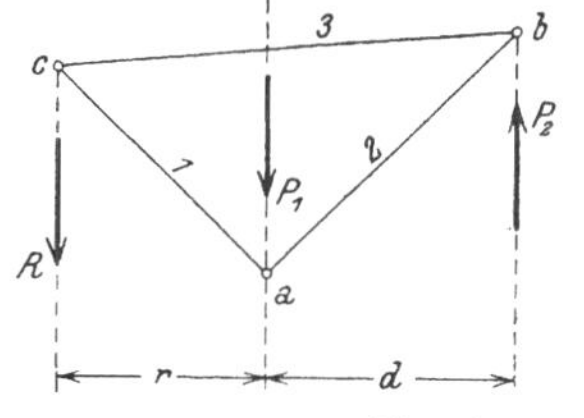

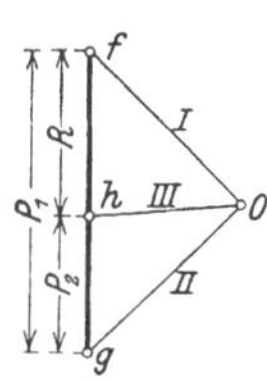

Fig. 15.

Rechnerisch ergibt sich aus der Momentengleichung für einen Punkt auf P_1

29) $$r = \frac{P_2 \cdot d}{R} = \frac{P_2 \cdot d}{P_1 - P_2}.$$

Werden die beiden Kräfte gleich groß, gleich P, so fällt im Krafteck der Polstrahl III mit I zusammen, R wird gleich Null, im Seileck wird 1 parallel 3.

Gleichung 29) gibt $r = \infty$. Eine derartige Kräftegruppe, zwei entgegengesetzt gerichtete gleich große Parallelkräfte werden „Kräftepaar" genannt.

Nach obigem hat ein Kräftepaar eine Mittelkraft Null in unendlicher Ferne.

Für jeden Punkt der Kraftebene ist das Moment.

30) $$M = P \cdot d.$$

Ein Kräftepaar wirkt demnach wie ein reines Moment, nur drehend, nicht verschiebend, da $R = 0$ ist.

Ersetzung eines Momentes durch ein Kräftepaar. Soll ein Moment M von bestimmter Größe durch ein Kräftepaar geleistet werden, so kann dies nach Gleichung 30) geschehen;

1) durch Annahme von P und daraus $d = \frac{M}{P}$ oder

2) durch Annahme von d und daraus $P = \frac{M}{d}$.

Sätze über das Kräftepaar. Die Richtung und der Angriffspunkt von P ist gleichgültig, daraus folgt der Satz: Zwei Kräftepaare in einer Ebene haben dieselbe Wirkung, wenn ihr Moment und dessen Drehsinn gleich sind. Ist der Drehsinn entgegengesetzt, so sind die beiden Kräftepaare im Gleichgewicht. Wirken mehrere Kräftepaare in einer Ebene, so setzen diese sich derart zu einem Kräftepaar zusammen, daß dessen Moment gleich der algebraischen Summe der Momente der Einzelkräftepaare ist:

30a) $$M = \Sigma M_n = \Sigma P_n \cdot d_n = R \cdot d_r.$$

Ein an einem Körper in einer bestimmten Ebene wirkendes Kräftepaar hat das Bestreben, diesen Körper um eine Achse senkrecht zur Ebene des Kräftepaares zu drehen. Die Wirkung des Kräftepaares wird nicht geändert, wenn es parallel in eine andere Ebene verschoben wird. Daraus folgt der Satz: Kräftepaare in parallelen Ebenen haben dieselbe Wirkung, wenn ihr Moment und ihr Drehsinn gleich sind. Bei entgegengesetztem Drehsinn sind die Kräftepaare im Gleichgewicht. Mehrere in zueinander parallelen Ebenen wirkende Kräftepaare setzen sich zu einem Kräftepaar zusammen, dessen Moment gleich der algebraischen Summe der Momente der Einzelkräftepaare ist, und das in irgendeiner Ebene, parallel zu den Ebenen dieser Kräftepaare, wirkt.

Zusammensetzung von Kräftepaaren in verschiedenen sich schneidenden Ebenen. Zwei Kräftepaare M_1 und M_2 wirken in zwei sich unter einem Winkel α schneidenden Ebenen (Fig. 16). Beide Kräftepaare lassen sich auf denselben Hebelarm d zurückführen, indem $P_1 = \frac{M_1}{d}$ und $P_2 = \frac{M_2}{d}$ wird. Da der Angriffspunkt von P_1 und P_2 in der Ebene für die Drehung gleichgültig ist, so können die Kräfte P_1 und P_2 an Punkten a und b der Schnittlinie beider Ebenen angesetzt werden, wobei $\overline{a\,b} = d$ ist. Die beiden in den Punkten a und b angreifenden, auf a b senkrecht stehenden Kräfte P_1 und P_2 setzen sich nach dem Kräfteparallelogramm zu einer Mittelkraft R zusammen und geben ein neues Kräftepaar $M_r = R \cdot d$. Da sich R nach dem Kräfteparallelogramm aus P_1 und P_2 bildet und d ein konstanter Wert ist, bildet sich auch M_r aus M_1 und M_2 nach einem Parallelogramm. Die Ermittlung geschieht gewöhnlich wie folgt. Die Werte M werden in irgendeinem Maßstabe als sogenannte „Achsenstrecken" senkrecht zu den

Schnittlinien der Momentenebenen mit einer zu $\overline{a\,b}$ senkrechten Ebene aufgetragen. Der Drehungssinn wird durch die Auftragungsrichtung zum Ausdruck gebracht. Das Parallelogramm aus den Achsenstrecken gibt die Achsenstrecke

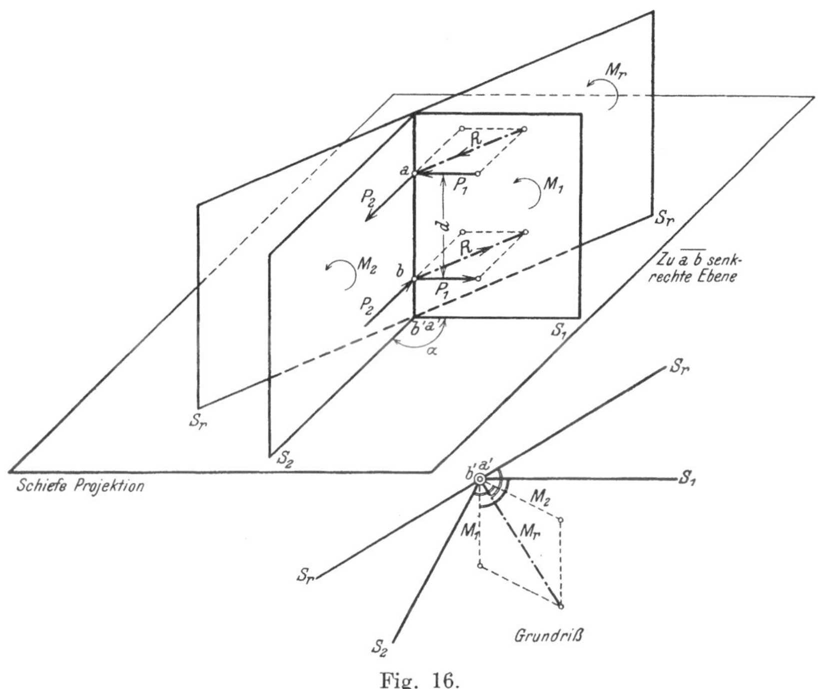

Fig. 16.

des resultierenden Momentes M_r, die Senkrechte dazu stellt die Ebene dar, in der M_r wirkt, und der Drehungssinn folgt aus der Auftragungsrichtung der Achsenstrecke von M_r auf der Ebene.

13. Zerlegung von Kräften in Seitenkräfte.

Literatur: Rühlmann, Grundzüge der Mechanik. 3. Aufl. S. 156. — Keck-Hotopp, Mechanik. 1. Teil. 4. Aufl. S. 120. — Müller-Breslau, Graphische Statik der Baukonstruktionen. Bd. I. 3. Aufl. S. 13. — Föppl, Vorlesungen über technische Mechanik. II. Bd. 5. Aufl. S. 37, 62. — Mehrtens, Vorlesungen über Statik der Baukonstruktionen und Festigkeitsl. I. Bd. S. 89, 95. — Culmann, Graphische Statik. S. 198.

a) Zeichnerische Lösung.

Zerlegung von zwei Kräften mit endlichem Schnittpunkt. Soll eine Kraft R in zwei Seitenkräfte P_1 und P_2, deren Lage und Richtung gegeben ist, zerlegt werden, so muß die Mittelkraft aus P_1 und P_2 gleich R sein. Da nun die Mittelkraft zweier Kräfte durch deren Schnittpunkt geht, so folgt daraus, daß auch R durch den Schnittpunkt der Kraftrichtungen P_1 und P_2 gehen muß.

Die Zerlegung einer Kraft in zwei Seitenkräfte ist also nur dann möglich, wenn sich alle drei Kraftrichtungen in einem Punkte schneiden. Die zeichnerische Ermittlung ist bereits in Fig. 8 erfolgt.

Zerlegung in zwei parallele Seitenkräfte. Die Zeichnung eines Kraftecks ist nur so lange möglich, als der gemeinsame Schnittpunkt aller drei Kraftrichtungen im Endlichen liegt. Werden die drei Kraftrichtungen parallel, rückt also der gemeinsame Schnittpunkt ins Unendliche, so muß die Zerlegung mittels eines Seilecks erfolgen (Fig. 17). Die Kraft R wird durch

Annahme eines Poles O in zwei Seitenkräfte I und II, in den Richtungslinien 1 und 2 wirkend, zerlegt. Die Kräfte I und II sollen wiederum in den Schnitten mit den gegebenen Richtungslinien $p_1 — p_1$ und $p_2 — p_2$ in je 2 Seitenkräfte zerlegt werden, von denen die einen die gesuchten Seitenkräfte P_1 und P_2 von R in den Richtungen $p_1 — p_1$ und $p_2 — p_2$ sind, während die beiden anderen III mit noch unbekannten Richtungen sich gegenseitig aufheben sollen. Letzteres ist aber nur möglich, wenn sie in eine gerade Linie fallen, die Kräfte III müssen also in der Richtung der Seileckseite 3 wirken. Die Parallele zu 3 im Krafteck vom Pole aus gibt III der Größe nach, P_1 und P_2 ergeben sich dann als die zwischen I und III bzw. zwischen III und II liegenden Strecken. Liegt die Kraft R außerhalb der beiden Richtungslinien von P_1 und P_2, so ist die Ermittlung mit geringen Abweichungen dieselbe. Sie ist aus Fig. 15 ersichtlich.

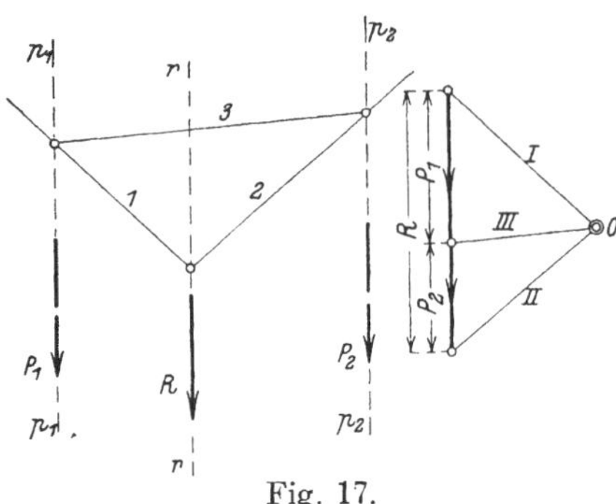

Fig. 17.

Welche Bedingungen müssen erfüllt sein, wenn eine Kraft in drei Seitenkräfte zerlegt werden soll? Soll die gegebene Kraft R in drei Seitenkräfte mit gegebener Lage und Richtung zerlegt werden, so ist die Vorbedingung die, daß sich die Richtungen der 3 gesuchten Kräfte nicht in einem Punkte schneiden dürfen. Die Mittelkraft der drei Kräfte P_1, P_2 und P_3, die mit R zusammenfallen muß, geht durch ihren gemeinsamen Schnittpunkt. Wenn R also nicht gleichfalls durch diesen Punkt geht, ist eine Zerlegung nicht denkbar.

Aber auch wenn dies der Fall ist, so ist eine Zerlegung in eindeutiger Weise nicht möglich. Fig. 18 zeigt im Krafteck eine ganze Reihe von Kräftegruppen P_1, P_2 und P_3, die alle eine Mittelkraft R haben, die wiederum durch den gemeinsamen Schnittpunkt der 4 Kräfterichtungen geht. Die Zerlegung einer Kraft in drei Seitenkräfte mit gegebenen Richtungen ist also nur dann möglich, wenn die Richtungen der drei gesuchten Seitenkräfte keinen gemeinsamen Schnittpunkt haben.

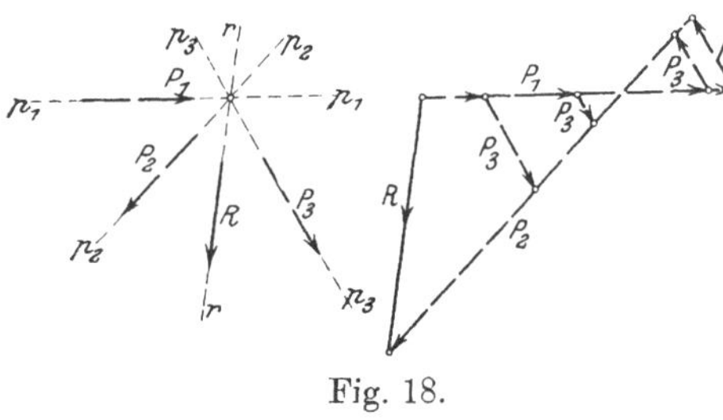
Fig. 18.

Zerlegung einer Kraft in drei Seitenkräfte. Ist die obige Vorbedingung erfüllt, so geht die Lösung nach Fig. 19 vor sich. Die vier Kraftrichtungen werden zu 2 und 2 zum Schnitt gebracht, etwa r — r mit $p_1 — p_1$ in a und $p_2 — p_2$ mit $p_3 — p_3$ in b. P_2 und P_3 müssen eine Mittelkraft R_1 ergeben, die, mit P_1 zusammengesetzt, die Mittelkraft R haben muß. Dies ist aber nur möglich, wenn R_1 durch den Schnitt a von R und P_1 geht. Da R_1 aber auch durch den Schnitt b von $p_2 — p_2$ und $p_3 — p_3$ geht, so ist es der Richtung nach durch die Linie a — b festgelegt. Die Kraft R wird nun im Krafteck parallel zu $p_1 — p_1$ und a b in die Seitenkräfte P_1 und R_1 und letztere Kraft parallel zu $p_2 — p_2$ und $p_3 — p_3$ in P_2 und P_3 zerlegt.

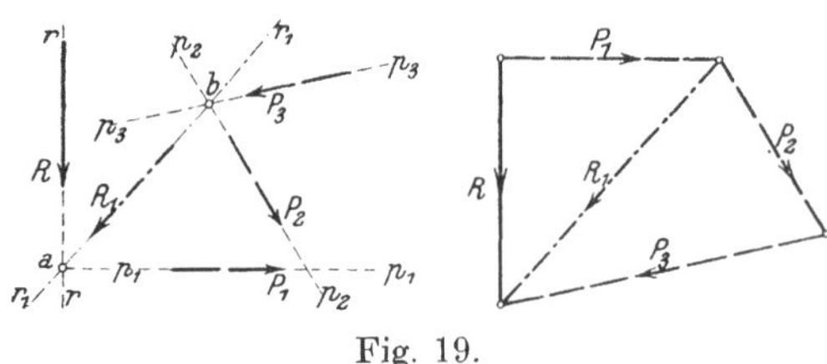

Fig. 19.

b) Rechnerische Lösung.

Zerlegung einer Kraft in zwei Seitenkräfte. Die Lösung ist nur möglich, wenn sich die zu zerlegende Kraft und die beiden Richtungen der gesuchten Kräfte in einem Punkte schneiden.

Auf rechnerischem Wege könnte die Zerlegung der Kraft R in 2 Seitenkräfte auf Grund der Gleichung 23) bis 24) S. 12 für die Zusammensetzung zweier Kräfte erfolgen. Der Weg ist aber umständlich. Schneller kommt man mittels des Satzes vom statischen Moment zum Ziel. Das Moment der Mittelkraft R für einen beliebigen Drehpunkt muß gleich der Summe der Momente der Seitenkräfte sein. Wählt man nun den Drehpunkt so, daß er auf der Richtung einer der Seitenkräfte liegt, so ist der Hebelarm dieser Kraft gleich Null, sie verschwindet also aus der Momentengleichung. Entsprechend der Fig. 20 ist

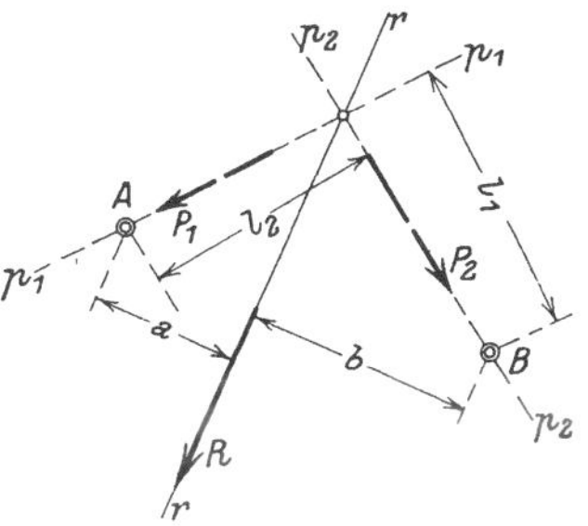

Fig. 20.

$$31)\quad \begin{cases} P_1 \cdot l_1 = R \cdot b; \quad P_1 = R\dfrac{b}{l_1} \\[2ex] P_2 \cdot l_2 = R \cdot a; \quad P_2 = R\dfrac{a}{l_2}. \end{cases}$$

Sind die drei Kraftrichtungen parallel, so ist entsprechend Fig. 21

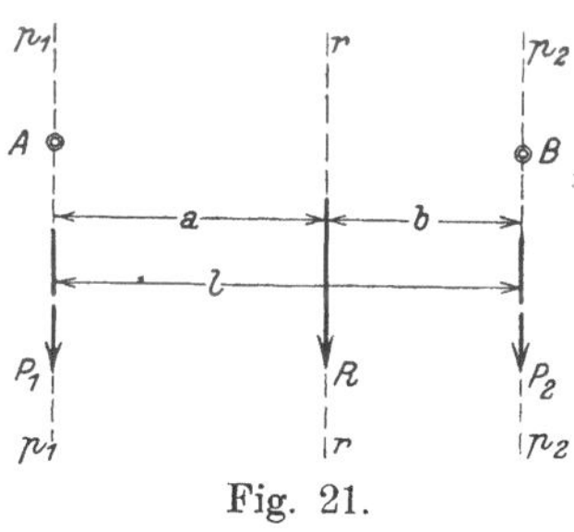

Fig. 21.

$$32)\quad \begin{cases} P_1 \cdot l = R \cdot b; \quad P_1 = R\dfrac{b}{l} \\[2ex] P_2 \cdot l = R \cdot a; \quad P_2 = R\dfrac{a}{l}. \end{cases}$$

Zerlegung einer Kraft in drei Seitenkräfte. Vorbedingung für die Zerlegung sind die auf S. 18 angeführten Eigenschaften der 4 Kraftrichtungen.

Die Zerlegung könnte dadurch erfolgen, daß man alle 4 Kräfte auf ein rechtwinkliges Koordinatensystem bezieht und jede Kraft nach den beiden Achsrichtungen in Seitenkräfte zerlegt. Es müssen dann zwischen den 3 Unbekannten P_1, P_2 und P_3 und dem bekannten R die 3 Gleichungen bestehen, daß die Summe der Seitenkräfte von P_1, P_2 und P_3 in den beiden Achsrichtungen gleich den beiden Seitenkräften von R sein muß, und daß die Summe der Momente der 3 unbekannten Kräfte P_1, P_2 und P_3 für einen beliebigen Drehpunkt gleich dem Momente von R sein muß. Entsprechend Fig. 14 lauteten die 3 Gleichungen

$$33)\quad \begin{cases} R \cdot \cos\varphi = P_1 \cdot \cos\beta_1 + P_2 \cdot \cos\beta_2 \\ \qquad\qquad\qquad + P_3 \cdot \cos\beta_3 \\ R \cdot \sin\varphi = P_1 \cdot \sin\beta_1 + P_2 \cdot \sin\beta_2 \\ \qquad\qquad\qquad + P_3 \cdot \sin\beta_3 \\ R \cdot r \quad\;\; = P_1 \cdot r_1 + P_2 \cdot r_2 + P_3 \cdot r_3. \end{cases}$$

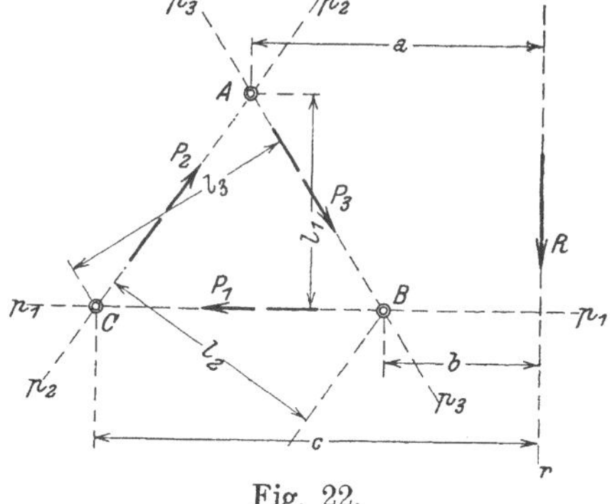

Fig. 22.

Lösung mit Hilfe des Momentensatzes. Wenn die Lösung dieser 3 Gleichungen mit 3 Unbekannten auch durchaus keine mathematischen Schwierigkeiten bereitet, so ist der Weg doch zu umständlich. Schneller führt auch hier der Satz von den statischen Momenten zum Ziele. Als Drehpunkt wird nach Fig. 22 der Schnittpunkt von zwei unbekannten Kräften gewählt, wodurch man erreicht, daß diese wegen ihrer Hebelarme Null aus der Momentengleichung verschwinden. Die Lösung der Aufgabe folgt also aus den Gleichungen

$$34)\quad \begin{cases} P_1 \cdot l_1 = R \cdot a; & P_1 = R \dfrac{a}{l_1} \\ P_2 \cdot l_2 = R \cdot b; & P_2 = R \dfrac{b}{l_2} \\ P_3 \cdot l_3 = R \cdot c; & P_3 = R \dfrac{c}{l_3}. \end{cases}$$

Lösung mit Hilfe der Querkraft. Liegt der Schnittpunkt zweier Kräfte, etwa von P_2 und P_3, im Unendlichen, so wird $P_1 = R \dfrac{\infty}{\infty}$, also unbestimmt. Die Momentengleichung führt dann nicht mehr zum Ziele. In diesem Falle zerlegt man R und P_1 in 2 Seitenkräfte senkrecht und parallel zu der Kräfterichtung von P_2 und P_3. Aus der Bedingung, daß die Summe aller Seitenkräfte in einer Richtung gleich der entsprechenden Seitenkraft der Resultierenden sein muß, folgt aus Fig. 23

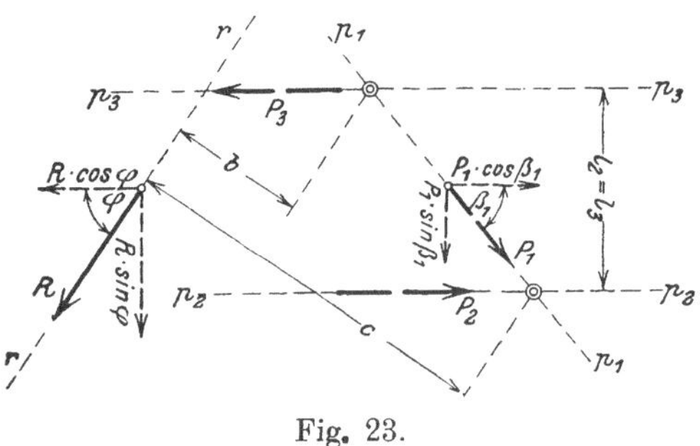

Fig. 23.

$$35)\quad R \cdot \sin\varphi = P_1 \cdot \sin\beta_1; \quad P_1 = R \frac{\sin\varphi}{\sin\beta_1}.$$

14. Das Seileck als Momentendarstellung.

Literatur: Keck-Hotopp, Mechanik. 1. Teil. 4. Aufl. S. 126. — Müller-Breslau, Graphische Statik der Baukonstruktionen. Bd. I. 3. Aufl. S. 17. — Keck, Graphische Statik. S. 19. — Föppl, Vorlesungen über technische Mechanik. II. Bd. 5. Aufl. S. 77. — Mehrtens, Vorlesungen über Statik der Baukonstruktionen und Festigkeitsl. I. Bd. S. 135. — Culmann, Graphische Statik. S. 183, 331.

Nach Abschnitt 10, S. 13, war das Drehmoment einer Kraft gegeben durch das Produkt aus Kraft und senkrechtem Abstand der Kraft von dem Drehpunkt $M = P \cdot r$. In Fig. 24 ist zu der Kraft P durch Wahl eines beliebigen Poles O mit der Polweite H ein Seileck gezeichnet. Wird durch den beliebigen Drehpunkt A eine Parallele zu P gezogen, so ist Dreieck a b c ∼ Dreieck O m n, und es ergibt sich

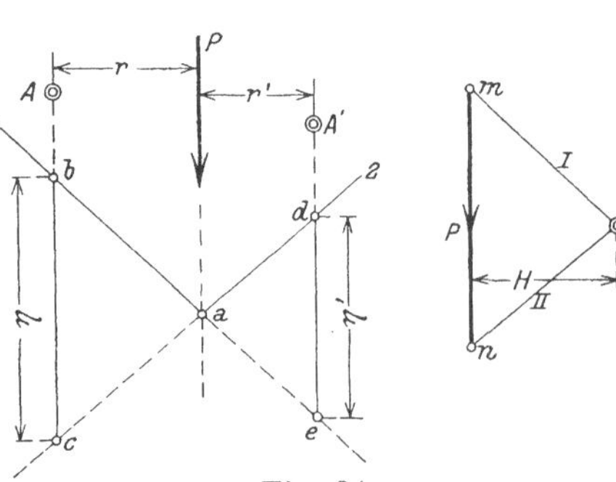

Fig. 24.

$$36)\quad P \cdot r = \eta \cdot H = M.$$

Das statische Moment einer Kraft in bezug auf einen Drehpunkt ist gleich dem Produkte aus Polweite H und der Strecke η, die von den die Kraft einschließenden Seileckseiten auf einer Parallelen zur Kraft durch den Drehpunkt abgeschnitten wird.

Ebenso ist in Fig. 24 das Moment für einen Drehpunkt A′ gleich $\eta' \cdot H$.

Sind nach Fig. 25 mehrere Kräfte P_1 bis P_4 vorhanden, so werden diese durch das Seileck zur Mittelkraft R vereinigt. Mit dieser Kraft kann nun wie mit einer Einzelkraft nach Fig. 24 verfahren werden. R wird von den Seileckseiten 1 und 5 eingeschlossen. Durch den Drehpunkt A ist also eine Parallele zu R zu ziehen, auf der die Seileckseiten 1 und 5 die Strecke η abschneiden. Als Polweite H gilt der Abstand des Poles O von der Resultierenden R. Soll für einen Punkt A′ das Moment aller der Kräfte bestimmt werden, die links von A′ liegen, in diesem Falle die Kräfte P_1 bis P_3, so ist durch den Schnitt der Seileckseiten 1 und 4 mit der Parallelen zur neuen Mittelkraft R′ aus P_1 bis P_3 die Strecke η' gegeben. H′ ist der Abstand des Poles 0 von der neuen Mittelkraft R′.

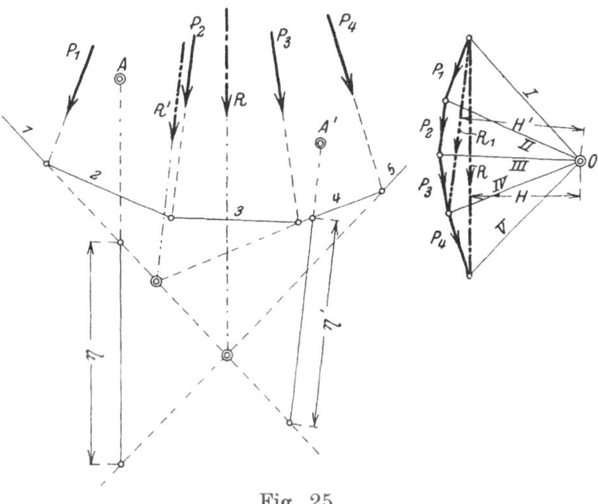

Fig. 25.

15. Zeichnung eines Seileckes durch gegebene Punkte.

Literatur: Keck-Hotopp, Mechanik. 1. Teil. 4. Aufl. S. 133. — Müller-Breslau, Graphische Statik der Baukonstruktionen. Bd. I. 3. Aufl. S. 176. — Keck, Graphische Statik. S. 21. — Föppl, Vorlesungen über technische Mechanik. II. Bd. 5. Aufl. S. 60. — Mehrtens, Vorlesungen über Statik der Baukonstruktionen und Festigkeitsl. I. Bd. S. 126.

a) Seileck durch zwei Punkte.

Zu den Kräften P_1 bis P_4 in Fig. 26 soll ein Seileck gezeichnet werden, das durch die beiden gegebenen Punkte A und B geht.

Erste Lösungsart. Die Kräfte werden nach dem im Abschnitt 11, S. 13—14, gegebenen Verfahren mittels eines Seilecks mit dem beliebigen Pole O zu der Mittelkraft R zusammengesetzt. Jedes andere Seileck zu der gegebenen Kräftegruppe muß dieselbe Mittelkraft R ergeben, es müssen sich die R einschließenden Seileckseiten immer auf der Richtung von R schneiden. Verbindet man also einen beliebigen Punkt d der Kraftrichtung R mit den gegebenen Punkten A und B und faßt diese als die R einschließenden

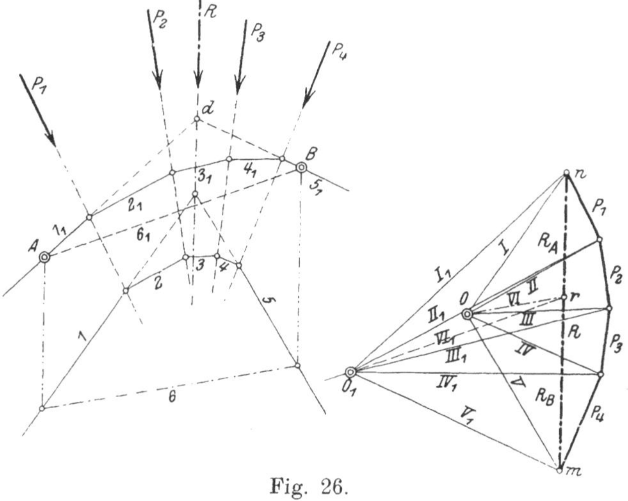

Fig. 26.

Seileckseiten auf, so ergibt sich der Pol O_1 als Schnitt der Parallelen im Krafteck zu d A und d B.

Zweite Lösungsart. Soll aus irgendwelchen Gründen der Punkt d weit entfernt liegen, so daß das Ziehen der Geraden d A und d B nicht möglich wird, so kommt man durch folgende Überlegung zu dem Pole O_1. Die Mittelkraft R kann in zwei ihr parallele Seitenkräfte R_A und R_B durch A und B zerlegt werden, indem im Krafteck durch den Pol O eine Parallele VI zur Schlußlinie 6 gezogen wird. Die Größen von R_A und R_B ergeben sich im Krafteck als die Teilstrecken n r und m r von R. Jedes andere Seileck zu der Kräftegruppe muß dieselben Kräfte R_A und R_B geben, die Parallele zur Schlußlinie durch den Pol muß also immer durch den Punkt r im Krafteck gehen. Soll das Seileck durch A und B gehen, so kann die Schlußlinie des Seilecks aber nur die Richtung A B haben. Alle Pole, die im Krafteck auf der Parallelen durch r zu A B liegen, liefern demnach Seilecke, die durch die Punkte A und B gehen. Durch zwei Punkte lassen sich demnach zu einer gegebenen Kraftgruppe unendlich viele Seilecke zeichnen, deren Pole alle auf der oben gekennzeichneten Geraden r O_1 liegen.

Soll das Seileck eindeutig festgelegt sein, so muß noch eine weitere Bedingung gefordert sein, z. B. könnte gefordert sein, daß eine Seileckseite, etwa 1_1, eine bestimmte Richtung habe. Dann ist der Pol O_1 durch den Polstrahl I_1 parallel zu der Richtung 1_1 festgelegt.

b) Seileck durch drei Punkte.

Auch durch die Bedingung, daß das Seileck noch durch einen dritten Punkt C gehen soll, wird das Seileck eindeutig festgelegt.

Erste Lösungsart. Fig. 27 gibt die Konstruktion. Die Kräfte zerfallen in zwei Gruppen, P_1 bis P_3, die zwischen A und C durchlaufen, und P_4 bis P_6, die

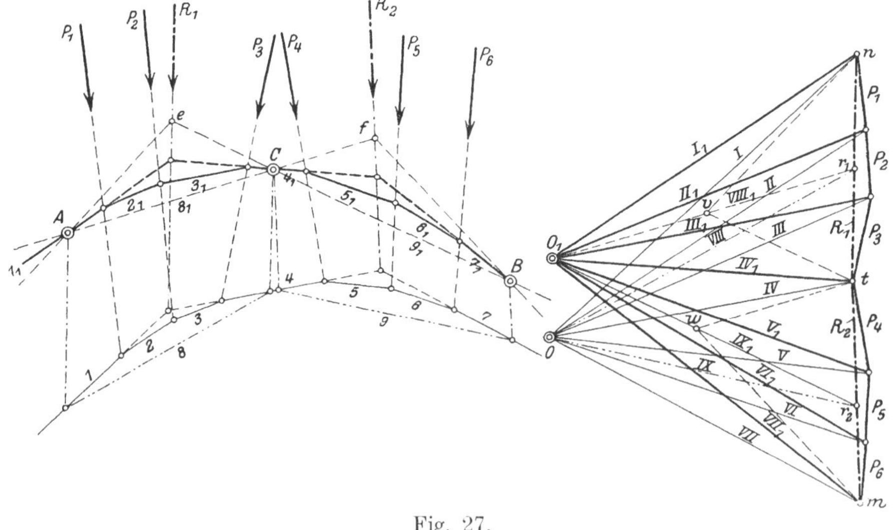

Fig. 27.

zwischen B und C durchlaufen. Zu diesen beiden Kraftgruppen sind Seilecke durch A und C bzw. durch B und C zu zeichnen, die eine gemeinsame Seileckseite 4 haben. Ein beliebiges Seileck mit dem Pol O gibt die Lagen der beiden Resultierenden R_1 und R_2 der beiden Kraftgruppen. Durch A und C werden Parallelen zu R_1, durch B und C zu R_2 gezogen, die im Seilecke die Linien 8 und 9 geben. Die Parallelen VIII und IX im Kraftecke zu 8 und 9 geben die beiden Seitenkräfte der Resultierenden. Von den Teilpunkten r_1 und r_2 werden die Parallelen zu A C und B C gezogen, die in ihrem Schnitt den gesuchten Pol O_1 geben.

Zweite Lösungsart. Eine andere Konstruktion geht aus folgender Überlegung hervor. Die Geraden l_1 und 7_1 stellen die Lagen der Kräfte I_1 und VII_1 dar, die mit den gegebenen Kräften P_1 bis P_6 im Gleichgewichte sind. Demnach sind diese beiden Kräfte auch mit den beiden Teilmittelkräften R_1 und R_2 im Gleichgewichte. Wenn das Seileck zu den Einzelkräften durch A, B und C geht, müssen auch die Seilecke zu den Teilmittelkräften durch diese Punkte gehen. Die Kraft R_1 ist also nach den Linien B C e und e A in die Seitenkräfte n v und v t, die Kraft R_2 nach den Linien A C f und f B in die Seitenkräfte t w und w m zu zerlegen. In A wirken dann die beiden Seitenkräfte n v und t w, in B die Seitenkräfte t v und m w. Durch Zeichnung des Parallelogrammes v t w O_1 entstehen dann die Mittelkräfte I_1 in A und VII_1 in B wirkend. Damit ist der Pol O_1 gefunden.

Diese zweite Konstruktion empfiehlt sich besonders bei parallelen Kräften. Liegen dagegen die Punkte e und f weiter entfernt, so ist das Verfahren nicht anwendbar, und es muß der zuerst angegebene Weg beschritten werden.

16. Zusammensetzung und Zerlegung beliebiger Kräfte im Raume.

Literatur: Rühlmann, Grundzüge der Mechanik. 3. Aufl. S. 161. — Keck-Hotopp, Mechanik. 1. Teil. 4 Aufl. S. 141. — Müller-Breslau, Graph. Stat. der Baukonstr. Band I. 3. Aufl. S. 20. — Föppl, Vorlesungen über techn. Mech. II. Band. 5. Aufl. S. 113. — Mehrtens, Vorlesungen über Statik der Baukonstruktion und Festigkeitslehre. I. Band. S. 101. — Culmann, Graph. Statik. S. 177, 210.

a) Die Kräfte greifen an einem Punkte an.

Nach Abschnitt 4, b) S. 5—6 setzen sich drei beliebige Bewegungen eines Massenpunktes nach einem Parallelepiped zu einer resultierenden Bewegung zusammen. Dieselbe Überlegung, die in Abschnitt 9 für Kräfte in einer Ebene ausgeführt wurde, ergibt, daß die Wege durch ihnen entsprechende Kräfte ersetzt werden können. Demnach setzen sich 3 an einem Punkte angreifende Kräfte P_x, P_y und P_z (Fig. 28) nach einem Parallelepipedon zu einer Mittelkraft P zusammen. Umgekehrt gilt natürlich auch der Satz: Eine beliebige Kraft P kann nach einem Parallelepipedon in drei Seitenkräfte P_x, P_y und P_z zerlegt werden.

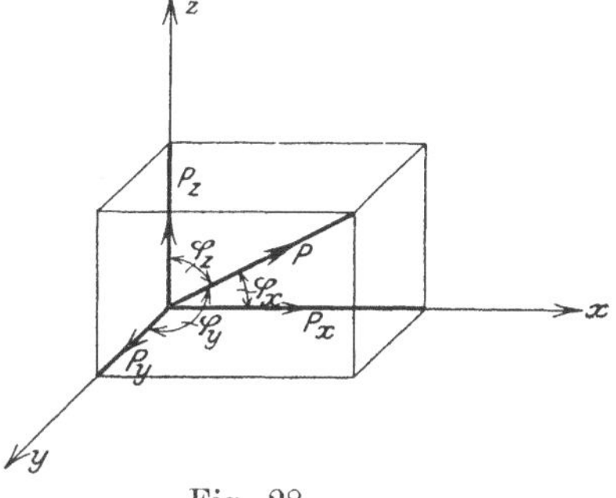

Fig. 28.

Sind die Richtungen x, y und z senkrecht zueinander, so ergibt sich mit den Benennungen der Fig. 28 für die Zerlegung der Kraft P in drei Seitenkräfte:

$$\text{37)} \quad \begin{cases} P_x = P \cdot \cos \varphi_x \\ P_y = P \cdot \cos \varphi_y \\ P_z = P \cdot \cos \varphi_z. \end{cases}$$

Für die Zusammensetzung der 3 gegebenen Kräfte P_x, P_y und P_z gelten die Gleichungen:

$$\text{38)} \quad \begin{cases} P = \sqrt{P_x^2 + P_y^2 + P_z^2} \\ \cos \varphi_x = \dfrac{P_x}{P} \\ \cos \varphi_y = \dfrac{P_y}{P} \\ \cos \varphi_z = \dfrac{P_z}{P}. \end{cases}$$

Bezüglich der Winkel φ sei bemerkt, daß es genügt, wenn zwei von ihnen gegeben sind, denn es besteht zwischen ihnen die Beziehung $\cos^2 \varphi_x + \cos^2 \varphi_y + \cos^2 \varphi_z = 1$.

Greifen an dem Punkte mehrere Kräfte an, so kann jede derselben nach Gleichung 37) in drei Seitenkräfte zerlegt werden, die sich wieder durch Addition zu drei resultierenden Seitenkräften R_x, R_y und R_z zusammensetzen und unter sich eine Mittelkraft R ergeben. Die hierfür gültigen Gleichungen sind:

39)
$$\left\{\begin{aligned} R_x &= \Sigma P \cdot \cos \varphi_x \\ R_y &= \Sigma P \cdot \cos \varphi_y \\ R_z &= \Sigma P \cdot \cos \varphi_z \\ R &= \sqrt{R_x^2 + R_y^2 + R_z^2}. \end{aligned}\right.$$

Die Richtungswinkel α_r, β_r und γ_r der Resultierenden folgen dann aus den Gleichungen

39a)
$$\cos \alpha_r = \frac{R_x}{R}; \quad \cos \beta_r = \frac{R_y}{R}; \quad \cos \gamma_r = \frac{R_z}{R}.$$

Auf zeichnerischem Wege könnte die Mittelkraft R als Schlußlinie eines räumlichen Kraftecks ermittelt werden. Die Kräfte müssen nach den Lehren der darstellenden Geometrie in Aufriß und Grundriß so aneinandergereiht werden, daß der Pfeilsinn des Linienzuges gleichbleibt. Die Schlußlinie mit entgegenlaufendem Pfeilsinn gibt die Mittelkraft, mit gleichlaufendem Pfeilsinn stellt sie eine Kraft dar, die mit den gegebenen Kräften P im Gleichgewicht ist.

b) Die Kräfte haben verschiedene Angriffspunkte.

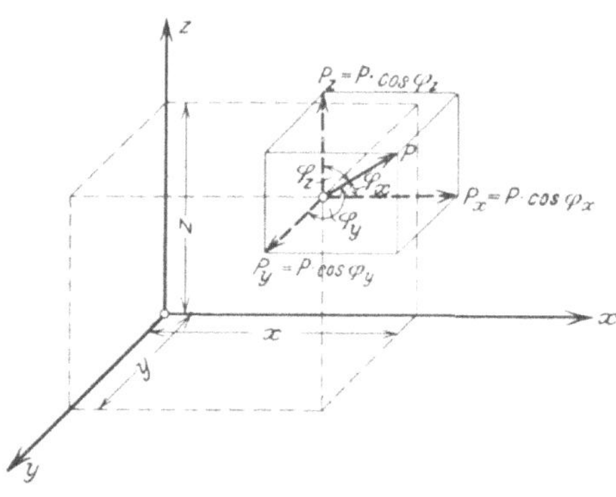

Fig. 29.

Man denke sich jede der Kräfte P nach den drei angenommenen Koordinatenachsen in drei Seitenkräfte nach Gleichung 37) zerlegt, Fig. 29. Alle diese Seitenkräfte in den drei Achsenrichtungen addieren sich zu drei resultierenden Seitenkräften R_x, R_y und R_z. Ferner übt jede Seitenkraft auf die beiden Achsen, zu denen sie nicht parallel läuft, ein Moment aus, die sich wieder alle zu drei resultierenden Seitenmomenten M_{rx}, M_{ry} und M_{rz} zusammensetzen. Entsprechend den Bezeichnungen nach Fig. 29 ist

40)
$$\left\{\begin{aligned} R_x &= \Sigma P \cdot \cos \varphi_x, \quad R_y = \Sigma P \cdot \cos \varphi_y; \quad R_z = \Sigma P \cdot \cos \varphi_z \\ M_{rx} &= \Sigma P \cdot \cos \varphi_z \cdot y - \Sigma P \cdot \cos \varphi_y \cdot z \\ M_{ry} &= \Sigma P \cdot \cos \varphi_x \cdot z - \Sigma P \cdot \cos \varphi_z \cdot x \\ M_{rz} &= \Sigma P \cdot \cos \varphi_y \cdot x - \Sigma P \cdot \cos \varphi_x \cdot y. \end{aligned}\right.$$

Die resultierenden Seitenkräfte und Seitenmomente setzen sich zu einer Resultierenden R und zu einem Momente M_r zusammen nach den Gleichungen:

41)
$$R = \sqrt{R_x^2 + R_y^2 + R_z^2}; \quad M_r = \sqrt{M_{rx}^2 + M_{ry}^2 + M_{rz}^2}.$$

Die Richtungswinkel α_r, β_r, γ_r der Resultierenden R mit den Achsen x, y und z folgen aus den Gleichungen:

42)
$$\cos \alpha_r = \frac{R_x}{R}; \quad \cos \beta_r = \frac{R_y}{R}; \quad \cos \gamma_r = \frac{R_z}{R}.$$

Die Richtungswinkel α_M, β_M und γ_M der Achsenstrecke (vgl. Abschnitt 12, S. 16—17) des resultierenden Momentes M_r mit den Achsen x, y und z folgen aus den Gleichungen:

$$\text{43)} \qquad \cos\alpha_M = \frac{M_{rx}}{M_r}; \quad \cos\beta_M = \frac{M_{ry}}{M_r}; \quad \cos\gamma_M = \frac{M_{rz}}{M_r}.$$

Sämtliche Kräfte P sind damit nach den Gleichungen 40) bis 43) zu einer durch den Koordinatenanfangspunkt gehenden Mittelkraft R und einem resultierenden Drehmoment M_r zusammengesetzt.

17. Die Gleichgewichtsbedingungen und -merkmale.

Literatur: Aug. Ritter, Lehrbuch der techn. Mechanik. 8. Aufl. S. 178. — Keck-Hotopp, Mechanik. 1. Teil. 4. Aufl. S. 131, 177. — Föppl, Vorlesungen über techn. Mechanik. I. Band. 6. Aufl. S. 129. — Mehrtens, Vorlesungen üb. Stat. d. Baukonstr. und Festigkeitsl. I. Band. S. 120.

a) In der Ebene.

Rechnerische Merkmale. Ein Massenpunkt in der Ebene wird als im Gleichgewicht befindlich benannt, wenn er nach zwei beliebigen Richtungen keine Bewegungsänderung und in der Ebene keine Drehungsänderung erfährt. Ursache für die beiden Bewegungsänderungen wäre eine Kraft in der Bewegungsrichtung, für die Drehungsänderung ein Moment. Die drei Bedingungen für das Gleichgewicht lauten also, wenn die beiden Bewegungsrichtungen wagerecht und lotrecht angenommen werden:

$$\text{44)} \qquad \begin{cases} \Sigma H = 0 \\ \Sigma V = 0 \\ \Sigma M = 0. \end{cases}$$

Aus diesen drei Gleichungen folgt, daß zur Herstellung des Gleichgewichtes einer Kräftegruppe drei Lagergrößen erforderlich sind, etwa **3** Kräfte in bestimmten Richtungen.

Zeichnerische Merkmale. Bei der zeichnerischen Behandlung ergeben sich nach dem im Abschnitt 9, S. 11 und Abschnitt 11 und 13, S. 13 und 17—18 Gesagten folgende beide Merkmale bzw. Bedingungen für das Gleichgewicht einer Kräftegruppe:

1. Das Krafteck muß bei immer gleichbleibendem Pfeilsinne der aneinandergereihten Kräfte schließen.
2. Jedes zu den Kräften gezeichnete Seileck muß schließen.

b) Im Raume.

Der Massenpunkt soll nach keiner der drei angenommenen Achsrichtungen x, y und z eine Bewegungsänderung und um keine der drei Achsen eine Drehungsänderung erfahren; es bestehen daher folgende 6 Gleichungen:

$$\text{45)} \qquad \begin{cases} \Sigma P_x = \Sigma P \cos\varphi_x = 0; \ \Sigma P_y = \Sigma P \cos\varphi_y = 0; \ \Sigma P_z = \Sigma P \cos\varphi_z = 0 \\ \Sigma M_x = \Sigma P \cdot \cos\varphi_z \cdot y - \Sigma P \cdot \cos\varphi_y \cdot z = 0 \\ \Sigma M_y = \Sigma P \cdot \cos\varphi_x \cdot z - \Sigma P \cdot \cos\varphi_z \cdot x = 0 \\ \Sigma M_z = \Sigma P \cdot \cos\varphi_y \cdot x - \Sigma P \cdot \cos\varphi_x \cdot y = 0. \end{cases}$$

Aus diesen 6 Gleichungen folgt, daß zur Herstellung des räumlichen Gleichgewichtes einer Kräftegruppe 6 Lagergrößen erforderlich sind, etwa 6 Kräfte in bestimmten Richtungen.

18. Die Querkraft.

Beziehungen zwischen Querkraft und Moment.

Literatur: Keck-Hotopp, Elastizitätslehre. I. Teil. 2. Aufl. S. 178. — Mehrtens, Vorlesungen über Statik der Baukonstruktion und Festigkeitslehre. I. Band. S. 156.

Wird durch eine Gruppe von Kräften nach Fig. 30 ein beliebiger Schnitt s—s geführt, der mit den Kräften P die Winkel α einschließt, so können sämtliche Kräfte in je 2 Seitenkräfte senkrecht und parallel zu s—s zerlegt werden. Die Summe aller Seitenkräfte parallel zu s—s wird **Querkraft** genannt. Sie ist der entsprechenden Seitenkraft der Resultierenden R gleich.

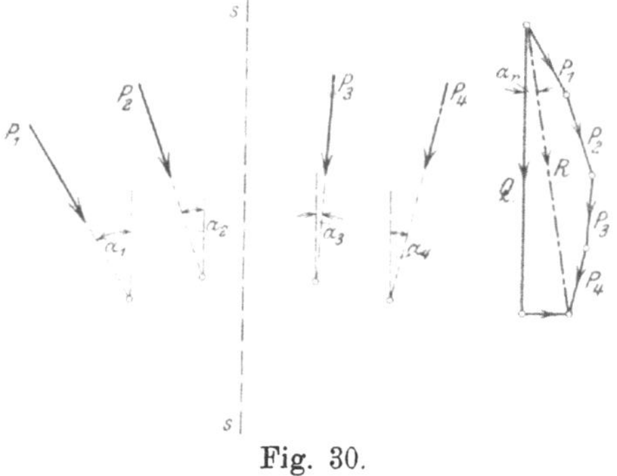

Fig. 30.

$$46)\quad Q = \Sigma\, P_n \cdot \cos \alpha_n = R \cdot \cos \alpha_r .$$

Die Verwendung der Querkraft empfiehlt sich besonders bei der Zerlegung einer Kraft in 3 Seitenkräfte, wenn zwei von den unbekannten Kräften parallele Richtung haben. Das Verfahren ist bereits in Abschnitt 13, S. 20 mit Fig. 23 durchgeführt.

Bei einer im Gleichgewicht befindlichen Kräftegruppe ist naturgemäß auch die Querkraft in dem obigen Sinne überall gleich Null. In diesem Falle gibt man, ähnlich wie in Abschnitt 10, S. 13, für den Ausdruck „Biegungsmoment", dem Ausdruck „Querkraft" eine andere Deutung, indem man darunter die Summe aller Seitenkräfte parallel zum Schnitt, die auf der einen Seite angreifen, versteht. Die Summen links und rechts haben gleiche Größe, aber entgegengesetzte Richtung, heben sich also auf.

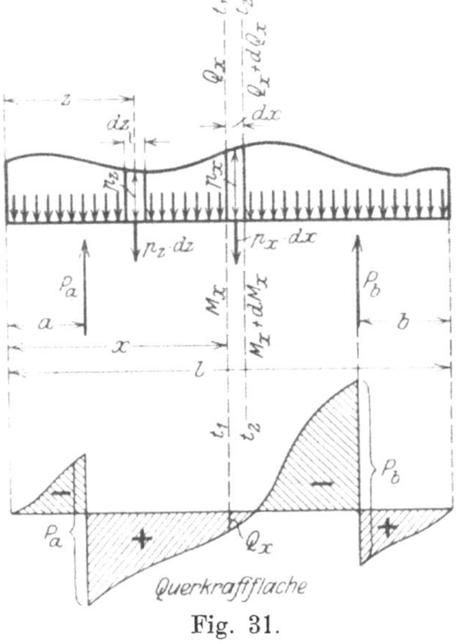

Fig. 31.

Zwischen den Kräften der Kraftgruppe, der Querkraft in dieser zweiten Bedeutung, und dem Begriffe des „Biegungsmomentes" nach Abschnitt 10, S. 13, lassen sich bestimmte mathematische Beziehungen ableiten. Fig. 31 stellt eine ganz allgemeine Gruppe von parallelen Kräften dar, die im Gleichgewicht seien. Außer den Einzellasten P_a und P_b ist eine nach einem beliebigen Gesetze verteilte Belastung vorhanden, etwa $p_x = p_0 \cdot f(x)$. Wegen des Gleichgewichtes bestehen die Gleichungen

$$P_a + P_b - \int_0^l p_x \cdot dx = 0$$

$$- P_a \cdot a - P_b (l - b) + \int_0^l p_x \cdot x \cdot dx = 0 .$$

Durch die Kraftgruppe werden parallel zu den Kräften zwei Schnitte $t_1 - t_1$ und $t_2 - t_2$ im Abstande dx gelegt. Die Querkräfte in diesen beiden Schnitten sind dann

$$Q_x = P_a - \int_0^x p_z \cdot dz \text{ im Schnitte } t_1 - t_1$$

$$Q_x + dQ_x = P_a - \int_0^x p_z \cdot dz - p_x \cdot dx \text{ im Schnitte } t_2 - t_2.$$

Die Subtraktion beider Gleichungen gibt:

$$dQ_x = -p_x \cdot dx, \quad \text{oder}$$

47) $$\frac{dQ_x}{dx} = -p_x.$$

Die Biegungsmomente in den Schnitten $t_1 - t_1$ und $t_2 - t_2$ sind:

$$M_x = +P_a(x-a) - \int_0^x p_z \cdot dz \cdot (x-z) \text{ im Schnitte } t_1 - t_1$$

$$M_x + dM_x = +P_a(x - a + dx) - \int_{z=0}^{z=x} p_z \cdot dz \cdot (x - z + dx) - p_x \cdot dx \cdot \frac{dx}{2}$$
im Schnitte $t_2 - t_2$.

Unter Vernachlässigung der unendlich kleinen Größe zweiter Ordnung $p_x \cdot \frac{dx^2}{2}$ gibt die Subtraktion der beiden Gleichungen:

$$dM_x = P_a \cdot dx - \int_{z=0}^{z=x} p_z \cdot dz \cdot dx$$

$$\frac{dM_x}{dx} = P_a - \int_0^x p_z \cdot dz.$$

Die rechte Seite ist der Ausdruck für Q_x, also besteht die Beziehung

48) $$\frac{dM_x}{dx} = Q_x.$$

Für den Fall, daß $\frac{dM_x}{dx} = 0$ wird, wird M_x ein Maximum oder Minimum. Die Bedingung für das Auftreten eines Maximums oder Minimums des Biegungsmomentes ist also: Querkraft $= 0$.

Ist das Belastungsgesetz $p_x = p_0 \cdot f(x)$ gegeben, so kann der Wert x, für den $Q_x = 0$ wird, rechnerisch ermittelt werden. Man kann auch die sogenannte „Querkraftfläche" zeichnen. Sie ist die Integralkurve der Kraftgruppe, stellt also in ihrer Ordinate zur Abszisse x den Wert Q_x dar. Wo diese Kurve durch Null geht, ist $Q_x = 0$ und M_x ein Maximum oder Minimum.

Besteht die Gleichgewichtsgruppe aus einer Reihe paralleler Einzelkräfte P_0 bis P_n in den Abständen λ_1 bis λ_n nach Fig. 32, so geht Gleichung 48) in die Form über:

49) $$M_n = M_{n-1} + Q_n \cdot \lambda_n.$$

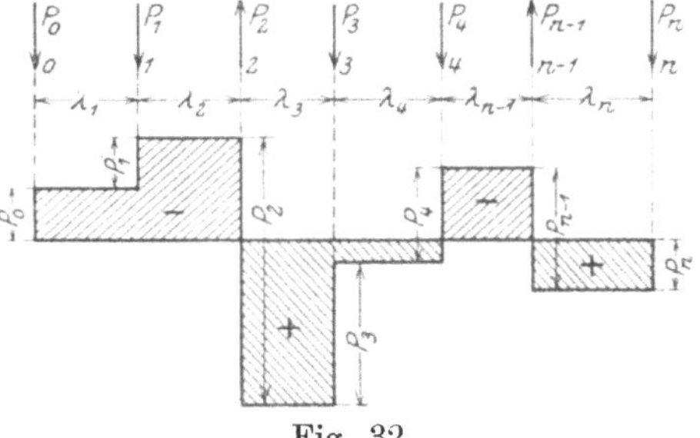

Fig. 32.

Q ist zwischen zwei Kräften P konstant und springt unter den Kräften um die Größe der Kraft. Gleichung 49) eignet sich besonders zur Ermittlung der Biegungsmomente in den Punkten 0 bis n. Sie geschieht am vorteilhaftesten in Form einer Tabelle.

Der Inhalt der Querkraftfläche links oder rechts von $t_1 - t_1$ stellt den Wert $\int_0^x Q_x \cdot dx = M_x$ dar. Da Gleichgewicht zwischen allen Kräften sein soll, ist für $x = l$ das Moment aller Kräfte $M_l = 0$, d. h. $\int_0^l Q_x \cdot dx = 0$ oder Gesamtinhalt der Querkraftfläche gleich Null. Es muß demnach der Inhalt des positiven Teils der Querkraftfläche gleich dem des negativen Teiles sein.

19. Der Balken auf zwei Stützen und der einseitig eingespannte Balken.

Literatur: Keck-Hotopp, Mechanik. 2. Teil. 4. Aufl. S. 29. — Müller-Breslau, Graph. Statik der Baukonstruktion. Band I. 3. Aufl. S. 109, 123. — Keck-Hotopp, Elastizitätsl. 1. Teil. 2. Aufl. S. 92, 178. — Keck, Graph. Statik. S. 54. — Mehrtens, Vorlesungen über Statik der Baukonstruktion und Festigkeitslehre. I. Bd. S. 159.

I. Der Balken auf zwei Stützen.

Statisch bestimmte Lagerung. Ein auf zwei Stützen nach Fig. 33 gelagerter Balken ist von beliebigen Lasten P ergriffen. Alle Lasten sollen in einer Ebene, der Zeichenebene, wirken, daher sind zur Herstellung des Gleichgewichts drei Lagergrößen erforderlich. Das eine Lager B ist als festes Lager auszubilden. Es vermag Lagerdrücke in beliebiger Richtung oder, was dasselbe ist, zwei Lagerkräfte in bestimmten Richtungen, etwa wagerecht B_h und lotrecht B_v, aufzunehmen. Das andere Lager A ist ein bewegliches Rollenlager. Es vermag nur Lagerdrücke senkrecht zur Rollenbahn aufzunehmen, die nach Fig. 33 unter einem Winkel α gegen den Balken geneigt sei.

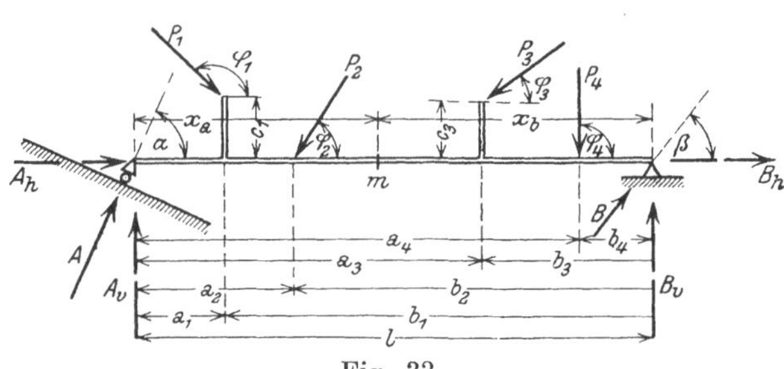

Fig. 33.

a) Rechnerische Behandlung.

Ermittlung der Lagerkräfte. Sämtliche Lasten und Lagerkräfte werden senkrecht und parallel zur Balkenrichtung zerlegt. Aus der Momentengleichung für Punkt B folgt der Lagerdruck A_v, aus der Momentengleichung für Punkt A folgt der Lagerdruck B_v. A_v und die Richtung α des Lagerdruckes A gibt A_h und die Bedingung $\Sigma H = 0$ gibt den Lagerdruck B_h. Die Gleichungen lauten also:

50)
$$\left\{\begin{aligned} A_v &= \frac{1}{l}\left[\Sigma P_n \cdot \sin\varphi_n \cdot b_n + \Sigma P_n \cdot \cos\varphi_n \cdot c_n\right] \\ B_v &= \frac{1}{l}\left[\Sigma P_n \cdot \sin\varphi_n \cdot a_n - \Sigma P_n \cdot \cos\varphi_n \cdot c_n\right] \\ A_h &= A_v \cdot \operatorname{ctg}\alpha;\ A = \sqrt{A_v^2 + A_h^2} \\ B_h &= \Sigma P_n \cdot \cos\varphi_n - A_h;\ B = \sqrt{B_v^2 + B_h^2};\ \operatorname{ctg}\beta = \frac{B_h}{B_v}. \end{aligned}\right.$$

Als Probe kann noch die Bedingung $\Sigma V = 0$ untersucht werden:

50a)
$$A_v + B_v - \Sigma P_n \cdot \sin\varphi_n = 0.$$

Ermittlung der Biegungsmomente. Für einen beliebigen Punkt m mit den Abständen x_a und x_b von den Enden A und B ist, da alle Kräfte im Gleichgewicht sind, auch das Moment aller Kräfte gleich Null. Von besonderem Interesse ist aber das Moment aller an einer Seite von m am Balken angreifenden Lasten, das sogenannte Biegungsmoment des Balkens im Querschnitte m (vgl. Abschn. 10). Das Moment aller Lasten links von m muß dem Momente aller Lasten rechts von m gleich, aber von entgegengesetztem Drehsinn sein, da beide zusammen sich zu Null ergänzen sollen. Die Gleichungen für M_m lauten also den absoluten Werten nach:

51) $$M_m = A_v \cdot x_a - \sum_{a=0}^{a=X_a} P_n \cdot \sin \varphi_n (x_a - a_r) - \sum_{a=0}^{a=X_a} P_n \cdot \cos \varphi_n \cdot c_n$$

$$= B_v \cdot x_b - \sum_{b=0}^{b=X_b} P_n \cdot \sin \varphi_n \cdot (x_b - b_n) + \sum_{b=0}^{b=X_b} P_n \cdot \cos \varphi_n \cdot c_n .$$

Vorzeichenregel der Biegungsmomente. Im allgemeinen wird bei Balken auf zwei Stützen von den Vorzeichenunterschieden der beiden Momente an den beiden Balkenteilen abgesehen und die Biegungsmomente nach folgender Vorzeichenregel benannt: Ein am linken Balkenstücke rechts herum und am rechten Stücke links herum drehendes Moment wird positiv [+ M] genannt, ein am linken Stücke links und am rechten Stücke rechts drehendes Moment wird negativ [— M] genannt. Positive Biegungsmomente haben das Bestreben, einen Balken unten konvex, negative Momente oben konvex zu verbiegen,

Auftreten des größten Biegungmomentes. Die Differentiation von Gleichung 51) ergibt:

$$\frac{dM_x}{dx_a} = A_v - \sum_{a=0}^{a=X_a} P_n \cdot \sin \varphi_n = 0.$$

Dieser Ausdruck stellt aber die Summe aller lotrechten Lasten an einer Seite des Querschnittes dar, die nach Abschnitt 18, S. 26 Querkraft benannt war. Die Bedingung für das Auftreten eines Maximal- oder Minimalmomentes ist also die, daß in dem betreffenden Querschnitte die Querkraft durch Null gehen muß. Die Querkraft am linken Stücke ist der am rechten Stücke gleich, aber umgekehrt gerichtet, denn infolge des herrschenden Gleichgewichtes ist am ganzen Balken $\Sigma V = 0$. (Vgl. Abschnitt 18.)

Vorzeichenregel der Querkräfte. Bezüglich des Vorzeichens der Querkraft in einem beliebigen Querschnitte gilt daher eine ähnliche Regel wie bei den Momenten: Eine Querkraft wird positiv (+ Q) genannt, wenn sie am linken Stücke nach oben und am rechten nach unten gerichtet ist; sie wird negativ (— Q) genannt, wenn sie am linken Stücke nach unten, am rechten nach oben gerichtet ist.

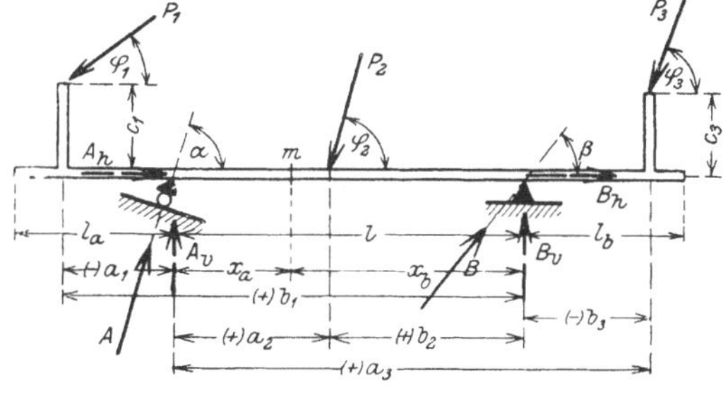

Fig. 34.

Balken mit überkragenden Enden. Die Gleichungen 50) und 51) für Auflagerdrücke und Biegungsmoment haben auch dann noch ihre Gültigkeit, wenn der Balken nach Fig. 34 an einem oder beiden Enden über die Lager überkragt und an den überkragenden Enden von Lasten ergriffen ist; es sind dann nur die Werte a_n und b_n, die vom Lager nach außen laufen, mit negativen Vorzeichen einzuführen.

Häufig ist es zweckmäßig, die Lasten zwischen den Stützen A und B und die Lasten auf den Kragenden getrennt zu betrachten. Erstere mögen Lagerdrücke A_v^0, A_h^0, B_v^0 und B_h^0 sowie Biegungsmomente M_m^0 hervorrufen, während die Lasten auf den Kragenden Lagerdrücke A_v^1, A_h^1, B_v^1 und B_h^1 und Biegungsmomente M_m^1 im Punkte m und M_a und M_b über den Stützen A und B hervorrufen.

Es ist also:

$$A_v = A_v^0 + A_v^1; \quad A_h = A_h^0 + A_h^1;$$
$$B_v = B_v^0 + B_v^1; \quad B_h = B_h^0 + B_h^1;$$
$$M_m = M_m^0 + M_m^1.$$

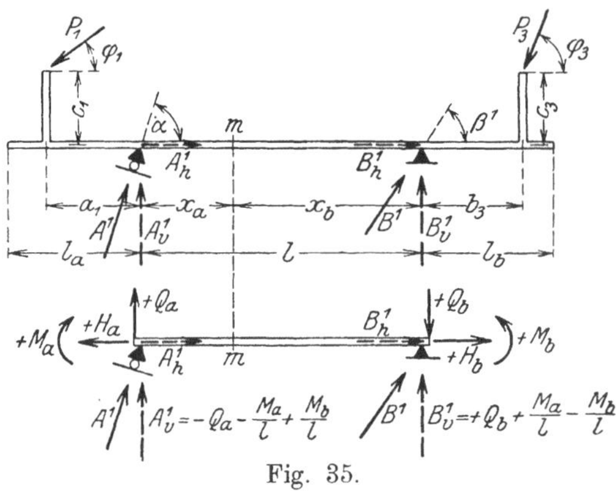

Fig. 35.

Die Einflüsse der Lasten auf den Kragenden auf Lagerdrücke und Biegungsmomente sollen untersucht werden. In Fig. 35 ist der nur mit Lasten auf den Kragenden belastete Balken nach Fig. 34 dargestellt. Man denke sich den Balken unmittelbar außerhalb der Stützen A und B durchschnitten und die dort herrschenden Querkräfte Q_a und Q_b, Längskräfte H_a und H_b und Momente M_a und M_b als äußere Kräfte angebracht. Die Momentengleichung für B als Drehpunkt gibt

$$A_v^1 = \frac{1}{l}\left[- Q_a \cdot l - M_a + M_b\right] = - Q_a - \frac{M_a}{l} + \frac{M_b}{l}.$$

Die Momentengleichung für A als Drehpunkt gibt

$$B_v^1 = \frac{1}{l}\left[+ Q_b \cdot l + M_a - M_b\right] = + Q_b + \frac{M_a}{l} - \frac{M_b}{l}.$$

Das Moment in m ist also

$$\begin{aligned} M_m^1 &= M_a + Q_a \cdot x_a + A_v^1 x_a \\ &= M_a + Q_a \cdot x_a - Q_a \cdot x_a - \frac{M_a}{l} x_a + \frac{M_b}{l} x_a \\ &= \frac{M_a}{l}\left(l - x_a\right) + \frac{M_b}{l} x_a = M_a \frac{x_b}{l} + M_b \frac{x_a}{l}. \end{aligned}$$

Daraus folgen für den nach Fig. 34 belasteten Balken die Lagerdrücke und das Biegungsmoment zu:

52) $$A_v = A_v^0 - Q_a - \frac{M_a}{l} + \frac{M_b}{l}; \quad A_h = A_v \cdot \operatorname{cotg} \alpha$$

$$B_v = B_v^0 + Q_b + \frac{M_a}{l} - \frac{M_b}{l}; \quad B_h = \sum P_n \cdot \cos \varphi_n - A_h$$

53) $$M_m = M_m^0 + M_a \frac{x_b}{l} + M_b \frac{x_a}{l},$$

wenn

$$M_a = -\sum_{a=-l_a}^{a=o} P_n \cdot a_n \cdot \sin\varphi_n - \sum_{a=-l_a}^{a=o} P_n \cdot c_n \cdot \cos\varphi_n .$$

$$M_b = -\sum_{b=-l_b}^{b=o} P_n \cdot b_n \cdot \sin\varphi_n + \sum_{b=-l_b}^{b=o} P_n \cdot c_n \cdot \cos\varphi_n .$$

Sonderfall paralleler Kräfte. Von besonderer Bedeutung ist der Fall, daß an dem Balken nur lotrechte Lasten P nach Fig. 36 angreifen, und die Rollenbahn wagerecht liegt, also $\alpha = 90^0$ $\varphi_n = 90^0$. Damit werden die Gleichungen für Lagerdrücke und Biegungsmoment:

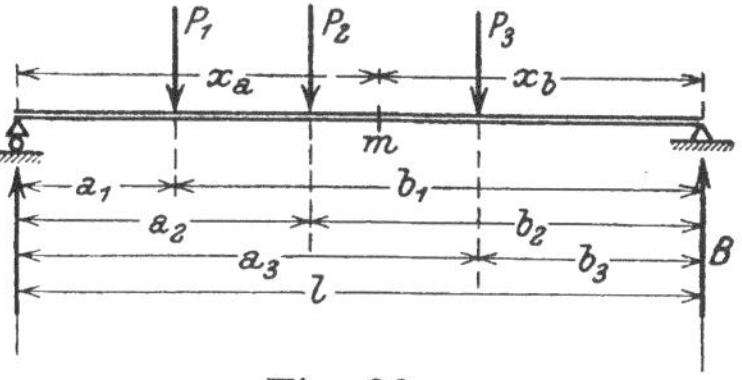

Fig. 36.

54) $$A_v = A = \frac{1}{l}\Sigma P_n \cdot b_n; \quad B_v = B = \frac{1}{l}\Sigma P_n \cdot a_n; \quad A_h = B_h = 0.$$

55) $$M_x = A \cdot x_a - \sum_{a=0}^{a=x_a} P_n (x_a - a_n) = B \cdot x_b - \sum_{b=0}^{b=x_b} P_n (x_b - b_n)$$

56) $$Q_x = A - \sum_{a=0}^{a=x_a} P_n = -B + \sum_{b=0}^{b=x_b} P_n.$$

Sonderfall einer lotrechten Einzellast. Aus Gleichung 54) bis 56) folgt

54 a) $$A = P\frac{b}{l}; \; B = P\frac{a}{l}.$$

Die Querkraft geht unter der Last durch Null, also:

57) $$M_{max} = P\frac{a\,b}{l}.$$

Mit $a = b = \frac{l}{2}$ wird

57a) $$M_{max} = P\frac{l}{4}.$$

Gleichmäßig verteilte Belastung. Ist die Belastung nach Fig. 37 über den Träger gleichmäßig verteilt, und bezeichnet p die Last auf der Längeneinheit, so ergeben sich die Lagerdrücke:

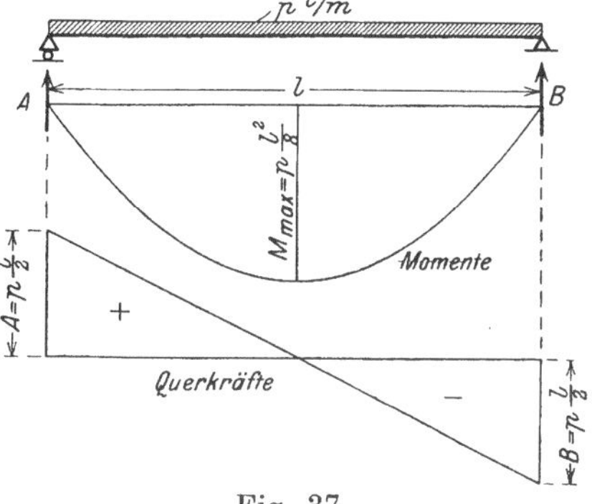

Fig. 37.

58) $$A = B = p\frac{l}{2}.$$

An einer beliebigen Stelle x_a, x_b ist

59) $$M_x = A \cdot x_a - p\frac{x_a^2}{2} = p\frac{l\,x_a}{2} - p\frac{x_a^2}{2} = p\frac{x_a}{2}(l - x_a) = p\frac{x_a \cdot x_b}{2}.$$

Die Querkraft an dieser Stelle ist:

60) $$Q_x = A - p \cdot x_a = p\left(\frac{l}{2} - x_a\right).$$

Q wird Null für $x_a = \frac{l}{2}$, daher:

59a) $$M_{max} = p\frac{l^2}{8}.$$

Entsprechend den Gleichungen 59) und 60) ist das Moment durch eine **Parabel**, die **Querkraft** durch eine Gerade nach Fig. 37 dargestellt.

Weitere Belastungsfälle. Für einige weitere häufig vorkommende Belastungsarten sollen nur die Ergebnisse mitgeteilt werden.

Ist die Belastung nach Fig. 38 nach einem Dreieck verteilt, so ergeben sich:

Die Lagerdrücke:

61) $$A = \frac{1}{6}p \cdot l = \frac{1}{3}P;\ B = \frac{1}{3}p \cdot l = \frac{2}{3}P.$$

wenn $P = p\frac{l}{2}$ = Gesamtlast.

Das Moment:

62) $$M_x = p\frac{lx}{6}\left[1 - \frac{x^2}{l^2}\right] = P\frac{x}{3}\left[1 - \frac{x^2}{l^2}\right].$$

Das Maximalmoment für $x = \frac{l}{\sqrt{3}} = 0{,}5774\ l.$

62a) $$M_{max} = p\frac{l^2}{9\sqrt{3}} = P\frac{2l}{9\sqrt{3}} = p \cdot l^2 \cdot 0{,}064 = P \cdot l \cdot 0{,}128.$$

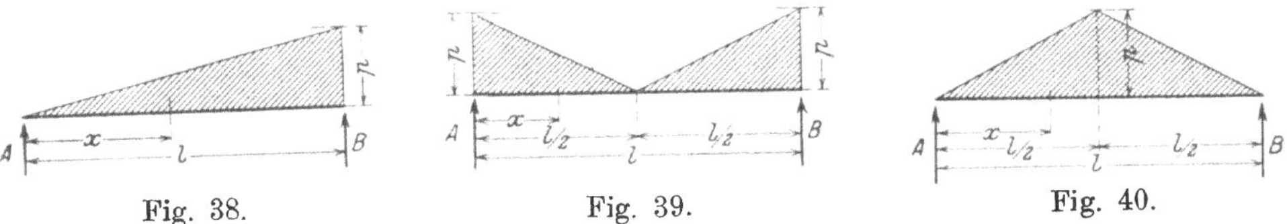

Fig. 38. Fig. 39. Fig. 40.

Eine Belastung nach Fig. 39 gibt:

63) $$A = B = p\frac{l}{4} = \frac{P}{2},\ \text{wenn}\ P = p\frac{l}{2} = \text{Gesamtlast}.$$

64) $$M_x = p\frac{lx}{2}\left[\frac{1}{2} - \frac{x}{l} + \frac{2x^2}{3l^2}\right] = P \cdot x\left[\frac{1}{2} - \frac{x}{l} + \frac{2x^2}{3l^2}\right].$$

Für $x = \frac{l}{2}$:

64a) $$M_{max} = p\frac{l^2}{24} = P\frac{l}{12}.$$

Die Belastung nach Fig. 40 gibt:

65) $$A = B = p\frac{l}{4} = \frac{P}{2},\ \text{wenn}\ P = p\frac{l}{2} = \text{Gesamtlast}.$$

66) $$M_x = p\frac{lx}{2}\left[\frac{1}{2} - \frac{2x^2}{3l^2}\right] = P \cdot x\left[\frac{1}{2} - \frac{2x^2}{3l^2}\right].$$

Für $x = \frac{l}{2}$:

66a) $$M_{max} = p\frac{l^2}{12} = P\frac{l}{6}.$$

b) Zeichnerische Behandlung.

Beliebiger Lastangriff. Den Fall einer allgemeinen Belastung nach Fig. 41 auf zeichnerischem Wege zu behandeln, ist im allgemeinen nicht zu empfehlen, da das Verfahren zu unübersichtlich wird. Es soll daher nur kurz erwähnt werden. Die Kräfte P_1 bis P_4 werden mittels eines beliebigen Seileckes mit dem Pole O zu einer Mittelkraft R vereinigt. Der Pol O_1 eines Seileckes durch die Auflagerpunkte A und B, dessen durch das bewegliche Lager A gehende Seite die Richtung senkrecht zur Rollenbahn hat, liefert in den zugehörigen Polstrahlen O_1 n und O_1 m die Lagerkräfte A und B. (Vgl. Abschnitt 15.) Nunmehr kann das Seileck durch Ziehen der Seite 7 geschlossen werden. Das Moment für einen beliebigen Punkt d ergibt sich dann nach Abschnitt 14 als Produkt $\eta \cdot$ H, wo η der Abschnitt ist, der auf einer Parallelen durch d zur Mittelkraft aller an einer Seite von d wirkenden Kräfte, hier R_d aus B und

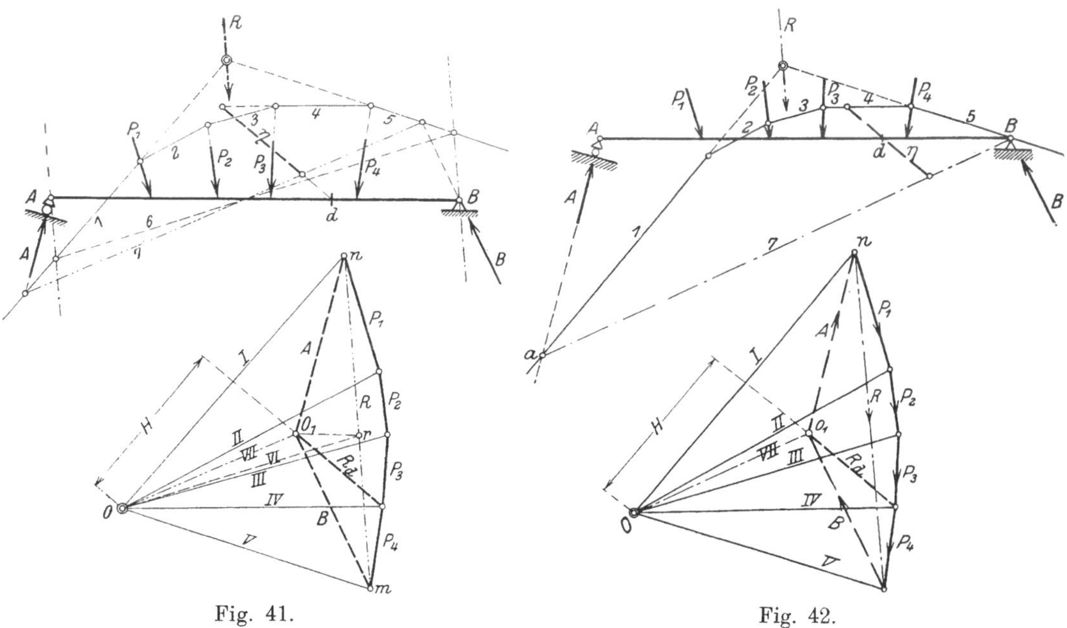

Fig. 41. Fig. 42.

P_4 oder A, P_1, P_2 und P_3, von den R_d einschließenden Seileckseiten, hier 7 und 4, abgeschnitten wird. Die Polweite H ist der senkrechte Abstand des Poles O von R_d.

Zeichnet man das beliebige Seileck so, daß die Seileckseite 5 durch den Punkt B (festes Lager) geht (Fig. 42), so wird das Zeichnen der Parallelen durch A und B zu R überflüssig. Die Verbindung des Punktes B mit dem Schnittpunkte a der Seileckseite 1 und der Richtung von A gibt die Schlußlinie 7. Der Pol O_1 liegt im Schnitt der Linien VII, parallel zur Schlußlinie 7, durch O und der Linie n O_1, parallel zur Richtung des Lagerdruckes A.

Das durch Fig. 42 gegebene Verfahren ist einfacher als das durch Fig. 41 gegebene, also vorzuziehen.

Sonderfall paralleler Kräfte. Sehr einfach und übersichtlich wird die zeichnerische Behandlung bei einer Gruppe von Parallelkräften, Fig. 43. Ein beliebiges Seileck mit einer Polweite H gibt unter Beachtung des im Abschnitt 13 Gesagten durch Ziehen des zur Schlußlinie 6 des Seileckes parallelen Polstrahles VI die Lagerdrücke A und B. Da alle Kräfte und Lagerdrücke parallel sind, so ist auch für alle Querschnitte d die Richtung der Mittelkraft R_d aller Kräfte an einer Seite von d die gleiche, parallel zu den Kräften. Ebenso ist die Polweite für alle Punkte d dieselbe. Die Strecken η erscheinen also als Höhen des Seil-

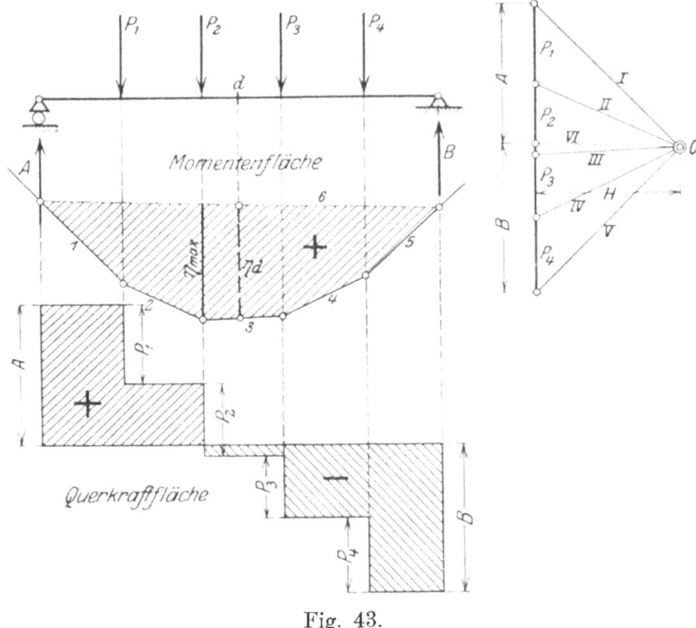

Fig. 43.

eckes zwischen Schlußlinie 6 und der unter d liegenden Seileckseite. Das Biegungsmoment in d ist $M_d = \eta_d \cdot H$. Das Seileck gibt ein direktes Bild von der Größe des Biegungsmomentes in allen Balkenquerschnitten, es wird daher auch Momentenfläche genannt. Aus den Lagerkräften A und B, die sich aus dem Krafteck ergeben, und den Lasten P ist in Fig. 43 die Querkraftfläche gebildet. Wo die Querkraft durch Null geht, entsteht das Maximalmoment $M_{max} = \eta_{max} \cdot H$.

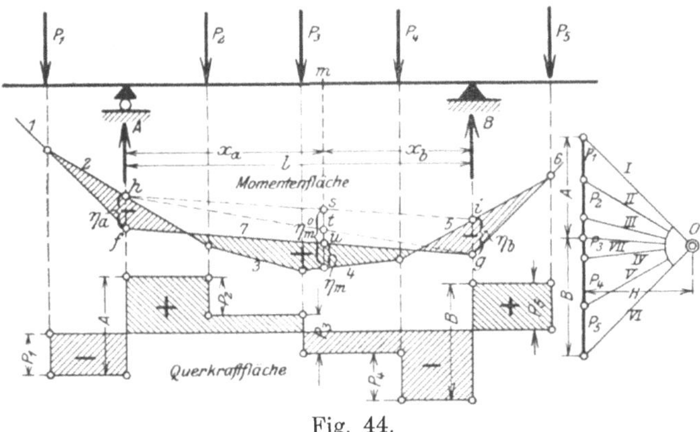

Fig. 44.

Balken mit überkragenden Enden. Fig. 44 zeigt die Konstruktion der Momentenfläche für eine Gruppe von parallelen Kräften an einem Balken mit überkragenden Enden. Die letzten Seileckseiten 1 und 6 sind bis zu den Schnittpunkten f und g mit den Auflagerloten zu verlängern, dann stellt f g die Schlußlinie 7 dar. Die durch Schraffur kenntlich gemachte Momentenfläche ist teils positiv, teils negativ. Die Parallele VII zur Schlußlinie 7 im Krafteck schneidet die Lagerkräfte A und B ab. Damit läßt sich die Querkraftfläche zeichnen.

Aus den geometrischen Beziehungen der Momentenfläche nach Fig. 44 läßt sich in sehr übersichtlicher Form die Gleichung 53)

$$M_m = M_m{}^0 + M_a \frac{x_b}{l} + M_b \frac{x_a}{l}$$

ableiten. Die Schlußlinie des Balkens ohne Kragenden, belastet mit P_2, P_3 und P_4 ist die Gerade h i, es ist also $M_m{}^0 = H \cdot \eta_m{}^0$. Die Stützmomente sind $M_a = -H \cdot \eta_a$ und $M_b = -H \cdot \eta_b$. In Fig. 44 ist

$$\eta_m = \eta_m{}^0 - \overline{st} - \overline{tu} = \eta_m{}^0 - \eta_a \frac{x_b}{l} - \eta_b \frac{x_a}{l}.$$

Die Multiplikation mit H gibt:

$$H \cdot \eta_m = H \cdot \eta_m{}^0 - H \cdot \eta_a \frac{x_b}{l} - H \cdot \eta_b \frac{x_a}{l}, \quad \text{oder}$$

53) $$M_m = M_m{}^0 + M_a \frac{x_b}{l} + M_b \frac{x_a}{l}.$$

Verteilte Belastung. Ist die Belastung nach irgendeinem Gesetze über den Träger verteilt, so wird das Seileck eine stetige Kurve. Eine Zeichnung kann angenähert dadurch erfolgen, daß man die Belastung in mehrere Einzellasten zerlegt und zu ihnen ein Seileck zeichnet. Diese Seileckseiten stellen Tangenten an die richtige Seillinie dar.

Vereinigung von Rechnung und Zeichnung bei schwierigeren Belastungsfällen. Bei unregelmäßigen Belastungsarten ist es oft zweckmäßig, zeichnerische und rechnerische Behandlung sinngemäß miteinander zu verbinden. Man bestimmt rechnerisch nach den Gleichungen 50), S. 28 die Lagerkräfte, zeichnet damit die Querkraftfläche, die in ihrem Nullpunkte den Ort des Momentenmaximums gibt, und ermittelt dann wieder rechnerisch nach Gleichung 51), S. 29 das Maximalmoment.

II. Der einseitig eingespannte Balken.

Statisch bestimmte Lagerung. Ein Balken nach Fig. 45 sei an einem Ende biegungsfest eingespannt und von beliebigen Lasten ergriffen. Das andre

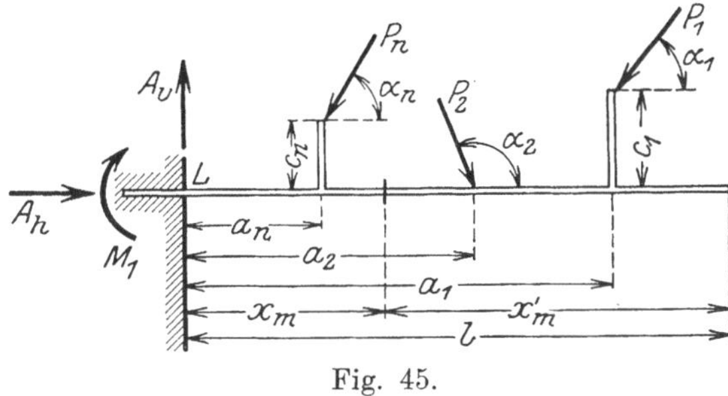

Fig. 45.

Ende des Balkens sei frei. An der Einspannungsstelle L treten drei Lagergrößen auf:

1) eine lotrechte Lagerkraft A_v
2) eine wagerechte Lagerkraft A_h
3) ein Einspannungsmoment M_1.

Diesen drei Unbekannten stehen die drei Gleichgewichtsbedingungen $\sum V = 0$, $\sum H = 0$, $\sum M = 0$ gegenüber, aus denen die Unbekannten zu lösen sind, das Bauwerk ist also „statisch bestimmt".

a) Rechnerische Lösung.

Beliebiger Lastangriff. Alle Lasten P_n werden lotrecht und wagerecht in $P_n \cdot \sin \alpha_n$ und $P_n \cdot \cos \alpha_n$ zerlegt. Dann folgt aus den Gleichgewichtsbedingungen:

$$67)\quad \begin{cases} A_v = \sum P_n \cdot \sin \alpha_n\,; \quad A_h = \sum P_n \cdot \cos \alpha_n\,; \\ M_1 = -\sum P_n \cdot \sin \alpha_n \cdot a_n + \sum P_n \cdot \cos \alpha_n \cdot c_n\,. \end{cases}$$

Die Querkraft in einem Punkte m im Abstande x_m von der Einspannungsstelle ist

$$68)\quad Q_m = + \sum_{a_n = l}^{a_n = x_m} P_n \cdot \sin \alpha_n\,.$$

Das Biegungsmoment im Punkte m ist:

$$69)\quad M_m = - \sum_{a_n = l}^{a_n = x_m} P_n \cdot \sin \alpha_n \cdot (a_n - x_m) + \sum_{a_n = l}^{a_n = x_m} P_n \cdot \cos \alpha_n \cdot c_n\,.$$

Lotrechte Einzellasten. Mit $\alpha_n = 90^0$ wird

$$70)\quad A_v = \sum P_n\,; \qquad A_h = 0\,; \qquad M_1 = - \sum P_n \cdot a_n\,.$$

$$71)\quad Q_m = \sum_{a_n = l}^{a_n = x_m} P_n\,.$$

$$72)\quad M_m = - \sum_{a_n = l}^{a_n = x_m} P_n \cdot (a_n - x_m)\,.$$

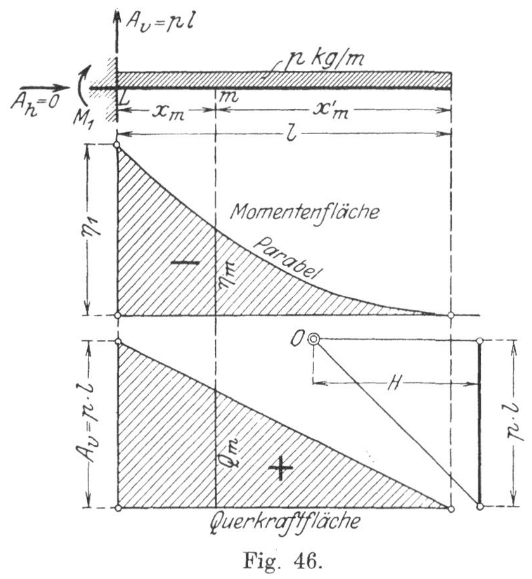

Fig. 46.

Gleichmäßig verteilte Belastung. Es ergibt sich entsprechend Fig. 46

$$73)\quad A_v = p \cdot l\,; \quad A_h = 0\,; \quad M_1 = -p \frac{l^2}{2}$$

$$74)\quad Q_m = p\,(l - x_m) = p \cdot x_m{}'$$

$$75)\quad M_m = -p \frac{(l - x_m)^2}{2} = -p \frac{x_m{}'^2}{2}\,.$$

Dreiecksbelastung nach Fig. 47.

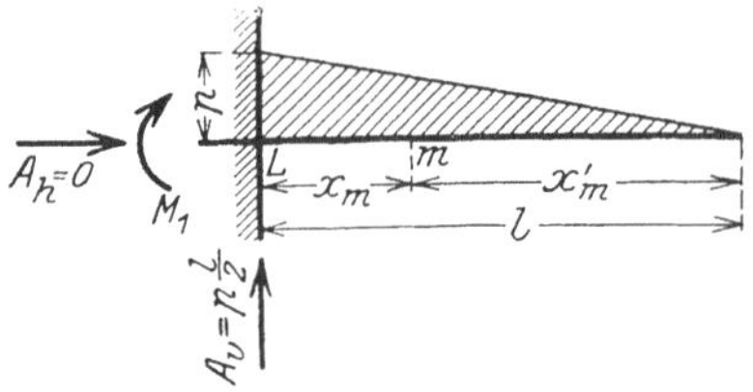

Fig. 47.

$$76)\quad A_v = p \frac{l}{2}\,; \quad A_h = 0\,; \quad M_1 = -p \frac{l^2}{6}$$

$$77)\quad Q_m = p \frac{x_m{}'^2}{2\,l}$$

$$78)\quad M_m = -p \frac{x_m{}'^3}{6\,l}\,,$$

Dreiecksbelastung nach Fig. 48.

79) $A_v = p\frac{l}{2}$; $A_h = 0$; $M_1 = -p\frac{l^2}{3}$

80) $Q_m = p\frac{l}{2} - p\frac{x_m^2}{2l}$

81) $M_m = -p\frac{x_m'^2}{2} + p\frac{x_m'^3}{6l} = -p\frac{x_m'^2}{2l}\left(l - \frac{x_m'}{3}\right).$

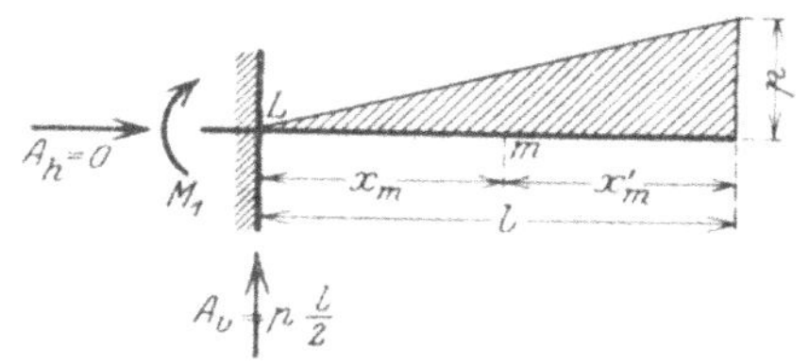

Fig. 48.

b) Zeichnerische Lösung.

Beliebiger Lastangriff. Die äußeren Kräfte P_1 bis P_4 werden nach Fig. 49 zu einem Krafteck zusammengesetzt. Die lotrechte bzw. die wagerechte Seitenkraft der resultierenden R geben die lotrechte Lagerkraft A_v bzw. die wagerechte Lagerkraft A_h. Zu den Kräften ist ein Seileck mit dem Pole O gezeichnet. Auf einer Parallelen zu R durch den Lagerpunkt L wird durch die Seileckseiten 1 und 5 die Strecke η_1 abgeschnitten, aus der sich $M_1 = \eta_1 \cdot H_1$ errechnet. Für einen Punkt m ergibt sich die Strecke η_m indem man durch m eine Parallele zur Resultierenden R_m aller Kräfte auf einer Seite von m zieht, hier P_1 und P_2. Die Seileckseiten 1 und 3, deren entsprechende Polstrahlen I und III im Krafteck R_m einschließen, schneiden auf der Parallelen durch m zu R_m die Strecke η_m ab. Es ist das Biegungsmoment in m: $M_m = \eta_m \cdot H_m$.

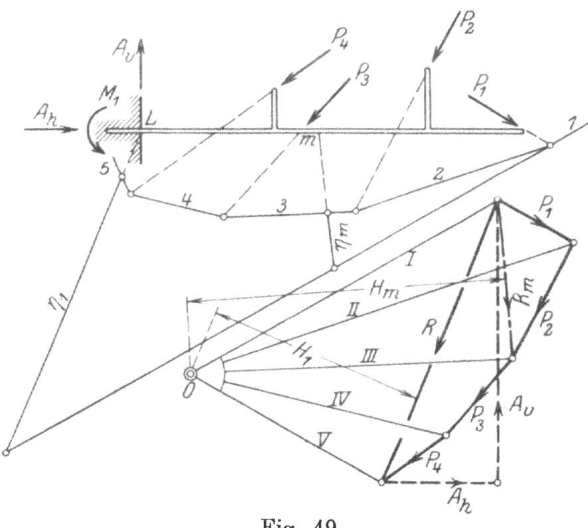

Fig. 49.

Lotrechte Einzellasten. Fig. 50 zeigt die Momenten- und Querkraftfläche. An der Einspannstelle L ist das Biegungsmoment $M_1 = \eta_1 \cdot H$, hat den Drehsinn links herum am linken Stück, ist also negativ. Die Querkraft an der Einspannstelle springt von Null auf $A_v = \sum P$. A_v ist am linken Stück des Balkens nach oben gerichtet. Q ist also positiv. Der gesamte Flächeninhalt der Querkraftfläche stellt das Moment M_1 dar, während M_m durch den Inhalt der Querkraftfläche rechts von Q_m ausgedrückt ist.

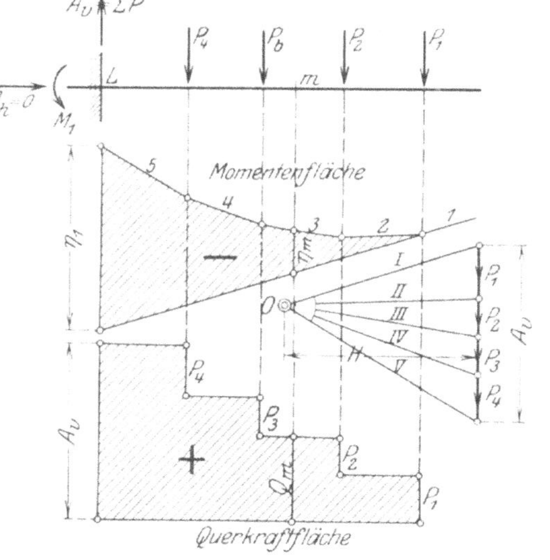

Fig. 50.

Gleichmäßig verteilte Belastung (Fig. 46). Die verteilte Belastung ist in eine Reihe von Einzellasten zu zerlegen und zu diesen ist ein Seileck zu zeichnen. Das Seileck stellt dann ein Tangentenvieleck um die Seilkurve dar, die entsprechend Gleichung 75) eine Parabel ist. Die Querkraftfläche ist entsprechend Gleichung 74) eine Gerade.

20. Der Gerberbalken.

Literatur: Keck-Hotopp, Vorträge über Elastizitätslehre. 1. Teil. 2. Aufl. S. 169. — Müller-Breslau, Graph. Stat. der Baukonstr. Bd. I. 3. Aufl. S. 159. — Mehrtens, Vorlesg. über Stat. d. Baukonstr. u. Festigkeitsl. I. Bd. S. 141. — Föppl, Vorlesungen über techn. Mech. II. Bd. 5. Aufl. S. 84, 110, 213.

Ermittlung der erforderlichen Gelenkzahl. Ein Balken auf 2 Stützen mit einem festen und einem beweglichen Lager hat drei Lagergrößen, deren Größe für beliebige Lasten mittels der drei Gleichgewichtsbedingungen für die Ebene, Gleichung 44), S. 25, zu bestimmen ist. Läuft der Balken über mehrere, etwa n Stützen durch, von denen wiederum eine als festes, die anderen als bewegliche Kipplager ausgebildet sind, so entstehen $n + 1$ Lagergrößen, denen nur 3 Gleichungen gegenüberstehen. Das Bauwerk kann rein statisch mittels der Gleichgewichtsbedingungen nicht mehr untersucht werden, es heißt „statisch unbestimmt". Da zur Ermittlung der $n + 1$ Lagergrößen $n - 2$ Gleichungen fehlen, sagt man „das Bauwerk ist $(n - 2)$-fach statisch unbestimmt". Dadurch, daß man an bestimmten Stellen in den Balken Gelenke einlegt, erreicht man, daß an diesen Stellen keine Biegungsmomente auftreten können, die Nullsetzung der Gleichungen für die Biegungsmomente an den Gelenkstellen liefert demnach weitere Bestimmungsgleichungen für die Auflagerdrücke. Schaltet man also in den Träger auf n Stützen $(n - 2)$ Gelenke ein, so entsteht ein statisch bestimmbares Bauwerk, das nach seinem Erfinder „Gerberträger" genannt wird. (Joh. Gottfried Heinrich Gerber, geb. 18./11. 1832, gest. 5./1. 1912.)

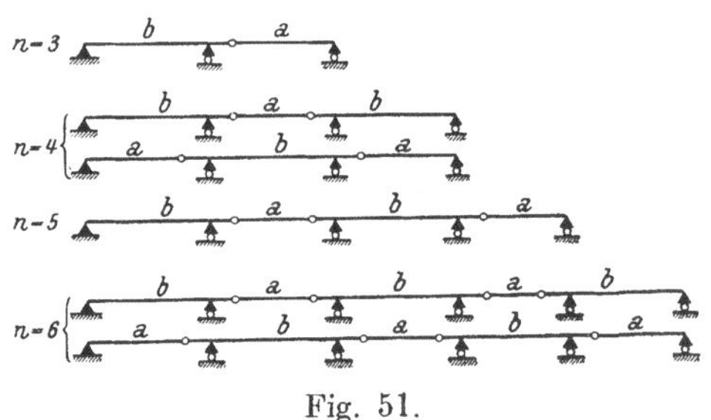

Fig. 51.

Fig. 51 zeigt die Anordnung der Gelenke bei $n = 3, 4, 5$ und 6 Stützen. Mehr als 2 Gelenke dürfen nicht in eine Öffnung fallen. Am zweckmäßigsten ordnet man die Gelenke so an, daß immer abwechselnd eine Öffnung mit zwei Gelenken und eine gelenklose Öffnung aufeinander folgen.

Statisch sind am Gerberträger zwei Teile zu unterscheiden:

1. Die Stücke a zwischen 2 Gelenken. Sie stellen Balken auf 2 Stützen dar, deren Auflager durch die Gelenke gebildet werden (mitunter auch durch ein Gelenk und ein Trägerlager). Dieser Teil a wird „Koppelträger" genannt.

2. Die Stücke b zwischen 2 Trägerlagern mit einem oder 2 überkragenden Enden, daher „Kragträger" genannt.

Der Koppelträger. Vom statischen Gesichtspunkte aus ist der Koppelträger a ein Balken auf 2 Stützen, dessen Auflager durch die Gelenke gebildet werden. Für seine Untersuchung gelten also alle die in Abschnitt 19 für den Träger auf 2 Stützen entwickelten Gleichungen.

Der Kragträger. Der Kragträger ist statisch ein Träger auf 2 Stützen mit einem oder zwei überkragenden Enden, der außer den an ihm selbst wirkenden Lasten noch mit den Auflagerdrücken der anschließenden Koppelträger belastet ist. Der Träger wird also nicht allein von den Lasten, die an ihm selbst angreifen, beansprucht, sondern auch noch von den Lasten der beiden anschließenden Koppelträger.

a) *Rechnerische Behandlung.*

In Fig. 52 ist der allgemeine Fall eines Kragträgers mit zwei anschließenden Koppelträgern dargestellt. Die Koppelträger sind vom Kragträger abgetrennt und ihre gegenseitigen Lagerkräfte B_1 und A_2 als äußere Kräfte zugefügt. Mit den Benennungen der Fig. 52 ergeben sich folgende Lagerwirkungen, wobei die Summenzeichen das Vorhandensein mehrerer Lasten jeder Art darstellen, von denen aber der Übersichtlichkeit wegen in der Fig. 52 immer nur eine dargestellt ist:

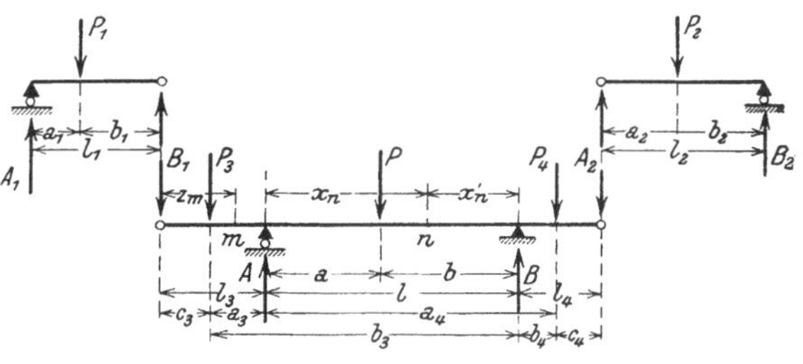

Fig. 52.

82)
$$\begin{cases} A_1 = \Sigma\, P_1 \dfrac{b_1}{l_1};\; B_1 = \Sigma\, \dfrac{P_1 \cdot a_1}{l_1} \\[2ex] A = \Sigma\, P\, \dfrac{b}{l} + \Sigma\, P_1 \dfrac{a_1}{l_1}\, \dfrac{l + l_3}{l} - \Sigma\, P_2 \dfrac{b_2}{l_2}\, \dfrac{l_4}{l} + \Sigma\, P_3 \dfrac{b_3}{l} - \Sigma\, P_4 \dfrac{b_4}{l} \\[2ex] B = \Sigma\, P\, \dfrac{a}{l} - \Sigma\, P_1 \dfrac{a_1}{l_1}\, \dfrac{l_3}{l} + \Sigma\, P_2 \dfrac{b_2}{l_2}\, \dfrac{l + l_4}{l} - \Sigma\, P_3 \dfrac{a_3}{l} + \Sigma\, P_4 \dfrac{a_4}{l} \\[2ex] A_2 = \Sigma\, P_2 \dfrac{b_2}{l_2};\; B_2 = \Sigma\, P_2 \dfrac{a_2}{l_2}. \end{cases}$$

Das Biegungsmoment für einen Punkt m des linken überkragenden Endes ist

83)
$$M_m = -\Sigma\, P_1 \frac{a_1}{l_1}\, z_m - \sum_{c_3 = 0}^{c_3 = z_m} P_3 (z_m - c_3).$$

Für einen Punkt n des Balkenstückes l ist das Biegungsmoment

84)
$$\begin{aligned} M_n &= A \cdot x_n - B_1 (l_3 + x_n) - \Sigma\, P_3 (a_3 + x_n) - \sum_{a = 0}^{a = x_n} P (x_n - a) \\ &= B \cdot x_n' - A_2 (l_4 + x_n') - \Sigma\, P_4 (b_4 + x_n') - \sum_{b = 0}^{b = x_n'} P (x_n' - b). \end{aligned}$$

Die Querkraft im Punkte m ist

85)
$$Q_m = -\Sigma\, P_1 \frac{a_1}{l_1} - \sum_{c_3 = 0}^{c_3 = z_m} P_3.$$

Die Querkraft im Punkte n ist

86)
$$Q_n = A - B_1 - \sum_{c_3 = 0}^{c_3 = l_3} P_3 - \sum_{a = 0}^{a = x_n} P = -B + A_2 + \sum_{c_4 = 0}^{c_4 = l_4} P_4 + \sum_{b = 0}^{b = x_n'} P.$$

Betrachtet man an dem Kragträger die Lasten auf den Kragenden und die Lasten zwischen den Stützen getrennt (vgl. Absch. 19, S. 30 u. 35 für den Balken auf zwei Stützen mit überkragenden Enden), so hat man vorerst die Auflagerdrücke A^0 und B^0, das Moment $M_n{}^0$ aus Lasten zwischen den Stützen und die Momente M_a und M_b über den Stützen A und B zu ermitteln. Dann ergibt sich:

$$87)\quad \begin{cases} A = A_0 + B_1 + \sum P_3 - \dfrac{M_a}{l} + \dfrac{M_b}{l} \\ B = B_0 + A_2 + \sum P_4 + \dfrac{M_a}{l} - \dfrac{M_b}{l} \\ M_n = M_n{}^0 + M_a \dfrac{x_n'}{l} + M_b \dfrac{x_n}{l}. \end{cases}$$

Die Werte der Stützmomente sind:

$$88)\quad \begin{cases} M_a = -\sum P_1 \dfrac{a_1}{l_1} \cdot l_3 - \sum\limits_{c_3=0}^{c_3=l_3} P_3 \cdot a_3 \\ M_b = -\sum P_2 \dfrac{b_2}{l_2} \cdot l_4 - \sum\limits_{c_4=0}^{c_4=l_4} P_4 \cdot b_4. \end{cases}$$

b) Zeichnerische Behandlung.

Der Gerberträger sei nach Fig. 53 belastet. Es sollen auf zeichnerischem Wege die Momentenfläche und die Lagerkräfte ermittelt werden. Die Kräfte

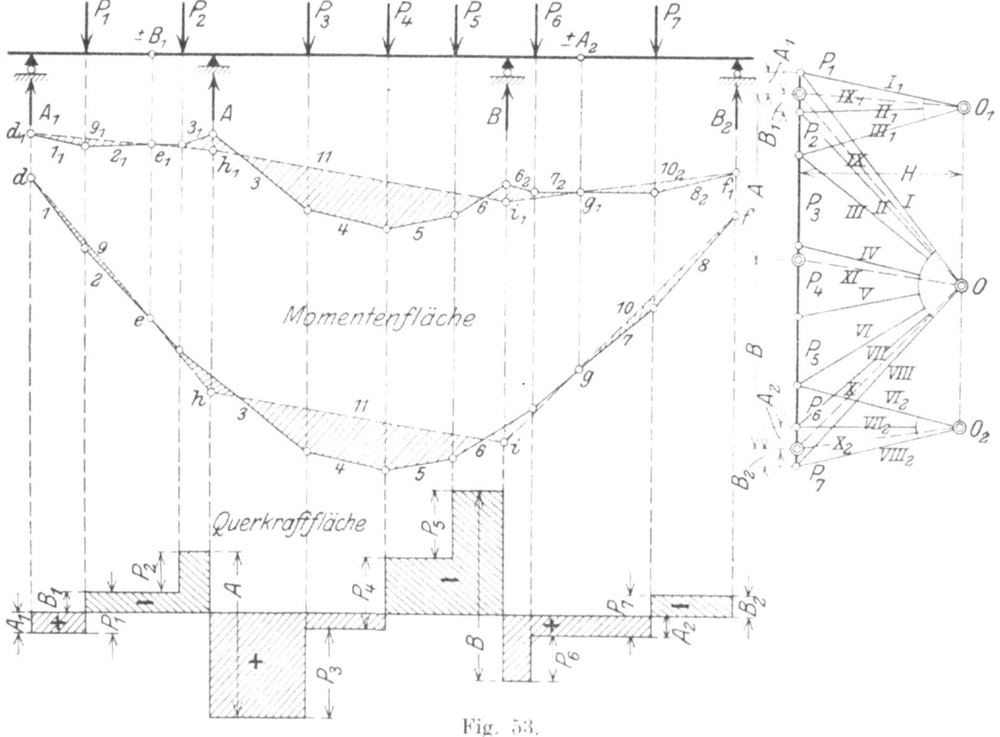

Fig. 53.

P_1 bis P_7 werden zu einem Krafteck zusammengestellt. Durch Annahme eines Poles 0 wird ein Seileck mit den Seileckseiten 1 bis 8 gezeichnet. Die Lager der Koppelträger werden herabgelotet bis zu den Schnittpunkten d, e, g und f mit den darunter liegenden Seileckseiten 1 und 2 bzw. 7 und 8, die Verbindungen de und fg stellen die Schlußlinien für die Lasten an den Koppelträgern dar. Sie werden bis zu den Schnittpunkten h und i mit den Lagerloten verlängert, hi ist die Schlußlinie für die Kragträgerlasten. Die schraffierten Flächen sind die Momentenflächen. Die Parallelen zu den Schlußlinien im Krafteck, die Geraden IX, X und XI, schneiden auf der Kräfteauftragung die Lagerdrücke ab. Statt ein einziges Seileck zu zeichnen, ist es gewöhnlich zweckmäßiger, für die Lasten jeder Öffnung getrennt je ein Seileck zu zeichnen. Dies ist in Fig. 53 durch Annahme der drei Pole 0_1, 0 und 0_2 geschehen. Aus den Lagerkräften und den äußeren Lasten kann nach Fig. 53 die Querkraftsfläche gebildet werden.

21. Der Schwerpunkt.

Literatur: Rühlmann, Grundzüge der Mechanik. 3. Aufl. S. 177. — August Ritter, Lehrbuch der technischen Mechanik. 8. Aufl. S. 184. — Keck-Hotopp, Mechanik. 1. Teil. 4. Aufl. S. 148. — Föppl, Vorlesungen über technische Mechanik. I. Bd. 6. Aufl. S. 164. — Culmann, Graphische Statik. S. 369.

Mittelkraft einer Gruppe von Parallelkräften im Raume. Eine Gruppe von Kräften im Raume setzt sich nach Abschnitt 16, S. 24—25, zu einer Mittelkraft R, im Koordinatenanfangspunkt angreifend, und zu einem resultierendem Momente M_r, dargestellt durch seine Achsenstrecke, zusammen. Die für diese Zusammensetzungen maßgebenden Gleichungen sind die Gleichungen 40) bis 43), S. 24—25.

Für den Sonderfall, daß alle Kräfte parallel und gleich gerichtet sind, können die Winkelfunktionen in Gleichung 40) vor die Summenzeichen gesetzt werden. Die Gleichungen lauten dann

$$R_x = \cos\varphi_x \cdot \Sigma P;\; R_y = \cos\varphi_y \cdot \Sigma P;\; R_z = \cos\varphi_z \cdot \Sigma P$$

$$M_{rx} = \cos\varphi_z \cdot \Sigma P \cdot y - \cos\varphi_y \cdot \Sigma P \cdot z$$

$$M_{ry} = \cos\varphi_x \cdot \Sigma P \cdot z - \cos\varphi_z \cdot \Sigma P \cdot x$$

$$M_{rz} = \cos\varphi_y \cdot \Sigma P \cdot x - \cos\varphi_x \cdot \Sigma P \cdot y.$$

64) $$R = \Sigma P \sqrt{\cos\varphi_x^2 + \cos\varphi_y^2 + \cos\varphi_z^2} = \Sigma P$$

$$\cos\alpha_r = \frac{R_x}{R} = \cos\varphi_x, \text{ also } \alpha_r = \varphi_x$$

und ebenso

$$\beta_r = \varphi_y;\; \gamma_r = \varphi_z.$$

Die Mittelkraft R ist gleich der Summe aller Kräfte P und dieser parallel gerichtet.

Bedenkt man, daß man immer zwei von den parallelen Kräften P zu einer Mittelkraft vereinigen kann, die in der gemeinschaftlichen Ebene beider Kraftrichtungen liegt, diese Mittelkraft wieder mit der nächsten Kraft P zu eine neuen Mittelkraft und so fort, so kommt man zu dem Schluß, daß sich alle Kräfte P zu einer einzigen Mittelkraft zusammensetzen lassen müssen, die allerdings nun nicht mehr durch den Koordinatenanfangspunkt geht. Die Koordinaten eines Punktes S dieser Mittelkraftrichtung seien x_r, y_r und z_r. Wird R in diesem Punkte in seine drei Seitenkräfte zerlegt, so lauten die drei Gleichgewichtsbedingungen $\Sigma M_x = 0$, $\Sigma M_y = 0$, $\Sigma M_z = 0$, unter Beachtung der parallelen Lage der Kräfte P und ihrer Mittelkraft R.

$$R \cdot \cos\varphi_z \cdot y_r - R \cdot \cos\varphi_y \cdot z_r = \cos\varphi_z\, \Sigma \cdot P \cdot y - \cos\varphi_y \cdot \Sigma P \cdot z$$

$$R \cdot \cos\varphi_x \cdot z_r - R \cdot \cos\varphi_z \cdot x_r = \cos\varphi_x\, \Sigma P \cdot z - \cos\varphi_z\, \Sigma P \cdot x$$

$$R \cdot \cos\varphi_y \cdot x_r - R \cdot \cos\varphi_x \cdot y_r = \cos\varphi_y \cdot \Sigma P \cdot x - \cos\varphi_x \cdot \Sigma P \cdot y.$$

Diesen Bedingungen der Gleichungen wird genügt, wenn folgende Beziehungen bestehen:

$$R \cdot x_r = \Sigma P \cdot x; \quad R \cdot y_r = \Sigma P \cdot y; \quad R \cdot z_r = \Sigma P \cdot z.$$

Die Koordinaten des Angriffspunktes der Mittelkraft sind also

89) $$x_r = \frac{\Sigma P \cdot x}{\Sigma P}; \quad y_r = \frac{\Sigma P \cdot y}{\Sigma P}; \quad z_r = \frac{\Sigma P \cdot z}{\Sigma P}.$$

Diese Werte sind ganz unabhängig von der Richtung der Kräfte P, sondern nur abhängig von ihren Angriffspunkten. Drehen sich die Kräfte P um ihre Angriffspunkte, so wird dadurch die Lage des Angriffspunktes S der Mittelkraft $R = \Sigma P$ nicht geändert. Der Punkt S heißt danach der Mittelpunkt der Parallelkräfte P.

Denkt man die Kräfte P hervorgegangen aus der Einwirkung einer Beschleunigung γ auf eine Masse m, also $P = m \cdot \gamma$ (vgl. Abschnitt 7, S. 8—9), so kürzt sich in den Gleichungen 89) die Beschleunigung γ fort, und es entstehen die Gleichungen

89a) $$x_r = \frac{\Sigma m \cdot x}{\Sigma m}; \quad y_r = \frac{\Sigma m \cdot y}{\Sigma m}; \quad z_r = \frac{\Sigma m \cdot z}{\Sigma m}.$$

Für den Sonderfall, daß die Beschleunigung durch die Erdschwere hervorgebracht wird, also $\gamma = g = 9{,}81\ \text{m/sec}^2$, wird der Punkt S „Schwerpunkt" genannt.

Schwerpunktssätze. Für den Schwerpunkt als Angriffspunkt der Mittelkraft folgen demnach die Sätze:

1. Die Summe der Momente der einzelnen Massenteile m in bezug auf eine beliebige Achse ist gleich dem Moment der im Schwerpunkt wirkenden Gesamtmasse.

2. Die Summe der Momente der einzelnen Massenteile m in bezug auf eine durch den Schwerpunkt gehende beliebige Achse ist gleich Null.

22. Schwerpunkte von Linien.

Literatur: Förster, Taschenbuch für Bauingenieure. 3. Aufl. S. 114. — „Hütte".

Streng genommen hat eine Linie, ein geometrischer Begriff, keinen Schwerpunkt, da sie keine Masse hat, also auch nicht einer Schwerkraftswirkung unterworfen sein kann. Es ist erforderlich, daß man sich den Linienzug gleichmäßig mit Masse belegt denkt, derart, daß auf der Längenheinheit immer die Masse m liegt. Auf einem unendlich kleinen Bogenstück ds liegt dann die Masse $m \cdot ds$. In den Gleichungen 89a) treten dann an Stelle der Summenzeichen Integrale. Der konstante Wert m kürzt sich in Zähler und Nenner, und die Gleichungen lauten

89b) $$x_r = \frac{\int x \, . \, ds}{\int ds}; \quad y_r = \frac{\int y \cdot ds}{\int ds}; \quad z_r = \frac{\int z \cdot ds}{\int ds}.$$

Gewöhnlich entsteht bei der Schwerpunktsermittlung dadurch eine Vereinfachung, daß bei Vorhandensein einer Symmetrieachse der Schwerpunkt auf dieser Geraden liegen muß.

1) Die gerade Linie. Der Schwerpunkt S liegt in der Mitte der Strecke s.

2) Beliebiger gerader Linienzug $s_1, s_2 \cdots s_n$ in einer Ebene. Die Schwerpunkte $S_1, S_2 \cdots S_n$ der einzelnen Geraden liegen in ihren Mitten, ihre

Koordinaten x_1, y_1 usw. in bezug auf zwei beliebige Achsen sind also bekannt. Dann bestehen die Gleichungen

90) $$\begin{cases} x_r = \dfrac{s_1 \cdot x_1 + s_2 \cdot x_2 + \cdots + s_n \cdot x_n}{s_1 + s_2 + \cdots + s_n} \\ y_r = \dfrac{s_1 \cdot y_1 + s_2 \cdot y_2 + \cdots + s_n \cdot y_n}{s_1 + s_2 + \cdots + s_n}. \end{cases}$$

Für den Umfang eines Dreiecks A B C, Fig. 54, mit den Seiten a, b und c, liegen die Schwerpunkte S_a, S_b und S_c in den Mitten der Seiten a, b und c. Der Schwerpunkt liegt dann im Mittelpunkt des dem Dreieck $S_a S_b S_c$ eingeschriebenen Kreises. Sind h_a, h_b und h_c die den Seiten a, b und c entsprechenden Höhen, x_a, x_b und x_c die Abstände des Schwerpunktes von a, b und c, so lauten die Gleichungen

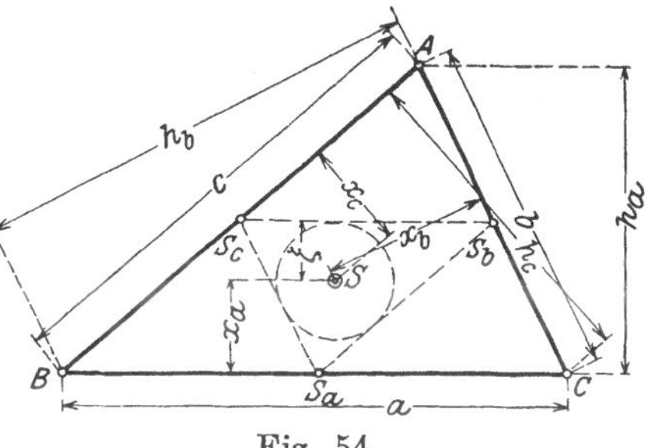

Fig. 54.

90a) $$x_a = \frac{h_a}{2} \frac{b + c}{a + b + c}; \; x_b = \frac{h_b}{2} \frac{a + c}{a + b + c}; \; x_c = \frac{h_c}{2} \frac{a + b}{a + b + c}.$$

Die Abstände ξ von den Linien $S_a S_b$, $S_a S_c$ und $S_b S_c$ sind, wenn F der Inhalt und U der Umfang des Dreiecks A B C sind

90b) $$\xi = \frac{h_a}{2} \frac{a}{a + b + c} = \frac{F}{U} = \frac{\text{Fläche}}{\text{Umfang}}.$$

Bildet der Linienzug ein Parallelogramm, so liegt der Schwerpunkt im Schnittpunkte der Diagonalen.

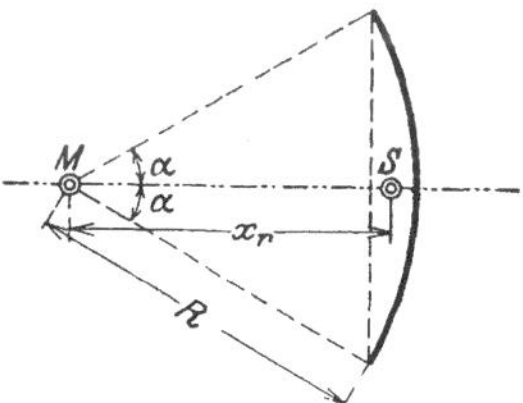

Fig. 55.

3) Der Kreisbogen. Fig. 55. Der Schwerpunkt liegt auf der Halbierungslinie des zum Bogen gehörigen Zentriwinkels 2α. Der Abstand x_r vom Mittelpunkte M des Kreises ist

91) $$x_r = R \frac{\sin \alpha}{\text{arc } \alpha} = R \frac{\text{Sehne}}{\text{Bogen}}$$

Für $\alpha = \frac{\pi}{2}$, Halbkreis, ist

91a) $$x_r = \frac{2\,R}{\pi} = 0{,}6366\ R.$$

Für $\alpha = \frac{\pi}{4}$, Viertelkreis, ist

91b) $$x_r = \frac{2\,R \cdot \sqrt{2}}{\pi} = 0{,}9003\ R.$$

Für $\alpha = \frac{\pi}{6}$, Sechstelkreis, ist

91c) $$x_r = \frac{3\,R}{\pi} = 0{,}9549\ R$$

23. Schwerpunkte von Flächen.

Literatur: Förster, Taschenbuch für Bauingenieure. 3. Aufl. S. 114. — „Hütte".

Bezüglich des Schwerpunktbegriffes einer Fläche gilt dasselbe, wie das zu Beginn des Abschnitts 22 für den Schwerpunkt einer Linie Gesagte. Erst wenn man sich die Fläche gleichmäßig mit einer Masse m für die Flächeneinheit belegt denkt, kann man von einem eigentlichen Schwerpunkt sprechen. Die konstante Größe m hebt sich dann in Gleichung 89) fort.

Die Schwerpunktkoordinaten einer beliebigen Fläche ergeben sich dann aus den Gleichungen

89c) $$x_r = \frac{\int x \cdot dF}{\int dF}; \quad y_r = \frac{\int y \cdot dF}{\int dF}; \quad z_r = \frac{\int z \cdot dF}{\int dF}.$$

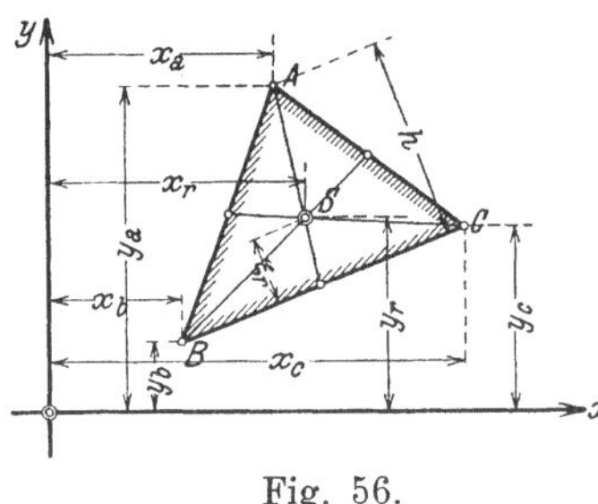
Fig. 56.

Bei ebenen Flächen liegt naturgemäß der Schwerpunkt in der Ebene selbst. Bei Vorhandensein einer Symmetrieachse liegt er auf dieser Achse.

1) Das Dreieck. Fig. 56. Der Schwerpunkt S liegt im Schnittpunkt der Mittellinien. Sein Abstand von einer Seite ist

92) $$\xi_r = \frac{h}{3}.$$

Sind die Koordinaten x_a, y_a, x_b, y_b und x_c, y_c der Eckpunkte A, B und C gegeben, so sind die Koordinaten des Schwerpunktes

92a) $$x_r = \frac{x_a + x_b + x_c}{3}; \quad y_r = \frac{y_a + y_b + y_c}{3}.$$

2) Das Parallelogramm. Der Schwerpunkt S liegt im Schnittpunkte der Diagonalen.

3) Das Trapez. Fig. 57. Der Schwerpunkt S liegt auf der Verbindungslinie der Mitte der parallelen Seiten. Die Abstände x_a und x_b von den Seiten a und b sind

93) $$x_a = \frac{h(a + 2b)}{3(a + b)}; \quad x_b = \frac{h(2a + b)}{3(a + b)}.$$

Die zeichnerische Schwerpunktermittlung ist aus Fig. 57 zu ersehen.

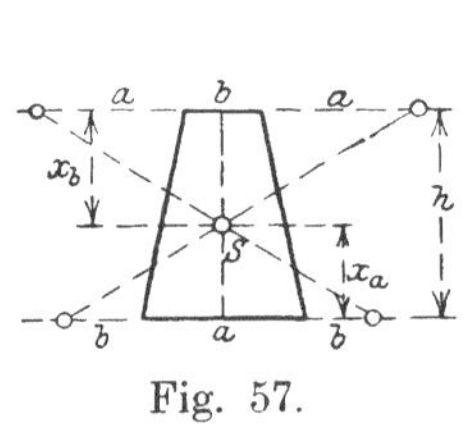
Fig. 57.

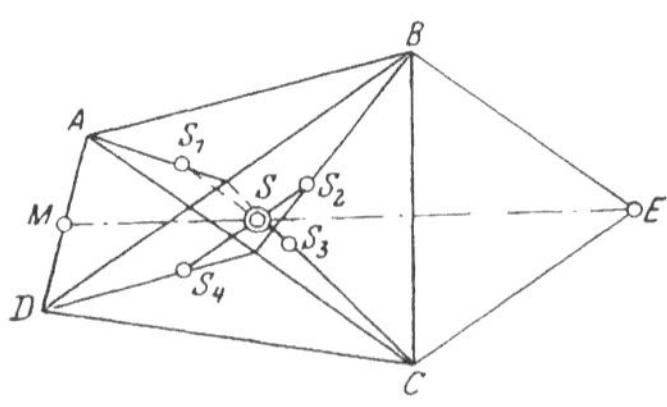
Fig. 58.

4) Das beliebige Viereck. Fig. 58. Das Viereck wird durch die Diagonale A C in 2 Dreiecke zerlegt, deren Schwerpunkte S_4 und S_2 in $1/3$ ihrer Höhen liegen. Ebenso gibt die Diagonale B D zwei Dreiecke mit den Schwerpunkten S_3 und S_1. Der Gesamtschwerpunkt S liegt dann im Schnittpunkt der Geraden $S_1 S_3$ und $S_2 S_4$. Die Konstruktion kann dadurch vereinfacht werden, daß $S_1 S_3 \parallel A C$

und $S_2 S_4 \# BD$ wird, so daß man nur S_1 und S_2 oder S_3 und S_4 zu bestimmen braucht. S liegt auf der Geraden ME, wo M die Mitte von AD ist und $BE \# AC$, $CE \# BD$ ist.

5) Das beliebige Vieleck. Das Vieleck von der Fläche F wird in Dreiecke $F_1, F_2 \cdots F_n$ zerlegt, deren Schwerpunktkoordinaten $x_1, y_1, x_2, y_2 \ldots . x_n, y_n$ nach 1), S. 44, zu bestimmen sind. Die Koordinaten x und y des Gesamtschwerpunktes sind dann

$$94)\quad x_r = \frac{x_1 F_1 + x_2 F_2 + \cdots + x_n F_n}{F_1 + F_2 + \cdots F_n}; \; y_r = \frac{y_1 \cdot F_1 + y_2 \cdot F_2 + \cdots + y_n \cdot F_n}{F_1 + F_2 + \cdots + F_n}.$$

6) Der Kreisabschnitt. Fig. 59. Der Schwerpunkt liegt auf der Halbierungslinie des zugehörigen Zentriwinkels 2α. Sein Abstand vom Kreismittelpunkt ist, wenn F der Inhalt des Kreisabschnittes und s die Sehne ist,

$$95)\quad x_r = \frac{s^3}{12 \cdot F} = \frac{2}{3}\frac{R^3 \sin^3\alpha}{F} = \frac{2}{3}\frac{R \sin^3\alpha}{\operatorname{arc}\alpha - \sin\alpha \cdot \cos\alpha} = \frac{4}{3}\frac{R \sin^3\alpha}{\operatorname{arc} 2\alpha - \sin 2\alpha}.$$

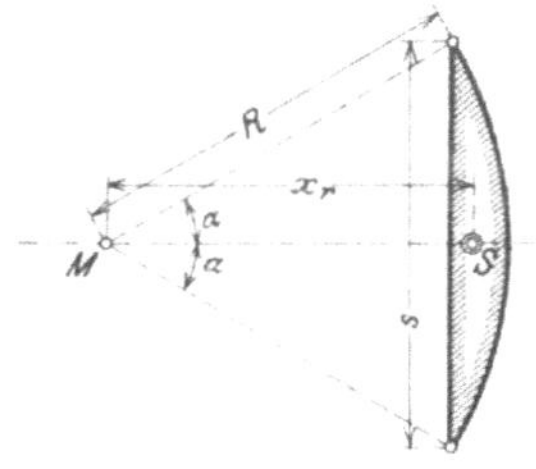

Fig. 59.

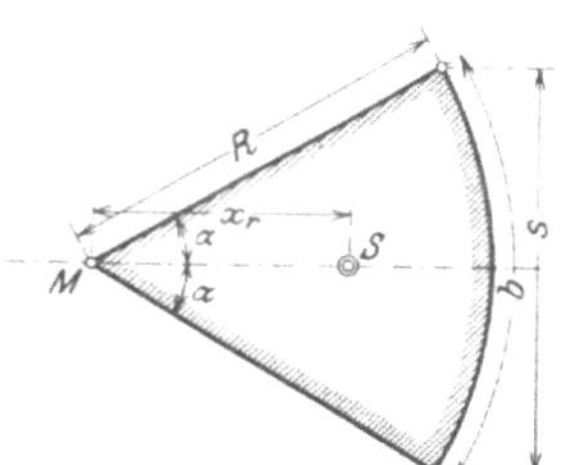

Fig. 60.

7) Der Kreisausschnitt. Fig. 60. S liegt auf der Halbierungslinie des Zentriwinkels 2α. Sein Abstand vom Kreismittelpunkt ist, wenn s die Sehnenlänge, b die Bogenlänge und F die Fläche des Ausschnittes ist:

$$96)\quad x_r = \frac{2}{3} R \frac{s}{b} = \frac{2}{3} R \frac{\sin\alpha}{\operatorname{arc}\alpha} = \frac{R^2 \cdot s}{3F}$$

Für $\alpha = \frac{\pi}{2}$, den Halbkreis, ist

$$96a)\quad x_r = \frac{4}{3}\frac{R}{\pi} = 0{,}4244\, R.$$

Für $\alpha = \frac{\pi}{4}$, den Viertelkreis, ist

$$96b)\quad x_r = \frac{4\sqrt{2}}{3\pi} R = 0{,}6002 \cdot R.$$

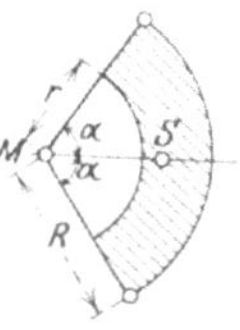

Fig. 61.

Für $\alpha = \frac{\pi}{6}$, den Sechstelkreis, ist

$$96c)\quad x_r = \frac{2}{\pi} R = 0{,}6366 \cdot R.$$

8) Das Kreisringstück. Fig. 61. Sind R und r die beiden Halbmesser und 2α der Zentriwinkel, so ist der Abstand des Schwerpunktes S vom Kreismittelpunkt

$$97)\quad MS = x_r = \frac{2}{3}\frac{R^3 - r^3}{R^2 - r^2}\frac{\sin\alpha}{\operatorname{arc}\alpha}.$$

9) Das Parabeldreieck. Fig. 62. Die Lagen der Schwerpunkte S_1 und S_2

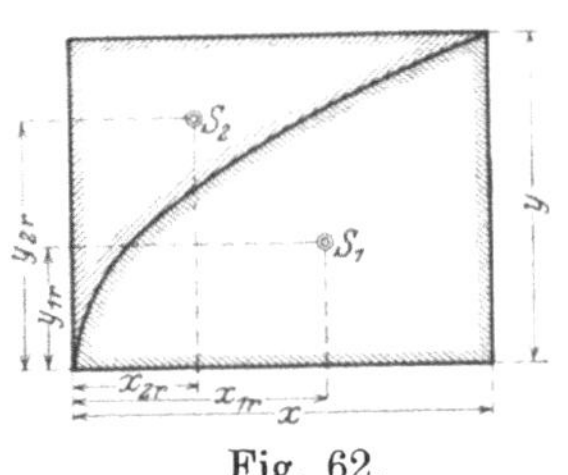

Fig. 62.

der beiden Parabeldreiecke ergeben sich mit den Benennungen der Fig. 62 zu

98)
$$\begin{cases} x_{1r} = \frac{3}{5}x; \quad y_{1r} = \frac{3}{8}y \\ x_{2r} = \frac{3}{10}x; \quad y_{2r} = \frac{3}{4}y. \end{cases}$$

24. Schwerpunkte von Körpern.

Literatur: Förster, Taschenbuch für Bauingenieure. 3. Aufl. S. 116. — „Hütte".

Das Gewicht eines Körperteiles ist, wenn der Körper durchweg aus demselben Stoff besteht, der Masse und mithin dem Volumen proportional, die Gleichungen zur Bestimmung der Schwerpunktslage lauten also

89d)
$$x_r = \frac{\int x \cdot dV}{\int dV}; \quad y_r = \frac{\int y \cdot dV}{\int dV}; \quad z_r = \frac{\int z \cdot dV}{\int dV}.$$

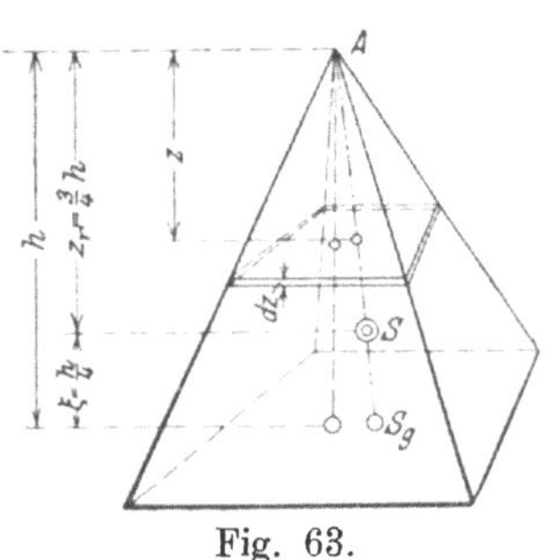

Fig. 63.

1) Der Zylinder. Der Schwerpunkt liegt auf der Verbindungslinie der Schwerpunkte der beiden Endflächen in halber Höhe des Zylinders.

2) Die Pyramide. Fig. 63. S_g sei der Schwerpunkt der Grundfläche, ihr Flächeninhalt sei F_g. Der Gesamtschwerpunkt S muß auf der Geraden A S_g liegen, da alle Schwerpunkte der unendlich dünnen Scheiben, in die man sich die Pyramide zerschnitten denken kann, auf dieser Geraden liegen. Da die Flächen mit dem Quadrate des Abstandes von der Spitze zunehmen, ist

$$F_z = F_g \frac{z^2}{h^2}; \quad dV = F_z \cdot dz = F_g \frac{z^2\,dz}{h^2}.$$

Der Abstand z_r von der Spitze ist also

99)
$$z_r = \frac{\int_0^h F_g \cdot \frac{z^2}{h^2}\, z \cdot dz}{\int_0^h F_g \cdot \frac{z^2}{h^2}\, dz} = \frac{\frac{h^4}{4}}{\frac{h^3}{3}} = \frac{3}{4} h.$$

Der Abstand von der Grundfläche ist dann

99a)
$$\xi = \frac{1}{4} h.$$

3) Pyramidenstumpf. Die Schwerpunktlage des Stumpfes folgt aus den beiden Schwerpunkten der vollen und der abgeschnittenen Pyramide. Sind F_g und f_g die beiden Endflächen und h die Höhe des Stumpfes, so ergibt sich der Abstand des Schwerpunktes von der Grundfläche F_g

100)
$$\xi = \frac{h}{4} \frac{F_g + 2\sqrt{F_g \cdot f_g} + 3 \cdot f_g}{F_g + \sqrt{F_g \cdot f_g} + f_g}.$$

Für einen Kreiskegelstumpf folgt hieraus durch Ersetzung der Flächeninhalte F_g und f_g durch deren Radien R und r

100a) $$\xi = \frac{h}{4} \frac{R^2 + 2R \cdot r + 3r^2}{R^2 + R \cdot r + r^2}.$$

4) Der Kugelabschnitt. Ist R der Kugelradius, h die Höhe des Kugelabschnitts, so ist der Abstand des Schwerpunktes vom Kugelmittelpunkte

101) $$x_r = \frac{3}{4} \frac{(2R - h)^2}{3R - h}.$$

Für eine Halbkugel mit h = R wird

101a) $$x_r = \frac{3}{8} R.$$

5) Der Kugelausschnitt. R ist der Radius der Kugel, h die Höhe des Kugelabschnitts, α der zugehörige Zentriwinkel. Der Schwerpunktabstand vom Kugelmittelpunkt ist dann

102) $$x_r = \frac{3}{8} R (1 + \cos\alpha) = \frac{3}{8} (2R - h).$$

6) Das Rotationsparaboloid. Ist h die Höhe des Paraboloides, das durch Rotation der Parabel um ihre Achse entstanden ist, so ist der Abstand des Schwerpunktes von der Grundfläche

103) $$\xi = \frac{1}{3} h.$$

25. Zeichnerische Schwerpunktsermittlung.

Literatur: Aug. Ritter, Lehrb. d. techn. Mechanik. 8. Aufl. S. 246. — Müller-Breslau, Graph. Stat. d. Baukonstr. Bd. I. 3. Aufl. S. 13. — Keck, Graph. Stat. S. 25.

Zur Ermittlung des Schwerpunktes von ebenen Linien und Flächen denke man sich diese gleichmäßig mit Masse belegt. Die Schwerkräfte sind dann proportional den Teillängen bzw. den Teilflächen, diese können daher direkt als Kräfte aufgefaßt werden. Die Ermittlung ist in Fig. 64 für eine Fläche durchgeführt. Man zerlegt die Fläche derartig in Teile, daß die Schwerpunkte der Teilflächen leicht zu ermitteln sind, also in Rechtecke, Dreiecke, Trapeze usw. Die Inhalte der Teilflächen werden in einem beliebigen Maßstabe und beliebiger Richtung zu einem Krafteck aufgetragen.

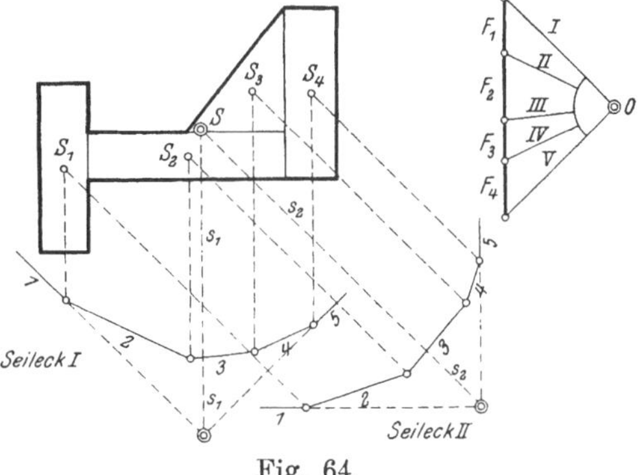

Fig. 64.

Ein hierzu gezeichnetes Seileck I gibt eine Schwerachse $s_1 - s_1$. Denkt man sich die Kräfte in einer beliebigen anderen Richtung wirken, so gibt ein neues Seileck II die Schwerachse $s_2 - s_2$. Der Schwerpunkt S liegt im Schnittpunkt beider Schwerachsen. Zur Zeichnung des zweiten Seilecks ist es nicht erforderlich, auch ein neues Krafteck aufzutragen, vielmehr genügt es, wenn jeder Polstrahl des ersten Kraftecks um den Winkel gedreht wird, den die beiden angenommenen Kraftrichtungen miteinander bilden. Aus praktischen Gründen wähle man dazu 90^0 oder 45^0.

26. Gleichgewicht einer Gelenkstangenverbindung. Der Dreigelenkbogen. Fachwerkkonstruktionen.

Literatur: Aug. Ritter, Lehrb. d. techn. Mech. 8. Aufl. S. 229. — Keck-Hotopp, Mechanik. 1. Teil. 4. Aufl. S. 215. — Rühlmann, Grundz. d. Mech. 3. Aufl. S. 232.

I. Gelenkstangenverbindung.

Erklärung des Begriffs „Gelenkstangen". Unter Gelenkstangen versteht man einen geraden oder gekrümmten Stab, der an den beiden Enden derartig an andere Stäbe oder die Auflager angeschlossen ist, daß keine Momente aufgenommen werden können. Der Stab muß also um den Anschlußpunkt drehbar sein. Der Anschluß kann durch Anordnung eines Bolzengelenks, aus Augen und Bolzen bestehend, erfolgen. Wenn in dem Gelenk nur Druckkräfte auftreten, genügt auch ein Wälzgelenk, zwei nach verschiedenen Halbmessern gekrümmte Druckflächen.

a) Verbindung von zwei Gelenkstangen.

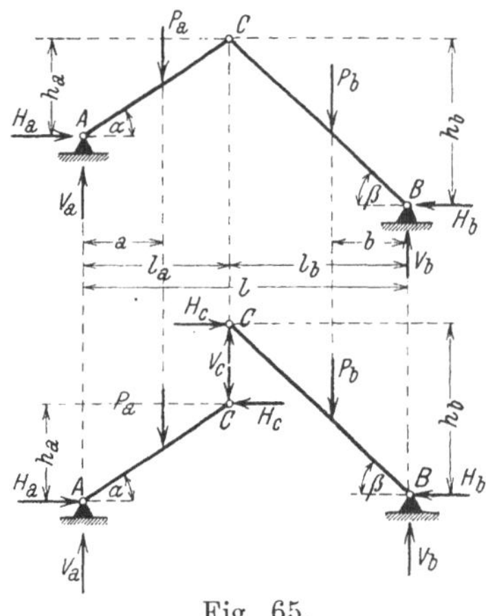

Fig. 65.

Beliebiger Lastangriff. Fig. 65 zeigt die beliebig belastete Verbindung. Da in den drei Gelenken keine Momente auftreten können, so ist die einzige dort vorhandene Kraftwirkung je eine beliebig gerichtete Kraft, die man in ihre lotrechten und wagerechten Seitenkräfte zerlegen kann. Das Bauwerk wird in C geschnitten gedacht. Werden die dort vorhandenen inneren Kräfte als äußere Kräfte angebracht gedacht, so muß an jedem Stücke wieder Gleichgewicht bestehen, es sind demnach 6 Gleichungen vorhanden, denen 6 Unbekannte gegenüberstehen, je 2 Kräfte in jedem Gelenke. Die Momentengleichungen für die Punkte A und B an den beiden Hälften liefern

$$V_c \cdot l_a - H_c \cdot h_a + P_a \cdot a = 0; \quad V_c \cdot l_b + H_c \cdot h_b - P_b \cdot b = 0.$$

Die Lösung gibt

104) $$V_c = \frac{P_b \cdot b \cdot h_a - P_a \cdot a \cdot h_b}{h_b \cdot l_a + h_a \cdot l_b}; \quad H_c = \frac{P_b \cdot b \cdot l_a + P_a \cdot a \cdot l_b}{h_b \cdot l_a + h_a \cdot l_b}.$$

Aus der Beziehung $\Sigma H = 0$ an beiden Teilen entsteht

104) $$H_a = H_b = H_c = \frac{P_b \cdot b \cdot l_a + P_a \cdot a \cdot l_b}{h_b \cdot l_a + h_a \cdot l_b}.$$

Die Beziehungen $\Sigma V = 0$ an beiden Hälften geben

104a) $$V_a = P_a + V_c; \quad V_b = P_b - V_c.$$

Die Mittelkräfte aus je 2 Gelenkkräften, die Gesamtgelenkdrücke, ergeben sich zu

$$A = \sqrt{V_a^2 + H_a^2}; \quad B = \sqrt{V_b^2 + H_b^2}; \quad C = \sqrt{V_c^2 + H_c^2}.$$

Die Richtungen dieser Mittelkräfte gegen die Wagerechte sind

104b) $$\operatorname{tg} \varphi_a = \frac{V_a}{H_a}; \quad \operatorname{tg} \varphi_b = \frac{V_b}{H_b}; \quad \operatorname{tg} \varphi_c = \frac{V_c}{H_c}.$$

Richtung der Stabkraft bei einer unbelasteten Gelenkstange. Ist die eine Gelenkstange, etwa A C, unbelastet, also $P_a = 0$, so ist

104 c) $$V_c = \frac{P_b \cdot b \cdot h_a}{h_b \cdot l_a + h_a \cdot l_b}; \quad H_c = \frac{P_b \cdot b \cdot l_a}{h_b \cdot l_a + h_a \cdot l_b}; \quad V_a = V_c.$$

Die Richtung der Mittelkraft A aus V_a und H_a ergibt sich zu

$$\operatorname{tg} \varphi_a = \frac{V_a}{H_a} = \frac{V_c}{H_c} = \frac{h_a}{l_a} = \operatorname{tg} \alpha; \quad \varphi_a = \alpha.$$

Der Gelenkdruck hat die Richtung der Stange A C. Es folgt daraus der Satz: Eine unbelastete Gelenkstange kann nur Kräfte in Richtung der Verbindungslinie der Gelenke aufnehmen.

Lastangriff in dem Gelenkpunkte C. Greift die Last $P_b = P$ im Gelenke C an, ist also $b = l_b$, so ergibt die Einsetzung dieser Werte in Gl. **104c**):

104 d) $$\begin{cases} V_c = \dfrac{P \cdot l_b \cdot h_a}{h_b \cdot l_a + h_a \cdot l_b}; \quad H_c = \dfrac{P \cdot l_a \cdot l_b}{h_b \cdot l_a + h_a \cdot l_b} = H_a = H_b \\ V_a = V_c; \quad V_b = P - V_c = \dfrac{P \cdot l_a \cdot h_b}{h_b \cdot l_a + h_a \cdot l_b} \\ \operatorname{tg} \varphi_a = \dfrac{V_a}{H_a} = \dfrac{h_a}{l_a} = \operatorname{tg} \alpha; \quad \operatorname{tg} \varphi_b = \dfrac{V_b}{H_b} = \dfrac{h_b}{l_b} = \operatorname{tg} \beta. \end{cases}$$

Hieraus folgt der Satz: Eine in dem gemeinsamen Gelenke angreifende Last erzeugt in beiden Gelenkstangen Kräfte in Richtung der Verbindungslinien ihrer Gelenke.

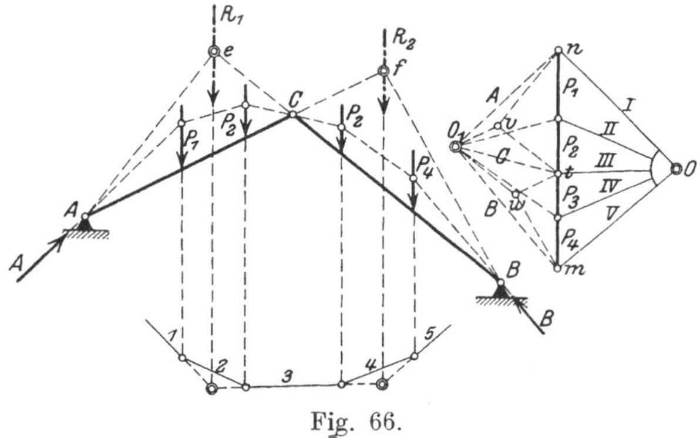

Fig. 66.

Zeichnerische Ermittlung der Gelenkdrücke. Auf zeichnerischem Wege findet man die Gelenkdrücke mittels eines Seilecks durch die drei Gelenkpunkte zu den gegebenen Lasten. Dies ist in Fig. **66** unter Beachtung der Abschn. 15, b) S. 22—23 geschehen. Entsprechend der parallelen Richtung der Kräfte P ist das zweite der dort angegebenen Verfahren der Konstruktion eines Seilecks durch drei Punkte angewandt.

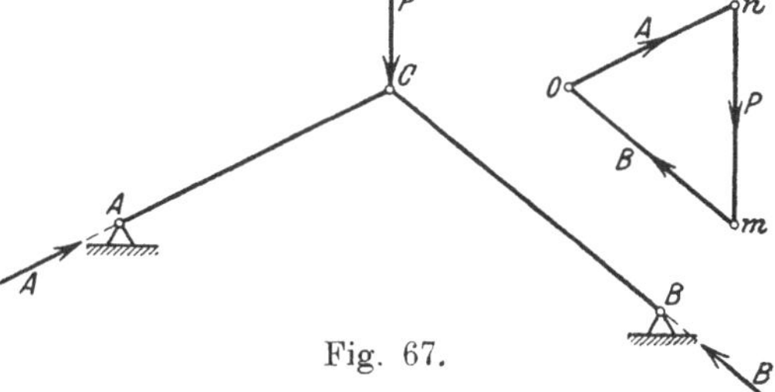

Fig. 67.

Greift die Last P im Knoten C an, so geschieht die Ermittlung der Lagerkräfte nach Fig. 67. Die Kraft P wird im Krafteck nach den beiden Stabrichtungen A C und B C in zwei Seitenkräfte A und B zerlegt.

Das Seileck zur Last P durch die drei Gelenke A, B und C besteht aus den beiden Geraden AC und BC, die mit den Stabachsen zusammenfallen.

b) Verbindung von mehr als zwei Gelenkstangen.

Im Gegensatz zu einer Verbindung von zwei Gelenkstangen, die ein starres Gebilde darstellten, ist eine Verbindung von mehreren Gelenkstangen, ein Vieleck, eine verschiebliche Figur. Sie ist unter der Wirkung beliebiger Lasten nicht im Gleichgewicht, vielmehr stellt sich unter Einwirkung der Lasten durch allmähliche Verschiebung eine Gleichgewichtslage ein.

Greifen Lasten an den Stangen selbst an, so kann man sie nach den Gleichungen für den Balken auf zwei Stützen in zwei Lasten in den Gelenken zerlegen. Man hat nunmehr nur noch mit Lasten in den Gelenken zu tun, die Stabspannkräfte liegen dann in Richtung der Stabachsen. [NB. Für die Querschnittsbemessung des Gelenkstabes müßte natürlich auch das Biegungsmoment berücksichtigt werden.]

An jedem Gelenkknoten muß die angreifende Kraft P mit den beiden Stabspannkräften im Gleichgewicht sein, die Gleichgewichtslage der Gelenkstangenverbindung ist also ein Seileck zu den Lasten P (Fig. 68). Nach dem im Abschnitt II, S. 13 ff., über das Seileck Gesagten folgt weiter: Die Verlängerungen zweier beliebiger Gelenkstangen müssen sich auf der Mittelkraft aller an den zwischen ihnen liegenden Knoten angreifenden Kräfte schneiden. Die Polstrahlen stellen die Spannkräfte in den Gelenkstangen dar; sind nur lotrechte Lasten vorhanden, so ist die Polweite gleich der wagerechten Seitenkraft aller Stabspannkräfte, es folgt daraus der Satz: Bei nur lotrechter Belastung haben alle Stangen dieselbe wagerechte Seitenkraft, gleich der Polweite des Kraftecks.

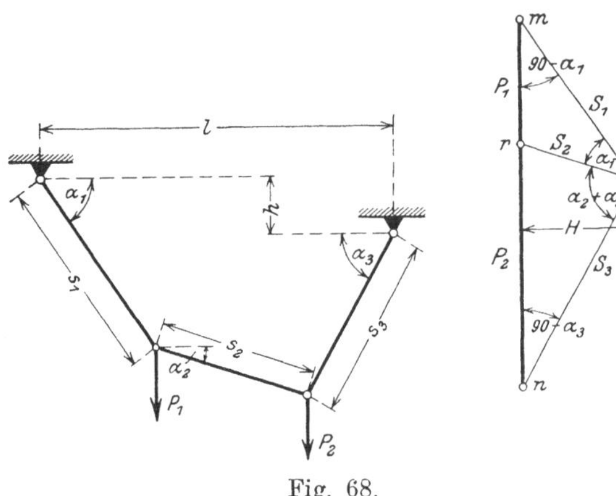

Fig. 68.

Rechnerisch ergeben sich für die Verbindung dreier Stangen, Fig. 68, folgende Beziehungen, wenn s_1, s_2 und s_3 die Stablängen, α_1, α_2 und α_3 die Stabneigungen gegen die Wagerechte und S_1, S_2 und S_3 die Stabspannkräfte sind:

Aus dem Dreieck 0mr: $\frac{P_1}{S_2} = \frac{\sin(\alpha_1 - \alpha_2)}{\cos\alpha_1}$

Aus dem Dreieck 0rn: $\frac{P_2}{S_2} = \frac{\sin(\alpha_2 + \alpha_3)}{\cos\alpha_3}$

Daraus folgt: $\frac{P_1}{P_2} = \frac{\sin(\alpha_1 - \alpha_2)}{\sin(\alpha_2 + \alpha_3)} \cdot \frac{\cos\alpha_3}{\cos\alpha_1}$.

Ferner ist

$$s_1 \cdot \cos\alpha_1 + s_2 \cos\alpha_2 + s_3 \cos\alpha_3 = l$$
$$s_1 \sin\alpha_1 + s_2 \sin\alpha_2 - s_3 \sin\alpha_3 = h.$$

Die Auflösung dieser 3 Gleichungen kann nur durch Probieren erfolgen.

II. Der Dreigelenkbogen.

Literatur: Müller-Breslau, Graph. Statik d. Baukonstr. Band I. 3. Aufl. S. 176. — Aug. Ritter, Lehrb. d. techn. Mech. 8. Aufl. S. 600. — Keck-Hotopp, Elastizitätslehre. 2. Teil. 2. Aufl. S. 66. — Föppl, Vorlesg. über techn. Mech. II. Band. 3. Aufl. S. 223. — Mehrtens, Vorlesg. über Stat. d. Baukonstr. u. Festigktsl. I. Bd. S. 129.

Die Gelenkstangenverbindung nach Fig. 66 stellt das Prinzip eines Dreigelenkbogens dar. Ob die beiden gelenkig verbundenen Teile stetig gekrümmt, eckig oder gerade, wie in Fig. 66, sind, ist vom statischen Standpunkte ohne Bedeutung. Nach dem unter I, a) Gesagten ist es leicht, die Gelenkdrücke rechnerisch und zeichnerisch zu ermitteln. Nunmehr sind alle äußeren Kräfte bekannt und man kann die in einem beliebigen Querschnitte auftretenden Längs- und Querkräfte sowie Biegungsmomente ermitteln.

III. Fachwerkkonstruktionen.

Literatur: Keck-Hotopp, Mechanik. 2. Teil. 4. Aufl. S. 79. — Müller-Breslau, Graph. Stat. d. Baukonstr. Band I. 3. Aufl. S. 208 und S. 438. — W. Ritter, Graph. Statik. 2. Teil. S. 1. — Keck-Hotopp, Elastizitätslehre. 2. Teil. 2. Aufl. S. 216. — Keck, Graph. Statik. S. 65. — Föppl, Vorlesg. über techn. Mech. II. Band. 5. Aufl. S. 167. — Mertens, Vorlesg. über Stat. d. Baukonstr. u. Festigktsl. I. Bd. S. 42.

Allgemeines.

Unter einem Fachwerk versteht man die Aneinanderreihung von beliebig vielen Gelenkstangen zu einem unverschieblichen Gebilde. Die gewöhnlichste Art der Bildung von Fachwerken ist die Aneinanderreihung von Dreiecken, von denen immer je zweien eine Gelenkstange gemein ist (Dreiecksfachwerke). Die Punkte, in denen die Gelenkstangen zusammenstoßen, werden „Knoten" genannt, die einzelnen Gelenkstangen heißen „Fachwerkstäbe" oder „Fachwerksglieder". Man unterscheidet „Gurtstäbe", die die äußere Umrandung des Fachwerkes bilden, und „Wandstäbe", die zwischen den Gurten verlaufen (Fig. 69). Die Konstruktion von Fachwerken erfolgt gewöhnlich so, daß die Lasten nur an den Knoten angreifen. Nach dem unter I, a) Gesagten ist dann leicht ersichtlich, daß die einzelnen Stäbe nur Kräfte in ihrer Längsrichtung erhalten, keine Querkräfte und Momente. In Fig. 69 seien die Kräfte P_1 bis P_8 im Gleichgewicht. Man beginnt an einem Knoten, an dem nur zwei Stäbe angreifen, z. B. Knoten 1, und zerlegt P_1 nach den Stäben s_1 und s_2 in die Kräfte S_1 und S_2. Dann geht man zu Knoten 2, an dem die Kraft P_2 und die eben ermittelte Kraft S_2 angreifen. Beide Kräfte greifen im Knoten an, rufen in den Stäben s_3 und s_4 wieder nur Längskräfte S_3 und S_4 hervor. So kann man von Knoten zu Knoten durch das ganz Fachwerk gehen.

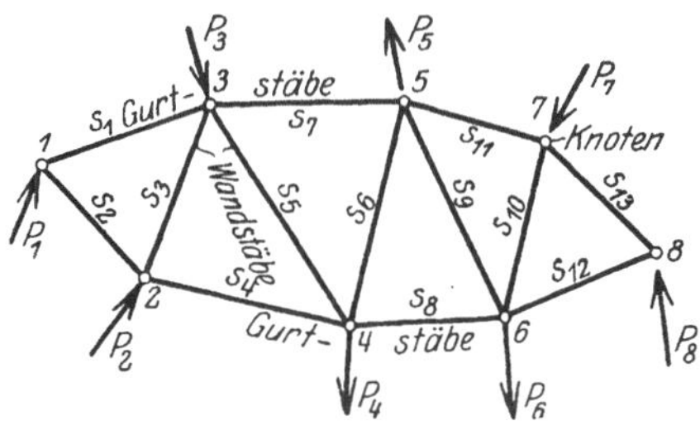

Fig. 69.

Sind nur die äußeren Belastungen gegeben, so sind, wenn n die Anzahl der unbekannten Lagergrößen und r die Anzahl der Stäbe ist, im ganzen $n + r$ Unbekannte. Diese können nur ermittelt werden, wenn dieselbe Anzahl Gleichungen gebildet werden kann. Ist k die Anzahl der Knoten, so kann man für jeden von ihnen die Gleichgewichtsbedingungen $\Sigma V = 0$, $\Sigma H = 0$ aufstellen ($\Sigma M = 0$ liefert, da die Lasten im Knoten angreifen, die Gleichung

$0 = 0$). Man hat demnach $2k$ Gleichungen. Das Fachwerk ist also statisch bestimmt, wenn

105) $$n + r = 2k.$$

Um die Stabspannkräfte zu ermitteln, bestimme man zuerst die Lagerkräfte. Dies geschieht wie für einen gewöhnlichen Balken nach den im Abschnitt 19 abgeleiteten Gleichungen. Die gebräuchlichsten Methoden zur Ermittlung der Stabspannkräfte sind folgende:

1. Der Kräfteplan nach Cremona (1830—1903).

Literatur: Cremona, Le figure reciproche nella Statica graphica. Milano 1872. — Maxwell, On the application of the theory of reciprocal polar figures to the construction of diagrams of forces. Engineer. Vol. 24. S. 402. — Müller-Breslau, Graph. Stat. d. Baukonstr. Bd. I. 3. Aufl. S. 213. — Keck-Hotopp, Mechanik. 2. Teil. 4. Aufl. S. 87. Keck-Hotopp, Elastizitätslehre. 2. Teil. 2. Aufl. S. 242. — Keck, Graph. Statik. 2. Aufl. S. 65. — W. Ritter, Graph. Statik. 2. Teil. S. 8. — Föppl, Vorlesg. über techn. Mech. II. Bd. 5. Aufl. S. 15. — Mehrtens, Vorlesg. über Stat. d. Baukonstr. u. Festigktsl. I. Bd. S. 176.

Das Verfahren ist ein zeichnerisches. Es eignet sich besonders bei Vorhandensein einer größeren Zahl nicht veränderlicher Lasten. Fig. 70.

Nach den Ergebnissen unter I, a) für eine Verbindung von 2 Gelenkstangen ergeben sich die Kräfte in den Gelenkstangen aus einer Last im Gelenk

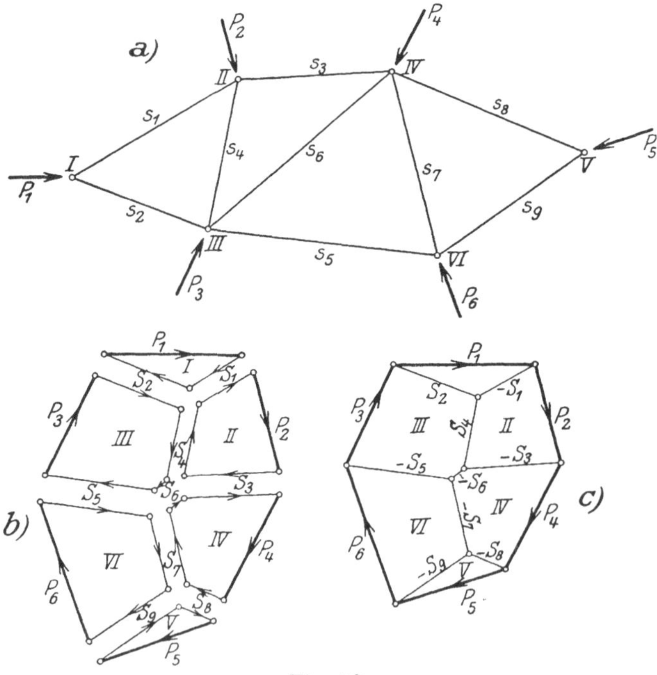

Fig. 70.

durch Zeichnung eines Kräftedreieckes. Man beginnt daher an einem Knoten, an dem nur zwei Stäbe angreifen, Knoten I in Fig. 70a, und zeichnet dazu das Kräftedreieck I in Fig. 70b. Damit sind S_1 und S_2 bekannt. Beide Kräfte weisen auf Knoten I hin, sind also Druckkräfte. Am Knoten II greift nun die eben gefundene Kraft S_1, die äußere Kraft P_2 und die unbekannten Kräfte S_3 und S_4 in den Stäben s_3 und s_4 an. Da S_1 eine Druckkraft war, weist sie auch auf Knoten II hin, ihre Richtung ist also entgegengesetzt der im Krafteck I ermittelten. Im Krafteck II ist dann S_1 und P_2 in S_3 und S_4 zerlegt. So geht man von Knoten zu Knoten weiter. Hat man Krafteck IV gezeichnet und geht zu Krafteck V, so muß die Schlußlinie zu S_8 und P_5 parallel zum Stabe s_9 ausfallen. Geht man weiter zu Krafteck VI, von dem alle Kräfte durch die vorhergehenden Kraftecke ermittelt sind, so müssen die Kräfte P_6, S_5, S_7 und S_9 ein schließendes Vieleck bilden. — Schiebt man alle Kraftecke der Fig. 70 b zusammen, so daß immer die doppelt auftretenden Kräfte zusammenfallen, so entsteht die als „Cremonascher Kräfteplan" bekannte Fig. 70c.

Für die Zeichnung von Kräfteplänen beachte man folgende Regeln:

1. Das schließende Krafteck der äußeren Kräfte P_1 bis P_6 bilde man so, daß man die Kräfte so aneinander reiht, wie man sie bei einem Schnitt in gleichbleibendem Sinne um das Bauwerk schneidet (in Fig. 70 ist ein Schnitt rechts herum gewählt).

2. Bei der Zeichnung der den Knoten I bis VI entsprechenden Kraftecke I bis VI müssen die Kräfte in dem Sinne aneinandergereiht werden, wie sie bei einem Schnitt um den Knoten herum getroffen werden. Der Drehsinn des Schnittes muß derselbe sein, wie unter 1. für Bildung des Kraftes aus den äußeren Lasten.

3. Da die Stabkräfte in den verschiedenen Kraftecken entgegengesetzte Richtung haben, ist es unzweckmäßig, sie im Kräfteplan mit Pfeilen zu versehen. Der Sinn der Stabkräfte wird besser durch Vorzeichen (Zug = +, Druck = —) oder durch verschiedene Farben für Zug und Druck kenntlich gemacht.

2. Das Verfahren nach Culmann (1821—1881).

Literatur: Müller-Breslau, Graph. Stat. d. Baukonstr. Bd. I. 3. Aufl. S. 210. — Culmann, Graph. Statik. — W. Ritter, Graph. Statik. 2. Teil. S. 13. — Keck-Hotopp, Elastizitätslehre. 2. Teil. 2. Aufl. S. 231. — Föppl, Vorlesg. über techn. Mech. II. Bd. 5. Aufl. S. 35. — Mehrtens, Vorlesg. über Stat. d. Baukonstr. u. Festigkeitsl. I. Bd. S. 98, 171.

Das Verfahren ist ebenfalls ein zeichnerisches und ist im Prinzip durch Abschnitt 13 S. 18 „Zerlegung einer Kraft in 3 Seitenkräfte" gegeben.

Fig. 71 zeigt eine Fachwerkkonstruktion mit den im Gleichgewicht stehenden Lasten A, B, P_1 bis P_9. Es soll die Stabspannkraft O ermittelt werden.

Man denke sich durch das Fachwerk einen Schnitt t — t so gelegt, daß der Stab O, dessen Spannkraft zu ermitteln ist, mit geschnitten wird. Denkt man sich die Spannkräfte, die in den drei geschnittenen Stäben O, D und U herrschen, als Kräfte in den Knoten angebracht, so muß sowohl der Bauwerksteil links vom Schnitt wie der rechts vom Schnitt t — t unter der Wirkung der an ihm angreifenden Kräfte im Gleichgewicht sein. Die Aufgabe lautet also, die Resultierende aller äußeren Kräfte links oder rechts vom Schnitt t — t durch 3 Kräfte O, D und U, deren Lage gegeben ist, ins Gleichgewicht zu bringen. Man zeichnet zu den äußeren Lasten ein Seileck, die Parallele XI im Krafteck zu Schlußlinie 11 gibt die Lagerdrücke A und B. Die Resultierende der Kräfte links vom Schnitt t — t liegt im Schnitt der Seileckseiten 11 und 4 und hat die Größe $Q = A - P_1 - P_2 - P_3$ im Krafteck. Man bringt die Richtung einer der unbekannten Kräfte (in Fig. 71 U) zum Schnitt in f mit Q und zieht die Linie f — n. Im Krafteck zerlegt man Q nach den Richtungen U und f — n in die Kräfte U und L, darauf L nach den Richtungen O und D in die Kräfte O und D.

Das Krafteck aus Q, O, D und U muß im gleichen Kraftsinn durchlaufen werden, woraus die Richtung der Kräfte am linken Stück folgt. Kräfte, die auf den Knoten hinweisen, sind Druckkräfte (—), vom Knoten fortweisende, Zugkräfte (+).

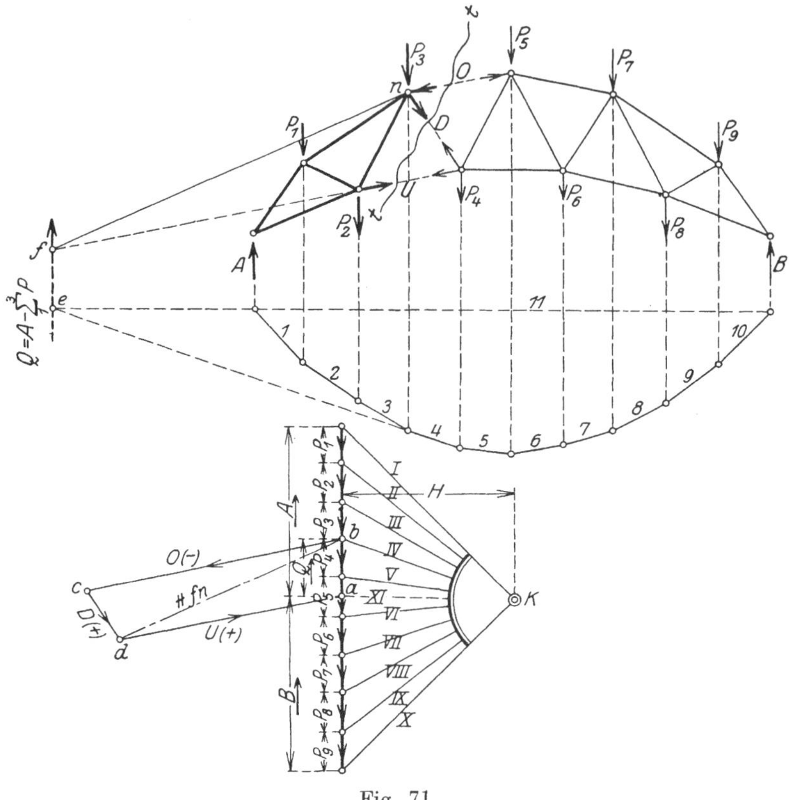

Fig. 71.

Das Verfahren wird unbequem, wenn die Resultierende R klein wird und sehr weit außerhalb der Stützen liegt. Man kann dann das Verfahren in zwei getrennten Teilen durchführen, indem man erst A, und dann die Mittelkraft R_P der Kräfte P_1 bis P_3 links vom Schnitt t — t nach O, D und U zerlegt und die sich ergebenden zwei Werte für jede Spannkraft unter Beachtung der Vorzeichen addiert.

3. Das Verfahren nach Ritter (August R., 1826—1908).

Literatur: Zeitschr. d. Arch.- u. Ing.-Vereins Hannover, 1861. S. 412. — Keck-Hotopp, Mechanik. 2. Teil. 4. Aufl. S. 81. — Müller-Breslau, Graph. Stat. d. Baukonstr. Bd. I. 3. Aufl. S. 210. — Aug. Ritter, Elementare Theorie und Berechnung eiserner Dach- und Brückenkonstruktionen. 5. Aufl. 1894. — W. Ritter, Graph. Statik. 2. Teil. S. 17. — Aug. Ritter, Lehrb. d. techn. Mech. 8. Aufl. S. 582, 597. — Keck-Hotopp, Elastizitätslehre. 2. Teil. 2. Aufl. S. 233. — Föppl, Vorlesg. über techn. Mech. II. Bd. 5. Aufl. S. 39. — Mehrtens, Vorlesg. über Stat. d. Baukonstr. u. Festigkeitsl. I. Bd. S. 166.

Das Verfahren ist in erster Linie rechnerisch, kann aber auch zeichnerisch durchgeführt werden. Es beruht im Prinzip auf dem im Abschnitt 13 S. 19 (Zerlegung einer Kraft in drei Seitenkräfte, Lösung mit Hilfe des Momentensatzes). — In dem Fachwerk (Fig. 72) führt man einen Schnitt t — t so, daß der Stab, dessen Spannkraft ermittelt werden soll, und noch zwei andere

Stäbe geschnitten werden. Die Stabspannkräfte werden als äußere Kräfte angebracht gedacht. Da ihr Sinn noch unbekannt ist, am besten als Zugkräfte. (Ergibt die Rechnung dann einen negativen Wert, so heißt dies,

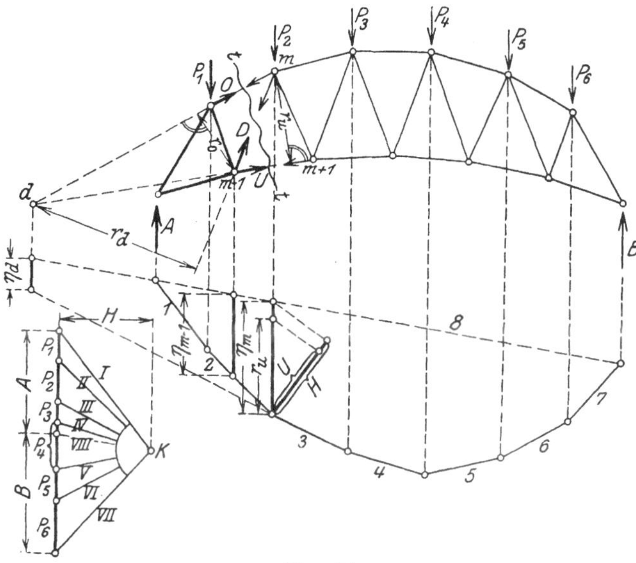

Fig. 72.

daß der Sinn falsch angenommen war, die Kraft eine Druckkraft ist.) Am linken und rechten Stück muß Gleichgewicht zwischen den daran angreifenden äußeren Kräften und den Stabspannkräften sein. Die Momentengleichungen für die Schnittpunkte von je zwei Stabrichtungen lauten:

Drehpunkt m — 1: $M_{m-1} + O \cdot r_0 = 0$

Drehpunkt m: $M_m - U \cdot r_n = 0$

Drehpunkt d: $M_d - D \cdot r_d = 0.$

Sie ergeben die Spannkräfte in den geschnittenen Stäben zu

$$106) \qquad O = -\frac{M_{m-1}}{r_0}; \quad U = +\frac{M_m}{r_u}; \quad D = +\frac{M_d}{r_d}.$$

Hat man die Momente zeichnerisch mittels eines Seileckes mit der Polweite H ermittelt (vgl. Abschnitt 14 S. 20), so ist:

$$O = -\frac{\eta_{m-1} \cdot H}{r_0}; \quad U = +\frac{\eta_m \cdot H}{r_u}; \quad D = +\frac{\eta_d \cdot H}{r_d}$$

oder

$$-O : H = \eta_{m-1} : r_0; \quad U : H = \eta_m : r_u; \quad D : H = \eta_d : r_d.$$

Darin ist am besten H im Kräftemaßstabe des Kraftecks, η und r im Längenmaßstabe der Figur zu messen. Nach dem Strahlengesetz kann man dann aus H, η und r die Stabspannkraft zeichnerisch ermitteln (siehe Fig. 72 für Stab U).

Das Rittersche Verfahren wird undurchführbar, wenn zwei Stäbe parallel werden, der Momentendrehpunkt also ins Unendliche fällt. Man verwendet dann zweckmäßig das Verfahren aus Abschnitt 13, S. 20 „Lösung mit Hilfe der Querkraft". Fig. 73. Man zerlege $Q = A - P_1 - P_2 = A - \Sigma_l P$ und D parallel und senkrecht zu der Richtung der beiden parallelen Stäbe O und U. Die Nullgleichheit aller Kräfte senkrecht zur Richtung von O und U liefert die Gleichung:

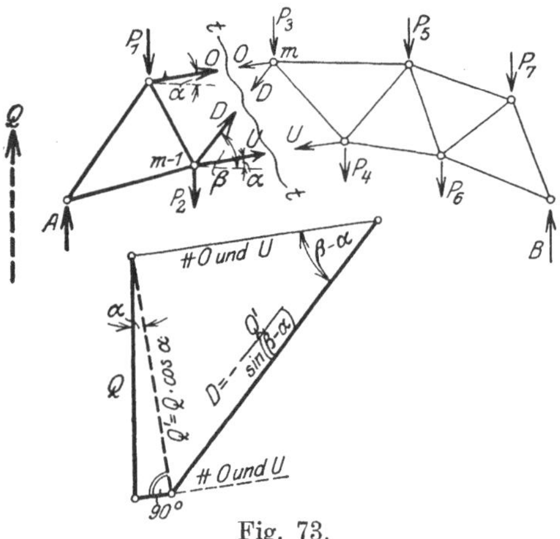

Fig. 73.

$$D \cdot \sin(\beta - \alpha) + Q \cdot \cos\alpha = 0$$

107) $$D = -Q \frac{\cos\alpha}{\sin(\beta-\alpha)}.$$

Darin sind α und β die Neigungswinkel von O und U bzw. D gegen die Wagerechte.

Für $\alpha = 0$, Parallelträger mit wagerechten Gurten ist

107a) $$D = -\frac{Q}{\sin\beta}.$$

In Fig. 73 ist D eine von links nach rechts steigende Diagonale. Ein positives Q erzeugt demnach Druck. Für eine von rechts nach links steigende Diagonale ist β ein negativer Winkel, demnach wird D eine Zugkraft, da $\sin(-\beta) = -\sin\beta$.

Setzt man in Gleichung **107)** nach Abschnitt 18 die Querkraft

$$Q = \frac{1}{\lambda}(M_m - M_{m-1}),$$

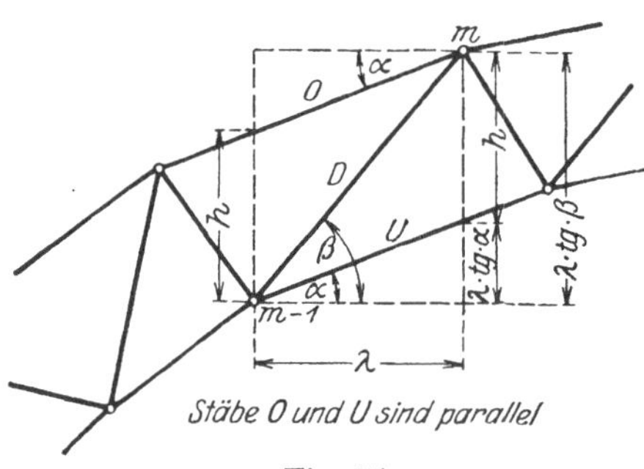

Fig. 74.

wo entsprechend Fig. 74 (m — 1) und m die D einschließenden Knoten, λ der wagerechte Abstand zwischen (m — 1) und m sind, so lauten sie Gleichung für D:

$$D = -(M_m - M_{m-1}) \frac{\cos\alpha}{\lambda \sin(\beta-\alpha)}.$$

Diese Gleichung kann weiter umgeformt werden zu

$$D = -(M_m - M_{m-1}) \frac{\cos\alpha}{\lambda \cdot (\sin\beta \cdot \cos\alpha - \cos\beta \cdot \sin\alpha)} = -\frac{(M_m - M_{m-1})}{\lambda \cdot \cos\beta \cdot (\operatorname{tg}\beta - \operatorname{tg}\alpha)}.$$

Da $\lambda \cdot (\operatorname{tg}\beta - \operatorname{tg}\alpha) = h$ ist, ergibt sich:

108) $$D = -\frac{(M_m - M_{m-1})}{h \cdot \cos\beta}.$$

Das Rittersche Verfahren wird unbequem, wenn die geschnittenen Gurtstäbe annähernd parallel sind, Punkt d der Fig. 72 also sehr weit fort fällt. In diesem Falle ist folgender Gang einzuschlagen (Fig. 75). Man zerlegt die durch den Schnitt t — t getroffenen Stäbe O, D und U lotrecht und wagerecht. Die Summe der wagerechten Seitenkräfte von O D und U muß gleich Null sein, da die lotrechten äußeren Kräfte keine wagerechten Seitenkräfte haben.

Es ist also mit den Bezeichnungen der Fig. 75a:

$$O \cdot \cos\alpha_0 + U \cdot \cos\alpha_u + D \cdot \cos\beta = 0.$$

Setzt man $O = -\frac{M_{m-1}}{r_0}$, $U = +\frac{M_m}{r_u}$,

so ist:

$$-\frac{M_{m-1}\cdot\cos\alpha_0}{r_0} + \frac{M_m\cdot\cos\alpha_u}{r_u} + D\cdot\cos\beta = 0.$$

Aus Fig. 75 folgt:

$$\frac{r_0}{\cos\alpha_0} = h_{m-1}; \quad \frac{r_u}{\cos\alpha_u} = h_m.$$

Demnach ist:

$$109)\quad D\cdot\cos\beta = -\left[\frac{M_m}{h_m} - \frac{M_{m-1}}{h_{m-1}}\right].$$

Für parallele Gurte mit $h_m = h_{m-1}$ geht Gleichung 109) in Gleichung 108) über.

Fällt die Diagonale von links nach rechts, so wird D positiv, da nach Fig. 75 b:

$$O = -\frac{M_m}{r_0}; \quad U = +\frac{M_{m-1}}{r_u}.$$

Fig. 75 a und 75 b.

Ist der durch den Schnitt t — t getroffene Wandstab ein Pfosten, $\beta = 90^0$, so liefert Gleichung 109) keinen brauchbaren Wert, da D den Wert $\frac{0}{0}$ annimmt.

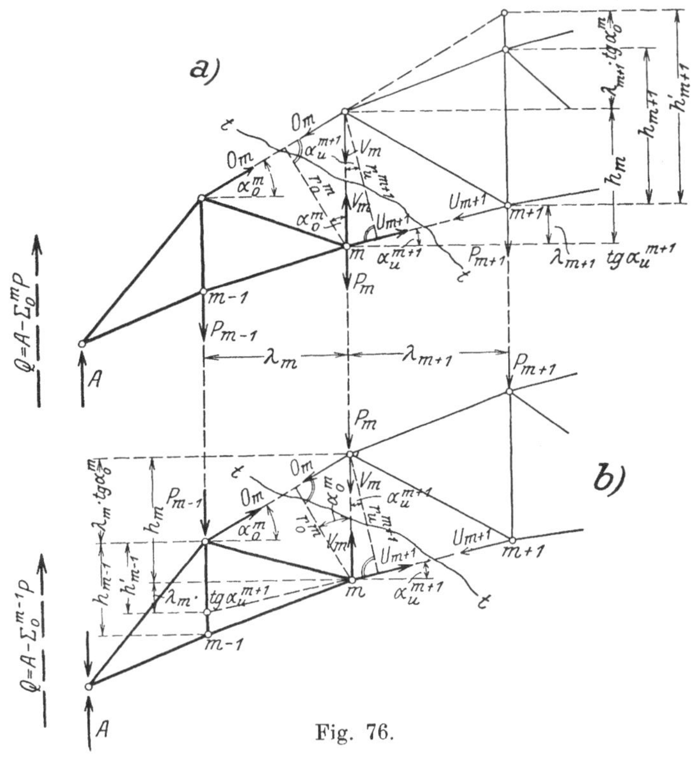

Fig. 76.

In diesem Falle führt die Nullsetzung aller lotrechten Kräfte an einer Seite vom Schnitt t — t zum Ziele (Fig. 76). Es ist zu unterscheiden zwischen Lastangriff am Untergurt (Fig. 76 a) und Lastangriff am Obergurt (Fig. 76 b).

a) Lastangriff am Untergurt Fig. 76a.

$$Q + V_m + O_m \cdot \sin\alpha_0{}^m + U_{m+1} \sin\alpha_u{}^{m+1} = 0$$

$$Q = \frac{M_{m+1} - M_m}{\lambda_{m+1}}; \quad O = -\frac{M_m}{r_0{}^m} = -\frac{M_m}{h_m \cdot \cos\alpha_0{}^m}$$

$$U_{m+1} = +\frac{M_m}{r_u{}^{m+1}} = +\frac{M_m}{h_m \cdot \cos\alpha_u{}^{m+1}}$$

$$V_m = +\frac{M_m}{h_m}\operatorname{tg}\alpha_0{}^m - \frac{M_m}{h_m}\operatorname{tg}\alpha_u{}^{m+1} - \frac{M_{m+1} - M_m}{\lambda_{m+1}}$$

$$= \frac{1}{\lambda_{m+1}}\left[\frac{M_m}{h_m}\left\{\lambda_{m+1} \cdot \operatorname{tg}\alpha_0{}^m - \lambda_{m+1} \cdot \operatorname{tg}\alpha_u{}^{m+1} + h_m\right\} - M_{m+1}\right]$$

$$= \frac{1}{\lambda_{m+1}}\left[\frac{M_m}{h_m} h'_{m+1} - M_{m+1}\right].$$

110) $$V_m = -\frac{h'_{m+1}}{\lambda_{m+1}}\left[\frac{M_{m+1}}{h'_{m+1}} - \frac{M_m}{h_m}\right].$$

b) Lastangriff am Obergurt Fig. 76b.

$$Q + V_m + O_m \cdot \sin\alpha_0{}^m + U_{m+1} \cdot \sin\alpha_u{}^{m+1} = 0$$

$$Q = \frac{M_m - M_{m-1}}{\lambda_m}; \quad O_m = -\frac{M_m}{h_m \cdot \cos\alpha_0{}^m}; \quad U_{m+1} = +\frac{M_m}{h_m \cdot \cos\alpha_u{}^{m+1}}$$

$$V_m = \frac{M_m}{h_m}\operatorname{tg}\alpha_0{}^m - \frac{M_m}{h_m}\operatorname{tg}\alpha_u{}^{m+1} - \frac{M_m - M_{m-1}}{\lambda_m}$$

$$= \frac{1}{\lambda_m}\left[\frac{M_m}{h_m}\left\{\lambda_m \cdot \operatorname{tg}\alpha_0{}^m - \lambda_m \cdot \operatorname{tg}\alpha_u{}^{m+1} - h_m\right\} + M_{m-1}\right]$$

$$= \frac{1}{\lambda_m}\left[M_{m-1} - \frac{M_m}{h_m} h'_{m-1}\right]$$

110a) $$V_m = -\frac{h'_{m-1}}{\lambda_m}\left[\frac{M_m}{h_m} - \frac{M_{m-1}}{h'_{m-1}}\right].$$

4. Das Verfahren nach Zimmermann (* 1845).

Litteratur: Zimmermann, Das Momentenschema, Zeitschr. d. Arch.- u. Ing.-Vereins Hannover 1877. S. 61. — Müller-Breslau, Graph. Stat. d. Baukonstr. Bd. I. 3. Aufl. S. 261. — W. Ritter, Graph. Statik. 2. Teil. S. 15. — Zimmermann, Zentralbl. d. Bauverw. 1884. S. 281. — Keck-Hotopp, Elastizitätslehre. 2. Teil. 2. Aufl. S. 237. — Mehrtens, Vorlesg. über Stat. d. Baukonstr. u. Festigkeitsl. II. Bd. S. 73.

Das Verfahren ist ein zeichnerisches und kann als Abart des Culmannschen Verfahrens angesprochen werden.

a) Fachwerke mit nur schrägen Wandgliedern.

In Fig. 77 sind durch den Schnitt t — t die Stäbe O, D und U geschnitten, ihre Spannkräfte sollen ermittelt werden. Die Kräfte A und P_1 bis P_{n-1} am linken Stück sind zur Resultierenden Q vereinigt, die die Lage nach Fig. 77a links von A haben möge. Q wird in zwei Kräfte Q'_{n-1} und Q_n' in den Knoten n — 1 und n zerlegt (Fig. 77b), die Knoten, die an den Enden des geschnittenen Diagonalstabes liegen. Die Größen von Q'_{n-1} und

Q_n' ergeben sich aus den Momentengleichungen für die Knoten n und n — 1 zu

$$Q'_{n-1} = Q \cdot \frac{c_n}{\lambda_n} = \frac{M_n}{\lambda_n}$$

$$Q_n' = Q \cdot \frac{c_{n-1}}{\lambda_n} = \frac{M_{n-1}}{\lambda_n}.$$

Damit ist die ganze Belastung des linken Stückes in eine Belastung nach Fig. 77b aufgelöst. Die Lasten Q'_{n-1}, Q_n', O, D und U müssen im Gleichgewicht sein. Die Kräfte Q'_{n-1}, O und D schneiden sich im Knoten n — 1, haben also eine Resultierende, die durch n — 1 geht, ebenso geht die Resultierende aus Q_n' und U durch den Schnittpunkt n von Q_n' und U.

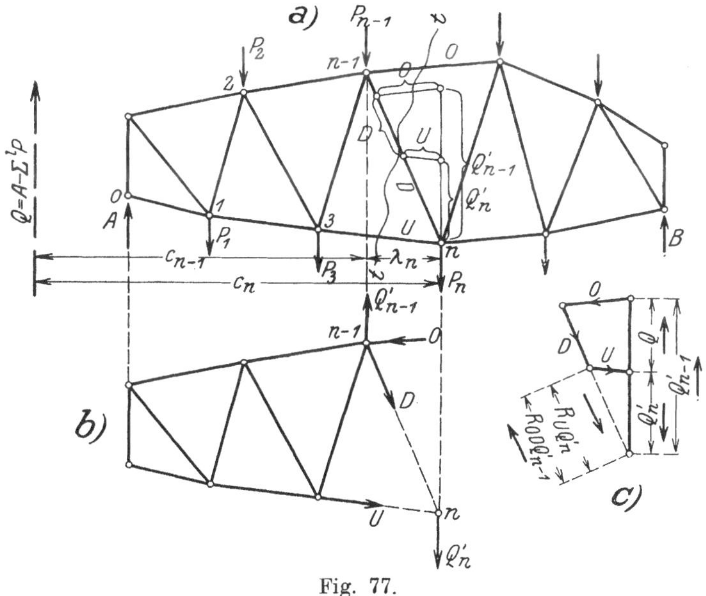

Fig. 77.

Da alle 5 Kräfte im Gleichgewicht sind, müssen auch die Resultierenden aus je dreien und zweien der Kräfte im Gleichgewicht sein, die Resultierenden $R_{UQ_n'}$ und $R_{ODQ'_{n-1}}$ haben also die Richtung n — (n — 1). Im Krafteck Fig. 77c ist Q_n' nach U und n — (n — 1) zerlegt. Am Knoten n — 1 greift dann an bekannten Kräften Q'_{n-1} und $R_{UQ_n'}$ an, die nach O und D zerlegt sind. Im Krafteck liegen mit gleichbleibendem Pfeilsinne die Kräfte Q_n', Q'_{n-1}, O, D und U hintereinander. Der Pfeilsinn, auf das linke Trägerstück Fig. 77b übertragen, gibt Aufschluß über den Sinn der Kräfte, O Druck, D und U Zug.

Nach Zimmermann führt man die Zerlegung nach Fig. 77c innerhalb des Trägernetzes aus, wodurch das Bild der Fig. 77a entsteht.

b) Fachwerke mit vertikalen Wandgliedern.

Enthält das Fachwerk Vertikalstäbe, so ist der Gang ber Untersuchung nach Fig. 78 gegeben:

Es wird zunächst ein Schnitt t — t durch eine an den fraglichen Pfosten V_n stoßende Diagonale z. B. D_n gelegt und dann in der üblichen Weise

$Q'_{n-1} = \frac{M_n}{\lambda_n}$ und $Q'_n = \frac{M_{n-1}}{\lambda_n}$ ermittelt. Das Krafteck nach Fig. 78c gibt die Größen von O_n, D_n und U_n. Darauf führt man um Knoten n einen Schnitt s — s. Die in Fig. 78d) am Knoten n angreifenden Kräfte U_n, D_n, V_n,

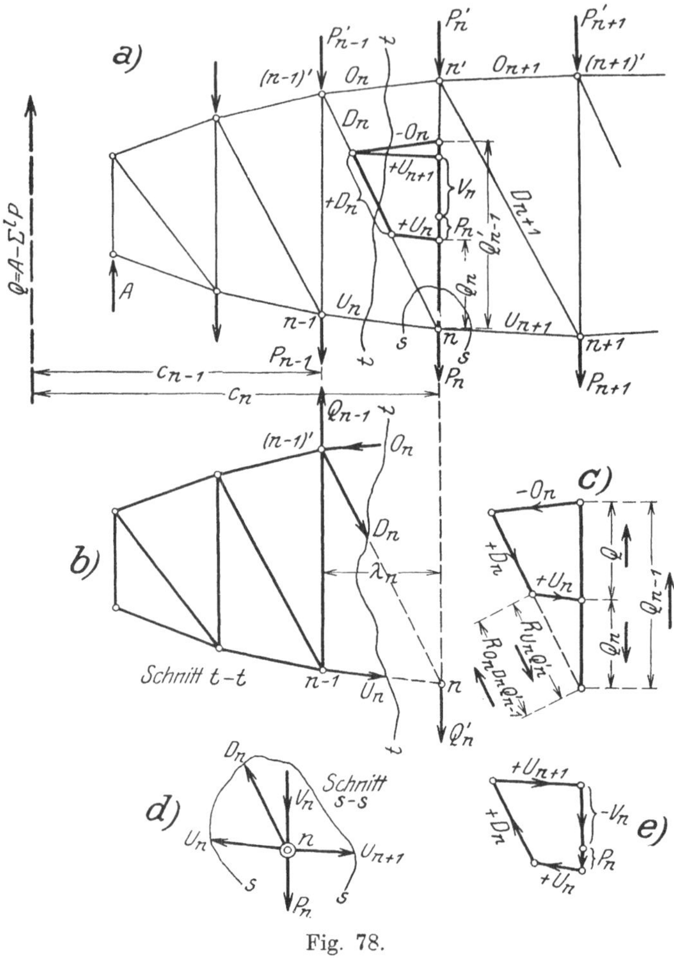

Fig. 78.

U_{n+1} und P_n müssen im Gleichgewicht sein. Von ihnen sind U_n, D_n und P_n bekannt, die Kräfte V_n und U_{n+1} ergeben sich dann aus Krafteck Fig. 78e. Legt man die beiden Kraftecke Fig. 78c und e aufeinander und zeichnet sie in das Fachwerk ein, so entsteht eine Kräfteermittlung nach Fig. 78a.

27. Kettenlinien.

Literatur: Aug. Ritter, Lehrb. d. techn. Mech. 8. Aufl. S. 248. — Keck-Hotopp, Mechanik. 1. Teil. 4. Aufl. S. 226. — Rühlmann, Grundz. d. Mech. 3. Aufl. S. 240. — Keck-Hotopp, Elastizitätslehre. 2. Teil. 2. Aufl. S. 166. — Föppl, Vorlesg. über techn. Mech. II. Bd. 5. Aufl. S. 73. — Mehrtens, Vorlesg. über Stat. d. Baukonstr. u. Festigkeitsl. I. Bd. S. 147.

Erklärung des Begriffs einer „Kette“. Wird die Anzahl der Gelenkstangen unendlich groß, ihre Länge unendlich klein, so geht die Gelenkstangenverbindung in eine völlig biegsame Kette über, deren Gleichgewichtslage sich nach dem

Belastungsgesetz richtet. Für diese gelten dieselben Sätze, die in Abschnitt 26, S. 48 ff., für eine beliebige Gelenkstangenverbindung entwickelt sind.

a) Gleichmäßig verteilte Belastung. Als Gleichgewichtsform ergibt sich eine Parabel (Fig. 79). Die Horizontalkomponente des Kettenzuges ist

111) $$H = q \frac{l^2}{8f}.$$

Die Gleichung der Parabel für ein Achsenkreuz durch den Scheitel C lautet

112) $$y = \frac{4f}{l^2} x^2 = \frac{q}{2H} x^2.$$

Die Gleichung der Parabel für ein Achsenkreuz durch den Anfangspunkt A lautet

112a) $$y' = \frac{4f}{l^2} x'(l - x') = \frac{q}{2H} \cdot x'(l - x').$$

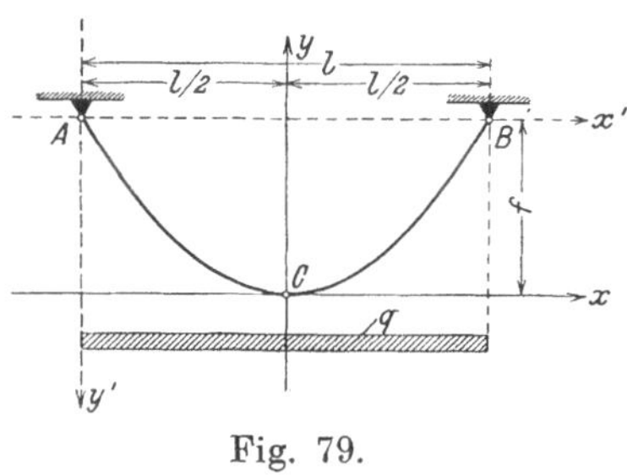

Fig. 79.

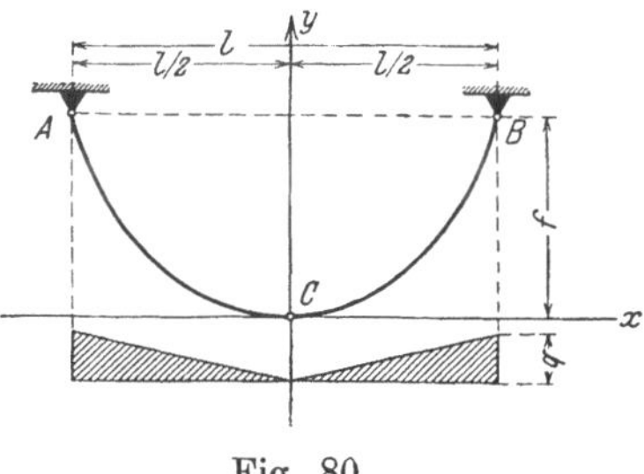

Fig. 80.

b) Ungleichförmige Belastung. Für eine Belastung nach Fig. 80 ergibt sich als Gleichgewichtsform eine kubische Parabel. Die Horizontalkomponente des Kettenzuges ist

113) $$H = q \cdot \frac{l^2}{24 \cdot f}.$$

Die Gleichung der Kettenlinie für ein Achsenkreuz durch den Scheitel C lautet

114) $$y = \frac{8f}{l^3} x^3 = \frac{q}{3H \cdot l} x^3.$$

28. Die Grundbegriffe der Theorie der Einflußlinien.

Literatur: Müller-Breslau, Graph. Statik der Baukonstr. Bd. I. 3. Aufl. S. 157. — Mehrtens, Vorlesg. über Statik d. Baukonstr. u. Festigkeitslehre. 2. Aufl. Bd. II. S. 3.

Allgemeines.

Der Zweck einer statischen Untersuchung ist die Verfolgung zweier Größen: einer Ursache (äußere Lasten) und eines daraus erwachsenden Erfolges (Lagerkräfte, Längs-, Querkräfte, Biegungsmomente, Stabspannkräfte). Der Erfolg ergibt sich immer als Funktion dreier Werte der Ursache, 1) der Größe der äußeren Lasten, 2) Sinn und Richtung der äußeren Lasten, 3) dem Orte des Lastangriffs. Legt man die Größe und Richtung der Ursache fest, als eine Last 1 in bestimmter Richtung, so ist der Erfolg immer noch abhängig von dem Orte, an dem die Last angreift. Trägt man auf den parallelen Lastrichtungen unter dem Angriffspunkte der Last 1 als Abszisse den Erfolg als Ordinate auf, so entsteht eine Kurve, die man „Einflußlinie“ nennt.

Man kann Einflußlinien für alle statischen Größen eines Bauwerkes zeichnen: Lagerkräfte, Längs- und Querkräfte, Biegungsmomente, Stabspannkräfte, Randspannungen usw.

Die Einflußlinie eines Biegungsmomentes oder einer Querkraft darf nicht mit der Momenten- und Querkraftfläche verwechselt werden. Der Unterschied läßt sich wie folgt charakterisieren:

Bei der Momenten- und Querkraftfläche ist die Belastung nach Größe, Sinn, Richtung und Angriffsort konstant. Der Querschnitt, in dem Moment bzw. Querkraft ermittelt wird, wandert über das ganze Bauwerk. Bei der Einflußlinie dagegen ist die Belastung nach Größe, Sinn und Richtung konstant, ebenso der Querschnitt, in dem das Moment bzw. die Querkraft auftritt, der Angriffspunkt der Last 1 dagegen wandert über das ganze Bauwerk.

I. Einflußlinien für den Balken auf zwei Stützen. (Fig. 81.)

1) Auflagerkraft A (Fig. 81a).

$$A = 1 \cdot \frac{b}{l},$$

worin b veränderlich. Gültig für $b = l + l_a$ bis $b = -l_b$.

Für $b = 0$ ist $A = 0$, für $b = l$ ist $A = 1$.

Die Einflußlinie für A ist also eine Gerade $\overline{c_1 d_1}$, worin $a a_1 = +1$ ist.

2) Querkraft Q_n für Punkte n zwischen den Lagern A und B (Fig. 81b).

Für Last $P_r = 1$ rechts von n ist

$$Q_n = +A = +1 \frac{b_r}{l},$$

giltig für $b_r = -l_b$ bis $b_r = x_n'$, dargestellt durch die Gerade $\overline{a_1 d_1}$, giltig von d_1 bis n_1.

Für Last $P_l = 1$ links von n ist

$$Q_n = -B = -1 \frac{a_l}{l},$$

giltig für $a_l = -l_a$ bis $a_l = +x_n$, dargestellt durch die Gerade $\overline{c_2 b_2}$, giltig von c_2 bis n_2.

3) Biegungsmoment M_n für Punkte n zwischen den Lagern A und B (Fig. 81c).

Für Last $P_r = 1$ rechts von n ist

$$M_n = +A \cdot x_n = 1 \frac{b_r}{l} x_n,$$

worin b_r veränderlich. Giltig für $b_r = -l_b$ bis $b_r = +x_n'$.

$b_r = 0$ gibt $M_n = 0$, $b_r = l$ gibt $M_n = 1 \cdot x_n$.

M_n ist also dargestellt durch die Gerade $\overline{a_1 d_1}$, die aber nur für den Teil $\overline{d_1 n_1}$ Giltigkeit hat.

Für Last $P_l = 1$ links von n ist

$$M_n = +B \cdot x_n' = +1 \frac{a_l}{l} x_n',$$

worin a_l veränderlich. Giltig für $a_l = -l_a$ bis $a_l = +x_n$.

$a_l = 0$ gibt $M_n = 0$, $a_l = l$ gibt $M_n = 1 \cdot x_n$.

M_n ist also durch die Gerade $\overline{c_2 b_2}$ dargestellt, die sich mit der Geraden $\overline{a_1 d_1}$ in n_1 schneidet und nur für das Stück $\overline{c_2 n_1}$ Giltigkeit hat.

4) **Querkraft Q_m für Punkte m des Kragarmes** (Fig. 81d).

$P = 1$ links von m gibt $Q = -1$, giltig für $a = l_a$ bis $a = z'_m$.

$P = 1$ rechts von m gibt $Q = 0$.

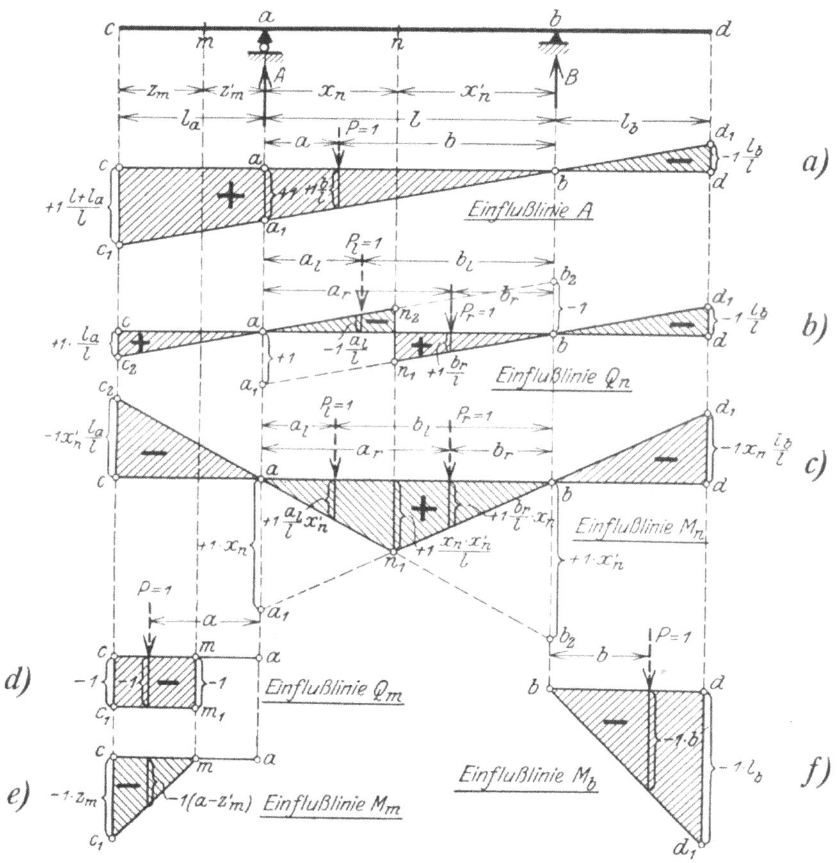

Fig. 81.

5) **Biegungsmoment M_m für Punkte m des Kragarmes** (Fig. 81e).

$P = 1$ links von m gibt $M_m = -1(a - z'_m)$, giltig für $a = l_a$ bis $a = z'_m$.

$a = l_a$ gibt $M_m = -1(l_a - z'_m) = -1 \cdot z_m$. $a = z_m'$ gibt $M_m = 0$.

$P = 1$ rechts von m gibt $M_m = 0$.

6) **Biegungsmoment M_b über dem Lager B** (Fig. 81f).

$P = 1$ rechts von B gibt $M_b = -1 \cdot b$, giltig für $b = 0$ bis $b = l_b$.

$b = 0$ gibt $M_b = 0$, $b = l_b$ gibt $M_b = -1\, l_b$.

$P = 1$ links von B gibt $M_b = 0$.

II. Einflußlinien für den einseitig eingespannten Balken (Fig. 82).

1) **Auflagerkraft A** (Fig. 82a).

Für jede Lage von $P = 1$ ist $A = 1$, die Einflußlinie ist eine Wagerechte $a_1 b_1$ im Abstande 1 von $a \cdot b$.

2) Querkräfte Q_m (Fig. 82b).

Für $a = l$ bis $a = x_m$ und $P = 1$ ist $Q_m = 1$.

Für $a = x_m$ bis $a = 0$ und $P = 1$ ist $Q_m = 0$.

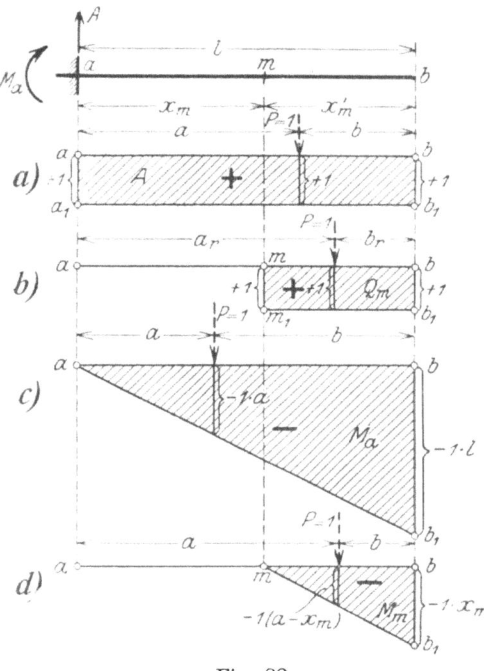

Fig. 82.

3) Einspannmoment M_a (Fig. 82c).

Für $P = 1$ im Abstande a von der Einspannstelle ist

$M_1 = -1 \cdot a$, giltig von $a = 0$ bis $a = l$.

$a = 0$ gibt $M_1 = 0$, $a = l$ gibt $M_1 = -1 \cdot l$.

4) Biegungsmoment M_m (Fig. 82d).

$P = 1$ rechts von m gibt $M_m = -1 \cdot (a - x_m)$, giltig für $a = l$ bis $a = x_m$.

$a =$ bt $M_m = -1 (l - x_m) = -1 \cdot x'_m$

$a = x_m$ gibt $M_m = 0$

$P = 1$ links von m gibt $M_m = 0$.

III. Einflußlinien für den Gerberträger (Fig. 83).

Der Koppelträger verhält sich wie ein Balken auf zwei Stützen, die Einflußlinien für statische Größen des Koppelträgers brauchen also nicht mehr besonders behandelt zu werden.

Die Einflußlinien für die statischen Größen des Kragträgers sind, solange die Last $P = 1$ auf dem Kragträger steht, dieselben wie für den Balken auf zwei Stützen. Es sind noch der Einfluß von $P = 1$ am Koppelträger auf die statischen Größen des Kragträgers zu ermitteln:

1) Auflagerkräfte (Fig. 83a).

$P_1 = 1$ auf dem linken Koppelträger gibt

$$A = +1 \frac{a_1}{l_1} \frac{(l + l_a)}{l}, \text{ giltig für } a_1 = 0 \text{ bis } a_1 = l_1$$

$$a_1 = 0 \text{ gibt } A = 0, \; a_1 = l_1 \text{ gibt } A = +1 \frac{l + l_a}{l}.$$

Die letzte Ordinate ist dieselbe, wie die für $P = 1$ am Ende c des Kragträgers (vgl. Fig. 81a).

$P_2 = 1$ auf dem rechten Koppelträger gibt

$$A = -1 \cdot \frac{b_2}{l_2} \frac{l_b}{l}, \text{ giltig für } b_2 = 0 \text{ bis } b_2 = l_2,$$

$$b_2 = 0 \text{ gibt } A = 0, \; b_2 = l_2 \text{ gibt } A = -1 \frac{l_b}{l},$$

letzterer Wert ist wiederum derselbe, wie für $P = 1$ am Ende d des Kragträgers (vgl. Fig. 81a).

2) Querkraft Q_n für die Punkte n zwischen den Lagern A und B (Fig. 83b).

$$P_1 = 1 \text{ gibt } Q_n = -B = +1\frac{a_1}{l_1}\frac{l_a}{l}, \text{ giltig für } a_1 = 0 \text{ bis } a_1 = l_1.$$

$$a_1 = 0 \text{ gibt } Q_n = 0, \; a_1 = l_1 \text{ gibt } Q_n = +1\frac{l_a}{l},$$

dieselbe Ordinate, wie für $P = 1$ am Ende c des Kragträgers (vgl. Fig. 81b).

$$P_2 = 1 \text{ gibt } Q_n = +A = -1\frac{b_2}{l_2}\frac{l_b}{l}, \text{ giltig für } b_2 = 0 \text{ bis } b_2 = l_2.$$

$$b_2 = 0 \text{ gibt } Q_n = 0, \; b_2 = l_2 \text{ gibt } Q_n = +1\frac{l_b}{l},$$

dieselbe Ordinate, wie für $P = 1$ am Ende d des Kragträgers (vgl. Fig. 81b).

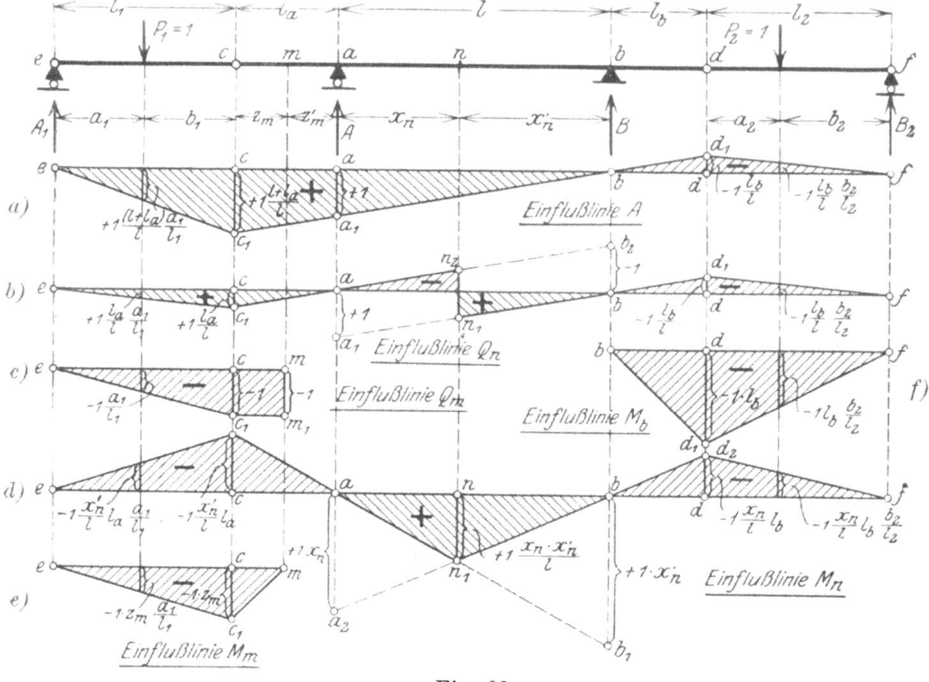

Fig. 83.

3) Querkraft Q_m für Punkte m des Kragarmes (Fig. 83c).

$$P_1 = 1 \text{ gibt } Q_m = -1 + A_1 = -1 + 1\frac{b_1}{l_1} = -1\frac{a_1}{l_1}$$

giltig für $a_1 = 0$ bis $a_1 = l_1$

$$a_1 = 0 \text{ gibt } Q_m = 0, \; a_1 = l_1 \text{ gibt } Q_m = -1$$

$$P_2 = 1 \text{ gibt } Q_m = 0.$$

4) Biegungsmoment M_n für Punkte n zwischen den Lagern A und B (Fig. 83d).

$$P_1 = 1 \text{ gibt } M_n = +B \cdot x'_n = -1\frac{a_1}{l_1}\frac{l_a}{l}x'_n,$$

giltig für $a_1 = 0$ bis $a_1 = l_1$, $a_1 = 0$ gibt $M_n = 0$, $a_1 = l_1$ gibt $M_n = -1\frac{l_a}{l}x'_n$, dieselbe Ordinate, wie für $P = 1$ im Punkte c des Kragträgers (vgl. Fig. 81c).

$$P_2 = 1 \text{ gibt } M_n = + A \cdot x_n = -1 \frac{b_2}{l_2} \frac{l_b}{l} x_n,$$

giltig für $b_2 = 0$ bis $b_2 = l_2$. $b_2 = 0$ gibt $M_n = 0$, $b_2 = l_2$ gibt $M_n = -1 \frac{l_b}{l} x_n$.

5) Biegungsmoment M_m für Punkte m des Kragarmes (Fig. 83e).

$$P_1 = 1 \text{ gibt } M_m = -1 \frac{a_1}{l_1} \cdot z_m,$$

giltig für $a_1 = 0$ bis $a_1 = l_1$. $a_1 = 0$ gibt $M_m = 0$,
$a_1 = l_1$ gibt $M_m = -1 \cdot z_m$,
$P_2 = 0$ gibt $M_m = 0$.

6) Biegungsmoment M_b über dem Lager B (Fig. 83f).

$$P_2 = 1 \text{ gibt } M_b = -1 \frac{b_2}{l_2} l_b,$$

giltig für $b_2 = 0$ bis $b_2 = l_2$. $b_2 = 0$ gibt $M_b = 0$, $b_2 = l_2$ gibt $M_b = -1 \cdot l_b$, $P_1 = 1$ gibt $M_b = 0$.

Allgemein ergibt sich die Konstruktion der Einflußlinien eines Gerberträgers wie folgt: Man zeichnet die Einflußlinie der betreffenden statischen Größe für den Kragträger. Für den Koppelträger gilt geradliniger Abfall von der Gelenkordinate auf Null unter dem zweiten Gelenk des Koppelträgers.

Auswertung von Einflußlinien.

In Fig. 84 stelle die Kurve abcde eine Einflußlinie für irgendeine statische Größe Z dar. Ist das Bauwerk mit Lasten P_1 bis P_n belastet, und sind η_1 bis η_n die Ordinaten der Einflußlinie unter den Lasten, so ergibt sich

115) $$Z = \sum P_n \cdot \eta_n.$$

Einfluß mittelbaren Lastangriffs.

Unter mittelbarem Lastangriff ist zu verstehen, daß die Lasten nicht direkt an jeder Stelle des Bauwerkes angreifen, sondern mittels einer Zwischenkonstruktion von Quer- und Längsträgern auf bestimmte Punkte übertragen werden. In Fig. 84 wird z. B. P_3 durch den Längsträger auf die Punkte f und g übertragen. Die Größen der Teillasten sind

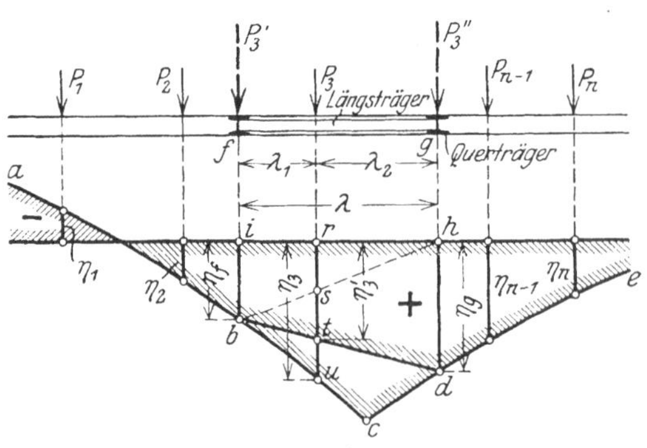

Fig. 84.

$$P_3' = P_3 \frac{\lambda_2}{\lambda} \quad \text{und} \quad P_3'' = P_3 \frac{\lambda_1}{\lambda}.$$

Sind η_f und η_g die Ordinaten der Einflußlinie unter f und g, so ist der Wert der statischen Größe Z aus der Last P_3

$$Z = P_3' \cdot \eta_f + P_3'' \cdot \eta_g = P_3 \left[\eta_f \frac{\lambda_2}{\lambda} + \eta_g \frac{\lambda_1}{\lambda} \right] = P_3 [\overline{rs} + \overline{st}] = P_3 \cdot \eta_3'.$$

η_3' ergibt sich durch die geradlinige Verbindung der Endpunkte b und d der Einflußordinaten η_f und η_g.

29. Die Reibung.

Literatur: Rühlmann, Grundz. d. Mech. 3. Aufl. S. 200. — Aug. Ritter, Lehrb. d. techn. Mech. 8. Aufl. S. 270. — Keck-Hotopp, Mechanik. 1. Teil. 4. Aufl. S. 234. — Föppl, Vorlesg. über techn. Mech. I. Bd. 6. Aufl. S. 225.

Ein auf wagerechter Bahn ruhender Körper übt nur einen Druck G, gleich seinem Gewichte, senkrecht zur Unterstützungsfläche aus. Wird der Körper durch irgendeine wagerechte Kraftwirkung K in Bewegung gesetzt, so müßte er sich nach Aufhören der Kraftwirkung mit gleichbleibender Geschwindigkeit fortbewegen. Dies ist aber, wie jeder leicht anzustellende Versuch zeigt, nicht der Fall, vielmehr nimmt die Geschwindigkeit nach Aufhören der Kraftwirkung allmählich ab und der Körper kommt wieder zur Ruhe. Die Ursache dieser Erscheinung kann nur eine der Bewegung entgegen gerichtete Kraft sein. Diese Kraft hat ihre Ursache in den Unebenheiten der Berührungsflächen beider Körper und der Zusammenpressung dieser Unebenheiten infolge des Gewichtes G. Sie wird „Reibung" genannt. Entsprechend den beiden Ursachen ist die Größe der Reibungskraft abhängig von der Beschaffenheit der Berührungsflächen und der Größe des Normaldruckes N = G. Die Reibungskraft hat also den Wert

116) $$R = N \cdot f$$

worin

116a) $$f = \frac{R}{N}$$

der „Reibungskoeffizient" genannt wird. Er stellt die Beschaffenheit der Berührungsflächen in Rechnung, kann also nur für verschiedene Stoffe auf dem Versuchswege festgelegt werden.

Die Reibung R greift an der Berührungsfläche an. Eine gleich große Kraft, aber entgegengesetzt gerichtet, tritt im Schwerpunkte S des Körpers infolge der verzögerten Bewegung auf. Die Kraft setzt sich mit dem gleichfalls im Schwerpunkte angreifenden Gewichte G zu einer Mittelkraft P zusammen, die mit der Reibung R in der Berührungsfläche und dem Gegendrucke N = G im Gleichgewicht sein muß. Fig. 85. Die Neigung φ von P gegen die Lotrechte ergibt sich aus der Beziehung

117) $$\operatorname{tg} \varphi = \frac{R}{N} = \frac{f \cdot N}{N} = f.$$

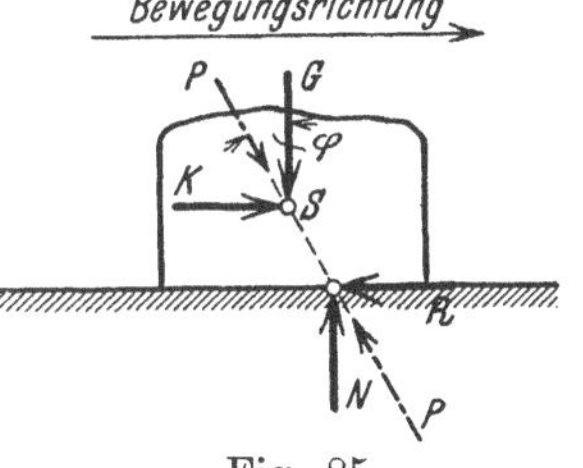

Fig. 85.

Der Winkel φ wird wegen seiner direkten Abhängigkeit vom Reibungskoeffizienten f „Reibungswinkel" genannt.

Bezüglich des Auftretens des Reibungswiderstandes ist folgendes zu sagen: Reibung tritt erst dann auf, wenn auf den Körper eine Kraft parallel zur Berührungsfläche ausgeübt wird. Die Größe der Reibung ist immer dieser Kraft gleich bis zu dem Grenzwerte R = f · N. Wird die angreifende Kraft größer, so setzt die Bewegung des Körpers ein. Hört die Einwirkung der Kraft auf, so bringt die Reibung den Körper zur Ruhe und verschwindet dann.

Die Größe des Wertes f ist auch abhängig von der Geschwindigkeit, mit der sich der Körper bewegt. f ist am größten, so lange der Körper in Ruhe ist, mit wachsender Geschwindigkeit nimmt es ab. Man unterscheidet daher einen „Reibungskoeffizienten der Ruhe" und einen „Reibungskoeffizienten der Bewegung".

In folgender Tabelle ist eine Zusammenstellung der im Bauingenieurwesen häufiger auftretenden Werte von $f_0 = \text{tg}\,\varphi_0$ (Ruhe) und $f = \text{tg}\,\varphi$ (Bewegung) gegeben.

Reibende Körper	Ruhe f_0			Bewegung f		
	Trocken	Geschmiert	Mit Wasser	Trocken	Geschmiert	Mit Wasser
Bronze auf Bronze	—	0,11	—	0,20	0,06	0,10
Gußeisen auf Gußeisen . . .	—	0,16	—	—	0,10—0,08	0,31
Schmiedeeisen auf Schmiedeeisen	0,13	0,11	—	—	0,10—0,08	—
Stahl auf Stahl	0,15	0,12—0,11	—	0,09—0,03	—	—
Eiche auf Eiche, Langholz ‖ zur Faserrichtung	0,62	0,11	—	0,48	0,075	—
Eiche auf Eiche, Langholz ⊥ zur Faserrichtung	0,54	—	0,71	0,34	—	0,25
Eiche auf Eiche. Hirnholz auf Langholz	0,43	—	—	0,19	—	—
Holz auf Metall	0,60	0,11	0,65	0,40	0,10	0,24
Ziegel auf Ziegel	0,50—0,73	—	—	—	—	—
Stein auf Holz	0,42—0,60	—	—	—	—	—
Mauerwerk auf Beton . . .	0,76	—	—	—	—	—
Mauerwerk auf gewachsenem Boden: trocken . .	0,65	—	—	—	—	—
Mauerwerk auf gewachsenem Boden: mittelfeucht	0,45	—	—	—	—	—
Mauerwerk auf gewachsenem Boden: naß	0,30	—	—	—	—	—
Leder auf Eichenholz . . .	0,50—0,60	—	—	0,30—0,50	—	—
Leder auf Gußeisen	0,30—0,50	0,12	0,40—0,60	0,56	0,15	0,36
Hanfseil auf rauhem Holz .	0,50—0,80	—	—	0,50	—	—
Hanfseil auf poliertem Holz	0,33	—	—	—	—	—
Stahl auf Eis	0,027	—	—	0,014	—	—

Selbsttätiges Abgleiten eines Körpers auf einer geneigten Ebene. Ist die Unterstützungsebene gegen die Wagerechte unter einem Winkel α geneigt, Fig. 86, so zerlegt sich das Gewicht G in eine Seitenkraft $N = G \cdot \cos\alpha$ senkrecht zur Unterstützungsebene und $K = G \sin\alpha$ parallel zu ihr. Erstere erzeugt einen Reibungswiderstand $R = N \cdot \text{tg}\,\varphi = G \cdot \cos\alpha\, \text{tg}\,\varphi = G \cdot f \cdot \cos\alpha$. Ist $\alpha = \varphi$, die Ebene unter dem Reibungswinkel geneigt, so wird $R = G \cdot \sin\varphi = K$. Der Körper ist gerade noch im Gleichgewicht. Wird $\alpha > \varphi$, so rutscht der Körper ab, da ein größerer Reibungswiderstand als $G \cdot \sin\varphi$ nicht geleistet werden kann. Es folgt der Satz: Ist eine Ebene unter dem Reibungswinkel geneigt, so befindet sich der nur unter Wirkung seines Gewichts stehende Körper in der Grenzlage des Gleichgewichts.

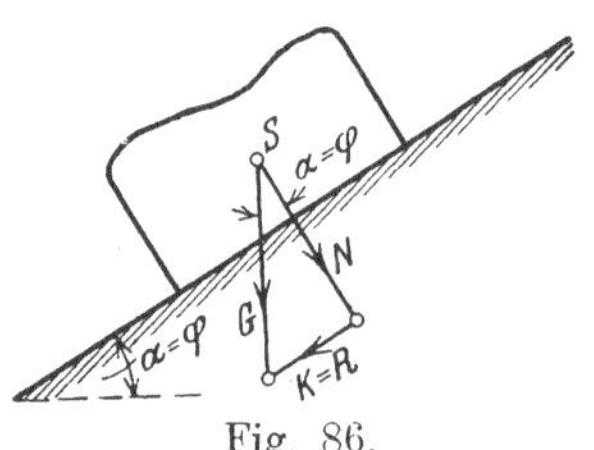

Fig. 86.

Bewegung eines Körpers auf wagerechter Bahn. Greift an einem Körper vom Gewichte G auf wagerechter Bahn (Fig. 85) eine Kraft K parallel zur Unterstützungsebene an, so ruft sie so lange einen gleich großen Reibungswiderstand hervor, als $K < G \operatorname{tg} \varphi < G \cdot f$ ist. Wird $K > G \cdot \operatorname{tg} \varphi > G \cdot f$, so beginnt der Körper zu gleiten. Die Grenzlage ist gegeben durch die Gleichung

$$K = G \cdot \operatorname{tg} \varphi;$$

$$\frac{K}{G} = \operatorname{tg} \varphi = \operatorname{tg} \beta$$

wenn β die Neigung der Mittelkraft aus K und G gegen die Lotrechte ist. Daraus folgt der Satz: Um einen Körper vom Gewicht G auf wagerechter Bahn zum Gleiten zu bringen, muß an ihm eine Kraft

118) $$K \geqq G \operatorname{tg} \varphi \geqq G \cdot f$$

parallel zur Bahn angebracht werden.

Der Neigungswinkel β der Mittelkraft P aus G und K gegen die Lotrechte muß sein $\beta \geqq \varphi$. Diese Grenzlagen der Mittelkraft P aus G und K umhüllen einen Kegel, der „Reibungskegel“ genannt wird. Liegt P innerhalb des Kegels, so genügt die Reibung, um den Körper in Ruhe zu behalten, liegt P außerhalb dieses Kegels, so tritt Bewegung ein.

Bewegung eines Körpers auf geneigter Bahn nach unten. Aus ganz ähnlichen Überlegungen folgen für eine unter einem Winkel α geneigte Bahn die Sätze: Um einen Körper vom Gewicht G auf einer unter einem Winkel $\alpha < \varphi$ gegen die Wagerechte geneigten Ebene nach unten ins

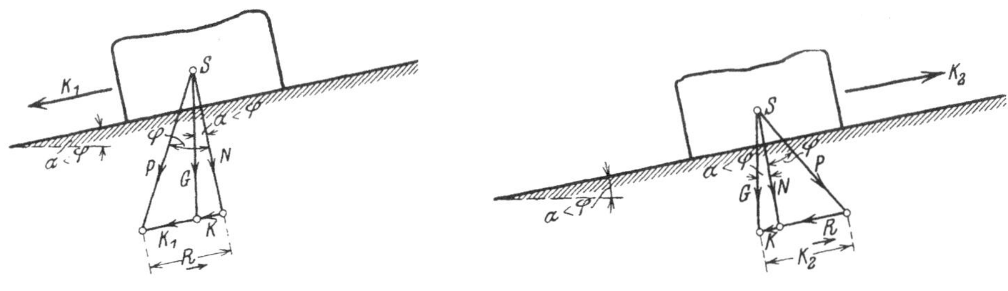

Fig. 87. Fig. 88.

Gleiten zu bringen, Fig. 87, muß eine parallel zur Bahn nach abwärts gerichtete Kraft

119) $$K_1 \geqq G \frac{\sin(\varphi - \alpha)}{\cos \varphi} \geqq G f \cos \alpha - G \cdot \sin \alpha$$

angebracht werden.

Bewegung eines Körpers auf geneigter Bahn nach oben. Soll derselbe Körper nach oben ins Gleiten gebracht werden, Fig. 88, so muß sein

120) $$K_2 \geqq G \frac{\sin(\varphi + \alpha)}{\cos \varphi} \geqq G f \cos \alpha + G \sin \alpha.$$

Verhinderung selbsttätigen Abgleitens eines Körpers auf geneigter Bahn. Ist $\alpha > \varphi$, Fig. 89, so muß, um das selbsttätige Abgleiten unter Wirkung von G zu verhindern, eine Kraft

121) $$K_3 \geqq G \frac{\sin(\alpha - \varphi)}{\cos \varphi} \geqq G \cdot \sin \alpha - G \cdot f \cdot \cos \alpha$$

nach oben angebracht werden.

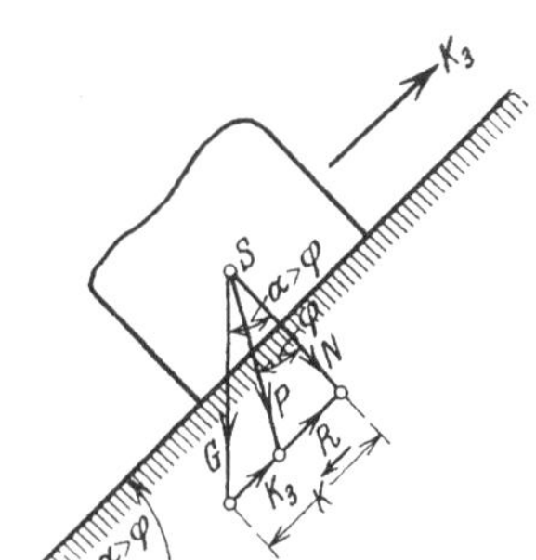

Fig 89.

Allgemeine Gleichung für die Bewegung eines Körpers auf geneigter Bahn. Allgemein lassen sich diese Sätze in der Gleichung

$$K_n \gtreqless G \frac{\sin(\alpha \pm \varphi)}{\cos \varphi} \gtreqless G \sin \alpha \pm G \cdot f \cdot \cos \alpha \tag{122}$$

zusammen fassen. Das $+$-Zeichen gilt für die Aufwärtsbewegung, das $-$-Zeichen für die Abwärtsbewegung.

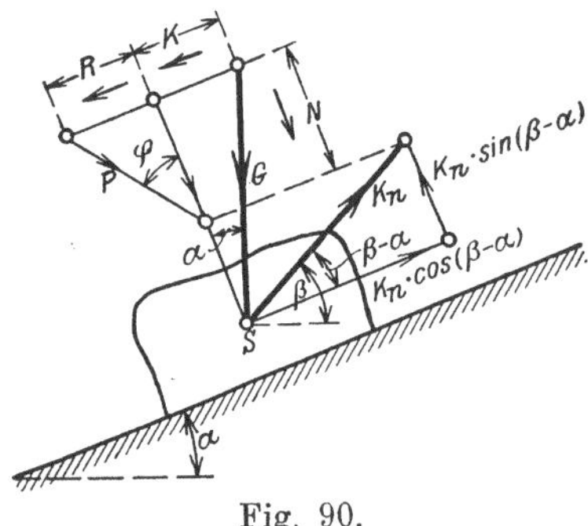

Fig. 90.

Bewegung eines Körpers auf geneigter Bahn bei beliebig gerichteter Kraft K. Ist die an dem Körper angreifende Kraft K nicht parallel der Gleitbahn, sondern beliebig gerichtet, etwa unter einem Winkel β gegen die Wagerechte geneigt, Fig. 90, so zerlege man G und K_n parallel und senkrecht zur Gleitbahn. Die Reibung erzeugende Normalkraft ist dann

$$N = G \cdot \cos \alpha - K_n \sin(\beta - \alpha).$$

Die allgemeine Gleichung lautet

$$K_n \cdot \cos(\beta - \alpha) \gtreqless G \sin \alpha \pm f\,[G \cdot \cos \alpha - K_n \cdot \sin(\beta - \alpha)]. \tag{123}$$

Das $+$-Zeichen gilt für Aufwärtsbewegung, das $-$-Zeichen für Abwärtsbewegung. Mit $\beta = \alpha$ geht die Gleichung 123) in Gleichung 122) über.

30. Reibung an rotierenden Körpern.

Literatur: Aug. Ritter, Lehrb. d. techn. Mech. 8. Aufl. S. 355. — Keck-Hotopp, Mechanik. 1. Teil. 4. Aufl. S. 265. — Rühlmann, Grundz. d. Mech. 3. Aufl. S. 213. — Föppl, Vorlesg. über techn. Mechanik. 1. Bd. 6. Aufl. S. 249.

a) Tragzapfen.

Ein Zapfen sei nach Fig. 91 in einem Halslager gelagert. Die Auflagerung finde nur in einem Punkte A statt. Alle an der zum Zapfen gehörigen Welle befindlichen Massen seien so verteilt, daß die Mitte C des Zapfens in der Schwerachse aller Massen liegt, im Ruhezustande tritt also in A nur eine lotrechte Auflagerkraft $N = G$ auf, wenn G das Gewicht der Massen ist. Wird

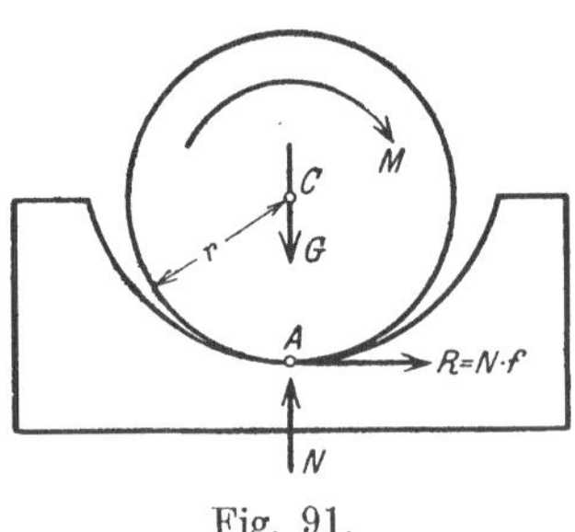

Fig. 91.

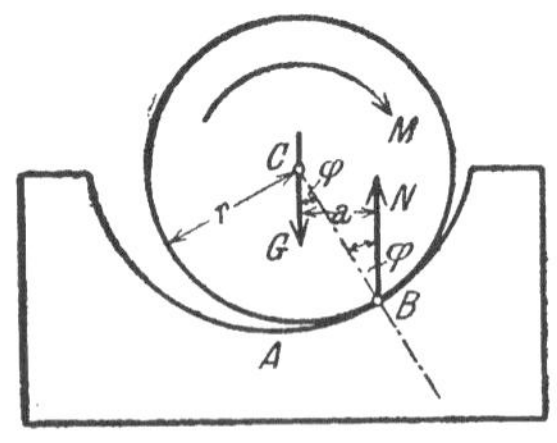

Fig. 92.

der Zapfen durch ein Moment M in Drehung versetzt, so tritt in A tangential eine Reibungskraft $R = N \cdot f$ auf. Da dieser Lastenstand aber die Gleichgewichtsbedingung $\Sigma H = 0$ nicht befriedigt, wird der Zapfen sich im Lager in Richtung von R bewegen und erst nach Fig. 92 in einem Punkte B zur Ruhe kommen. Punkt B ist dadurch bestimmt, daß die Mittelkraft $N = G$ aus Reibung R und Normaldruck gegen die Lotrechte BC zur Berührungsfläche unter dem

Reibungswinkel φ geneigt sein muß. Die beiden Kräfte G in C und N = G in B bilden ein Kräftepaar, das, wenn das Moment M gerade die Reibung überwinden soll, diesem Moment gleich sein muß, also

$$M = G \cdot a = G \cdot r \cdot \sin \varphi.$$

In dem hier in Frage stehenden Fall einer Welle ist wegen der Schmierung φ sehr klein, so daß man ohne erheblichen Fehler $\sin \varphi = \operatorname{tg} \varphi = f$ setzen kann. Damit wird das zur Überwindung der Reibung erforderliche Moment

124) $$M = G \cdot r \cdot f.$$

Tragzapfen im Keilnutenlager. Ist der Zapfen nach Fig. 93 in einer Keilnute gelagert, so weichen die Mittelkräfte P_a und P_b in den beiden Berührungspunkten A und B um den Reibungswinkel φ von der Normalen ab. Die im Schnittpunkt D von P_a und P_b angreifende Mittelkraft N = G bildet mit G in C ein Kräftepaar $G \cdot a$, das, wenn das angreifende Moment M gerade die Reibung überwinden soll, diesem gleich sein muß. Die Lösung nach Einführung der Winkel φ und δ liefert die Gleichung

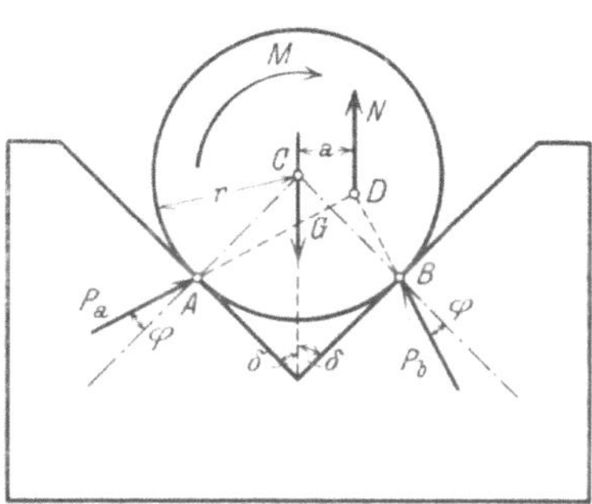

Fig. 93.

125) $$M = G \cdot r \frac{\sin 2\varphi}{2 \sin \delta}.$$

Bei kleinem φ kann man ohne erheblichen Fehler $\sin 2\varphi = 2 \sin \varphi = 2 \cdot \operatorname{tg} \varphi = 2f$ setzen. Die Gleichung lautet dann

125a) $$M = G \cdot r \cdot \frac{f}{\sin \delta}.$$

b) Spurzapfen.

Noch nicht abgenutzter Spurzapfen. r_a und r_i sind die beiden Halbmesser der den Druck aufnehmenden Ringfläche, Fig. 94.

Bei einem neuen Zapfen kann angenommen werden, daß der Druck gleichmäßig über die Fläche verteilt ist; er sei $p = \frac{G}{F} = \frac{G}{\pi (r_a^2 - r_i^2)}$. Ein Ring von der Dicke dr im Abstande r_x von der Mitte C hat dann eine Kraft

$$G = p \cdot 2\pi \cdot r_x \cdot dr,$$

die ein Reibungsmoment $dM_x = p \cdot f \cdot 2\pi r_x^2 dr$ liefert. Das Gesamtreibungsmoment ist dann

$$M = \int_{r_i}^{r_a} 2 p f \pi r_x^2 \cdot dr.$$

Die Lösung gibt nach Einführung des Wertes von p

126) $$M = \frac{2}{3} G \cdot f \frac{r_a^3 - r_i^3}{r_a^2 - r_i^2}.$$

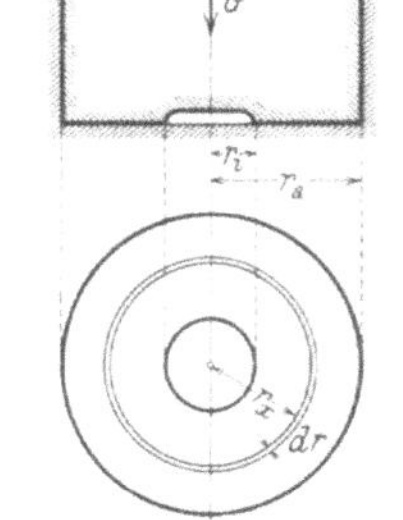

Fig. 94.

Für eine volle Kreisfläche ergibt sich mit $r_i = 0$ und $r_a = r$

126a) $$M = \frac{2}{3} G \cdot f \cdot r.$$

Abgenutzter Spurzapfen. Ist der Zapfen längere Zeit gelaufen, so wird eine Abnutzung eintreten, die dort am größten sein wird, wo die Geschwindigkeit der aufeinander reibenden Teile am größten ist. Man kann die Annahme machen, daß der Druck im umgekehrten Verhältnis zur Geschwindigkeit steht, und da diese den Abständen r_x proportional sind, ist der Druck auch umgekehrt proportional zu r_x. Man kann demnach setzen $p = \frac{p_1}{r}$. Die Gleichung der lotrechten Kräfte liefert

$$G = \int_{r_i}^{r_a} 2\, r_x \pi \cdot dr \cdot p = 2\pi \cdot p_1 (r_a - r_i).$$

Das Reibungsmoment wird

$$M = \int_{r_i}^{r_a} 2\, r_x \pi \cdot dr \cdot p \cdot r_x \cdot f.$$

Die Lösung lautet nach Einsetzen der Werte von p_1 und G

127) $$M = G \cdot f \frac{r_a + r_i}{2}.$$

Für die volle Kreisfläche ist damit

127a) $$M = G \cdot f \cdot \frac{r}{2}.$$

Kegelförmiger Spurzapfen.

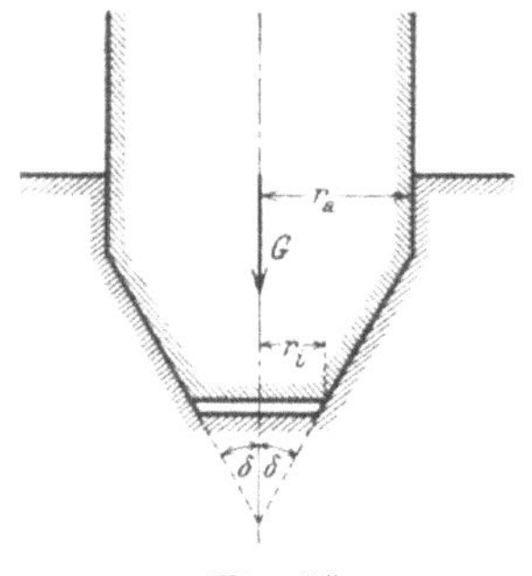

Fig 95.

Tritt an Stelle der reinen Flächenlagerung eine kegelförmige Lagerung nach Fig. 95, so tritt an Stelle des Gewichtes G der Wert $\frac{G}{\sin \delta}$ (vgl. S. 71). Die Gleichungen lauten dann für den Kreisring

128) $$M = G \cdot f \frac{(r_a + r_i)}{2 \cdot \sin \delta}.$$

Für den vollen Kreis

128a) $$M = G \cdot f \cdot \frac{r}{2 \sin \delta}.$$

31. Die Seilreibung.

Literatur: Aug. Ritter, Lehrb. d. techn. Mech. 8. Aufl. S. 374ff. — Keck-Hotopp, Mechanik. 1. Teil. 4. Aufl. S. 279ff. — Rühlmann, Grundz. d. Mech. 3. Aufl. S. 253ff. Föppl, Vorlesg. über techn. Mech. I. Bd. 6. Aufl. S. 263.

Ein völlig biegsam gedachtes Seil sei nach Fig. 96 über einen Zylinder gezogen. Der umspannte Winkel sei α. In den beiden freien Enden des Seiles seien Spannkräfte S_1 und S_2. Diese beiden Kräfte liefern ein Moment $M = (S_2 - S_1)\, r$, das den Zylinder in Rotation versetzen wird oder durch ein gleich großes äußeres Moment M im Gleichgewicht gehalten wird. Wäre Seil und Zylinder vollkommen glatt, so würden die beiden Teile aufeinander gleiten, die beiden entgegengesetzt drehenden Momente könnten sich nicht aufheben. Es muß demnach die Reibung zwischen

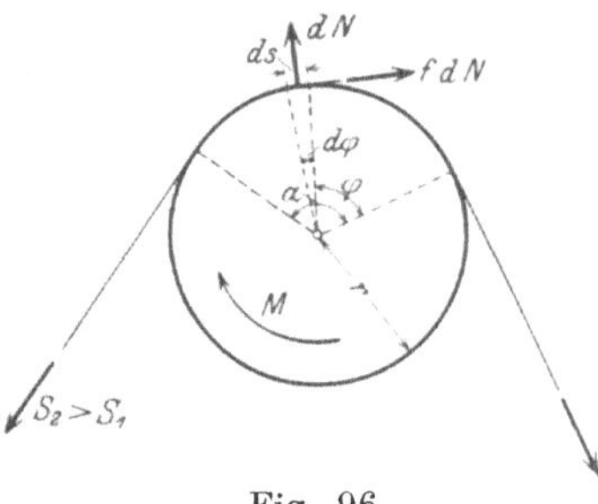

Fig. 96.

Seil und Zylinder das Moment M aufzubringen imstande sein. Der Normaldruck an einer beliebigen Stelle eines Bogenteilchens $ds = r \cdot d\varphi$ sei dN, dann ist die durch ihn hervorgebrachte Reibung $dR = f \cdot dN$. Fig. 97. Die Seilzüge sind S und $S + dS$. Diese vier Kräfte müssen im Gleichgewicht sein, also müssen die Gleichungen bestehen

$$dN = (S + S + dS) \sin \frac{d\varphi}{2} = \sim S \cdot d\varphi$$

$$f \cdot dN = dS \cdot \cos \frac{d\varphi}{2} = \sim dS.$$

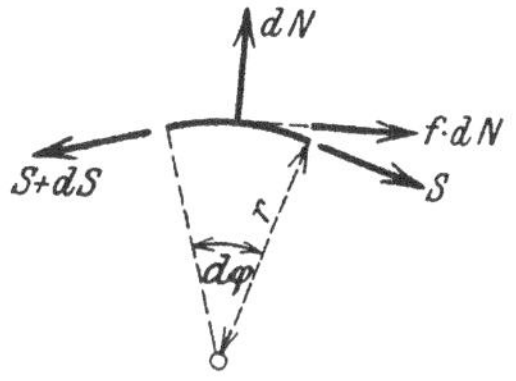

Fig. 97.

Daraus folgt:

$$f \cdot d\varphi = \frac{dS}{S}$$

$$f \cdot \varphi = \ln S + \text{Const.}$$

Die Grenzen $\varphi = 0$ mit $S = S_1$ und $\varphi = \alpha$ mit $S = S_2$ eingeführt, geben die Gleichungen

129)
$$\begin{cases} f \cdot \alpha = \ln \dfrac{S_2}{S_1}; \; \dfrac{S_2}{S_1} = e^{f\alpha}; \\ S_2 - S_1 = S_1 [e^{f\alpha} - 1]; \; M = (S_2 - S_1)\, r. \end{cases}$$

Es folgt daraus der Satz: Die Seilreibung $(S_2 - S_1)$ ist unabhängig vom Halbmesser r des Zylinders.

Ist der Zylinder im Zustande gleichmäßiger Drehbewegung (Riemenscheibe), so tritt an dem Seilteilchen ds in Richtung von dN eine Fliehkraft $\frac{\gamma}{g} F \cdot r^2 \cdot \omega^2 \, d\varphi$, wo γ das spezifische Gewicht des Seilstoffes, F der Seilquerschnitt, g die Erdbeschleunigung und ω die Winkelgeschwindigkeit der Drehbewegung ist. Die Gleichgewichtsbedingungen ergeben dann die Gleichungen

$$dN + \frac{\gamma}{g} F\, r^2 \omega^2 \cdot d\varphi = (S + S + dS) \sin \frac{d\varphi}{2} = \sim S \cdot d\varphi$$

$$f \cdot dN = dS \cos \frac{d\varphi}{2} = \sim dS.$$

Die Lösung lautet

$$f \cdot \varphi = \ln \left[S - \frac{\gamma}{g} F \cdot r^2 \cdot \omega^2 \right] + \text{Const.}$$

Die Einführung der Grenzen wie oben ergibt

130)
$$\begin{cases} f \cdot \alpha = \ln \left[\dfrac{S_2 - \dfrac{\gamma}{g} F \cdot r^2 \cdot \omega^2}{S_1 - \dfrac{\gamma}{g} F \cdot r^2 \cdot \omega^2} \right] \\ S_2 - S_1 = \left[S_1 - \dfrac{\gamma}{g} F \cdot r^2 \cdot \omega^2 \right] (e^{f\alpha} - 1). \end{cases}$$

Das Glied $\frac{\gamma}{g} F \cdot r^2 \cdot \omega^2$ wird gewöhnlich klein und kann dann vernachlässigt werden. Es entsteht dann aus Gleichung 130) die früher entwickelte Gleichung 129).

32. Der Erddruck.

Literatur: Rebhann, Theorie des Erddruckes und der Futtermauern mit besonderer Rücksicht auf das Bauwesen. Wien 1871. — Winkler, Neue Theorie des Erddruckes, Wien 1872. — Müller-Breslau, Erddruck auf Stützmauern. Stuttg. 1906. — Coulomb, Essais sur une application des règles de maximis et minimis à quelques problèmes de statique relatifs à l'architecture. — Mém. de mathem. et de phys. présentés à l'Acad. Royale des sciences par divers savants. 1773. Tome VII. Paris 1776. Weitere Ausgaben über Literatur: Siehe Müller-Breslau, Erddruck auf Stützmauern. Über Geschichte der Theorie des Erddruckes: Siehe Winkler. — Keck-Hotopp, Elastizitätslehre. 2. Teil. 2. Aufl. S. 378. — Mehrtens, Vorlesg. über Stat. d. Baukonstr. u. Festigkeitsl. II. Bd. S. 255. — Föppl, Vorlesg. über Mechanik. V. Bd. S. 358.

Der aktive Erddruck.

a) Größe des Erddruckes.

Die Coulombsche Erddrucktheorie. Die Theorie des Erddruckes geht von der Theorie der Reibung aus. Die heute fast ausschließlich angewandte Erddrucktheorie stammt von Coulomb (1736—1806). Sie geht von folgender Annahme aus.

Eine beliebige das Erdreich abstützende Mauer wird unter der Wirkung des an ihrem Rücken angreifenden Erddruckes (Fig 98) das Bestreben haben, sich um die Vorderkante A zu drehen. Dadurch wird der Boden seines seitlichen Haltes beraubt, und es wird ein Bodenprisma ins Gleiten kommen. Das abrutschende Prisma reibt sowohl an dem Mauerrücken als auch auf dem stehen bleibenden Boden. Nach der Coulombschen Theorie ist die Fläche, die das

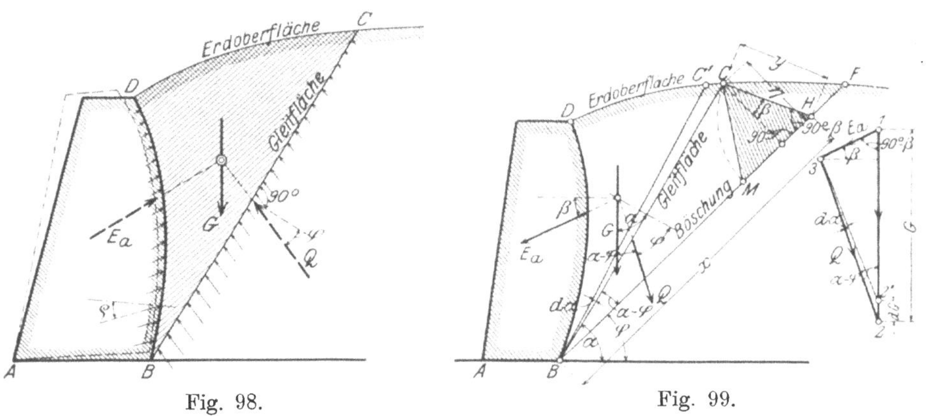

Fig. 98. Fig. 99.

abrutschende Prisma von dem stehen gebliebenen Erdboden trennt, die „Gleitfläche", eine Ebene. Das Gewicht G muß im Gleichgewicht sein mit den Drücken E_a der Mauer und Q des stehen bleibenden Bodens gegen das abgleitende Prisma.

Lage der Gleitfläche nach Rebhann. Entsprechend der Annahme, daß das Prisma abrutscht, muß der Erddruck an jeder Stelle der Mauer unter dem Reibungswinkel ϱ gegen das Lot auf der Mauerfläche geneigt sein, der Druck Q dagegen muß mit dem Lot auf der Gleitfläche den Böschungswinkel φ bilden. Aus der Bedingung, daß sich die Kräfte G, E und Q in einem Punkte schneiden müssen (wegen Gleichgewicht), ergibt sich die Lage der Gleitfläche wie folgt (Fig. 99):

B C sei die unter α geneigte gesuchte Gleitfläche, $G = \gamma \cdot$ Fl B C D das Gewicht des abrutschenden Erdprismas.

G zerlegt sich im Krafteck in $\overline{1-3} = E_a$ und $\overline{2-3} = Q$.

B F ist die Böschungslinie. Von C wird ein Lot auf B F gefällt und C H unter dem Winkel β gegen dieses gezogen, den der Erddruck mit der Wagerechten bildet.

Dreht sich die Gleitfläche um den sehr kleinen Winkel $d\alpha$ in die Lage B C′, so ist

$$d\,G = \overline{2'-2} = \gamma\,\Delta\,B\,C\,C'.$$

Es ist

a) $$\Delta\,B\,C\,H \sim \Delta\,1\,2\,3.$$

b) $$\Delta\,B\,C\,C' \sim \Delta\,2\,2'\,3.$$

c) $$G = \gamma \cdot \text{Fl.} \cdot B\,C\,D; \quad dG = \gamma \cdot \Delta\,B\,C\,C'; \quad G = \frac{\text{Fl.}\,B\,C\,D}{\Delta\,B\,C\,C'}\,dG.$$

d) $$\frac{G}{dG} = \frac{\text{Fl.}\,B\,C\,D}{\Delta\,B\,C\,C'} = \frac{1-2}{2'-2} = \frac{\Delta\,1\,2\,3}{\Delta\,2\,2'\,3}.$$

Aus a) und b) folgt

e) $$\Delta\,1\,2\,3 : \Delta\,2\,2'\,3 = \Delta\,B\,C\,H : \Delta\,B\,C\,C'.$$

Demnach aus d) und e)

$$\text{Fl.}\,B\,C\,D : \Delta\,B\,C\,C' = \Delta\,B\,C\,H : \Delta\,B\,C\,C'$$

131) $$\text{Fl.}\,B\,C\,D = \Delta\,B\,C\,H.$$

Die Gleitfläche ist demnach durch eine Linie BC gegeben, die die Fläche D B H C halbiert (Rebhannscher Satz).

Aus der Ähnlichkeit der Dreiecke B C H und 1 2 3 folgt

$$E_a : G = C\,H : B\,H = y : x.$$

$$E_a = G \cdot \frac{y}{x} = \gamma \cdot \Delta\,B\,C\,H \cdot \frac{y}{x} = \gamma\,\frac{x\,\eta}{2}\,\frac{y}{x}$$

132) $$E_a = \gamma\,\frac{y \cdot \eta}{2}.$$

Δ C H M stellt also den Erddruck seiner Größe nach, in Erdvolumen ausgedrückt, dar.

Lage der Stellungslinie bei ebenem Mauerrücken. Ist die Hinterkante der Wand B D eine gerade Linie, Fig. 100, so ist die Linie D J $\|$ C H, die „Stellungslinie", gegen die Wand unter dem Winkel $\mu = \varphi + \rho$ geneigt. Der Beweis folgt aus Fig. 100. Im Δ B D J ist

$$\mu = 180^0 - (\delta - \varphi) - (90 - \beta).$$

Aus den Winkelbezeichnungen am Angriffspunkt von E_a folgt

$$90 + \beta = \delta + \rho; \quad \beta = \delta + \rho - 90^0.$$

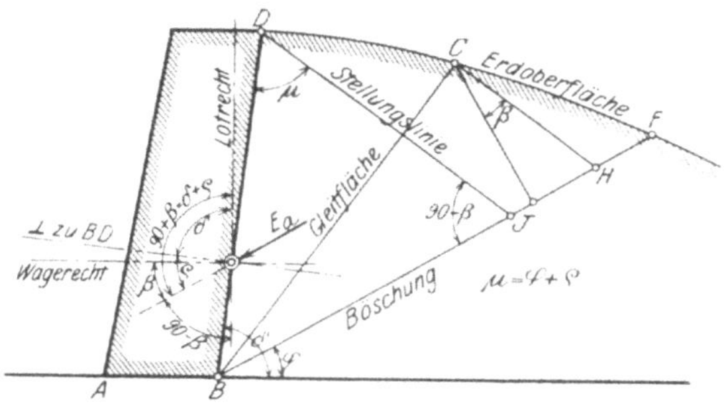

Fig. 100.

Mithin ist

133) $$\mu = 180^0 - \delta + \varphi - 90^0 + \delta + \rho - 90^0 = \varphi + \rho.$$

Damit ist die Richtung der Linie C H festgelegt. Bei beliebig geformter Erdoberfläche kann nun die Lage der Gleitfläche B C durch Probieren ermittelt werden. Sie muß die Fläche B D C H halbieren.

Ermittlung der Gleitfläche bei ebenem Mauerrücken und ebener Erdoberfläche. Ist die Erdoberfläche eine Ebene, Fig. 101, so ergeben sich folgende Beziehungen.

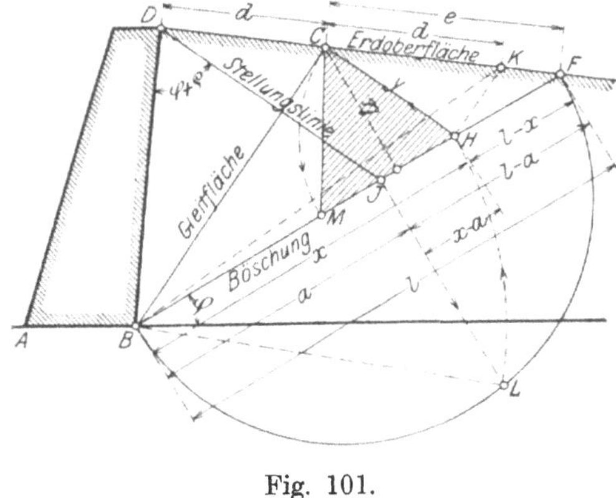

Fig. 101.

Es ist H K || B C, also

$\Delta BCK = \Delta BCH = \Delta BCD.$

Daher D C = C K = d.

Es können folgende Proportionen gebildet werden

$FC : KC = e : d = FB : HB = l : x$

$FC : DC = e : d = FH : HJ$

$= (l - x) : (x - a)$

$l : x = (l - x) : (x - a),$

oder

134) $x^2 = l \cdot a.$

Die Strecke x ist die mittlere Proportionale zwischen den Strecken l und a.

Da die Strecken a und l bekannt sind, ermittelt sich x als Kathete eines rechtwinkligen Dreiecks mit der Hypothenuse B F = l und der Kathetenprojektion B J = a.

Ermittlung der Größe des Erddruckes. Sie geht wie folgt vor sich.

Man zeichne nacheinander:

1. die Böschungslinie BF unter dem Böschungswinkel φ gegen die Wagerechte,
2. die Stellungslinie D J unter dem Winkel $\varphi + \rho$ gegen die Rückwand B D der Mauer,
3. über B F einen Halbkreis,
4. das Lot J L in J auf B F,
5. den Kreisbogen L H um B,
6. die Gerade H C || D J,
7. den Kreisbogen C M um H.

Das Dreieck C M H stellt dann den Erddruck, in Erdvolumen ausgedrückt, seiner Größe nach dar.

Fig 101 zeigt die Konstruktion für den häufigsten Fall, daß die Stellungslinie D J unterhalb der Erdoberfläche D F liegt.

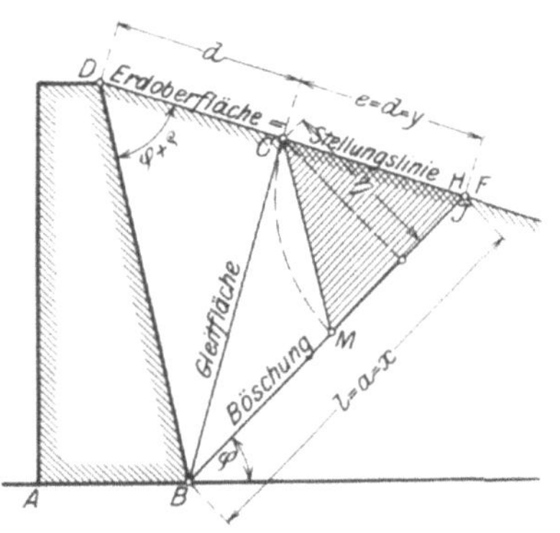

Fig. 102.

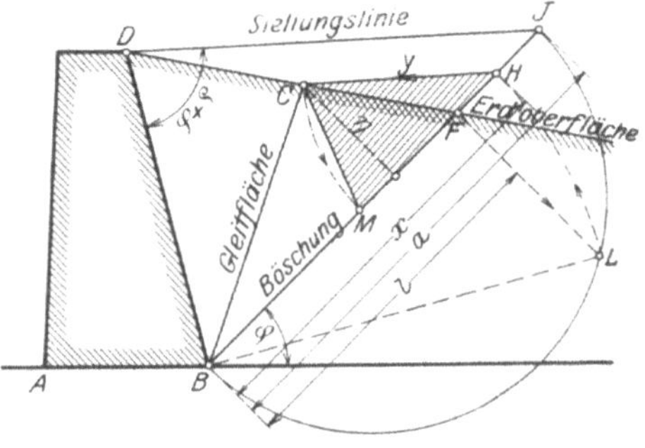

Fig. 103.

Sonderfall 1: Die Stellungslinie D J fällt mit der Erdoberfläche D F zusammen. Fig. 102. In den obigen Gleichungen ist l = a zu setzen. Daher ist wegen Gleichung 134 $x = a = l$. Da die Proportion bestand $e : d = l : x$, ist $e = d$. Punkt C liegt also in der Mitte der Strecke D F.

Sonderfall 2. Die Stellungslinie D J kommt oberhalb der Erdoberfläche D F zu liegen. Fig. 103 gibt die Konstruktion. Der Halbkreis ist über der Strecke $a = B J$ zu zeichnen.

Sonderfall 3. Die Erdoberfläche ist parallel der Böschungslinie B F, Punkt F fällt ins Unendliche.

Fig. 104 gibt die Konstruktion. Die Strecken y und η sind in jeder Lage konstante Werte.

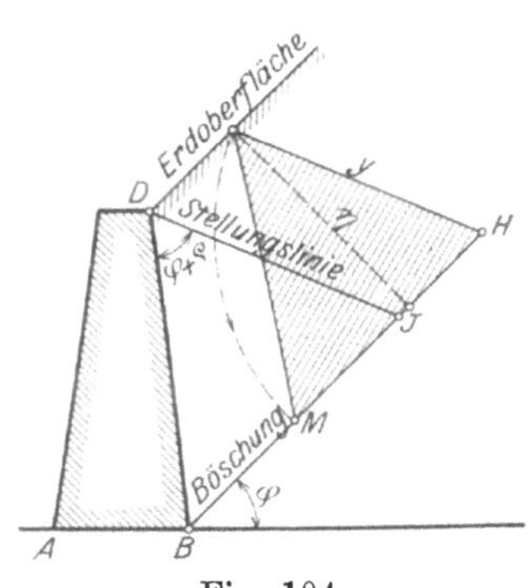

Fig. 104.

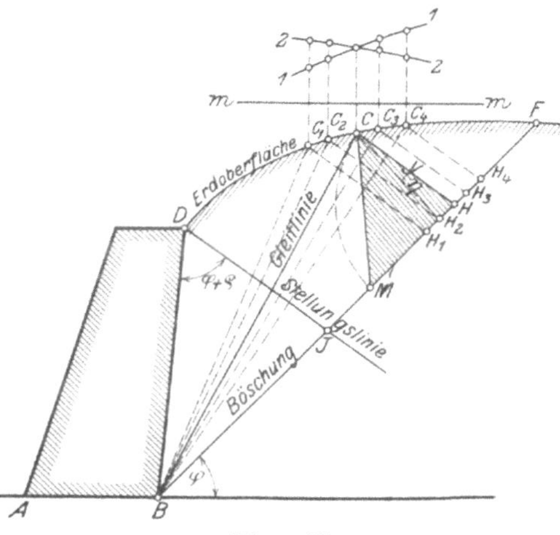

Fig. 105.

Sonderfall 4. Die Erdoberfläche ist beliebig gebildet.

Fig. 105. Die Böschungslinie B F und die Stellungslinie D J werden gezeichnet. Man zeichne eine beliebige Gleitfläche $B\,C_1$, von C_1 die Parallele $C_1\,H_1$ zur Stellungslinie und trage über C_1 von einer Wagerechten die Inhalte der Flächen $B\,D\,C_1$ und $B\,C_1\,H_1$ ab. Dies ist für mehrere Lagen der Gleitfläche auszuführen. Die Auftragung der Flächeninhalte führt zu den Kurven 1 — 1 und 2 — 2, die in ihren Ordinaten die Flächeninhalte $B\,D\,C_n$ und $B\,C_n\,H_n$ darstellen. Nach dem Rebhannschen Satze sollen beide Flächen inhaltsgleich sein, daher liefert der Schnittpunkt beider Kurven den Punkt C, der in der Geraden B C die Gleitfläche festlegt. Δ H C M stellt dann den Erddruck, in Erdvolumen ausgedrückt, dar:

$$E_a = \gamma \frac{\eta \cdot y}{2}.$$

Sonderfall 5. Die Rückseite der Wand ist lotrecht, die Erdoberfläche wagerecht und der Reibungswinkel ρ ist gleich Null

Aus Fig. 106 folgt:

$$\sphericalangle BDF = \sphericalangle BHC = 90^0.$$

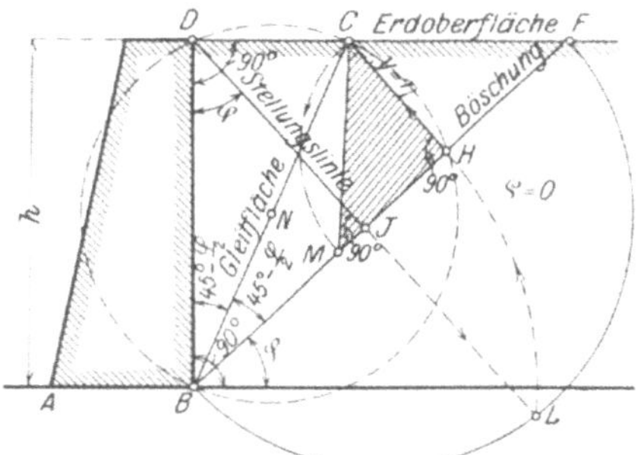

Fig. 106.

Das Viereck B D C H ist ein Kreisviereck. Da die Diagonale B C das Viereck B D C H in zwei inhaltsgleiche Dreiecke BDC und BCH (Rebhann) teilt, liegt der Mittelpunkt N des umschriebenen Kreises auf der Diagonale B C. Aus Symmetriegründen folgt $D C = C H$.

B C halbiert den Winkel D B F, also

$$\sphericalangle D B C = 45 - \frac{\varphi}{2}.$$

$$E_a = \gamma \cdot \frac{\eta \cdot y}{2} = \gamma \cdot \frac{\overline{C H}^2}{2} = \gamma \cdot \frac{\overline{C D}^2}{2},$$

135) $$E_a = \gamma \cdot \frac{h^2}{2} \operatorname{tg}^2 \left(45 - \frac{\varphi}{2}\right) = \gamma \frac{h^2}{2} k_a,$$

wenn

$$k_a = \operatorname{tg}^2 \left(45 - \frac{\varphi}{2}\right).$$

b) Verteilung des Erddruckes über die Rückwand der Mauer und Angriffspunkt des Erddruckes.

Man denke sich die Rebhannsche Konstruktion für einen Teil h_x der Mauerhöhe h durchgeführt; dadurch ergeben sich Strecken y_x und η_x, die zu den Strecken y und η in proportionalem Verhältnis stehen.

$$y_x = y \frac{h_x}{h}; \quad \eta_x = \eta \frac{h_x}{h}.$$

Der Erddruck E_x, der auf die Höhe h_x wirkt, ist dann

$$E_x = \gamma \frac{y_x \cdot \eta_x}{2} = \gamma \frac{y \cdot \eta}{2} \frac{h_x^2}{h^2}.$$

Der Gesamterddruck nimmt also mit wachsender Mauerhöhe h_x nach einer Parabel a — c zu, Fig. 107. Die Differentiation gibt

$$dE_x = \gamma \frac{y \cdot \eta}{h^2} \cdot h_x \cdot dh_x.$$

Dies ist die Gleichung einer Geraden T — U. Für $h_x = 0$ ist $dE_x = 0$, für $h_x = h$ ist $dE_x = \gamma \frac{y \cdot \eta}{h} dh_x$. Der Erddruck E verteilt sich demnach in Form eines Dreiecks T C U über die Rückwand. Der Angriffspunkt von E liegt im Schwerpunkt des Dreiecks, also in $\frac{h}{3}$ vom Fußpunkte der Mauer.

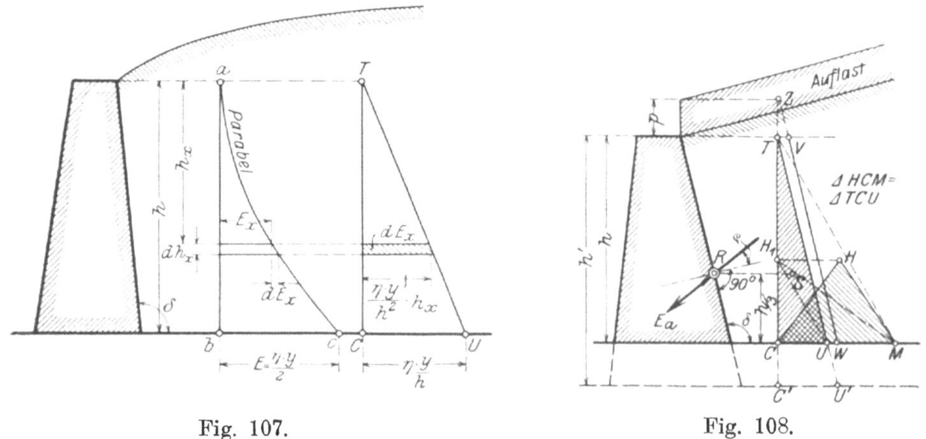

Fig. 107. Fig. 108.

Fig. 108 zeigt die Konstruktion der Verwandlung des Erddruckdreiecks C H M aus den Fig. 99 bis 106 in ein inhaltsgleiches Dreieck T C U von der Höhe h.

Die Richtung des Erddruckes ist nach S. 74 u. 75 dadurch festgelegt, daß er unter dem Reibungswinkel ρ gegen das Lot auf der Rückwand der Mauer geneigt sein muß.

Mit der Lage der Geraden T U in Fig. 107 u. 108 ist für bestimmte Werte von φ und ρ und einer bestimmten Neigung δ der Rückwand der Erddruck festgelegt. Vergrößert sich die Mauerhöhe h auf h′, so ist T U nur über U hinaus bis U′ zu verlängern (Fig. 108). T C′ U′ stellt dann den Erddruck auf die Mauer von der Höhe h′ dar.

Einfluß einer Auflast. Ruht auf der Erdoberfläche eine Auflast p (in Erdaufschüttung ausgedrückt), so ist durch den Punkt Z eine Parallele zu T U zu ziehen. Der gesamte Erddruck wird dann durch das Trapez T V W C dargestellt und greift in der Höhe des Schwerpunktes dieses Trapezes an. Der aus p allein hervorgehende Erddruck ist durch das Parallelogramm T V W U dargestellt und greift in halber Mauerhöhe an.

Ermittlung des Erddrucks bei beliebig geknicktem Mauerrücken. Fig. 109 zeigt die allgemeine Konstruktion der Erddrücke für eine Mauer mit mehrfach gebrochener Rückwand. Es genügt dabei, die Rebhannsche Konstruktion für ein beliebiges Stück der Mauerhöhe auszuführen und den darüber liegenden Boden als Auflast zu betrachten. Die schraffierten Erddruckdreiecke werden in inhaltsgleiche Dreiecke von der Höhe, für die die Rebhannsche Konstruktion durchgeführt ist, verwandelt. Es ergeben sich daraus die Linien $T_1 U_1$, $T_2 U_2$ und $T_3 U_3$. Durch Z werden zu diesen Geraden Parallelen gezogen, wodurch sich die die drei Erddrücke darstellenden Trapeze a b c d, d e f g und g h i k ergeben. Die Angriffspunkte der Erddrücke liegen in Höhe der Schwerpunkte S_1, S_2 und S_3 dieser Trapeze.

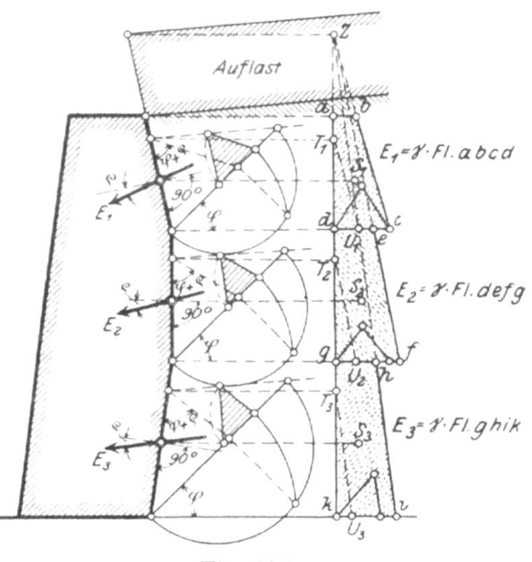

Fig. 109.

Der passive Erddruck.

Die Coulombsche Theorie. Wird ein Mauerkörper durch irgendwelche an ihm angreifende Kräfte (etwa einen Gewölbeschub) gegen einen Erdkörper gedrückt, so wird letzterer so lange Widerstand leisten können, bis ein prismatischer Erdkörper B D C nach oben herausgepreßt wird. Fig. 110. Die Gleitfläche B C ist nach der Coulombschen Theorie eine Ebene. Das Gewicht G des herausgepreßten Erdprismas muß im Gleichgewicht mit den Drücken E und Q von Mauer und stehengebliebenem Boden sein. Da das Prisma G nach oben gleitet, muß E gegen das Lot auf der Mauer unter dem Reibungswinkel ρ, Q gegen das Lot auf der Gleitfläche unter dem Böschungswinkel φ in den aus Fig. 110 ersicht-

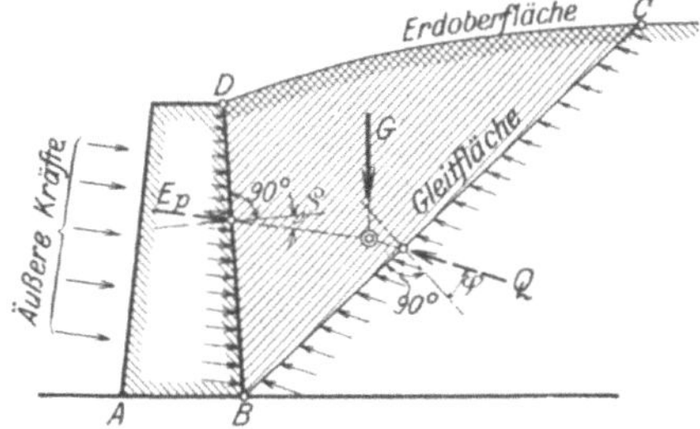

Fig. 110.

lichen Richtungen geneigt sein. Im Gegensatz zum aktiven Erddruck sind also φ und ρ beide negativ einzuführen. Es lassen sich für den passiven Erddruck ganz entsprechende Beziehungen ableiten wie für den aktiven, sie mögen aber hier wegen der geringen Bedeutung des passiven Erddruckes übergangen werden.

Ermittlung des passiven Erddrucks nach Rebhann. Aus Fig. 111 ist die Konstruktion des passiven Erddrucks bei ebener Rückwand der Mauer und ebener Erdoberfläche zu entnehmen. Man zeichne nacheinander:

1. die Böschungslinie B F unter dem Böschungswinkel $-\varphi$ gegen die Wagerechte durch B,
2. die Stellungslinie D J unter dem Winkel $-(\varphi + \rho)$ gegen die Rückwand B D der Mauer,
3. über B F einen Halbkreis,
4. das Lot J L in J auf B F,
5. den Kreisbogen L H um B,
6. die Gerade $HC \parallel DJ$,
7. den Kreisbogen C M um H.

Dann ist B C die Gleitfläche, $\Delta BCD = \Delta BCH$, ferner stellt ΔCHM den Erddruck E_p, in Erdvolumen ausgedrückt, seiner Größe nach dar. Dieses

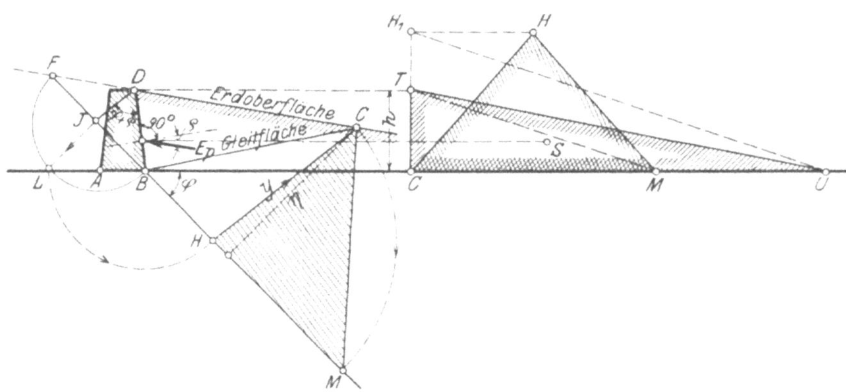

Fig. 111.

Dreieck ist in ein inhaltsgleiches Dreieck T C U von der Höhe h der Mauer zu verwandeln. In Höhe des Schwerpunktes S dieses Dreiecks T C U greift E_p, unter dem Winkel ρ gegen das Lot auf dem Mauerrücken geneigt, an. Mit den Bezeichnungen nach Fig. 111 ist

$$E_p = \gamma \cdot \frac{y \cdot \eta}{2}. \tag{136}$$

Der Sonderfall: Lotrechter Mauerrücken, wagerechte Erdoberfläche und Reibungswinkel $\rho = 0$ gibt

$$E_p = \gamma \frac{h^2}{2} \operatorname{tg}^2\left(45 + \frac{\varphi}{2}\right) = \gamma \frac{h^2}{2} k_p, \tag{137}$$

wenn

$$k_p = \operatorname{tg}^2\left(45 + \frac{\varphi}{2}\right).$$

Allgemeine Betrachtungen über den passiven Erddruck. Über den passiven Erddruck im allgemeinen, besonders über sein Auftreten sei folgendes bemerkt.

Das Auftreten des vollen passiven Erddrucks ist mit einer Zusammenpressung des widerstehenden Bodens bis zur Grenze seiner Widerstandsfähigkeit verknüpft, es wird also immer mit erheblichen Formänderungen verbunden sein. Im allgemeinen ist es daher nicht zulässig, für die Standfestigkeit eines Bauwerkes passiven Erddruck in Rechnung zu stellen, denn die Formänderungen, die den passiven Erddruck erst hervorrufen, würden zu unzulässigen Spannungen, mitunter Rissen, in dem Bauwerk selbst führen. Der passive Erddruck stellt nur den äußersten Grenzwert des Widerstandes dar, den der Boden zu leisten imstande ist, man könnte ihn also mit dem Begriffe der „Festigkeit“ eines Materials in Vergleich stellen. Nur wenn der Boden hinter der vorgedrückten Wand fortgleitet, tritt der volle passive Erddruck auf. Die Größe des passiven Erddrucks richtet sich nach dem Drucke, den die Wand gegen die Erde ausübt; der auftretende passive Erddruck stellt sich immer nur in der Größe ein, als man ihn durch Druck gegen die Erde hervorruft, der Grenzwert des zulässigen Druckes ist der volle passive Erddruck. Nur in Ausnahmefällen, bei Bauwerken, denen größere Formänderungen nicht schädlich sind, z. B. Spundwänden, ist es zulässig, den vollen passiven Erddruck in Rechnung zu stellen.

IV. Dynamik starrer Körper.

33. Allgemeine Lehrsätze.

Literatur: Aug. Ritter, Lehrb. d. techn. Mech. 8. Aufl. S. 428, 433. — Keck-Hotopp, Mechanik. 1. Teil. 4. Aufl. S. 169. — Föppl, Vorlesg. über techn. Mech. I. Bd. 6. Aufl. S. 109. IV. Bd. 6. Aufl. S. 11, 126.

In Teil II, Abschnitt 2 bis 8 wurden die für die Bewegung eines einzelnen Massenpunktes m maßgebenden Lehrsätze entwickelt. Im folgenden soll untersucht werden, welchen Gesetzen die Bewegung einer Gruppe von Massenpunkten unterworfen ist. Die Massenpunkte m seien starr miteinander verbunden und bilden in ihrer Gesamtheit einen „starren Körper“ von der Masse $\mathfrak{M} = \Sigma\, m$.

Nach Abschnitt 7, S. 8 erteilt eine Kraft P einem Massenpunkt m eine Beschleunigung $\gamma = \frac{P}{m}$. Der Trägheitswiderstand der Masse ist $\gamma \cdot m = P$. Er ist der angreifenden Kraft P entgegengesetzt gleich, erfüllt also mit P die Gleichgewichtsbedingungen. Die Arbeit der Kraft auf dem Wege s ist nach Abschnitt 8, S. 9 gleich der Zunahme an lebendiger Kraft

$$A = P \cdot s = \frac{1}{2}\, m \cdot v^2 - \frac{1}{2}\, m c^2.$$

Tritt nun an Stelle des Massenpunktes m der starre Körper von der Masse $\mathfrak{M}$, so wird unter der Wirkung der Kraft P jedes Teilchen m des Körpers irgendeine Bahn in beschleunigter Bewegung durchlaufen, der er den der Bewegungsrichtung entgegengesetzt gerichteten Trägheitswiderstand $m \cdot \gamma$ entgegensetzt. Die Mittelkraft aus allen diesen Trägheitswiderständen muß der Kraft P entgegengesetzt gleich sein. Aus dieser Überlegung folgt der unter dem Namen „d'Alemberts Prinzip“ bekannte Lehrsatz: Die Mittelkraft aller Trägheitswiderstände (nach d'Alembert: Ergänzungskräfte), die eine Masse $\mathfrak{M} = \Sigma\, m$ eines starren Körpers einer Bewegungsänderung entgegensetzt, steht mit der Mittelkraft aller angreifenden äußeren Kräfte im Gleichgewicht. (Jean Lerond d'Alembert 1717–1783.)

34. Das Arbeitsvermögen eines sich bewegenden Körpers.

Literatur: Aug. Ritter, Lehrb. d. techn. Mech. 8. Aufl. S. 430, 435. — Keck-Hotopp, Mechanik. 1. Teil. 4. Aufl. S. 315, 324, 334. — Föppl, Vorlesg. über techn. Mech. I. Bd. 6. Aufl. S. 195. IV. Bd. 6. Aufl. S. 167.

Mit Hilfe des im Abschnitt 33 entwickelten d'Alembertschen Prinzips kann das Arbeitsvermögen eines starren Körpers für die verschiedenen Bewegungsmöglichkeiten ermittelt werden, indem auf die Gesamtheit der Trägheitswiderstände aller Massenteilchen m und die äußeren Kräfte die Sätze vom Gleichgewicht angewandt werden.

a) Geradlinig beschleunigte Bewegung eines starren Körpers.

Alle Massenteilchen m erleiden eine Beschleunigung γ, der sie den Trägheitswiderstand $m \cdot \gamma$ entgegensetzen. Da sich alle Teilchen m parallel verschieben sollen, sind auch alle Trägheitswiderstände parallel gerichtet: deren Mittelkraft geht dann nach Abschn. 21, S. 41–42 durch den Schwerpunkt des Körpers. Soll die äußere Kraft P mit ihr im Gleichgewicht sein, so muß sie gleichfalls im Schwerpunkte angreifen. Es besteht die Gleichung

138) $$P = \Sigma\, m \cdot \gamma = \gamma \cdot \Sigma\, m = \gamma\, \mathfrak{M}.$$

Die Gleichheit der geleisteten Arbeiten führt zu der Gleichung

139) $$A = P \cdot s = \mathfrak{M}\,\frac{v^2}{2} - \mathfrak{M} \cdot \frac{c^2}{2}.$$

b) Gleichmäßig beschleunigte Drehbewegung eines starren Körpers.

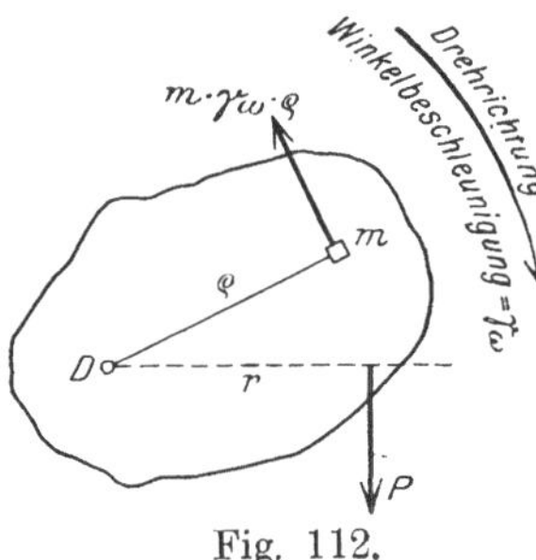

Fig. 112.

Ist ρ der Abstand eines Massenteilchens m von der Drehachse D, Fig. 112, ω_1 und ω_2 die Winkelgeschwindigkeiten zu Anfang und am Ende der Krafteinwirkung, γ_ω die Winkelbeschleunigung, so sind die linearen Geschwindigkeiten v und c in Gleichung 139) zu ersetzen durch $v = \omega_2 \cdot \rho$ und $c = \omega_1 \cdot \rho$. Die gleichseitig auftretenden Zentrifugalkräfte sind immer durch D gerichtet, leisten also bei der Drehung keine Arbeit. Die Gleichung 139) erhält damit die Form

140) $$A = \frac{\omega_2^2}{2}\int m \cdot \rho^2 - \frac{\omega_1^2}{2}\int m \cdot \rho^2 = J\left[\frac{\omega_2^2 - \omega_1^2}{2}\right].$$

Der Wert $J = \int m \cdot \rho^2$ wird „Trägheitsmoment" genannt.

Der Weg s der Kraft P am Hebel r ist in $t_2 - t_1$ Sekunden $s = \gamma_\omega \cdot r\,\frac{t_2^2 - t_1^2}{2}$, wenn γ_ω die Winkelbeschleunigung ist. Die Winkelgeschwindigkeiten ω_2 und ω_1 in den Zeitpunkten t_2 und t_1 sind $\omega_2 = \gamma_\omega \cdot t_2$ und $\omega_1 = \gamma_\omega \cdot t_1$. Damit lautet die Gleichung 140)

$$A = P \cdot s = P \cdot \gamma_\omega \cdot r\,\frac{t_2^2 - t_1^2}{2} = J\left[\frac{\omega_2^2 - \omega_1^2}{2}\right] = J \cdot \gamma_\omega^2\,\frac{t_2^2 - t_1^2}{2}$$

oder

141) $$P \cdot r = J \cdot \gamma_\omega = M;\; \gamma_\omega = \frac{M}{J},$$

worin M das Moment der Kraft P ist. **Die Winkelbeschleunigung γ_ω, die ein starrer Körper infolge eines Drehmoments M erleidet, ist gleich dem Momente dividiert durch das Trägheitsmoment in bezug auf die Drehachse.**

Schneller kommt man zu diesem Ergebnisse durch Aufstellung der Momentengleichung zwischen der Kraft P und den Trägheitswiderständen $m \cdot \gamma_\omega \cdot \rho$. ($\gamma_\omega \cdot \rho$ ist die lineare Beschleunigung.) Die Gleichung lautet

$$P \cdot r = \Sigma m \cdot \gamma_\omega \cdot \rho^2 = \gamma_\omega \cdot J = M.$$

c) Beliebige Bewegung eines starren Körpers.

Eine beliebige Bewegung eines starren Körpers kann man sich aus einer Verschiebung und einer Drehung um eine Schwerpunktsachse zusammengesetzt denken. Fig. 113. Die lineare Verschiebungsgeschwindigkeit sei v, die Winkelgeschwindigkeit der Drehung sei ω. Die Drehungsachse sei als x-Achse angenommen und v bilde mit den drei Achsen die Winkel φ_x, φ_y und φ_z. Die tatsächliche Drehungsgeschwindigkeit $\rho \cdot \omega$ eines Punktes m zerlegt sich parallel zur y- und z-Achse in:

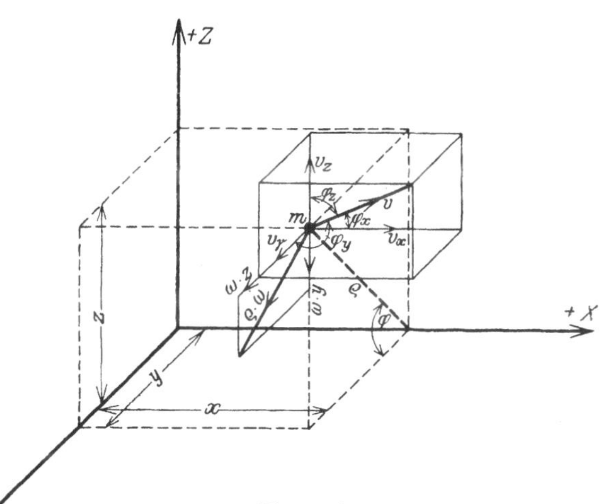

Fig. 113.

$$+\rho \cdot \omega \cdot \sin\varphi = +\omega \cdot z \text{ parallel zur y-Achse,}$$
$$-\rho \cdot \omega \cdot \cos\varphi = -\omega \cdot y \text{ parallel zur z-Achse.}$$

Die drei Seitengeschwindigkeiten sind dann

$$u_x = v \cos\varphi_x;\quad u_y = v \cdot \cos\varphi_y + \omega \cdot z;\quad u_z = v \cdot \cos\varphi_z - \omega \cdot y.$$

Die tatsächliche Geschwindigkeit ist

$$\begin{aligned} u^2 &= u_x^2 + u_y^2 + u_z^2 \\ &= v^2 [\cos\varphi_x^2 + \cos\varphi_y^2 + \cos\varphi_z^2] + \omega^2 (y^2 + z^2) + 2\, v \cdot \omega \cdot \cos\varphi_y \cdot z \\ &\qquad - 2\, v \cdot \omega \cdot \cos\varphi_z \cdot y \\ &= v^2 + \omega^2 \cdot \rho^2 + 2 \cdot v \cdot \omega \cdot \cos\varphi_y \cdot z - 2 \cdot v \cdot \omega \cdot \cos\varphi_z \cdot y. \end{aligned}$$

Das Arbeitsvermögen ist dann

$$\Sigma\, m \frac{u^2}{2} = \mathfrak{M} \frac{v^2}{2} + \frac{\omega^2}{2} \Sigma\, m \rho^2.$$
$$+ v \cdot \omega \cdot \cos\varphi_y\, \Sigma\, m \cdot z - v \cdot \omega \cdot \cos\varphi_z\, \Sigma\, m \cdot y.$$

Da die Drehungsachse = x-Achse durch den Schwerpunkt geht, ist

$$\Sigma\, m \cdot y = \Sigma\, m \cdot z = 0$$

und das Arbeitsvermögen ist

$$A = \mathfrak{M} \frac{v^2}{2} + J \frac{\omega^2}{2}. \tag{142}$$

35. Achsenwiderstände bei Drehbewegungen eines starren Körpers.

Literatur: Aug. Ritter, Lehrb. d. techn. Mech. 8. Aufl. S. 447, 456. — Keck-Hotopp, Mechanik. 1. Teil. 4. Aufl. S. 336. — Föppl, Vorlesg. über techn. Mech. IV. Bd. 6. Aufl. S. 182.

Ein starrer Körper drehe sich mit einer Winkelgeschwindigkeit ω und einer Winkelbeschleunigung γ_ω um die x-Achse eines Koordinatensystems, Fig. 114. Ein beliebiges Massenteilchen m übt dann tangential zum Umdrehungskreis entgegengesetzt zur Drehrichtung den Trägheitswiderstand $m \cdot \rho \cdot \gamma_\omega$, radial die Zentrifugalkraft $m \cdot \rho \cdot \omega^2$ aus. Werden diese beiden Kräfte parallel zur y- und z-Achse zerlegt, so entstehen:

parallel zur y-Achse:

$$m \cdot \rho \cdot \omega^2 \cdot \cos\varphi + m \cdot \rho \cdot \gamma_\omega \cdot \sin\varphi = m \cdot y \cdot \omega^2 + m \cdot z \cdot \gamma_\omega,$$

parallel zur z-Achse

$$m \cdot \rho \cdot \omega^2 \cdot \sin\varphi - m \cdot \rho\, \gamma_\omega \cdot \cos\varphi = m \cdot z \cdot \omega^2 - m \cdot y \cdot \gamma_\omega.$$

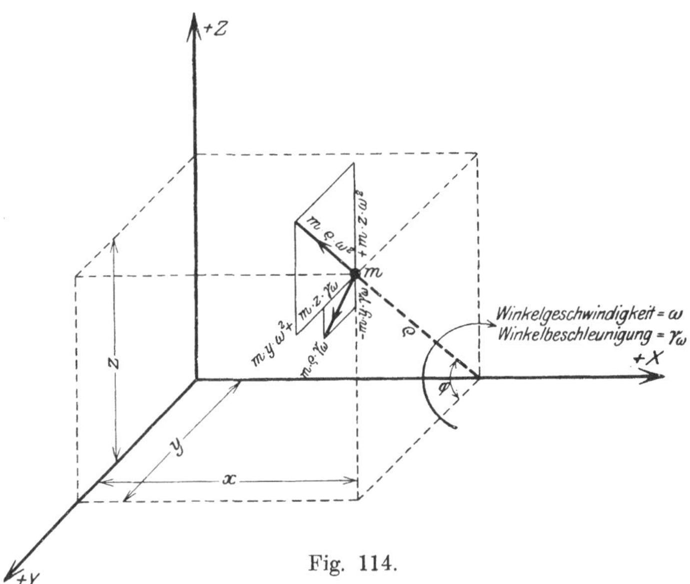

Fig. 114.

Die Gesamtheit aller Massenteilchen m übt demnach auf die Achsen folgende Kraftwirkungen aus

$$\Sigma K_x = 0;\ \Sigma K_y = \Sigma m \cdot y \cdot \omega^2 + \Sigma m \cdot z \cdot \gamma_\omega;$$

$$\Sigma K_z = \Sigma m \cdot z \cdot \omega^2 - \Sigma m \cdot y \cdot \gamma_\omega.$$

$$\Sigma M_x = -\Sigma m \cdot \rho^2 \cdot \gamma_\omega;$$

$$\Sigma M_y = -\Sigma m \cdot z \cdot \omega^2 \cdot x + \Sigma m \cdot y \cdot \gamma_\omega \cdot x;$$

$$\Sigma M_z = \Sigma m \cdot y \cdot \omega^2 \cdot x + \Sigma m \cdot z \cdot \gamma_\omega \cdot x.$$

In den Gleichungen für ΣK_y und ΣK_z stellen, da ω und γ_ω für alle Teilchen m konstant sind, die Werte $\Sigma m \cdot y$ und $\Sigma m \cdot z$ die statischen Momente der Gesamtmasse $\mathfrak{M} = \Sigma m$ dar. Sie sind, wenn x_s, y_s und z_s die Koordinaten des Schwerpunktes sind $\Sigma m \cdot y = \mathfrak{M} \cdot y_s$ und $\Sigma m \cdot z = \mathfrak{M} \cdot z_s$. Der Ausdruck $\Sigma m \cdot \rho^2$ stellt das Trägheitsmoment in bezug auf die x-Achse dar, es sei mit J_x bezeichnet. Die Ausdrücke $\Sigma m \cdot x \cdot y = C_{xy}$ und $\Sigma m \cdot x \cdot z = C_{xz}$ werden

„Zentrifugalmomente" genannt. Damit ergeben sich für die Zusammensetzung der auf den Körper wirkenden Kräfte folgende Gleichungen:

143)
$$\left\{\begin{aligned} \Sigma K_x &= 0 \\ \Sigma K_y &= \mathfrak{M} \cdot y_s \cdot \omega^2 + \mathfrak{M} \cdot z_s \cdot \gamma_\omega \\ \Sigma K_z &= \mathfrak{M} \cdot z_s \cdot \omega^2 - \mathfrak{M} \cdot y_s \cdot \gamma_\omega \\ \Sigma M_x &= -J_x \cdot \gamma_\omega \\ \Sigma M_y &= -C_{xz} \cdot \omega^2 \cdot + C_{xy} \cdot \gamma_\omega \\ \Sigma M_z &= C_{xy} \cdot \omega^2 + C_{xz} \cdot \gamma_\omega \end{aligned}\right.$$

Diese Kräfte müssen nach dem d'Alembertschen Prinzip mit den äußeren Kräften im Gleichgewicht sein.

Geht die x-Achse, um die der Körper rotiert, durch den Schwerpunkt, ist also $y_s = 0$, $z_s = 0$, ist ferner der Körper so beschaffen, daß die Zentrifugalmomente $C_{xy} = C_{xz} = 0$ werden, so bleibt aus Gleichung 143) als einzige Kraftwirkung nur ein Moment $J_x \cdot \gamma_\omega$. Nunmehr dreht sich der Körper um die x-Achse, ohne irgendwelche Lagerdrücke zu erzeugen, es ist also auch nicht erforderlich, die Drehachse zu befestigen. Eine solche Achse wird daher „freie Achse" genannt.

36. Rollende Bewegungen und rollende Reibung.

Literatur: Aug. Ritter, Lehrb. d. techn. Mech. 8. Aufl. S. 483. — Keck-Hotopp, Mechanik. I. Teil. 4. Aufl. S. 347, 359. — Föppl, Vorlesg. über techn. Mech. I. Bd. 6. Aufl. S. 256.

Ein Zylinder vom Halbmesser r ruhe auf einer unter einem Winkel α geneigten schiefen Ebene, Fig. 115. Die Masse des Zylinders sei $\mathfrak{M}$, sein Trägheitsmoment in bezug auf seine Längsachse J. Das Gewicht $G = \mathfrak{M} \cdot g$ zerlegt sich parallel und senkrecht zur Ebene in $P = \mathfrak{M} \cdot g \cdot \sin\alpha$ und $N = \mathfrak{M} \cdot g \cdot \cos\alpha$. Alle an dem Körper angreifenden Kräfte gehen durch den Schwerpunkt, der Zylinder kann also bei Annahme völliger Glattheit nicht ins Rollen kommen, vielmehr wird er abgleiten. Nun erzeugt aber der Druck N infolge der Rauheit der sich berührenden Körper einen Reibungswiderstand bis zur Größe $R = N \cdot f$. Diese am Zylinderumfang angreifende Kraft versetzt den Zylinder in Drehung. Die Winkelbeschleunigung

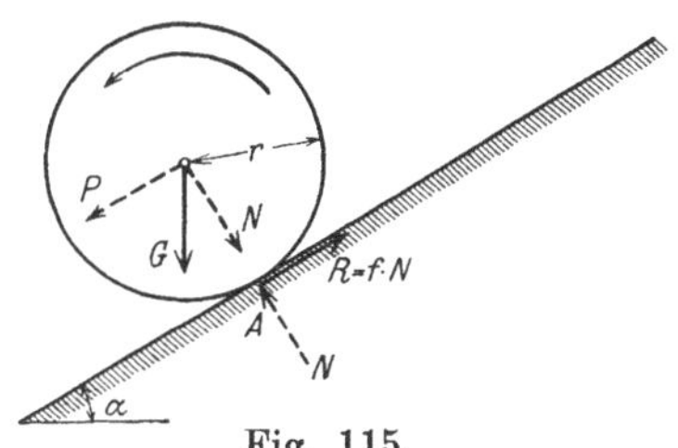

Fig. 115.

der Drehbewegung sei γ_ω. Sie ist nach Gleichung 141) $\gamma_\omega = \frac{R \cdot r}{J}$. Die lineare Beschleunigung am Umfang ist dann $\gamma = r \cdot \gamma_\omega = \frac{R \cdot r^2}{J} = \frac{R}{\mu}$, wenn $\mu = \frac{J}{r^2}$ ist. Da bei der Rollbewegung die Umfangsgeschwindigkeit am Berührungspunkte A der fortschreitenden Geschwindigkeit v immer entgegengesetzt gleich sein muß, und dieselbe Beziehung auch zwischen den Beschleunigungen der beiden Bewegungsarten besteht, so stellt $\gamma = \frac{R}{\mu}$ auch die Beschleunigung der Verschiebungsbewegung dar. Dieser Wert ergibt sich aber andererseits aus der Summe der in der Bewegungsrichtung wirkenden Kräfte $\mathfrak{M} \cdot g \cdot \sin\alpha - R = \mathfrak{M} \cdot g \cdot \sin\alpha - \mu \cdot \gamma$ und der bewegten Masse $\mathfrak{M}$, zu

$$\gamma = \frac{\mathfrak{M} \cdot g \cdot \sin\alpha - \mu \cdot \gamma}{\mathfrak{M}}.$$

Die Lösung lautet

144) $$\gamma = \frac{\mathfrak{M} \cdot g \cdot \sin\alpha}{\mathfrak{M} + \mu} = \frac{g \cdot \sin\alpha}{1 + \frac{\mu}{\mathfrak{M}}}.$$

Die Reibungskraft ist

145) $$R = \mu \cdot \gamma = \frac{\mu \cdot \mathfrak{M} \cdot g \cdot \sin\alpha}{\mathfrak{M} + \mu} = \frac{\mathfrak{M} \cdot g \cdot \sin\alpha}{1 + \frac{\mathfrak{M}}{\mu}}$$

Da andererseits $R \leqq N \cdot f \leqq \mathfrak{M} \cdot g \cdot f \cdot \cos\alpha$ ist, folgt daraus

146) $$\operatorname{tg}\alpha \leqq \left(1 + \frac{\mathfrak{M}}{\mu}\right) \cdot f.$$

Wird α größer als dieser Wert, so gleitet der Zylinder herab, ohne ins Rollen zu kommen.

Rollt der Körper mit einer Anfangsgeschwindigkeit c bergan, so tritt in A eine ebenfalls nach oben gerichtete Reibungskraft R auf. Gleichung **144)** stellt dann eine Verzögerung dar.

37. Trägheitsmomente und Zentrifugalmomente.

Literatur: Aug. Ritter, Lehrb. d. techn. Mech. 8. Aufl. S. 435. — Keck-Hotopp, Elastizitätslehre. 1. Teil. 2. Aufl. S. 9, 30. — Müller-Breslau, Graph. Stat. d. Baukonstr. Bd. I. 3. Aufl. S. 44. — Mohr, Über die Bestimmung und graph. Darstellung von Trägheitsmom. ebener Flächen. — Zivilingenieur 1887. S. 43. — Land, Über die Berechnung u. bildl. Darstellung von Trägheitsmom. u. Zentrifugalmom. ebener Massenfiguren. — Zivilingenieur 1888. S. 123. — Zeitschr. f. Bauwesen 1892. S. 550. — Föppl, Vorlesg. über techn. Mech. III. Bd. 4. Aufl. S. 85. — Mehrtens, Vorlesg. über Stat. d. Baukonstr. u. Festigkeitsl. I. Bd. S. 278. — Culmann, Graph. Statik. S. 392.

Allgemeines über den Begriff des Trägheitsmomentes und Zentrifugalmomentes. Die allgemeinen Ausdrücke für die Trägheitsmomente und die Zentrifugalmomente eines um eine Achse rotierenden Körpers waren nach Abschnitt **34** b, S. **82** und Abschnitt **35**, S. 84

147) $$J_x = \int \rho_x^2 \cdot dm; \quad J_y = \int \rho_y^2 \cdot dm; \quad J_z = \int \rho_z^2 \cdot dm$$

148) $$C_{xy} = \int x \cdot y \cdot dm; \quad C_{xz} = \int x \cdot z \cdot dm; \quad C_{yz} = \int y \cdot z \cdot dm.$$

Ähnlich wie beim Schwerpunkte kann auch von einem Trägheits- oder Zentrifugalmoment nur dann gesprochen werden, wenn eine Masse vorhanden ist; eine Linie oder Fläche hat daher streng genommen kein Trägheitsmoment nach obigem Begriffe. Erst wenn man sie sich gleichmäßig mit einer Masse m für die Längen- oder Flächeneinheit belegt denkt, kann von einem Trägheitsmoment gesprochen werden. Nimmt man für m die Masseneinheit an, so lauten die Gleichungen der Trägheits- und Zentrifugalmomente einer Linie

147a) $$J_x = \int \rho_x^2 \cdot ds; \quad J_y = \int \rho_y^2 \cdot ds; \quad J_z = \int \rho_z^2 \cdot ds$$

148a) $$C_{xy} = \int x \cdot y \cdot ds; \quad C_{xz} = \int x \cdot z \cdot ds; \quad C_{yz} = \int y \cdot z \cdot ds.$$

Für eine beliebige nicht ebene Fläche lauten die entsprechenden Gleichungen

147b) $$J_x = \int \rho_x^2 \cdot dF; \quad J_y = \int \rho_y^2 \cdot dF; \quad J_z = \int \rho_z^2 \cdot dF$$

148b) $$C_{xy} = \int x \cdot y \cdot dF; \quad C_{xz} = \int x \cdot z \cdot dF; \quad C_{yz} = \int y \cdot z \cdot dF.$$

Trägheitsmomente ebener Flächen. Von besonderer Bedeutung für das Bauingenieurwesen sind die Trägheits- und Zentrifugalmomente ebener Flächen.

a) Rechnerische Behandlung.

Eine beliebig geformte ebene Fläche sei auf ein räumliches rechtwinkliges Koordinatensystem bezogen, derart, daß die x- und y-Achse in der Ebene der Fläche liegen, Fig. 116. In diesem Falle haben sämtliche Teilchen dF ein $z = 0$. Die Trägheitsmomente erscheinen dann in den Ausdrücken

149) $$J_x = \int y^2 \cdot dF; \quad J_y = \int x^2 \cdot dF; \quad J_z = \int \rho^2 \cdot dF = J_p.$$

Die Trägheitsmomente J_x und J_y entstehen aus dem Trägheitsvermögen bei Drehung um die x- oder y-Achse, die Fläche dreht sich um eine in ihrer Ebene liegende Achse. Diese beiden Trägheitsmomente werden „axiale Trägheitsmomente" genannt. Dagegen entsteht J_z aus der Trägheit bei Drehung um die z-Achse, die Fläche dreht sich um eine auf ihr senkrecht stehende Achse. Das Trägheitsmoment wird auch „polares Trägheitsmoment" genannt.

Von den 3 Zentrifugalmomenten der Gleichung 148) bleibt wegen $z = 0$ nur das Zentrifugalmoment C_{xy} übrig.

Beziehungen zwischen axialen und polaren Trägheitsmomenten. Aus den Beziehungen, Fig. 116, $J_x = \int y^2 \cdot dF$, $J_y = \int x^2 \cdot dF$, $x^2 + y^2 = \rho^2$ folgt:

150) $$J_x + J_y = J_p.$$

Beziehungen zwischen Trägheitsmomenten für parallele Achsen. In Fig. 117 sei S der Schwerpunkt der Fläche und x — x und y — y seien zwei durch diesen

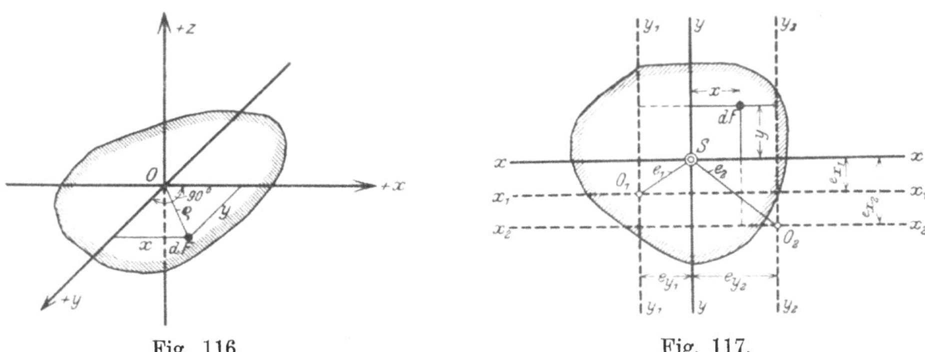

Fig. 116. Fig. 117.

gehende Achsen, die hierauf bezüglichen Trägheitsmomente seien J_x und J_y. Die Achsen $x_1 — x_1$ und $y_1 — y_1$ seien parallel zu x — x und y — y in den Abständen e_{x1} und e_{y1}. Dann ist das Trägheitsmoment J_{x1} für die Achse $x_1 — x_1$

$$J_{x1} = \int (y + e_{x1})^2 \cdot dF = \int y^2 \cdot dF + 2\, e_{x1} \int y \cdot dF + e_{x1}^2 \int dF.$$

Da x — x durch den Schwerpunkt der Fläche geht, ist $\int y\, dF = 0$. Ferner ist $\int y^2 \cdot dF = J_x$ und $\int dF = F$, daher lautet die Gleichung

151) $$J_{x1} = J_x + e_{x1}^2 \cdot F.$$

Ebenso folgt für die Achse $y_1 — y_1$

151a) $$J_{y1} = J_y + e_{y1}^2 \cdot F.$$

Das polare Trägheitsmoment J_{p_1} für den Schnittpunkt 0_1 der Achsen $x_1 — x_1$ und $y_1 — y_1$ ist wegen $J_x + J_y = J_p$ und $e_{x1}^2 + e_{y1}^2 = e_1^2$

151b) $$J_{p1} = J_p + e_1^2 \cdot F.$$

Zwischen den axialen Trägheitsmomenten für zwei beliebige parallele Achsen $x_1 - x_1$ und $x_2 - x_2$, oder $y_1 - y_1$ und $y_2 - y_2$ bestehen die Beziehungen

152) $$J_{x1} - J_{x_2} = F\,(e_{x1}{}^2 - e_{x_2}{}^2);$$
$$J_{y1} - J_{y_2} = F\,(e_{y1}{}^2 - e_{y_2}{}^2).$$

Ebenso besteht zwischen den polaren Trägtheitsmomenten in bezug auf zwei beliebige Pole O_1 und O_2 die Beziehung

152a) $$J_{p1} - J_{p2} = F\,(e_1{}^2 - e_2{}^2).$$

Zwischen dem Zentrifugalmoment C_{xy} in bezug auf die Schwerpunktsachsen $x - x$ und $y - y$ und dem Zentrifugalmoment $C_{x_1 y_1}$ in bezug auf die dazu parallelen Achsen $x_1 - x_1$ und $y_1 - y_1$ besteht die Beziehung

152b) $$C_{x1\,y1} = C_{xy} + e_{x1} \cdot e_{y1} \cdot F.$$

Trägheitsmomente für ein schiefwinkliges Achsenpaar. Bilden die Achsen miteinander keinen rechten Winkel, sondern einen Winkel β, Fig. 118, und bezeichnen x und y die in den Achsrichtungen gemessenen, x_r und y_r die senkrecht gemessenen Abstände der Flächenteilchen dF, so bezeichne

$$J_x = \int y^2 \cdot dF; \quad J_y = \int x^2 \cdot dF; \quad C_{xy} = \int x \cdot y \cdot dF.$$

$$J_{xr} = \int y_r{}^2 \cdot dF; \quad J_{yr} = \int x_r{}^2 \cdot dF; \quad C_{x_r\,y_r} = \int x_r \cdot y_r\, dF.$$

Zwischen diesen Ausdrücken bestehen dann die Beziehungen

153) $$J_{xr} = \sin^2\beta \cdot J_x; \quad J_{yr} = \sin^2\beta \cdot J_y; \quad C_{x_r\,y_r} = \sin^2\beta \cdot C_{xy}.$$

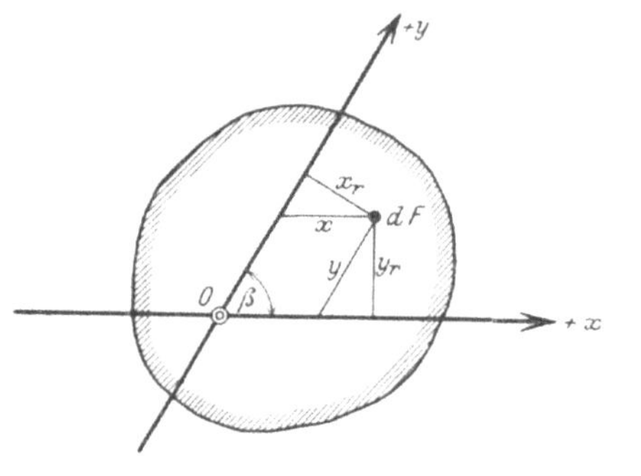

Fig. 118.

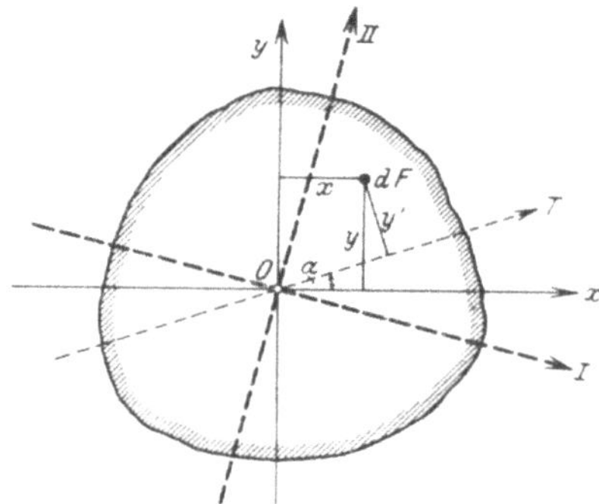

Fig. 119.

Benennung der Trägheitsmomente für verschiedene Achsenarten. Für ein beliebiges nicht durch den Schwerpunkt gehendes Achsenkreuz entstehen demnach bestimmte Trägheits- und Zentrifugalmomente. Erstere sind immer positiv, letzteres kann im Vorzeichen wechseln. Haben die beiden Achsen die Eigenschaft, daß das Zentrifugalmoment gleich Null ist, so werden die Achsen „zugeordnete Achsen" genannt. Stehen sie außerdem noch aufeinander senkrecht, so heißen sie „Hauptachsen". Liegt der Koordinatenanfangspunkt außerdem noch im Schwerpunkt der Fläche F, so werden die Achsen „zugeordnete Schwerpunktsachsen" und „Schwerpunktshauptachsen" genannt. Zu jeder Achse gibt es eine zugeordnete Achse.

Einfluß einer Achsendrehung um den Anfangspunkt. Für ein Achsenkreuz x, y (Fig. 119) seien die Trägheitsmomente J_x und J_y sowie das Zentrifugalmoment C_{xy} bekannt. Für eine beliebige Achse O T, die mit der x-Achse den Winkel α bildet, ist dann das Trägheitsmoment $J = \int y'^2 \cdot dF = \int (y \cdot \cos\alpha - x \sin\alpha)\, dF$. Die Lösung führt zu der Gleichung

154) $$J = \cos^2\alpha \cdot J_x + \sin^2\alpha \cdot J_y - \sin 2\,\alpha \cdot C_{xy}.$$

Ermittlung der Hauptachsen. Um zu ermitteln, für welchen Wert von α der Wert J zu einem Maximum oder Minimum wird, muß der Differentialquotient $\frac{dJ}{d\alpha}$ aus Gleichung 154) gleich Null gesetzt werden. Die Lösung gibt

155) $$\operatorname{tg} 2\alpha = -\frac{2 C_{xy}}{J_x - J_y}.$$

Der zweite Differentialquotient lautet

155a) $$\frac{d^2J}{d\alpha^2} = -\frac{2\cos 2\alpha}{J_x - J_y}\left[(J_x - J_y)^2 + 4 C_{yx}^2\right].$$

Die beiden der Gleichung 155) genügenden Werte für α liegen um 90^0 auseinander, die beiden Achsen stehen also senkrecht aufeinander. Aus Gleichung 155 a) folgt, daß diejenige Achse das Maximum von J ergibt, für die $-\cos 2\alpha$ ein negativer Wert ist, das Minimum von J, für die $-\cos 2\alpha$ ein positiver Wert ist. Werden die beiden Achsen, die Hauptachsen, mit I und II, die ihnen entsprechenden Trägheitsmomente mit J_I und J_{II} benannt, so gibt die Lösung nach diesen beiden Werten

156) $$\begin{cases} J_I = \frac{J_x + J_y}{2} + \frac{J_x - J_y}{2\cdot\cos 2\alpha} \\ J_{II} = \frac{J_x + J_y}{2} - \frac{J_x - J_y}{2\cdot\cos 2\alpha}. \end{cases}$$

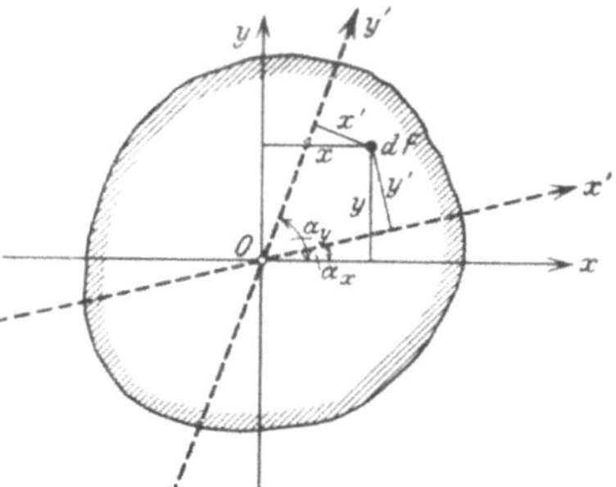

Fig. 120.

Die Lösungen direkt aus den Werten J_x, J_y und C_{xy} lauten

156a) $$J_{\substack{I\\II}} = \frac{J_x + J_y}{2} \pm \sqrt{\left(\frac{J_x - J_y}{2}\right)^2 + C_{xy}^2}.$$

Ermittlung der zugeordneten Achse. Für zwei beliebige nicht zugeordnete, aber aufeinander rechtwinklig stehende Achsen x und y, Fig. 120, seien Trägheits- und Zentrifugalmomente J_x, J_y und C_{xy} bekannt. Die Achse x' bilde mit x den Winkel α_x, es soll der Winkel α_y ermittelt werden, den eine zu x' zugeordnete Achse y' mit der Achse x bildet. Es muß sein $C_{x'y'} = 0$. Dies gibt mit

$$y' = y\cdot\cos\alpha_x - x\cdot\sin\alpha_x;\quad x' = x\cdot\sin\alpha_y - y\cdot\cos\alpha_y$$

$$J_x + \operatorname{tg}\alpha_x\cdot\operatorname{tg}\alpha_y\cdot J_y = (\operatorname{tg}\alpha_x + \operatorname{tg}\alpha_y)\, C_{xy}.$$

Die Lösung nach α_y gibt

157) $$\operatorname{tg}\alpha_y = \frac{J_x - \operatorname{tg}\alpha_x\cdot C_{xy}}{C_{xy} - \operatorname{tg}\alpha_x\cdot J_y}.$$

Für $\alpha_x = 0$ ergibt sich die zur x-Achse zugeordnete Achsenrichtung

157a) $$\operatorname{tg}\alpha_y = \frac{J_x}{C_{xy}}.$$

Trägheitshalbmesser. Nach Gleichung 149), S. 87 waren die Trägheitsmomente J_x und J_y für ein beliebiges Achsenkreuz x, y durch die Werte

149) $$J_x = \int y^2\cdot dF;\quad J_y = \int x^2\cdot dF.$$

Diese Werte haben die Benennung cm^4 oder m^4. Dividiert man die Trägheitsmomente durch den Inhalt F der Fläche, so muß ein Wert mit der Benennung cm^2 oder m^2 entstehen.

158) $$i_x^2 = \frac{J_x}{F};\ i_y^2 = \frac{J_y}{F},$$

oder allgemein

$$i^2 = \frac{J}{F};\ i = \sqrt{\frac{J}{F}}.$$

Die Strecke i wird „Trägheitshalbmesser“ genannt.

Trägheitsellipse. Nach Gleichung 154), S. 88 besteht zwischen den Werten J_x, J_y, C_{xy} und J_r die Beziehung

154) $$J_r = \cos^2\alpha \cdot J_x + \sin^2\alpha \cdot J_y - \sin 2\alpha \cdot C_{xy}.$$

Sind die zugrunde gelegten Achsen die Hauptachsen I und II gewesen, ist also $C_{xy} = 0$, so ist nach Division durch F

159) $$i_r^2 = \cos^2\alpha \cdot a^2 + \sin^2\alpha \cdot b^2, \text{ worin}$$

160) $$a^2 = \frac{J_I}{F};\ b^2 = \frac{J_{II}}{F}.$$

Trägt man die Trägheitshalbmesser i_r vom Koordinatenanfangspunkt O aus senkrecht zu den dazugehörigen Achsen O P auf (Fig. 121), also O A = a, O B = b, O C = i_r, so umhüllen die Parallelen zu der Achse O P durch C eine Ellipse, die „Trägheitsellipse“ geannnt wird. Die Strecken a und b sind die beiden Halbmesser der Ellipse.

Die Strecke O D = i stellt den Trägheitshalbmesser des schiefwinklig in Richtung der zu O P zugeordneten Achse gemessenen Trägheitsmomentes dar.

Liegt der Nullpunkt des Achsenkreuzes im Schwerpunkt des Querschnitts, so wird die Ellipse auch „Zentralellipse“ genannt.

Für ein beliebiges zugeordnetes Achsenkreuz x, y ergibt sich, daß die beiden Trägheitshalbmesser zugeordnete Achsen der Trägheitsellipse sind.

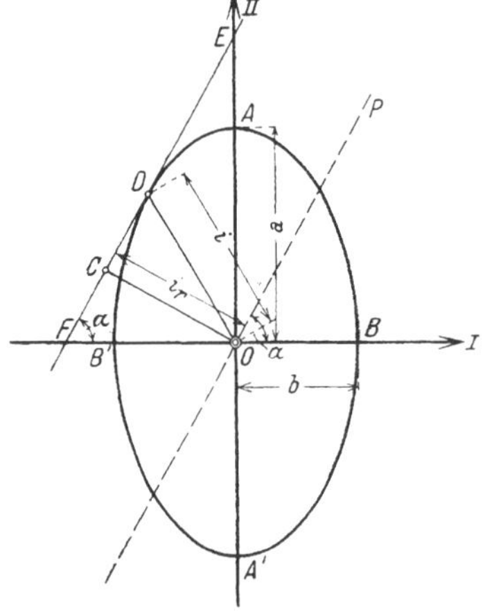

Fig. 121.

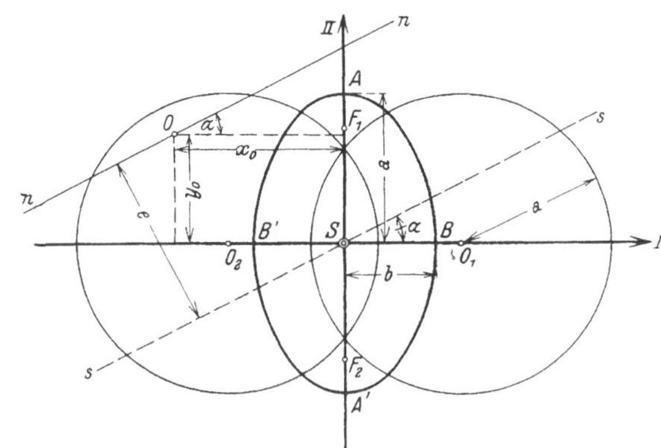

Fig. 122.

Der Trägheitskreis. Es fragt sich nun noch, ob die Trägheitsellipse für einen bestimmten Punkt O mit den Koordinaten x_0 und y_0 ein Kreis werden kann. Sind die Trägheitsmomente J_I und J_{II} für die beiden Schwerpunktshauptachsen I und II bekannt, Fig. 122, so ist das Trägheitsmoment J_n für eine beliebige Achse n — n:

$$J_n = J_s + e^2 \cdot F = J_I \cdot \cos^2\alpha + J_{II} \cdot \sin^2\alpha + (y_0 \cdot \cos\alpha + x_0 \sin\alpha)^2 \cdot F.$$

Die Lösung lautet nach Einführung der Trägheitshalbmesser

$$J_n = \frac{F}{2}\,[a^2 + b^2 + x_0{}^2 + y_0{}^2 + \cos 2\alpha\,(a^2 - b^2 + y_0{}^2 - x_0{}^2) - 2\,x_0 \cdot y_0 \cdot \sin 2\alpha]$$

J_n wird unabhängig von α, wenn $a^2 - b^2 + y_0{}^2 - x_0{}^2 = 0$ und $x_0 \cdot y_0 = 0$ ist. Die Lösung lautet

161) $$y_0 = 0;\; x_0 = \pm \sqrt{a^2 - b^2}.$$

Die Punkte O_1 und O_2 liegen demnach auf der kleinen Achse der Zentralellipse. Ihr Abstand vom Schwerpunkt ist gleich der Exzentrizität der Zentralellipse, sie werden daher auch „Antibrennpunkte" genannt. Das Trägheitsmoment für alle Achsen durch die Antibrennpunkte ist $J_n = J_I$. Die Trägheitsellipse wird zum „Trägheitskreise", dessen Radius gleich der großen Achse der Zentralellipse ist.

b) Zeichnerische Behandlung.

Der Mohrsche Kreis. Von einer beliebigen Fläche seien die Trägheitsmomente J_x und J_y und das Zentrifugalmoment C_{xy} in bezug auf ein beliebiges rechtwinkliges Achsenkreuz x y bekannt. Es sollen auf zeichnerischem Wege die unter a) rechnerisch ermittelten Größen gefunden werden. Die Konstruktion ergibt sich aus Fig. 123.

Vom Koordinatenanfangspunkt O aus werden in irgendeinem Maßstabe auf einer Achse, etwa der x-Achse, die Werte $OA = J_y$ und $AB = J_x$ aufgetragen. (Wird die Auftragung auf der y-Achse ausgeführt, so muß erst J_x, dann J_y folgen.) Auf einem Lote im Teilpunkte A wird $AC = C_{xy}$ aufgetragen. (Ist C_{xy} positiv, so erfolgt die Auftragung in den positiven Quadranten des Koordinatensystems, bei negativem C_{xy} in den negativen Quadranten.) Um den Halbierungspunkt D der Strecke $OB = J_x + J_y$ wird ein Kreis geschlagen.

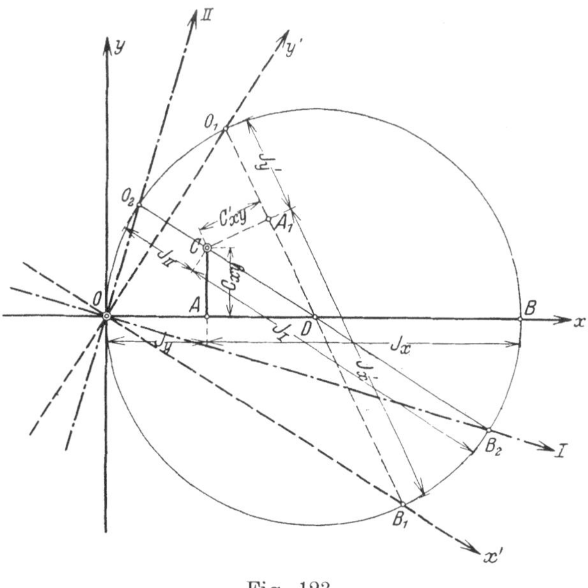

Fig. 123.

Beliebige Achsen. Zieht man einen beliebigen Durchmesser $O_1 B_1$ und fällt man von C aus auf $O_1 B_1$ das Lot $C A_1$, so sind die Flächenmomente für das neue Achsenkreuz x′ y′ durch folgende Strecken dargestellt: $O_1 A_1 = J_y{}'$; $A_1 B_1 = J_x{}'$; $A_1 C = C'_{xy}$.

Hauptachsen. Geht ein Durchmesser $O_2 B_2$ durch C hindurch, so ist $C_{x''y''} = 0$, die neuen Achsen I und II sind zugeordnet, und da sie aufeinander senkrecht stehen, sind sie die Hauptachsen. Die Strecken $O_2 C$ und $C B_2$ stellen die Hauptträgheitsmomente J_{II} und J_I dar.

Zugeordnete Achsen. Zwei beliebige zugeordnete Achsen findet man, indem man in Fig. 124 durch den wie in Fig. 123 gefundenen Punkt C eine beliebige Gerade E F zieht. Die Achsen O E und O F sind dann zugeordnete Achsen.

Die auf sie bezogenen Trägheitsmomente J_u und J_v findet man, indem man von C aus auf die Tangenten in E und F die Lote $C\,G = J_u$ und $C\,H = J_v$ fällt.

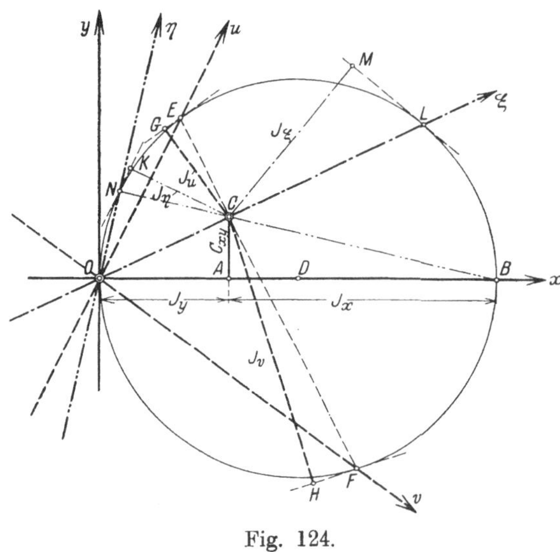

Fig. 124.

Zugeordnete Achsen zur x- und y-Achse. Die zur x-Achse zugeordnete Achse η findet man durch die Gerade C B. Die Verlängerung über C schneidet den Kreis in N. N O ist die zur x-Achse zugeordnete Achse η. Das Trägheitsmoment J_η ist durch das Lot C K auf die Tangente in N gegeben.

Die zur y-Achse zugeordnete Achse ξ ist die Verbindungslinie C O. Das Lot C M auf die Tangente in L stellt J_ξ dar.

Die Beweise ergeben sich in sehr einfacher Weise aus den geometrischen Kreisbeziehungen unter Beachtung der unter a) entwickelten Gleichungen. Z. B. folgt für die beiden Hauptträgheitsmomente in Fig. 123 unter Beachtung der Gleichung 156 a), S. 89.

$$O_2 C = O_2 D - C D = O_2 D - \sqrt{A D^2 + A C^2}$$

$$= \frac{J_x + J_y}{2} - \sqrt{\left(\frac{J_x - J_y}{2}\right)^2 + C_{xy}{}^2} = J_{II}$$

$$B_2 C = B_2 D + C D = \frac{J_x + J_y}{2} + \sqrt{\left(\frac{J_x - J_y}{2}\right)^2 + C_{xy}{}^2} = J_I.$$

38. Rechnerische Ermittlung von Trägheitsmomenten.

Literatur: Aug. Ritter, Lehrb. d. techn. Mech. 8. Aufl. S. 437. — Keck-Hotopp, Elastizitätslehre. 1. Teil. 2. Aufl. S. 15. — Müller-Breslau, Graph. Stat. d. Baukonstr. Bd. I. 3. Aufl. S. 30. — Förster, Taschenbuch für Bauingenieure. 3. Aufl. S. 121. — „Hütte." — Mehrtens, Vorlesg. über Stat. d. Baukonstr. u. Festigkeitslehre. I. Bd. S. 301. — Culmann, Graph. Statik. S. 431.

a) Trägheitsmomente von Linien.

Für allgemeine räumliche Fälle gelten die Gleichungen 147 a) und 148 a), S. 86.

Von größerem Interesse sind die Trägheitsmomente ebener Linien. Liegen die x- und die y-Achse in der Ebene der Linie, so gehen, ebenso wie es im Abschnitt 37, S. 87 für ebene Flächen entwickelt ist, die Ausdrücke für die Trägheitsmomente in die der Gleichung 149) über, nur steht ds statt dF.

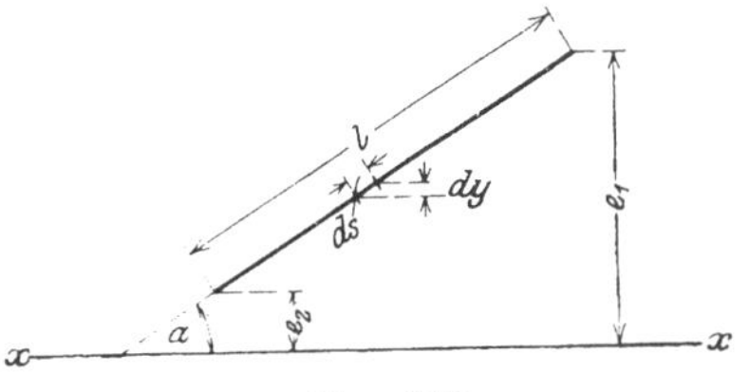

1. Die gerade Linie. Nach Fig. 125 ist

$$ds = \frac{dy}{\sin\alpha};$$

Fig. 125.

$$162)\quad J_x = \int_{e_2}^{e_1} y^2 \cdot ds = \int_{e_2}^{e_1} \frac{y^2}{\sin\alpha} dy = \frac{e_1{}^3 - e_2{}^3}{3 \cdot \sin\alpha}.$$

Für eine Achse durch den Schwerpunkt ist $e_1 = + \frac{l}{2} \cdot \sin\alpha$; $e_2 = - \frac{l}{2} \cdot \sin\alpha$, also

162a) $$J_s = \frac{l^3}{12} \sin^2\alpha; \quad \text{bei } \alpha = 90^0: J_s' = \frac{l^3}{12}$$

Für eine Achse durch das untere Ende der Geraden ist $e_2 = 0$ und $e_1 = + l \cdot \sin\alpha$.

162b) $$J_u = \frac{l^3}{3} \sin^2\alpha; \quad \text{bei } \alpha = 90^0: J_u' = \frac{l^3}{3}$$

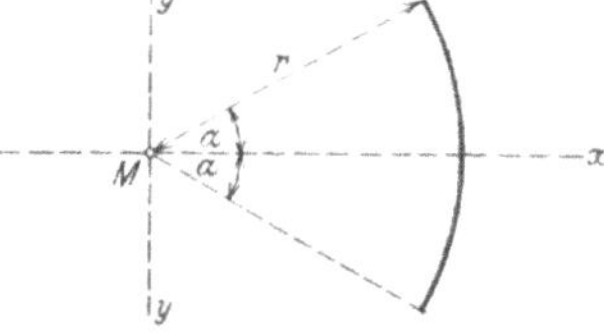

Fig. 126.

2. Der Kreisbogen. Die Lösung ergibt bei den Bezeichnungen nach Fig. 126

163) $$\begin{cases} J_x = r^3 (\operatorname{arc}\alpha - \sin\alpha \cdot \cos\alpha) \\ J_y = r^3 (\operatorname{arc}\alpha + \sin\alpha \cdot \cos\alpha) \\ J_M = J_x + J_y = 2\, r^3 \cdot \operatorname{arc}\alpha \text{ (Polares Trägheitsmoment)} \end{cases}$$

3. Beliebige Zusammensetzung von Geraden und Kreisbögen in einer Ebene. Sind $J_{x1}, J_{y1} \ldots J_{xn}, J_{yn}$ die Trägheitsmomente der einzelnen Geraden- bzw. Bogenteile in bezug auf ihre zur x- und y-Achse parallelen Schwerpunktsachsen, $x_1 y_1, x_2 y_2 \ldots y_n y_n$, die Koordinaten dieser Teilschwerpunkte in bezug auf das durch den Gesamtschwerpunkt S gehende Achsenkreuz x y, und $s_1, s_2 \ldots s_n$ die Längen der einzelnen Teile, so ist

164) $$\begin{cases} J_x = \Sigma J_{xn} + \Sigma s_n \cdot y_n^2 \\ J_y = \Sigma J_{yn} + \Sigma s_n \cdot x_n^2. \end{cases}$$

b) Trägheitsmomente von Flächen.

In allgemeinen Fällen gilt das unter Abschnitt 37, S. 86 Gesagte.

1. Die Dreiecksfläche (Fig. 127). Mit $dF = z \cdot dx = \frac{b\,x}{h} dx$ ergibt sich

165) $$\begin{cases} J_1 = \int_0^h \frac{b\,x^3}{h} dx = \frac{b\,h^3}{4} = F \cdot \frac{h^2}{2} \\ J_s = J_1 - F\left(\frac{2}{3}h\right)^2 = \frac{b\,h^3}{36} = F \frac{h^2}{18} \\ J_2 = J_s + F\left(\frac{h}{3}\right)^2 = \frac{b\,h^3}{12} = F \frac{h^2}{6}. \end{cases}$$

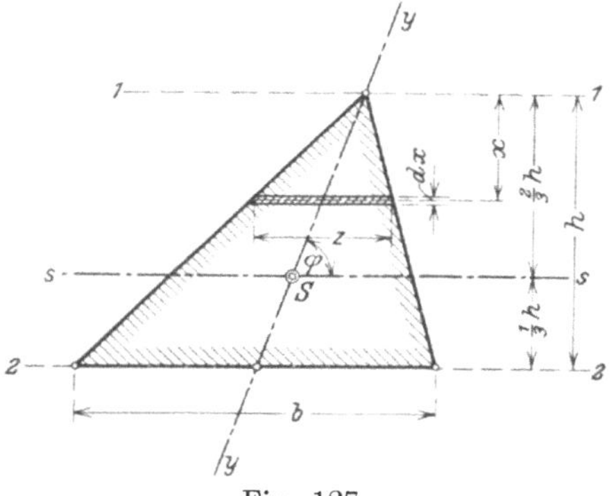

Fig. 127.

2. Die Rechteckfläche (Fig. 128). $dF = b\,dz$ gibt

166) $$\begin{cases} J_1 = \int_0^h b \cdot z^2\, dz = b \frac{h^3}{3} = F \cdot \frac{h^2}{3} \\ J_s = J_1 - F \frac{h^2}{4} = \frac{b\,h^3}{3} - \frac{b\,h^3}{4} \\ \quad = \frac{b\,h^3}{12} = F \frac{h^2}{12}. \end{cases}$$

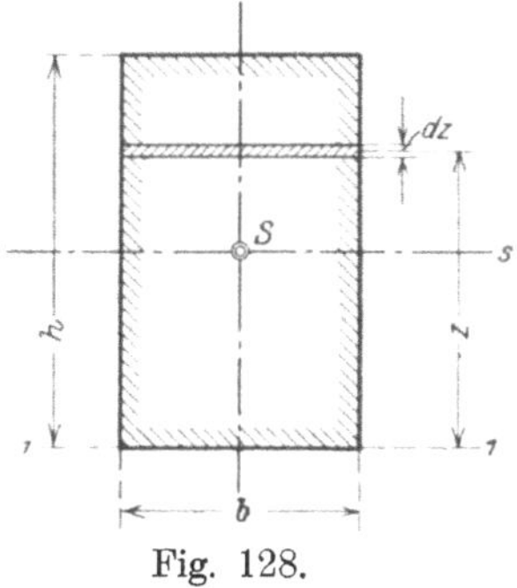

Fig. 128.

3. Die Kreis- und Kreisringfläche (Fig. 129). Da die Fläche für jede durch M gehende Achse dasselbe Trägheitsmoment hat, ist nach Gleichung 150), S. 87 das polare Trägheitsmoment für den Mittelpunkt M $J_M = 2\,J_x$. Mit $dF = 2\,\rho \cdot \pi \cdot d\rho$ ergibt sich für den Kreis

$$167)\quad \begin{cases} J_M = \int_0^R 2\,\rho \cdot \pi \cdot d\rho \cdot \rho^2 = R^4 \dfrac{\pi}{2} = D^4 \dfrac{\pi}{32} = F \dfrac{R^2}{2} \\ J_x = \dfrac{J_p}{2} = R^4 \dfrac{\pi}{4} = D^4 \dfrac{\pi}{64} = F \dfrac{R^2}{4}. \end{cases}$$

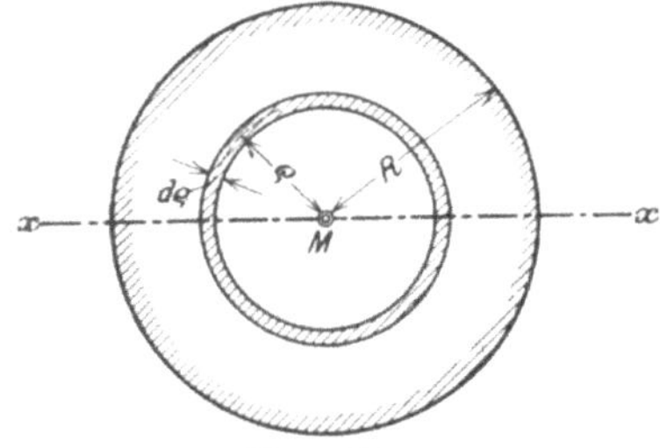

Fig. 129.

Für einen Kreisring mit den Radien R und r ist

$$168)\quad \begin{cases} J_M = \dfrac{\pi}{2}\,(R^4 - r^4) \\ J_x = \dfrac{\pi}{4}\,(R^4 - r^4). \end{cases}$$

4. Die Kreisabschnittsfläche (Fig. 130).

$$169)\quad \begin{cases} J_x = F \cdot \dfrac{r^2}{4}\left[1 - \dfrac{2 \cdot \sin^3\alpha \cdot \cos\alpha}{3\,(\operatorname{arc}\alpha - \sin\alpha \cdot \cos\alpha)}\right] \\ J_y = F \dfrac{r^2}{4}\left[1 + \dfrac{2 \sin^3\alpha \cdot \cos\alpha}{(\operatorname{arc}\alpha - \sin\alpha \cdot \cos\alpha)}\right]. \end{cases}$$

Das polare Trägheitsmoment für den Mittelpunkt M des Kreises ist

$$J_M = F \frac{r^2}{2}\left[1 + \frac{2 \cdot \sin^3\alpha \cdot \cos\alpha}{3\,(\operatorname{arc}\alpha - \sin\alpha \cdot \cos\alpha)}\right].$$

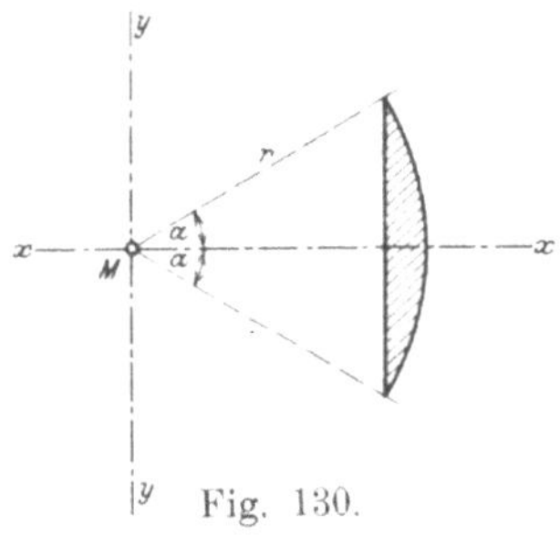

Fig. 130.

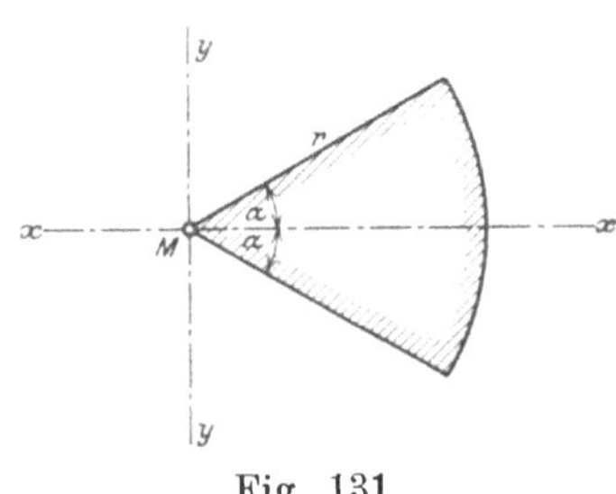

Fig. 131.

5. Die Kreisausschnittsfläche (Fig. 131).

$$170)\quad \begin{cases} J_x = F \dfrac{r^2}{4}\left[1 - \dfrac{\sin\alpha \cdot \cos\alpha}{\operatorname{arc}\alpha}\right] = \dfrac{r^4}{4}\left[\operatorname{arc}\alpha - \sin\alpha \cdot \cos a\right] \\ J_y = F \dfrac{r^2}{4}\left[1 + \dfrac{\sin a \cdot \cos\alpha}{\operatorname{arc}\alpha}\right] = \dfrac{r^4}{4}\left[\operatorname{arc}\alpha + \sin\alpha \cdot \cos a\right] \\ J_M = F \dfrac{r^2}{2} = \dfrac{r^4}{2}\operatorname{arc}\alpha. \end{cases}$$

6. Die Ellipsenfläche (Fig. 132).

$$171)\quad \begin{cases} J_x = a \cdot b^3 \dfrac{\pi}{4}; \; J_y = b\, a^3 \dfrac{\pi}{4} \\ J_M = a \cdot b \dfrac{\pi}{4} (a^2 + b^2) \text{ [Polares Trägheitsmoment].} \end{cases}$$

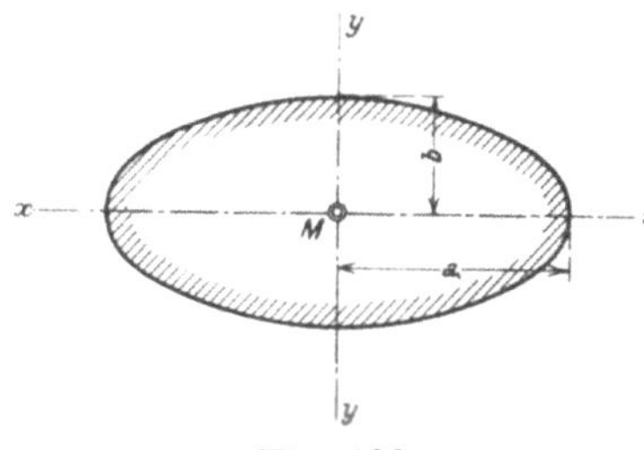

Fig. 132.

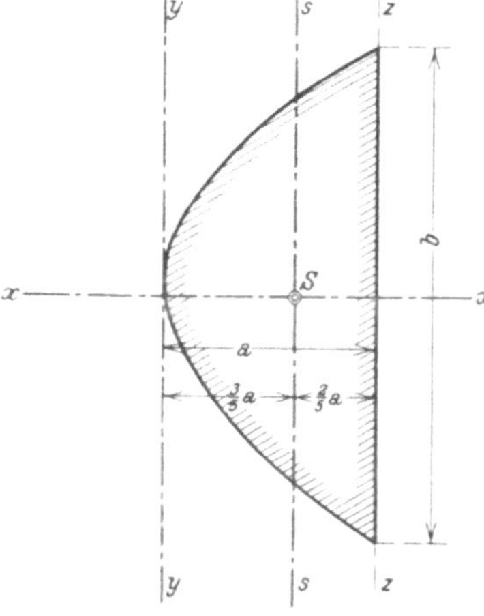

Fig. 133.

7. Die Parabelfläche (Fig. 133).

$$172)\quad \begin{cases} J_x = \dfrac{a \cdot b^3}{30}; \; J_y = \dfrac{2}{7} b \cdot a^3; \\ J_z = \dfrac{16}{105} b \cdot a^3; \; J_s = \dfrac{8}{175} b\, a^3. \end{cases}$$

Setzt man den Flächeninhalt des Parabeldreieckes mit

$$F = \frac{2}{3} a \cdot b$$

ein, so ist:

$$J_x = \frac{1}{20} F \cdot b^2; \; J_y = \frac{3}{7} F \cdot a^2; \; J_z = \frac{8}{35} F \cdot a^2; \; J_s = \frac{12}{175} F \cdot a^2.$$

8. Beliebige Zusammensetzung von Flächen der vorigen Art. Sind die x_n und y_n Koordinaten der Schwerpunkte der Teilflächen, J_{xn} und J_{yn} die Trägheitsmomente der Teilflächen für ihre zur x- und y-Achse parallelen Schwerpunktsachsen, so ist nach Gleichung **151** und **151a**, **S. 87**

$$173)\quad \begin{cases} J_x = \Sigma J_{xn} + \Sigma F_n \cdot y_n^2 \\ J_y = \Sigma J_{yn} + \Sigma F_n \cdot x_n^2 \end{cases}$$

c) Trägheitsmomente von Körpern.

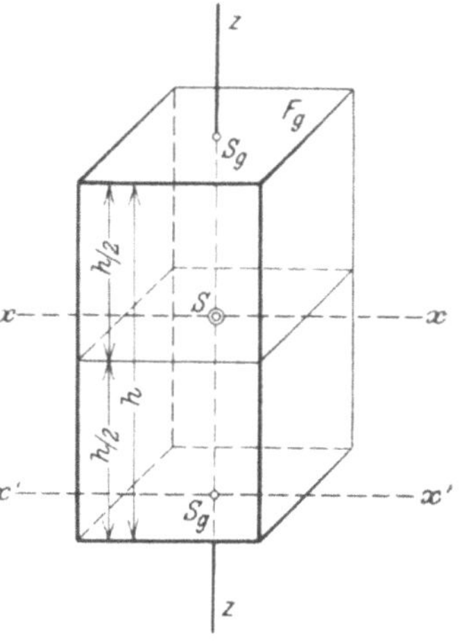

Fig. 134.

1. Das gerade Prisma (Fig. 134). Ist F_g die Grundfläche, J_{gx} das axiale Trägheitsmoment der Grundfläche in bezug auf die x-Achse, J_{gp} das polare Trägheitsmoment der Grundfläche in bezug auf den Durchstoßpunkt der z-Achse, so ist

$$174)\quad \begin{cases} J_x = J_{gx} \cdot h + \dfrac{1}{12} F_g \cdot h^3 \\ J_z = J_{gp} \cdot h \end{cases}$$

Ist die Grundfläche ein Rechteck mit den Seiten a und b, so ist

174a)
$$\begin{cases} J_x = \dfrac{a\,b^3}{12}\,h + \dfrac{a\,b\,h^3}{12} = \dfrac{a\,b\,h}{12}\,(b^2 + h^2) \\ J_z = \left(\dfrac{a\,b^3}{12} + \dfrac{b\,a^3}{12}\right) h = \dfrac{a\,b\,h}{12}\,(a^2 + b^2) \end{cases}$$

Für einen Würfel mit $a = b = h$ ist

174b)
$$J_x = J_z = \frac{a^5}{6}$$

Ist die Grundfläche ein Kreis vom Radius R, so ist

174c)
$$\begin{cases} J_x = R^4 \dfrac{\pi}{4}\,h + \dfrac{1}{12}\,R^2 \pi\,h^3 = \dfrac{\pi}{4}\,R^2 h \left(R^2 + \dfrac{h^2}{3}\right) \\ J_z = \dfrac{\pi}{2}\,R^4 \cdot h \end{cases}$$

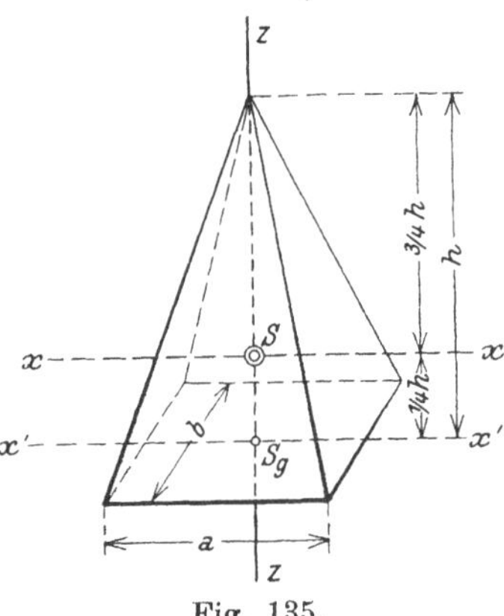

Fig. 135.

2. Die gerade Pyramide mit rechteckiger Grundfläche (Fig. 135). S sei der Schwerpunkt der Pyramide (in $\frac{h}{4}$ von der Grundfläche) und V das Volumen

175)
$$\begin{cases} J_x = \dfrac{a\,b\,h}{60}\left(\dfrac{3}{4}\,h^2 + b^2\right) = \dfrac{V}{20}\left(\dfrac{3}{4}\,h^2 + b^2\right) \\ J_z = \dfrac{a\,b\,h}{60}\,(a^2 + b^2) = \dfrac{V}{20}\,(a^2 + b^2) \end{cases}$$

3. Der gerade Kreiskegel. Bei derselben Achsenbezeichnung wie unter 2. ist

176)
$$\begin{cases} J_x = \dfrac{\pi}{20}\,r^2 \cdot h \left(\dfrac{1}{4}\,h^2 + r^2\right) = \dfrac{3}{20}\,V \left(\dfrac{1}{4}\,h^2 + r^2\right) \\ J_z = \dfrac{\pi}{10}\,r^4 \cdot h = \dfrac{3}{10}\,V \cdot r^2 \end{cases}$$

4. Die Kugel. Für irgendeine Achse durch den Mittelpunkt ist, wenn r der Radius der Kugel ist

177)
$$J = \frac{8}{15}\,\pi \cdot r^5 = V \cdot \frac{2}{5}\,r^2.$$

39. Zeichnerische Ermittlung von Trägheits- und Zentrifugalmomenten ebener Querschnitte.

Literatur: Keck-Hotopp, Elastizitätslehre. 1. Teil. 2. Aufl. S. 22. — Müller-Breslau, Graph. Stat. d. Baukonstr. Bd. I. 3. Aufl. S. 23. — Keck, Graph. Statik. S. 28. — Föppl, Vorlesg. über techn. Mech. II. Bd. 5. Aufl. S. 86. — Mehrtens, Vorlesg. über Stat. d. Baukonstr. u. Festigkeitsl. I. Bd. S. 295.

Die zeichnerische Ermittlung von Trägheits- und Zentrifugalmomenten geht von den Gleichungen 149), S. 87 aus

149)
$$J_x = \int y^2 \cdot dF;\; J_y = \int x^2 \cdot dF;\; C_{xy} = \int x \cdot y \cdot dF.$$

Man zerlegt den Querschnitt parallel zur Achse, für die das Trägheitsmoment bestimmt werden soll (Fig. 136), in Flächenstreifen ΔF_1 bis ΔF_n, zeichnet zu diesen mittels eines Kraftecks mit der Polweite H (im Flächenmaßstab des Kraftecks zu messen) ein Seileck und findet durch den Schnittpunkt der äußersten Seileckseiten 1 und n die Lage des Schwerpunktes. Sind x_1 bis x_n die Abstände der Schwerpunkte S_1 bis S_n der Flächenstreifen von dieser Achse, so ist angenähert das Trägheitsmoment der ganzen Fläche für diese Schwerpunktsachse

$$J_y = \Sigma\, \Delta F_n \cdot x_n^2.$$

(Darin sind allerdings die Trägheitsmomente der Flächenstreifen für ihre eigenen zur y-Achse parallelen Schwerachsen vernachlässigt. Der Fehler ist aber bei genügend enger Teilung gering, kann auch in den meisten Fällen durch das nachträgliche Einzeichnen der Seilkurve ausgeglichen werden.)

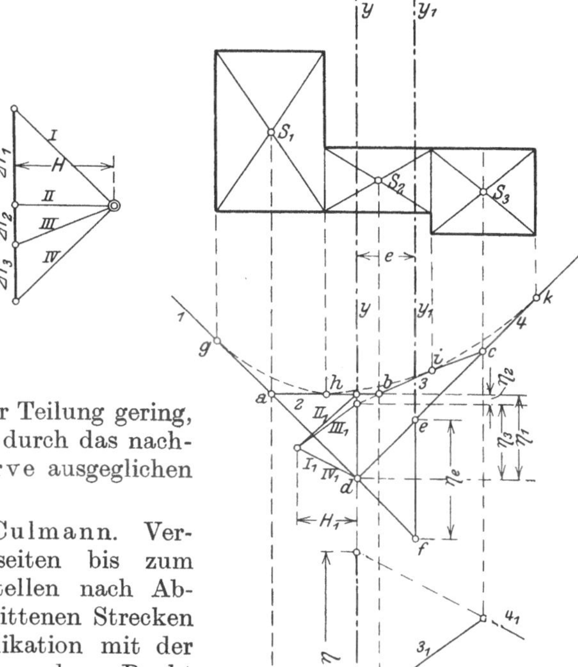

Fig. 136.

1. Das Verfahren von Culmann. Verlängert man sämtliche Seileckseiten bis zum Schnitt mit der y-Achse, so stellen nach Abschnitt 14, S. 20 die dort abgeschnittenen Strecken η_1, η_2 usw. bis η_n nach Multiplikation mit der Polweite die Momente $\Delta F_1 \cdot x_1$ usw. dar. Denkt man sich diese Strecken als in den entsprechenden Schwerpunkten S_1 bis S_n wirkende Kräfte und zeichnet zu ihnen mittels einer neuen Polweite H_1 (in Längenmaßstab der Figur zu messen) ein Seileck, so stellt die Strecke η, die von den äußersten Seileckseiten auf der y-Achse abgeschnitten wird, nach Multiplikation mit H_1 das statische Moment der in den Teilschwerpunkten S_1 bis S_n wirkend gedachten Kräfte η_1 bis η_n dar. Daraus folgt

$$178)\qquad J_y = \Sigma\, \Delta F_n \cdot x_n^2 = H\, \Sigma\, \eta_n \cdot x_n = H \cdot H_1 \cdot \eta.$$

Hat man $H = \frac{F}{2}$ gemacht, also ein Seileck gezeichnet, dessen äußerste Polstrecken unter 45^0 geneigt sind, so ist

$$178a)\qquad J = \frac{F}{2} H_1 \cdot \eta$$

2. Das Verfahren von Mohr. Die Strecken η_1, η_2 bis η_n in Fig. 136 stellen nach Multiplikation mit H die statischen Momente $\Delta F_n \cdot x_n$ der Flächenteile ΔF_n in bezug auf die y-Achse dar. $\Sigma\, \Delta F_n \cdot x_n = H\, \Sigma\, \eta_n$. Der Inhalt F_1 der Seileckfläche a b c d zwischen Seileck und Verlängerung der äußersten Seileckseiten 1 und 4 stellt dann den Ausdruck $\Sigma\, \eta_n \cdot \frac{x_n}{2}$ dar, daher ist

$$179)\qquad J_y = \Sigma\, \Delta F_n \cdot x_n^2 = H\, \Sigma\, \eta_n \cdot x_n = 2\, H \cdot F_1.$$

Hat man wiederum die Polweite $H = \frac{F}{2}$ gemacht, die äußersten Seileckseiten unter 45^0 angenommen, so ist

179 a) $$J_y = F \cdot F_1.$$

Denkt man sich die Teilung der Fläche unendlich eng, so geht das Seileck a b c in die Seilkurve g h i k über und unter F_1 ist die von dieser Kurve und den Tangenten in ihren Enden begrenzte Fläche zu verstehen. In den meisten

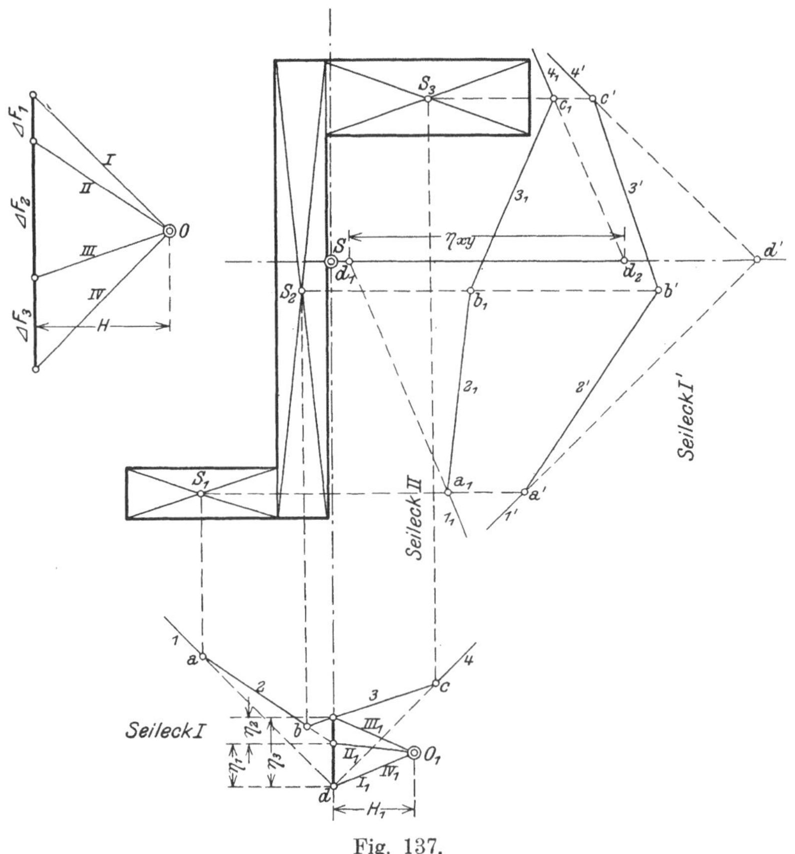

Fig. 137.

Fällen kann diese Kurve als Parabelbogen aufgefaßt werden, deren Inhalt sich zu $F' = \frac{2}{3}$ a b ergibt (wenn a und b die Parabelsehne und den Parabelpfeil vorstellen).

Für eine beliebige zur y-Achse parallele Achse $y_1 - y_1$ ergibt sich das Trägheitsmoment aus dem Produkte von 2 H und der Fläche a b c e f d. Der Beweis folgt sehr einfach aus der Gleichung 151), S. 87 $J_{y_1} = J_y + F \cdot e^2$.

Der Inhalt des Dreiecks d e f stellt nach Multiplikation mit H den Ausdruck $F \cdot \frac{e^2}{2}$ dar, da $F \cdot e = H \cdot \eta_e$. Diese Fläche addiert sich zu der den Wert J_y kennzeichnenden Seileckfläche F_1.

Ganz allgemein gilt also der Satz: Das Trägheitsmoment ist gleich dem Produkte aus der doppelten Polweite 2 H und der Seileckfläche F_1, die begrenzt wird von dem Seileck selbst, der Verlängerung der äußersten Seileckseiten bis zur Achse und der Achse selbst.

Zeichnerische Ermittlung des Zentrifugalmoments. Um auf zeichnerischem Wege das Zentrifugalmoment C_{xy} für das Achsenkreuz $x - y$ (Fig. 137) zu erhalten, zerlegt man die Fläche zweckmäßig in derartige Teilflächen, daß deren Zentrifugalmomente in Bezug auf zu den beiden Achsen parallele Achsenkreuze durch die Schwerpunkte der Teilflächen zu Null werden. (Flächen mit einer Symmetrieebene.) Die Seilecke I und I′ zu den als Krafteck aufgetragenen Flächen ΔF_n geben die Lage des Gesamtschwerpunktes S. Dabei ist Seileck I′ durch Drehung der Polstrahlen um 90^0 ohne ein besonderes Krafteck gezeichnet. (Vgl. Abschnitt 25, S. 47.)

Das Zentrifugalmoment ist nach Gleichung 152 b), S. 88

$$C_{xy} = \Sigma\, \Delta F_n \cdot x_n \cdot y_n,$$

wenn x_n und y_n die Koordinaten der Teilschwerpunkte sind. Das Seileck I mit der Polweite H (als Fläche im Maßstabe der Flächenauftragung des Kraftecks zu messen) gibt: $\Sigma\, \Delta F_n \cdot x = H \cdot \Sigma\, \eta_n$, $C_{xy} = H \cdot \Sigma\, \eta_n \cdot y_n$.

Faßt man die Strecken η_1 bis η_3 als Kräfte parallel zur x-Achse in den Teilflächenschwerpunkten S_1 bis S_3 wirkend auf und zeichnet mit der Polweite H_1 (im Längenmaßstabe der Figur zu messen) ein neues Seileck II, wobei das Seileck gegen das Krafteck um 90^0 gedreht wird, so ist $H_1 \cdot \eta_{xy} = \Sigma\, \eta_n \cdot y_n$, worin η_{xy} der Abschnitt der äußersten Seileckseiten des Seilecks II auf der x-Achse ist. Daraus folgt

$$C_{xy} = H \cdot H_1 \cdot \eta_{xy}. \qquad 180)$$

Ebenso könnte man die Seiten des Seilecks I′ bis zu x-Achse verlängern und diese Abschnitte η_1' bis η_3' als Kräfte in den Teilschwerpunkten S_1 bis S_3 parallel zur y-Achse auffassen. Ein um 90^0 gedrehtes Seileck müßte mit der Verlängerung der äußersten Seiten auf der y-Achse ebenfalls die Strecke η_{xy} abschneiden.

V. Statik elastischer Körper.

40. Begriffe der Elastizität.

Literatur: Keck-Hotopp, Elastizitätslehre. 1. Teil. 2. Aufl. S. 49. — W. Ritter, Graph. Statik. 1. Teil. S. 141ff. — Aug. Ritter, Lehrb. d. techn. Mech. 8. Aufl. S. 515. — Grashof, Elastizität u. Festigkeit. 2. Aufl. S. 1. — Föppl, Vorlesg. über techn. Mech. I. Bd. 6. Aufl. S. 291. III. Bd. 4. Aufl. S. 35. — Mehrtens, Vorlesg. über Stat. d. Baukonstr. u. Festigkeitsl. I. Bd. S. 1.

Die bisherige Annahme, daß die einzelnen Teile eines Körpers miteinander in vollkommen starrer Verbindung stehen, d. h. daß sie in ihrem gegenseitigen Abstande durch äußere Kräfte am Körper nicht beeinflußt werden, trifft tatsächlich für keinen Körper zu. Alle Körper erleiden unter der Einwirkung äußerer Kräfte mehr oder weniger starke Formänderungen, sie sind elastisch. Geht nach Verschwinden der äußeren Kräfte der Körper wieder ganz in seine alte Form zurück, so heißt er vollkommen elastisch, bleibt eine gewisse Formänderung bestehen, so heißt er unvollkommen elastisch.

Ein Stab von überall gleichem Querschnitt F werde an beiden Enden von einer Längskraft S beansprucht, Fig. 138. Wird angenommen, daß die Kraft S so angreift, daß die inneren Kräfte sich gleichmäßig über den Querschnitt verteilen, und bezeichnet man die Kraft, die auf die Einheit (1 qcm oder 1 qm) des Querschnitts entfällt, mit σ, so besteht die Gleichung

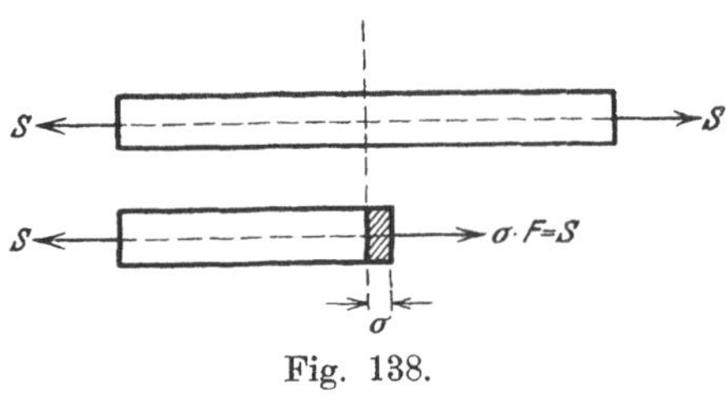

Fig. 138.

$$181)\qquad S = F \cdot \sigma; \sigma = \frac{S}{F}.$$

Der Wert σ wird „Spannung" genannt und hat die Bezeichnung kg/qcm oder t/qm; die Kraft S heißt Spannkraft. Je nachdem S eine Zug- oder Druckkraft ist, ist σ eine Zug- oder Druckspannung.

Unter der Wirkung der Spannung σ erfährt der Stab von der Länge l eine Längenänderung Δl, bei Zugspannungen eine Verlängerung, bei Druckspannungen eine Verkürzung. Das Verhältnis $\frac{\Delta l}{l} = \varepsilon$ wird „Dehnung" genannt. ε ist abhängig von σ, das Gesetz dieser Abhängigkeit, $\sigma = f_{(\varepsilon)}$ oder $\varepsilon = \varphi_{(\sigma)}$, wird „Elastizitätsgesetz" genannt.

Auf die speziellen elastischen Eigenschaften der einzelnen Baustoffe soll hier nicht eingegangen werden. Es sollen nur die Elastizitätsgesetze behandelt werden, die für die Statik der elastischen Körper von Bedeutung sind.

a) Das Hookesche Elastizitätsgesetz. Es wurde von dem Physiker Robert Hooke aufgestellt und besagt: Die Dehnung ε ist proportional der Spannung σ.

$$182)\qquad \varepsilon_1 : \varepsilon_2 = \frac{\Delta l_1}{l} : \frac{\Delta l_2}{l} = \Delta l_1 : \Delta l_2 = \sigma_1 : \sigma_2.$$

Diejenige Dehnung $\varepsilon_2 = \alpha$, die unter Einwirkung der Spannung $\sigma_2 = 1$ entsteht, heißt „Dehnungszahl". Es besteht also die Gleichung

$$183)\qquad \sigma : 1 = \varepsilon : \alpha; \; \sigma = \frac{\varepsilon}{\alpha}; \; \varepsilon = \alpha \cdot \sigma.$$

Diejenige Spannung $\sigma_2 = E$, unter deren Einwirkung die Längenänderung $\Delta l_2 = l$ oder die Dehnung $\varepsilon_2 = 1$ entsteht, heißt „Elastizitätskoeffizient" oder „Elastizitätsmodul". Die Gleichung lautet.

$$184)\qquad \sigma : E = \Delta l : l; \; \sigma = \frac{\Delta l}{l} E = \varepsilon \cdot E; \; \varepsilon = \frac{\sigma}{E}.$$

Zwischen Dehnungszahl α und Elastizitätskoeffizienten E besteht die Beziehung

$$185)\qquad E = \frac{1}{\alpha}.$$

b) Das Potenzgesetz. Es wurde von C. Bach aufgestellt und gibt die Abhängigkeit von Dehnung ε und Spannung σ in der Form

$$186)\qquad \varepsilon = \alpha_0 \cdot \sigma^n; \; \sigma = \left[\frac{\varepsilon}{\alpha_0}\right]^{\frac{1}{n}}$$

Die Dehnungszahl und der Elastizitätskoeffizient sind mit der Spannung veränderlich. Sie sind durch die Gleichungen

$$187)\qquad \alpha = \frac{d\varepsilon}{d\sigma} = n \cdot \alpha_0 \cdot \sigma^{n-1}$$

$$188)\qquad E = \frac{d\sigma}{d\varepsilon} = \frac{1}{n \cdot \alpha_0} \sigma^{1-n}$$

gegeben.

Für die Statik elastischer Körper ist fast allein das Hookesche Gesetz von Bedeutung. Die Einführung anderer Elastizitätsgesetze führt zu komplizierten Ergebnissen, die für die praktische Verwertung unbrauchbar sind.

41. Widerstand gegen reine Längskräfte.

Literatur: Aug. Ritter, Lehrb. d. techn. Mech. 8. Aufl. S. 517. — Keck-Hotopp, Elastizitätslehre. I. Teil. 2. Aufl. S. 49. — Müller-Breslau, Graph. Stat. d. Baukonstr. Bd. I. 3. Aufl. S. 55. — Grashof, Elastizität u. Festigkeit. 2. Aufl. S. 42. — Mehrtens, Vorlesg. über Stat. d. Baukonstr. u. Festigkeitsl. I. Bd. S. 313.

Eine Längskraft S soll an einem prismatischen Stabe vom Querschnitte F so angreifen, daß sie eine gleichmäßig verteilte Spannung $\sigma = S/F$ erzeugt. Es soll untersucht werden, in welchem Punkt die Kraft S angreifen muß. Die auf ein Querschnittsteilchen dF entfallende Kraft ist $\sigma \cdot dF$. Alle diese Kräfte bilden ein System von Parallelkräften, deren Mittelkraft nach Abschnitt 21, S. 41 durch den Schwerpunkt der Querschnittsfläche gehen muß. Da S mit dieser Mittelkraft im Gleichgewicht sein soll, müssen beide Kräfte in einer Geraden liegen. Es folgt also der Satz: Eine im Schwerpunkt eines Querschnitts angreifende Kraft S erzeugt in dem Querschnitt eine gleichmäßig verteilte Spannung

181) $$\sigma = \frac{S}{F}.$$

42. Spannungen aus reiner Biegung.

Literatur: Aug Ritter, Lehrb. d. techn. Mech. 8. Aufl. S. 521. — Keck-Hotopp, Elastizitätslehre. 1. Teil. 2. Aufl. S. 79. — Grashof, Elastizität u. Festigkeit. 2. Aufl. S. 54. — Föppl, Vorlesg. über techn. Mech. I. Bd. 6. Aufl. S. 305. III. Bd. 4. Aufl. S. 73. — Mehrtens, Vorlesg. über Stat. d. Baukonstr. u. Festigkeitsl. I. Bd. S. 324.

Grundlegende Voraussetzungen. Ein unter der Wirkung eines Biegungsmomentes stehender Balken biegt sich durch. Die Biegung kommt dadurch zustande, daß sich die vor der Biegung rechteckigen Scheiben a b c d von der Länge dx infolge der aus den inneren Spannungen hervorgehenden Längenänderungen Δ dx in Trapeze $a_1\, b_1\, c_1\, d_1$ verwandeln, Fig. 139. Dabei wird die durch Erfahrungen hinreichend bewiesene erste Voraussetzung gemacht, daß Querschnitte des Balkens, die vor der Biegung eben waren, auch während der Biegung eben bleiben.

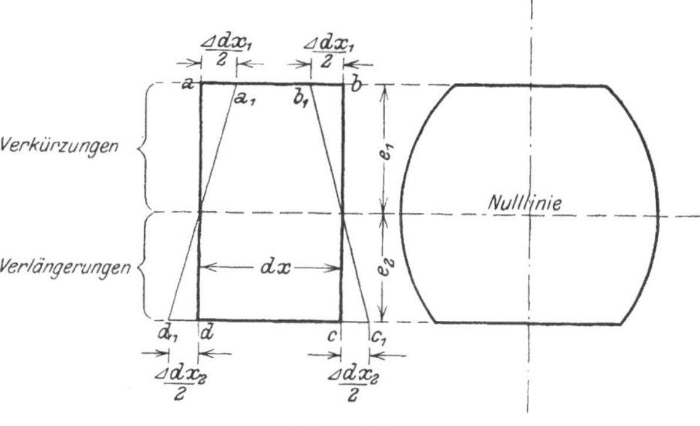

Fig. 139.

In Bezug auf die Beanspruchung der einzelnen Fasern zerfällt der Querschnitt in zwei Teile: den Teil, der Verkürzungen, entsprechend Druckspannungen, und den Teil, der Verlängerungen, entsprechend Zugspannungen, erleidet. Beide Teile werden durch eine Linie getrennt, die Schnittlinie des Querschnitts vor und nach der Biegung, die keine Dehnungen, also auch keine Spannung aufweist. Sie wird daher „Spannungsnullinie“, „Nullinie“ oder „Neutrale Faser“ genannt.

Die Dehnungen nehmen dann nach Fig. 139 proportional mit dem Abstand von der Nullinie zu. Nimmt man als **zweite Voraussetzung das Hooke Gesetz** an, so folgt daraus, daß auch die Spannungen in den einzelnen Querschnittsteilchen proportional mit dem Abstand des Teilchens von der Nullinie wachsen. Es ergibt sich damit ein Spannungsbild nach Fig. 140. Die von der Nullinie am weitesten entfernten Fasern erleiden die größten Beanspruchungen, die „Randspannungen" genannt werden. Sämtliche nach Fig. 140 aufgetragenen Spannungen stellen eine Ebene dar, die die Querschnittsebene in der Nulllinie n — n schneidet. Sie müssen mit dem Biegungsmoment M im Gleichgewicht sein.

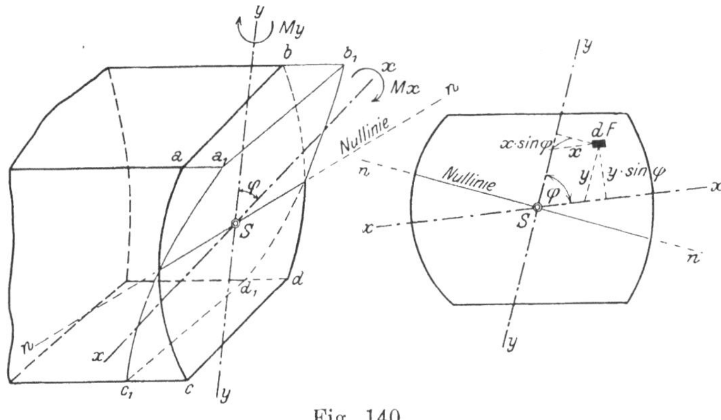

Fig. 140.

Spannungsermittlung bei Annahme eines beliebigen (nicht zugeordneten) Achsenkreuzes durch den Schwerpunkt. Der Querschnitt werde auf ein beliebiges Achsenkreuz x y bezogen. Der Schwerpunkt S sei Koordinatenanfangspunkt, die Achsen bilden einen Winkel φ. Die Spannungsebene hat dann eine Gleichung

$$\sigma = a \cdot x + b \cdot y + c,$$

wo σ die Spannung an einer beliebigen Stelle mit den Koordinaten x und y, in den Achsenrichtungen gemessen, a, b und c noch zu ermittelnde Festwerte sind. Auf dieses Kräftesystem werden die Gleichgewichtsbedingungen angewandt. Es muß die Summe aller Spannungen, die Summe aller Momente um die x-Achse und die Summe aller Momente um die y-Achse gleich Null sein.

$$(1)\ \int \sigma \cdot dF = 0 = \int [a\,x + b \cdot y + c]\, dF$$

$$(2)\ M_x - \int \sigma \cdot y \cdot \sin\varphi\, dF = 0 = M_x - \int [a \cdot x + b \cdot y + c]\, y \sin\varphi\, dF$$

$$(3)\ M_y - \int \sigma \cdot x \cdot \sin\varphi\, dF = 0 = M_y - \int [a \cdot x + b \cdot y + c]\, x \sin\varphi\, dF.$$

Die Auflösung der Gleichung 1) gibt, da $\int x \cdot dF$ und $\int y \cdot dF$ die mit $\frac{1}{\sin\varphi}$ multiplizierten statischen Momente der Querschnittsfläche in bezug auf die beiden Achsen sind, und da diese wiederum durch den Schwerpunkt gehen, also $\int x \cdot dF = \int y \cdot dF = 0$ ist, $c = 0$. Die Spannungsgleichung $\sigma = a \cdot x + b \cdot y + c$ ergibt dann für $x = 0$ und $y = 0$, daß $\sigma = 0$ ist, d. h. daß die **Nullinie durch den Schwerpunkt** geht. Die Auflösung der Gleichungen 2) und 3) gibt unter Beachtung, daß $\int y^2 \cdot dF = J_x$, $\int x^2 \cdot dF = J_y$, $\int x \cdot y \cdot dF = C_{xy}$:

$$M_x = a \cdot \sin\varphi\, C_{xy} + b \cdot \sin\varphi\, J_x; \quad M_y = a \cdot \sin\varphi\, J_y + b\,.\,\sin\varphi\, C_{xy}$$

$$a = \frac{1}{\sin\varphi} \cdot \frac{M_y \cdot J_x - M_x \cdot C_{xy}}{J_x \cdot J_y - C_{xy}^2}; \quad b = \frac{1}{\sin\varphi} \cdot \frac{M_x \cdot J_y - M_y \cdot C_{xy}}{J_x \cdot J_y - C_{xy}^2}.$$

Die Gleichung für die Spannung in einem beliebigen Punkt lautet also

189) $$\sigma = \frac{x}{\sin\varphi} \cdot \frac{M_y \cdot J_x - M_x \cdot C_{xy}}{J_x \cdot J_y - C_{xy}^2} + \frac{y}{\sin\varphi} \cdot \frac{M_x \cdot J_y - M_y \cdot C_{xy}}{J_x \cdot J_y - C_{xy}^2}.$$

Die Achsen sind zugeordnete Schwerpunktsachsen. Ist der Querschnitt anstatt auf ein beliebiges Achsenkreuz auf ein zugeordnetes Achsenkreuz x und y bezogen, ist also $C_{xy} = 0$, so ist

189a) $$\sigma = \frac{M_y}{\sin\varphi} \frac{x}{J_y} + \frac{M_x}{\sin\varphi} \frac{y}{J_x}.$$

Dabei sind x und y und auch J_x und J_y in den Achsrichtungen zu messen.

Die Achsen sind Schwerpunktshauptachsen. Die Koordinaten x und y stehen senkrecht aufeinander, φ ist 90^0, also $\sin\varphi = 1$. Damit ist

189b) $$\sigma = M_x \frac{y}{J_x} + M_y \frac{x}{J_y}.$$

Für die Randpunkte, die am weitesten von der Nullinie liegen, und deren Koordinaten x_1, y_1 und x_2, y_2 seien, sind die Spannungen

189c) $$\begin{cases} \sigma_1 = M_x \dfrac{y_1}{J_x} + M_y \dfrac{x_1}{J_y} = \dfrac{M_x}{W_{x1}} + \dfrac{M_y}{W_{y1}} \\ \sigma_2 = M_x \dfrac{y_2}{J_x} + M_y \dfrac{x_2}{J_y} = \dfrac{M_x}{W_{x2}} + \dfrac{M_y}{W_{y2}}. \end{cases}$$

Die Ausdrücke

190) $$\left\{ \frac{J_x}{y_1} = W_{x1};\ \frac{J_x}{y_2} = W_{x2};\ \frac{J_y}{x_1} = W_{y1};\ \frac{J_y}{x_2} = W_{y2} \right.$$

werden ,,Widerstandsmomente" (in cm^3 zu benennen) genannt.

Die Lage der Nullinie. Ist nur ein Moment $M_x = M$ vorhanden, so ist

189d) $$\sigma_{\frac{1}{2}} = \frac{M}{W_{\frac{1}{2}}}.$$

Aus Gleichung 189 a) folgt für $M_y = 0$, daß σ mit y zu Null wird, d. h. die Nullinie fällt mit der x-Achse zusammen, sie ist also eine zugeordnete Richtung zur Momentenachsrichtung.

Gang der Spannungsermittlung. Die Spannungsermittlung für einen beliebigen auf reine Biegung beanspruchten Querschnitt geht also wie folgt vor sich:

Man ermittelt die Lage des Schwerpunktes und die beiden Schwerpunktshauptachsen. Die Nullinie als die zugeordnete Richtung der Momentenachsrichtung zeigt sofort die Randpunkte, die die größten Abstände von der Nulllinie, also auch die größten Spannungen haben. Sind deren Koordinaten in bezug auf das Hauptachsenkreuz ermittelt, so ergeben sich die Randspannungen aus Gleichung 189 c).

Zu den vorher entwickelten Gleichungen 189) bis 190) sei bemerkt, daß in ihnen die Werte J_x, J_y, C_{xy}, x und y entweder senkrecht zu den Achsen oder parallel zu den Achsen gemessen werden können.

Man denke sich z. B. in Gleichung 189) Zähler und Nenner mit $\sin^4\varphi$ multipliziert, dann lautet sie

$$\sigma = x \cdot \sin\varphi \frac{M_y \cdot J_x \cdot \sin^2\varphi - M_x \cdot C_{xy} \cdot \sin^2\varphi}{J_x \cdot J_y \cdot \sin^4\varphi - C_{xy}^2 \cdot \sin^4\varphi} + y \cdot \sin\varphi \frac{M_x \cdot J_y \cdot \sin^2\varphi - M_y \cdot C_{xy} \cdot \sin^2\varphi}{J_x \cdot J_y \cdot \sin^4\varphi - C_{xy}^2 \cdot \sin^4\varphi}.$$

M_y und M_x sind die senkrecht zu den Achsen y und x drehenden Momente, $x \cdot \sin\varphi$ und $y \cdot \sin\varphi$ die senkrechten Abstände des Punktes von den Achsen, und die mit $\sin^2\varphi$ multiplizierten Flächenmomente J_x, J_y und C_{xy} stellen die senkrecht zu den Achsen gerechneten Flächenmomente dar (vgl. Abschnitt **37**, S. 88). Es gilt also der Satz: Die Momente M_x und M_y, die Koordinaten x und y und die Flächenmomente J_x J_y, und C_{xy} sind entweder parallel zu den Achsen oder senkrecht zu ihnen zu rechnen.

43. Die elastische Linie eines auf Biegung beanspruchten Balkens.

Literatur: Keck-Hotopp, Mechanik. 2. Teil. 4. Aufl. S. 43 — Elastizitätslehre. 1. Teil. 2. Aufl. S. 86, 114. — W. Ritter, Graph. Statik. 1. Teil. S. 161ff. — Aug. Ritter, Lehrb. d. techn. Mech. 8. Aufl. S. 541. — Grashof, Elastizität u. Festigkeit. 2. Aufl. S. 54. — Otzen-Barkhausen, Anhang zur 2. Aufl. der Zahlenbeispiele zur stat. Berechnung von Brücken und Dächern (Wiesbaden 1909). S. 51. — Föppl, Vorlesg. über techn. Mech. II. Bd. 5. Aufl. S. 91 III. Bd. 4. Aufl. S. 120. — Mehrtens, Vorlesg. über Stat. d. Baukonstr. u. Festigkeitsl. III. Bd. S. 27.

a) Rechnerische Lösung.

Der Ausdruck für den Krümmungsradius der elastischen Linie.

Nach dem in Abschnitt 42 Entwickelten erfolgt die Drehung aller Querschnittsebenen infolge der Faserdehnungen um die Nullinie. Da die Durchbiegung eine Folge dieser Querschnittsdrehungen ist, biegt der Balken sich senkrecht zur Richtung der Nullinie durch.

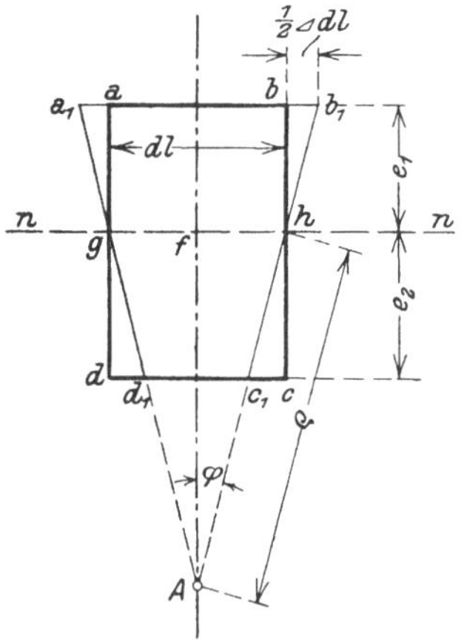

Denkt man sich nach Fig. 141 ein Stück von der Länge dl aus dem Balken herausgeschnitten, so gibt der Schnitt A der beiden infolge der Biegung gedrehten Endquerschnitte den Krümmungsmittelpunkt der gebogenen Balkenachse, genannt „Biegungslinie“.

Fig. 141.

Es sei der einfache Fall vorausgesetzt, daß nur ein Moment M um die x-Achse vorhanden sei, und daß diese eine Hauptschwerpunktsachse sei. Die x-Achse ist dann zugleich Nullinie. Die Spannungen im oberen bzw. unteren Rande ergeben sich dann zu

$$\sigma_1 = \frac{M}{J} e_1; \quad \sigma_2 = \frac{M}{J} e_2.$$

Aus der Ähnlichkeit der Dreiecke $b\, b_1\, h$ und $A\, f\, h$ folgt

$$\frac{1}{2} \Delta\, dl : e_1 = \frac{1}{2} dl : \rho \cdot \cos\varphi.$$

Da φ sehr klein ist, kann $\cos\varphi = 1$ gesetzt werden, also ist

$$\Delta\, dl : e_1 = dl : \rho.$$

$\Delta\, dl$ ist die Längenänderung der Länge dl unter der Wirkung der Randspannung $\sigma_1 = \frac{M}{J} e_1$, also nach Abschnitt 40, S. 99, $\Delta\, dl = \sigma_1 \frac{dl}{E} = \frac{M}{J} dl \frac{e_1}{E}$.

$$\frac{M}{J} dl \frac{e_1}{E} : e_1 = dl : \rho.$$

Die Lösung gibt

191) $$\frac{1}{\varrho} = \frac{M}{E \cdot J} = \frac{\frac{d^2y}{dx^2}}{\left[1 + \left(\frac{dy}{dx}\right)^2\right]^{\frac{3}{2}}}.$$

Dies ist die Differentialgleichung der Biegungslinie $y = f_{(x)}$, in der M als eine Funktion von x erscheint.

In den meisten Fällen ist $\frac{dy}{dx}$ sehr klein und kann gegen 1 vernachlässigt werden. In dieser vereinfachten Form lautet dann die Gleichung der Biegungslinie

191a) $$\frac{1}{\rho} = \frac{M}{E \cdot J} = \frac{d^2y}{dx^2}.$$

b) Zeichnerische Lösung. (Verfahren nach Mohr.)

Biegungslinie des einseitig eingespannten Balkens.

Auf zeichnerischem Wege kommt man folgendermaßen zur Biegungslinie eines Balkens: Wirkt nach Fig. 142 auf der Strecke dx eines einseitig eingespannten Balkens ein Moment M_x, so krümmt dieses Teilchen dx sich nach einem Krümmungshalbmesser $\rho = \frac{E \cdot J}{M_x}$. Der Zentriwinkel $d\alpha$ ergibt sich zu $d\alpha = \frac{dx}{\rho} = \frac{M_x \cdot dx}{E \cdot J}$. Da das linke Ende eingespannt ist, dreht sich das rechte Stück um den Winkel $d\alpha$, und ein im Abstande x liegender Punkt m verschiebt sich um das Stück $m\,m_1 = x \cdot d\alpha = \frac{M_x \cdot x \cdot dx}{E \cdot J}$. Der Zähler dieses Ausdruckes stellt das Moment der als Belastung gedachten Momentenfläche $M_x \cdot dx$ in bezug auf den Punkt m dar. Da nun, unter der Voraussetzung, daß das linke Stück in seiner ursprünglichen Lage festgehalten bleibt, ein Moment rechts von m auf die Verschiebung dieses Punktes ohne Einfluß ist, so ist die Verschiebung $m\,m_1$ bei einer Momentenfläche im Verlaufe des ganzen Balkens

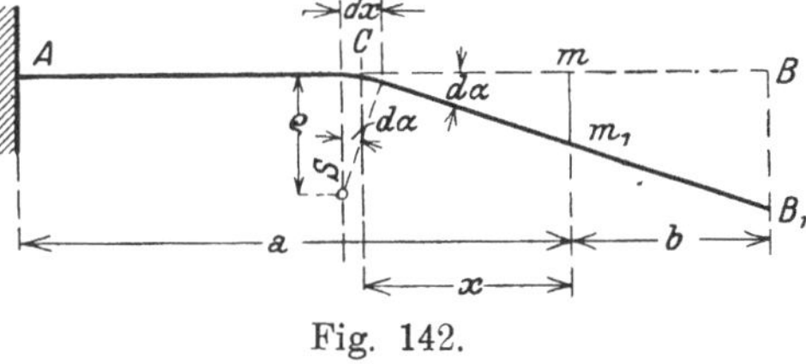

Fig. 142.

$$m\,m_1 = \int_0^a \frac{M_x \cdot x\,dx}{E \cdot J}$$

gleich dem Momente der als Belastung gedachten durch $E \cdot J$ dividierten Momentenfläche auf der linken Seite von m in bezug auf m. Die Biegungslinie kann also als ein Seileck zu der als Belastung gedachten durch $E \cdot J$ dividierten Momentenfläche aufgefaßt werden. Bei konstantem E und J wird die Division durch $E \cdot J$ vorteilhaft erst am Schluß bei dem Produkte $\eta \cdot H$ vorgenommen.

Konstruktion der Biegungslinie eines einseitig eingespannten Balkens. Die Momentenfläche ist nach Fig. 143 in Teilflächen zerlegt (Bennenung $m^2 \cdot t$); diese sind zu einem ,,Krafteck" zusammengestellt und mittels einer Polweite H (Benennung $m^2 \cdot t$) ist ein Seileck gezeichnet. Die Seite 1 an der Einspannungsseite wird verlängert, und die Produkte $\eta_m \cdot H$ stellen das Moment der als Belastung gedachten Momentenfläche links von m in bezug auf m dar. Die Durchbiegung des Punktes m ist $f_m = \frac{H \cdot \eta_m}{E \cdot J}$, wo H in $t \cdot m^2$ im Maßstabe der Auftragung des Kraftecks und η_m im Längenmaßstabe der Figur zu messen ist.

Konstruktion der Biegungslinie für einen Balken auf zwei Stützen (Fig. 144). Das Seileck zur Momentenfläche stellt an sich immer die Biegungslinie ihrer Form nach dar. Beachtet man nun, daß die Auflager A und B keine Verschiebung erfahren können, so folgen die tatsächlichen Durchbiegungen aus den Werten η zwischen Seileck und Schlußlinie $A_1 B_1$.

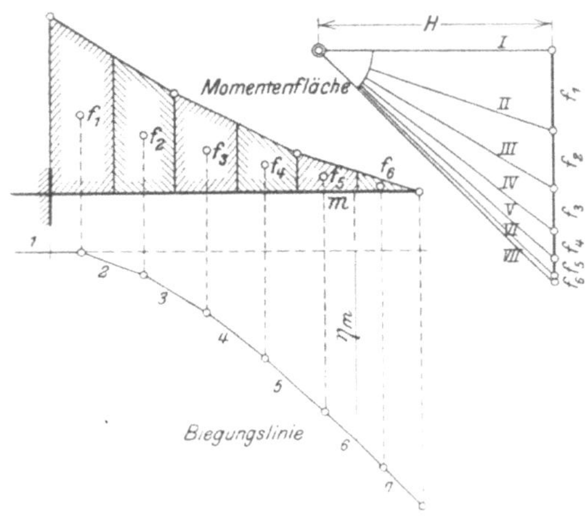

Fig. 143.

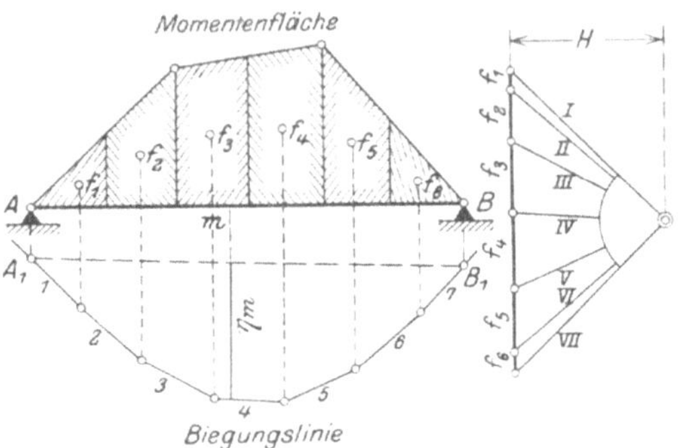

Fig. 144.

Ganz allgemein gilt also folgender Satz: Das Seileck zu der als Belastung gedachten durch $E \cdot J$ dividierten Momentenfläche stellt die gebogene Stabachse ihrer Form nach dar. Die tatsächlichen Durchbiegungen ergeben sich durch Einzeichnen der Schlußlinie entsprechend den Lagerbedingungen des Trägers. Bei freier einseitiger Einspannung ist die Schlußlinie die Tangente an das Seileck am eingespannten Ende, bei Lagerung auf zwei Stützen ist sie die Verbindungslinie der unter den Lagerpunkten gelegenen Seileckpunkte. Statt die Momentenflächenteile sofort durch $E \cdot J$ zu dividieren, ist es bei unveränderlichen Werten von E und J vorteilhaft, die Momentenflächen selbst zum Krafteck zusammenzustellen und erst das Produkt $\eta \cdot H$ durch $E \cdot J$ zu dividieren. Bei veränderlichen Werten von E und J kann man entweder die Momentenflächen vor der Auftragung zum Krafteck durch $E \cdot J$ dividieren oder die Polweite im umgekehrten Verhältnis der Produkte $E \cdot J$ verändern. (NB. Ein veränderliches E wird in praktischen Fällen wohl nie vorkommen.)

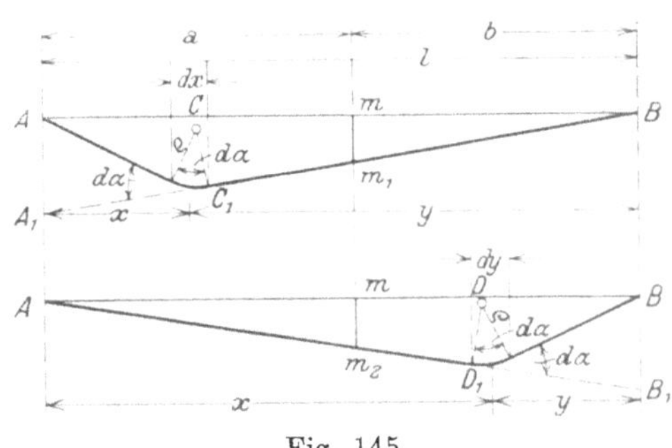

Fig. 145.

Der Beweis dafür, daß auch für den Balken auf 2 Stützen die Biegelinie sich als Seileck zu der als Belastung gedachten Momentenfläche ergibt, geht auf folgende Weise aus Fig. 145 hervor. Die Enden A und B seien frei gelagert. Durch das in C auf der Strecke dx links von m wirkende Moment nimmt der Balken die Form der stark ausgezogenen Linie $A C_1 B$ an. Die Durchbiegung des Punktes m ist gleich

$$\overline{m\,m_1} = \frac{A A_1}{l}\, b = \frac{x \cdot d\alpha}{l}\, b = \frac{M_x \cdot dx}{E \cdot J}\, \frac{x}{l}\, b.$$

Dieser Wert ist gültig für $x = 0$ bis $x = a$ und stellt das Moment in m des in A und B aufliegenden Balkens aus der als Belastung gedachten Momentenfläche $\frac{M_x \cdot dx}{E \cdot J}$ dar. Greift das Moment M_x rechts von m an, so liefert die Betrachtung der Durchbiegung des Punktes m in der unteren Figur

$$m\,m_2 = \frac{B\,B_1}{l}\,a = \frac{y \cdot d\alpha}{l}\,a = \frac{M_x \cdot dy}{E \cdot J}\,\frac{y}{l}\,a.$$

Dies ist aber ebenfalls das Moment der als Belastung des frei aufliegenden Balkens A B gedachten Momentenfläche $\frac{M_x \cdot dy}{E \cdot J}$ für den Punkt m mit einem Gültigkeitsbereiche von $y = 0$ bis $y = b$. Sind also im ganzen Balken Momente M_x vorhanden, so ist die Durchbiegung in m

$$f_m = \int\limits_{x=0}^{x=a} \frac{M_x \cdot dx}{E \cdot J}\,\frac{x}{l}\,b + \int\limits_{y=0}^{y=b} \frac{M_x \cdot dy}{E \cdot J}\,\frac{y}{l}\,a = M_{F_M}^{m}$$

= Moment der durch $E \cdot J$ dividierten Momentenfläche F_M im Punkte m.

c) Rechnerische Ermittlung der Gleichung der Biegelinie für die einfacheren Belastungsfälle.

1. Kragbalken mit Einzellast P am freien Ende (Fig. 146).

δ_x ist gegeben durch das statische Moment der $\frac{M}{EJ}$-Fläche zwischen Einspannstelle und n in bezug auf n

$$\delta_x = -\int\limits_x^l \frac{M_z\,dz}{EJ}(z - x); \qquad M_z = -P \cdot z$$

$$\delta_x = +\int\limits_x^l P\,\frac{z\,(z - x)}{EJ}\,dz$$

$$= \frac{P}{EJ}\left[\frac{l^3}{3} - \frac{x^3}{3} - \frac{l^2 x}{2} + \frac{x^3}{2}\right]$$

$$= \frac{P}{EJ}\left[\frac{l^3}{3} - \frac{l^2 x}{2} + \frac{x^3}{6}\right]$$

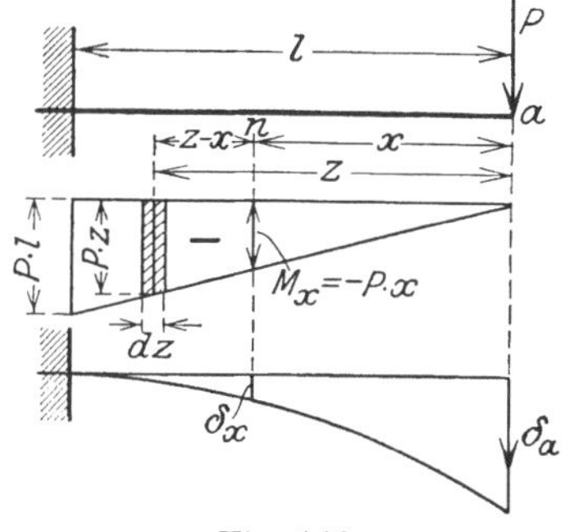

Fig. 146.

192) $$\delta_x = \frac{P\,l^3}{3\,EJ}\left[1 - \frac{3}{2}\left(\frac{x}{l}\right) + \frac{1}{2}\left(\frac{x}{l}\right)^3\right]$$

$x = 0$ gibt die größte Durchbiegung am freien Ende a

192 a) $$\delta_a = P\,\frac{l^3}{3\,EJ}.$$

2. Kragbalken mit gleichmäßig verteilter Belastung p (Fig. 147).

$$\delta_x = -\int\limits_x^l \frac{M_z \cdot dz}{EJ}(z - x); \qquad M_z = -p\,\frac{z^2}{2}$$

$$\delta_x = +\int_x^l \frac{p}{EJ}\frac{z^2}{2}(z-x)\,dz = \frac{p}{EJ}\left[\frac{l^4}{8} - \frac{x^4}{8} - \frac{l^3 x}{6} + \frac{x^4}{6}\right] = \frac{p}{EJ}\left[\frac{l^4}{8} - \frac{l^3 x}{6} + \frac{x^4}{24}\right]$$

193) $$\delta_x = \frac{p\,l^4}{8\,EJ}\left[1 - \frac{4}{3}\left(\frac{x}{l}\right) + \frac{1}{3}\left(\frac{x}{l}\right)^4\right]$$

$x = 0$ gibt

193a) $$\delta_a = \frac{p\,l^4}{8\,EJ}.$$

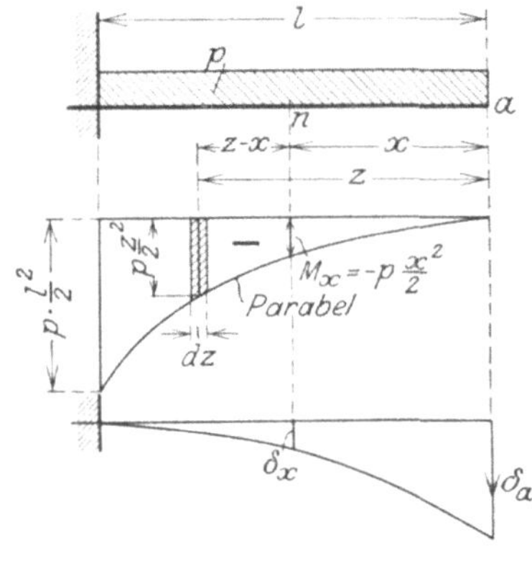

Fig. 147.

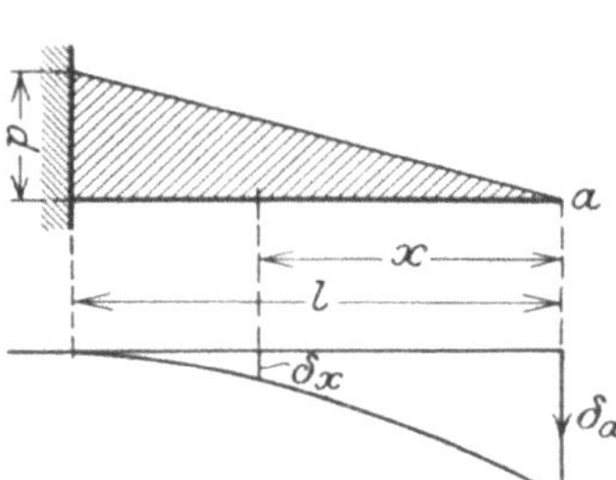

Fig. 148.

3. Kragbalken mit dreieckiger verteilter Belastung (Fig. 148).

$$\delta_x = -\int_x^l \frac{M_z\,dz}{EJ}(z-x); \qquad M_z = -p\frac{z}{l}\frac{z}{2}\cdot\frac{z}{3} = -p\frac{z^3}{6\,l}$$

$$\delta_x = +\int_x^l \frac{p}{EJ}\frac{z^3}{6l}(z-x)\,dz = \frac{p}{l\cdot EJ}\left[\frac{l^5}{30} - \frac{x^5}{30} - \frac{l^4 x}{24} + \frac{x^5}{24}\right]$$

$$= \frac{p}{EJ}\left[\frac{l^4}{30} - \frac{l^3 x}{24} + \frac{1}{120}\frac{x^5}{l}\right]$$

194) $$\delta_x = \frac{p\,l^4}{30\,EJ}\left[1 - \frac{5}{4}\left(\frac{x}{l}\right) + \frac{1}{4}\left(\frac{x}{l}\right)^5\right]$$

$x = 0$ gibt

194a) $$\delta_a = \frac{p\,l^4}{30\,EJ}.$$

4. Balken auf 2 Stützen mit Einzellast P (Fig. 149).

Das Gesetz für M_z ist verschieden für die Strecken a und b.

Teil a: $M_z = P\frac{b}{l}z$, Teil b: $M_z = P\frac{a}{l}z$.

Der Balken auf 2 Stützen wird mit der Momentenfläche belastet. Daraus entstehen Lagerdrücke

$$A' = P\frac{a\cdot b}{l}\cdot\frac{a}{2}\,\frac{b+\frac{a}{3}}{l} + P\frac{a\,b}{l}\cdot\frac{b}{2}\,\frac{2}{3}\,\frac{b}{l}$$

$$= P\frac{a\,b}{6\,l^2}[3\,a\,b + a^2 + 2\,b^2] = P\frac{a\,b}{6\,l^2}[l^2 + b^2 + a\,b] = P\frac{a\,b}{6\,l}\,[l + b]$$

$$B' = P\frac{a\,b}{6\,l}[l + a]\,.$$

Das Moment im Punkte n im Abstande x vom Lager A aus der Belastung durch die $\frac{M}{EJ}$ Fläche ist dann:

$$\delta_x = \frac{P}{EJ}\,\frac{ab}{6\,l}[l+b]\,x - \int_0^x \frac{P}{EJ}\,\frac{ab}{l}\,\frac{z}{a}(x-z)\,dz$$

$$= \frac{P}{EJ}\,\frac{ab}{6\,l}[l+b]\,x - \frac{P}{EJ}\,\frac{b}{l}\,\frac{x^3}{2} + \frac{P}{EJ}\,\frac{b}{l}\,\frac{x^3}{3}$$

$$= \frac{P}{EJ}\left[\frac{ab}{6\,l}[l+b]\,x - \frac{b}{6\,l}x^3\right]$$

$$\frac{P}{EJ}\left[\frac{ab}{6\,l}[a+2\,b]\,x - \frac{b}{6\,l}\,x^3\right]$$

195) $$\delta_x = \frac{P}{EJ}\,\frac{a^2\cdot b^2}{6\,l}\left[\frac{x}{b} + 2\frac{x}{a} - \frac{x^3}{a^2\cdot b}\right].$$

Entsprechend findet man für den Teil b durch Vertauschung von a und b:

195a) $$\delta'_x = \frac{P}{EJ}\,\frac{a^2\cdot b^2}{6\,l}\left[\frac{x'}{a} + 2\frac{x'}{b} - \frac{x'^3}{a\,b^2}\right].$$

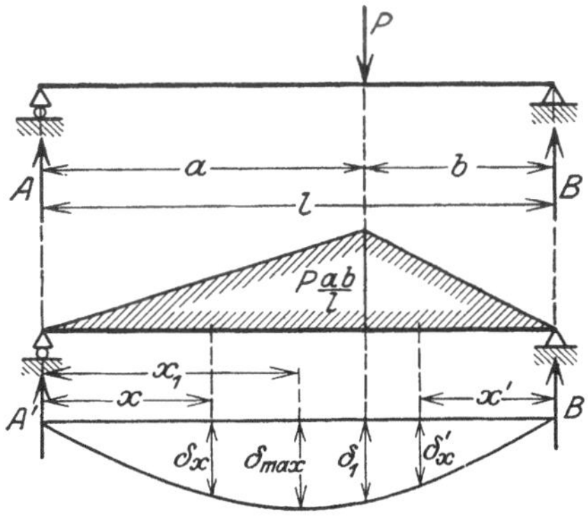

Fig. 149.

Die Durchbiegung δ_1 unter der Last P ergibt sich mit $x = a$ aus Gl. 195) oder mit $x' = b$ aus Gl. 195a)

195b) $$\delta_1 = \frac{P}{EJ}\,\frac{a^2 b^2}{6\,l}\left[\frac{a}{b} + 2 - \frac{a}{b}\right] = \frac{P}{EJ}\,\frac{a^2 b^2}{3\,l}.$$

Der Punkt der größten Durchbiegung ergibt sich aus Gl. 195) durch Differentiation nach x

$$\frac{d\delta_x}{dx} = 0 = \frac{P}{EJ}\,\frac{a^2 b^2}{6\,l}\left[\frac{1}{b} + 2\frac{1}{a} - \frac{3\,x^2}{a^2\cdot b}\right]$$

195c) $$x_1 = a\sqrt{\frac{1}{3} + \frac{2\,b}{3\,a}} \quad \text{solange } a > b\,.$$

Entsprechend

195d) $$x'_1 = b\sqrt{\frac{1}{3} + \frac{2\,a}{3\,b}} \quad \text{solange } b > a\,.$$

Für $a = b = \frac{l}{2}$, Einzellast P in Balkenmitte, wird

195e) $$\delta_x = \delta'_x = \frac{P\cdot l^3}{16\cdot EJ}\left[\frac{x}{l} - \frac{4}{3}\left(\frac{x}{l}\right)^3\right].$$

Durchbiegung unter Punkt $\frac{x}{l} = \frac{1}{2}$:

195f) $$\delta_1 = \delta_{max} = \frac{P\,l^3}{16\,EJ}\left[\frac{1}{2} - \frac{4}{3\cdot 8}\right] = \frac{P\,l^3}{48\cdot EJ}.$$

5. Balken auf 2 Stützen mit gleichmäßig verteilter Belastung p.

$$M_z = p\frac{l}{2}z - p\frac{z^2}{2} = p\frac{z(l-z)}{2}.$$

Die Momentenfläche ist eine Parabel vom Pfeil $p\cdot\frac{l^2}{8}$, Auflagerdrücke am Balken auf 2 Stützen infolge Belastung durch die Momentenfläche:

$$A' = B' = \frac{1}{3}l\cdot p\frac{l^2}{8} = p\frac{l^3}{24}$$

$$\delta_x = p\frac{l^3}{EJ\cdot 24}\cdot x - \int_0^x \left[p\frac{l}{2}z - p\frac{z^2}{2}\right](x-z)\,dz\cdot\frac{1}{EJ}.$$

Die Lösung gibt:

196) $$\delta_x = p\frac{l^4}{24\,EJ}\left[\frac{x}{l} - 2\left(\frac{x}{l}\right)^3 + \left(\frac{x}{l}\right)^4\right].$$

Die Durchbiegung in der Mitte wird mit $\frac{x}{l} = \frac{1}{2}$:

196a) $$\delta_{max} = \frac{5\,p\,l^4}{384\cdot EJ}.$$

6. Balken auf 2 Stützen mit Dreieckbelastung nach Fig. 150.

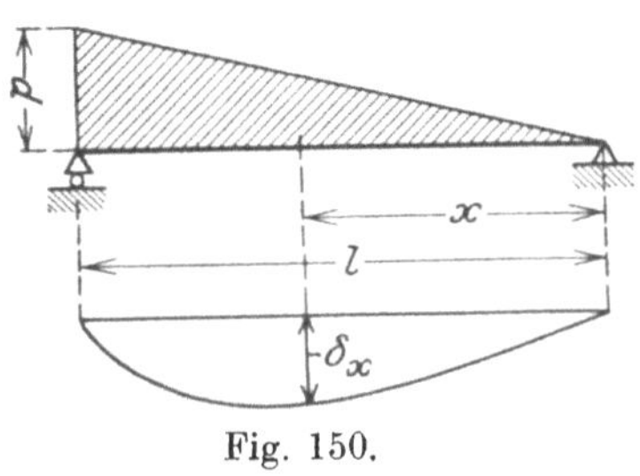

Fig. 150.

Die entsprechende Ableitung gibt:

197) $$\delta_x = p\frac{l^4}{360\cdot EJ}\left[7\left(\frac{x}{l}\right) - 10\left(\frac{x}{l}\right)^3 + 3\left(\frac{x}{l}\right)^5\right]$$

Die größte Durchbiegung tritt ein bei

197a) $$x = l\sqrt{1-\sqrt{\frac{8}{15}}} = 0{,}5193\,l.$$

Sie hat den Wert

197b) $$\delta_{max} = 0{,}00652\,\frac{p\,l^4}{EJ}.$$

7. Balken auf 2 Stützen mit Dreiecksbelastung nach Fig. 151.

198) $$\delta_x = \frac{p\,l^4}{24\cdot EJ}\left[\frac{3}{8}\left(\frac{x}{l}\right) - \left(\frac{x}{l}\right)^3 + \left(\frac{x}{l}\right)^4 - \frac{2}{5}\left(\frac{x}{l}\right)^5\right].$$

Die Durchbiegung in Balkenmitte ist

198a) $$\delta_{max} = \frac{3\,p\,l^4}{640\,EJ}.$$

8. Balken auf 2 Stützen mit Dreiecksbelastung nach Fig. 152.

199) $$\delta_x = \frac{p l^4}{24\,EJ}\left[\frac{5}{8}\left(\frac{x}{l}\right) - \left(\frac{x}{l}\right)^3 + \frac{2}{5}\left(\frac{x}{l}\right)^5\right].$$

Die Durchbiegung in Balkenmitte ist

199 a) $$\delta_{max} = \frac{p l^4}{120 \cdot EJ}.$$

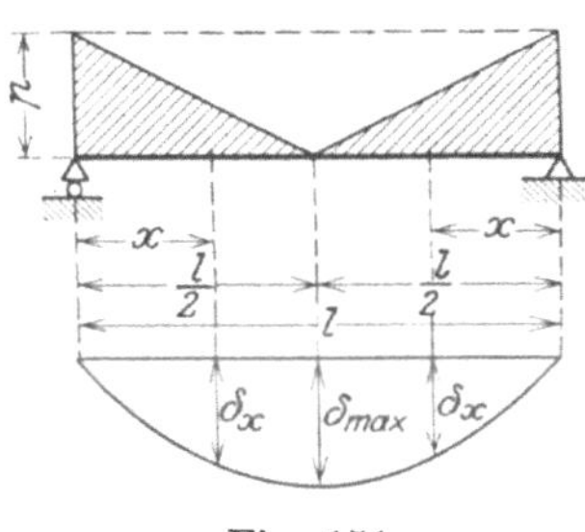

Fig. 151.

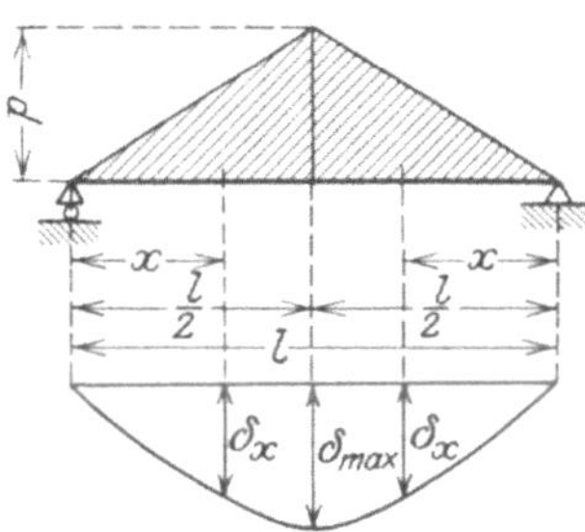

Fig. 152.

d) Allgemeiner Gang der rechnerischen Ermittlung der Biegelinie bei gegebener Momentenfläche und Bauwerkslagerung (Fig. 153).

Ist von einem biegungsfesten Balkenstück die Momentenfläche bekannt, so ist die Form der gebogenen Stabachse dargestellt durch ein Seileck zu der als Last aufgefaßten $\frac{M}{EJ}$-Fläche. Ist die Belastung gesetzmäßig, so läßt

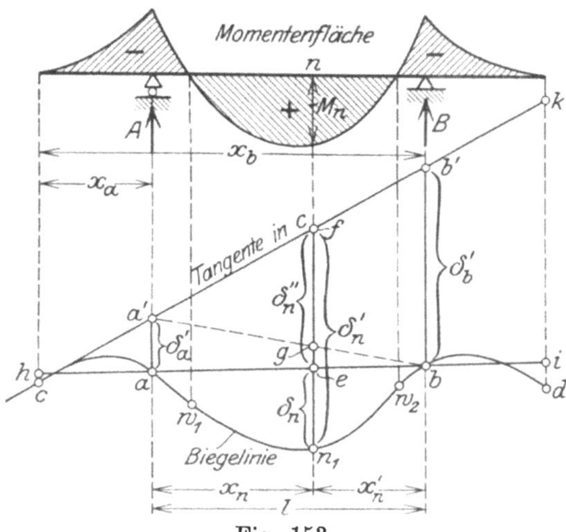

Fig. 153.

sich M_n durch eine mathematische Gleichung ausdrücken und damit eine Gleichung für die Biegelinie entwickeln. Dabei ist es in vielen Fällen zweckmäßig, zuerst die Ordinaten δ'_n der Biegelinie in bezug auf die Tangente in dem einen Endpunkte der Biegelinie zu errechnen. Denkt man sich z. B. in Fig. 153 den durch die $\frac{M}{EJ}$-Fläche belasteten Stab am rechten Ende eingespannt festgehalten, und errechnet man für diese Lagerung und Belastung durch die $\frac{M}{EJ}$-Fläche das Biegungsmoment in n, so stellt dieses die Ordinate δ'_n der Biegelinie in bezug auf die Tangente im linken Ende dar. Die wirkliche Lagerung des Balkens sei nun derart, daß die Lager A und B unverschieblich bleiben, daher stellt die Gerade h a b i die wirkliche Schlußlinie, δ_n die wirkliche Durchbiegung des Punktes n dar.

Durch Einführung von x_a bzw. x_b in die Gleichung der Biegelinie in bezug auf die Tangente in c findet man die Ordinaten δ'_a bzw. δ'_b. Mit den Bezeichnungen der Fig. 153 findet man die wirkliche Durchbiegung

$$\delta_n = \delta'_n - \delta''_n = \delta'_n - fg - ge$$

200)
$$\delta_n = \delta'_n - \delta'_a \frac{x'_n}{l} - \delta'_b \frac{x_n}{l}.$$

Bezüglich der Beziehungen zwischen Momentenfläche und Biegelinie seien folgende Eigenschaften erwähnt:

Die Biegelinie eines Balkenstückes, das durch positive Momente beansprucht wird, muß nach unten konvex sein, die eines Balkenstückes, das durch negative Momente beansprucht ist, nach unten konkav sein. Unter den Momentennullpunkten entstehen in der Biegelinie Wendepunkte w_1 und w_2 in Fig. 153.

44. Spannungen aus Biegung und Längskräften.

Literatur: Keck-Hotopp, Elastizitätslehre. 1. Teil. 2. Aufl. S. 225, 240. — Müller-Breslau, Graph. Stat. d. Baukonstr. Bd. I. 3. Aufl. S. 56. — W. Ritter, Graph. Statik. 1. Teil. S. 52. — Aug. Ritter, Lehrb. d. techn. Mech. 8. Aufl. S. 566. — Grashof, Elastizität u. Festigkeit. 2. Aufl. S. 148. — Föppl, Vorlesg. über techn. Mech. III. Bd. 4. Aufl. S. 96. — Mehrtens, Vorlesg. über Stat. d. Baukonstruktion u. Festigkeitslehre. I. Bd. S. 337.

Allgemeine Betrachtungen. Ein Balken sei durch äußere Kräfte so beansprucht, daß die einzelnen Querschnitte sowohl Biegungsmomente als auch Längskräfte zu übertragen haben. Wird der Balken an einer beliebigen Stelle durchschnitten, so müssen an jedem der beiden Teile die an ihm angreifenden äußeren Kräfte mit den inneren Spannungen des Schnittquerschnitts im Gleichgewicht sein. An einem herausgeschnitten gedachten Balkenstück a b c d von der Länge dl (Fig. 154) ruft die Längskraft N eine gleichmäßige Zusammenpressung hervor, nähert also die Querschnitte einander. a d bzw. b c rücken in die Lagen $a_1 d_1$ bzw. $b_1 c_1$. Das Moment M verursacht eine Drehung der Endquerschnitte um S_1. $a_1 d_1$ dreht sich in die Lage $a_2 d_2$, $b_1 c_1$ in die Lage $b_2 c_2$. Jeder Querschnitt bildet also nach der Wirkung von N und M, unter derselben Voraussetzung wie im Abschnitt 42, daß vor der Biegung ebene Querschnitte auch während der Biegung eben bleiben, eine Ebene, die sich mit der ursprünglichen Ebene in der Nullinie n n schneidet. Die Spannungen nehmen dann, bei Voraussetzung des Hookeschen Gesetzes, proportional mit dem Abstand von der Nullinie zu, bilden also, auf der ursprünglichen Querschnittsebene aufgetragen gedacht, eine Ebene, deren Gleichung in Bezug auf ein beliebiges Achsenkreuz

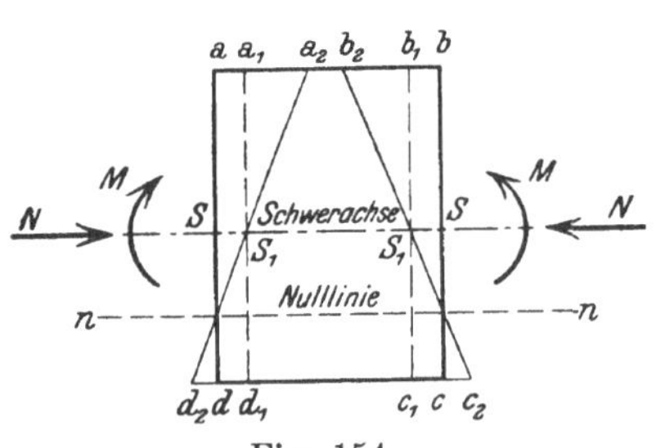

Fig. 154.

$$\sigma = a_1 \cdot x + b_1 \cdot y + c_1.$$

Spannungsermittlung bei Annahme eines beliebigen (nicht zugeordneten) Achsenpaares durch den Schwerpunkt. Das Moment zerfällt in die beiden Seitenmomente M_x und M_y in den beiden Achsrichtungen.

Die Anwendung der Gleichgewichtsbedingungen liefert die Gleichungen

$$(1)\quad N - \int \sigma \cdot dF = N - \int [a_1 \cdot x + b_1 \cdot y + c_1]\, dF = 0$$

$$(2)\quad M_x - \int \sigma \cdot y \cdot \sin\varphi\, dF = M_x - \int [a_1 \cdot x + b_1 \cdot y + c_1]\, y \cdot \sin\varphi\, dF = 0$$

$$(3)\quad M_y - \int \sigma \cdot x \cdot \sin\varphi\, dF = M_y - \int [a_1 \cdot x + b_1 \cdot y + c_1]\, x \cdot \sin\varphi\, dF = 0.$$

Unter Beachtung der Beziehungen $\int x \cdot dF = \int y \cdot dF = 0, \int x^2 \cdot dF = J_y$, $\int y^2 \cdot dF = J_x$, $\int x \cdot y \cdot dF = C_{xy}$ ergibt Gleichung (1)

$$N - c_1 \int dF = 0,\quad c_1 = \frac{N}{F}.$$

Die Gleichungen (2) und (3) lauten

$$M_x - a_1 \sin\varphi \cdot C_{xy} - b_1 \cdot \sin\varphi \cdot J_x = 0$$

$$M_y - a_1 \sin\varphi \cdot J_y - b_1 \cdot \sin\varphi \cdot C_{xy} = 0.$$

Die Lösung nach a_1 und b_1 gibt

$$a_1 = \frac{1}{\sin\varphi}\,\frac{M_y \cdot J_x - M_x \cdot C_{xy}}{J_x \cdot J_y - C_{xy}^2};\quad b_1 = \frac{1}{\sin\varphi}\,\frac{M_x \cdot J_y - M_y \cdot C_{xy}}{J_x \cdot J_y - C_{xy}^2}.$$

Die Gleichung für die Spannung an einem beliebigen Punkte mit den Koordinaten x und y lautet dann bei Zugrundelegung eines beliebigen nicht zugeordneten Achsenkreuzes

$$201)\quad \sigma = \frac{N}{F} + \frac{x}{\sin\varphi}\,\frac{M_y \cdot J_x - M_x\, C_{xy}}{J_x \cdot J_y - C_{xy}^2} + \frac{y}{\sin\varphi}\,\frac{M_x \cdot J_y - M_y\, C_{xy}}{J_x \cdot J_y - C_{xy}^2}$$

$$= \frac{N}{F} + \frac{M_x}{\sin\varphi}\,\frac{y \cdot J_y - x \cdot C_{xy}}{J_x \cdot J_y - C_{xy}^2} + \frac{M_y}{\sin\varphi}\,\frac{x \cdot J_x - y \cdot C_{xy}}{J_x \cdot J_y - C_{xy}^2}$$

Die Achsen sind zugeordnet. Mit $C_{xy} = 0$ ist

$$201a)\quad \sigma = \frac{N}{F} + \frac{M_x}{\sin\varphi}\,\frac{y}{J_x} + \frac{M_y}{\sin\varphi}\,\frac{x}{J_y}.$$

Die Achsen sind Schwerpunktshauptachsen. Mit $\varphi = 90^0$ ist

$$201b)\quad \sigma = \frac{N}{F} + M_x \frac{y}{J_x} + M_y \frac{x}{J_y}.$$

Die Randspannungen in den von der Nullinie am entferntesten gelegenen Punkten mit den Koordinaten x_1, y_1 und x_2, y_2 sind

$$201c)\quad \begin{cases} \sigma_1 = \dfrac{N}{F} + M_x \dfrac{y_1}{J_x} + M_y \dfrac{x_1}{J_y} = \dfrac{N}{F} + \dfrac{M_x}{W_{x1}} + \dfrac{M_y}{W_{y1}} \\ \sigma_2 = \dfrac{N}{F} + M_x \dfrac{y_2}{J_x} + M_y \dfrac{x_2}{J_y} = \dfrac{N}{F} + \dfrac{M_x}{W_{x2}} + \dfrac{M_y}{W_{y2}} \end{cases}$$

wo W die Widerstandsmomente nach Gleichung 190), S. 103 sind.

Aus Gleichung 201 a) ergibt sich mit $M_y = 0$, daß σ mit $y = -\frac{N}{F}\frac{J_x \sin\varphi}{M_y}$ zu Null wird. Die Nullinie ist also eine Parallele zur zugeordneten Richtung der Momentenachsrichtung.

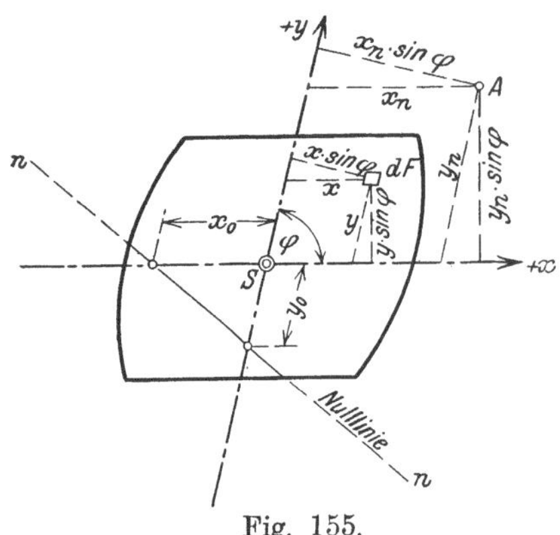

Fig. 155.

Ersatz der Momente durch die Längskraft und deren Hebelarme. Statt Längskraft N und Momente M_x und M_y getrennt einzuführen, kann man sich die Längskraft N in einem Punkte A mit den Koordinaten x_n und y_n (Fig. 155) angreifen denken. Dann ist

202) $$M_x = N \cdot y_n \cdot \sin\varphi; \quad M_y = N \cdot x_n \cdot \sin\varphi.$$

Die Gleichungen 201 a) bis 201 c) lauten dann:

Für ein beliebiges nicht zugeordnetes Achsenpaar

203) $$\sigma = \frac{N}{F} + N \cdot y_n \frac{y \cdot J_y - x \cdot C_{xy}}{J_x \cdot J_y - C_{xy}^2} + N \cdot x_n \frac{x \cdot J_x - y \cdot C_{xy}}{J_x \cdot J_y - C_{xy}^2}.$$

Für ein zugeordnetes Achsenpaar und für die Schwerpunktshauptachsen

204 $$\sigma = \frac{N}{F} + N \cdot y_n \frac{y}{J_x} + N \cdot x_n \frac{x}{J_y}.$$

Die Randspannungen eines Punktes x_1, y_1 bzw. x_2, y_2, bezogen auf ein zugeordnetes Achsenpaar, sind

204a) $$\begin{cases} \sigma_1 = \dfrac{N}{F} + N \cdot y_n \dfrac{y_1}{J_x} + N \cdot x_n \dfrac{x_1}{J_y} = \dfrac{N}{F} + \dfrac{N \cdot y_n}{W_{x1}} + \dfrac{N \cdot x_n}{W_{y1}} \\ \sigma_2 = \dfrac{N}{F} + N \cdot y_n \dfrac{y_2}{J_x} + N \cdot x_n \dfrac{x_2}{J_y} = \dfrac{N}{F} + \dfrac{N \cdot y_n}{W_{x2}} + \dfrac{N \cdot x_n}{W_{y2}}. \end{cases}$$

Die Schnittpunkte der Nullinie mit den beiden zugeordneten Achsen ergeben sich aus Gleichung 204) zu

205) $$x_0 = -\frac{J_y}{F \cdot x_n} = \frac{i_y^2}{x_n}; \quad y_0 = -\frac{J_x}{F \cdot y_n} = -\frac{i_x^2}{y_n},$$

worin $i_x = \sqrt{\frac{J_x}{F}}$ und $i_y = \sqrt{\frac{J_y}{F}}$ die Trägheitshalbmesser für die beiden zugeordneten Achsen sind. Bei Zugrundelegung der Schwerpunktshauptachsen sind es die Hauptachsen der Trägheitsellipse.

Bezüglich der einzuführenden Richtung der Koordinaten x, y, x_n, y_n und der Flächenmomente J_x, J_y und C_{xy} gilt dasselbe, was am Schlusse des Abschnitts 42 über die reine Biegung gesagt ist. Werden die Koordinaten parallel zu den Achsen gemessen, so sind auch die parallel zu den Achsen gemessenen Flächenmomente einzuführen; werden die Koordinaten senkrecht zu den Achsen gemessen, so sind auch die Flächenmomente, senkrecht zu den Achsen gemessen, einzuführen.

45. Der Kern eines Querschnitts.

Literatur: Keck-Hotopp, Elastizitätslehre. 1. Teil. 2. Aufl. S. 250, 262. — Müller-Breslau, Graph. Stat. d. Baukonstr. Bd. I. 3. Aufl. S. 73. — Föppl, Vorlesg. über techn. Mech. III. Bd. 4. Aufl. S. 102. — Mehrtens, Vorlesg. über Stat. d. Baukonstr. u. Festigkeitsl. I. Bd. S. 345. — W. Ritter, Eine neue Festigkeitsformel — Zivilingenieur 1876, S. 309. — Culmann, Graph. Stat. S. 438.

Erklärung des Begriffes „Kern". Nach Abschnitt 44, S. 112 entspricht jedem Angriffspunkte A (Fig. 155) der Normalkraft N eine bestimmte Nullinie n — n, deren Lage sich für ein zugeordnetes Achsenpaar aus Gleichung 205) errechnet. Je nachdem die Nullinie außerhalb oder innerhalb des Querschnitts fällt, treten in dem Querschnitt nur Spannungen eines Sinnes (Zug oder Druck, je nachdem N eine Zug- oder Druckkraft ist) oder Spannungen beiden Sinnes (Zug- und Druckspannungen) auf. Hat die Nullinie $n_1 - n_1$, Fig. 156, eine solche Lage, daß sie den Querschnitt gerade berührt, so tritt an dieser Berührungsstelle eine Spannung Null auf. Der dieser Nulllinienlage entsprechende Angriffspunkt K_1 der Kraft N wird „Kernpunkt" genannt. Jeder anderen den Querschnitt berührenden Nullinie $n_2 - n_2$ oder $n_3 - n_3$ entspricht ein Kernpunkt K_2 oder K_3, die in ihrer Gesamtheit den „Kern des Querschnitts" bilden.

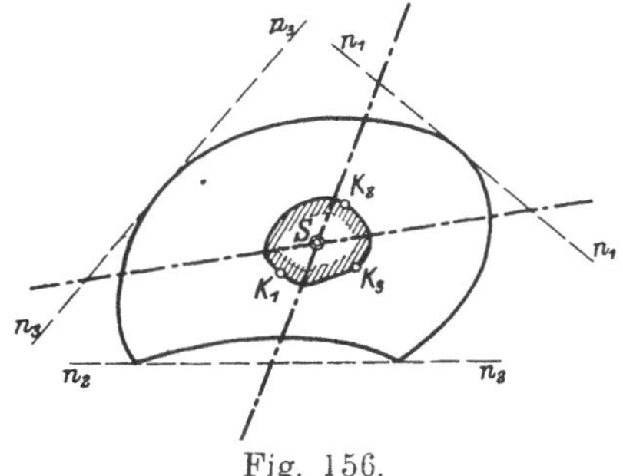

Fig. 156.

Ermittlung des Kernes eines Querschnitts. Läuft die Nullinie um den Querschnitt, so läuft der Kraftangriffspunkt um den Kernrand. Läuft umgekehrt der Kraftangriffspunkt um den Rand des Querschnitts, so umläuft die Nullinie den Kern als Tangente. Aus dieser Wechselbeziehung zwischen Nullinie und Kernpunkt ergeben sich zwei Möglichkeiten für die Ermittlung des Kernes eines Querschnitts:

1. Man sucht zu einem beliebigen Punkte des Querschnittsrandes die zugehörige Nullinie. Diese Nullinien umhüllen in ihrer Gesamtheit den Kern.

2. Man sucht zu einer beliebigen Tangente an den Umfang des Querschnitts als Nullinie den zugehörigen Kraftangriffspunkt. Diese bilden in ihrer Gesamtheit den Kernrand.

a) Rechnerische Lösung.

1. Gegeben ist der Angriffspunkt A auf dem Rande des Querschnitts durch seine Koordinaten x_k und y_k.

Die Achsen sind beliebig, nicht zugeordnet. Nach Gleichung 203) in Abschnitt 44, S. 114 ist entsprechend Fig. 157

$$\sigma = \frac{N}{F} + N\, y_k \frac{y \cdot J_y - x \cdot C_{xy}}{J_x \cdot J_y - C_{xy}^2} + N \cdot x_k \frac{x \cdot J_x - y \cdot C_{xy}}{J_x \cdot J_y - C_{xy}^2}.$$

Die Strecken x_0 und y_0, die die Nullinie auf den beiden Achsen abschneidet, ergeben sich, indem man $\sigma = 0$ und einmal $y = 0$, das andere Mal $x = 0$ setzt zu

$$206)\quad \begin{cases} x_0 = -\dfrac{J_x \cdot J_y - C_{xy}^2}{F\,[x_k \cdot J_x - y_k \cdot C_{xy}]}; \\[2ex] y_0 = -\dfrac{J_x \cdot J_y - C_{xy}^2}{F\,[y_k \cdot J_y - x_k \cdot C_{xy}]}. \end{cases}$$

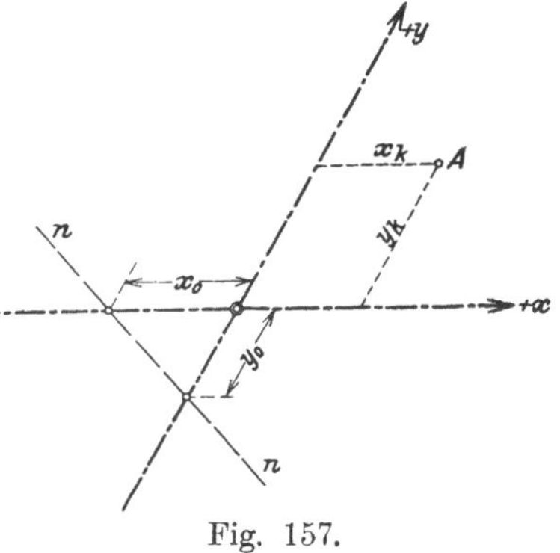

Fig. 157.

Die hierdurch festgelegte Nullinie ist eine Tangente an den Kern.

Die Achsen sind zugeordnete Schwerpunktsachsen. Mit $C_{xy} = 0$ ist

$$206\text{a})\quad x_0 = -\frac{J_y}{F \cdot x_k} = -\frac{i_y^2}{x_k};\quad y_0 = -\frac{J_x}{F \cdot y_k} = -\frac{i_x^2}{y_k}.$$

2. Gegeben ist die Nullinie als eine Tangente an den Querschnitt durch die Abschnitte x_0 und y_0 auf den beiden Achsen (Fig. 157). Gesucht sind die Koordinaten x_k und y_k des zugehörigen Kraftangriffspunktes, des Kernpunktes.

Die Achsen sind beliebig, nicht zugeordnet. Die Lösung der Gleichung 206) nach x_k und y_k gibt

207) $$x_k = -\frac{y_0 \cdot J_y + x_0 \cdot C_{xy}}{F \cdot x_0 \cdot y_0}; \quad y_k = -\frac{x_0 \cdot J_x + y_0 \cdot C_{xy}}{F \cdot x_0 \cdot y_0}.$$

Die Achsen sind zugeordnete Schwerpunktsachsen. Mit $C_{xy} = 0$ ist

207a) $$x_k = -\frac{J_y}{F \cdot x_0} = -\frac{i_y^2}{x_0}; \quad y_k = -\frac{J_x}{F \cdot y_0} = -\frac{i_x^2}{y_0}.$$

Die Nullinie ist parallel zur y-Achse. Mit $y_0 = \infty$ gibt Gleichung 207) nach Division von Zähler und Nenner durch y_0

208) $$x_k = -\frac{J_y}{F \cdot x_0} = -\frac{i_y^2}{x_0}; \quad y_k = -\frac{C_{xy}}{F \cdot x_0}.$$

Für zugeordnete Achsen

208a) $$x_k = -\frac{i_y^2}{x_0}; \quad y_k = 0.$$

Die Nullinie ist parallel zur x-Achse. Mit $x_0 = \infty$ gibt die Division durch x_0

209) $$x_k = -\frac{C_{xy}}{F_0 \cdot y_0}; \quad y_k = -\frac{J_x}{F \cdot y_0} = -\frac{i_x^2}{y_0}.$$

Für zugeordnete Achsen

209a) $$x_k = 0; \quad y_k = -\frac{i_x^2}{y_0}.$$

In den Gleichungen 206) bis 209a) waren alle Längen parallel zu den Achsen gemessen. In diesem Falle sind auch die Flächenmomente parallel zu den Achsen einzuführen. Man kann aber auch alle Längen senkrecht zu den Achsen messen, muß dann aber auch die Flächenmomente senkrecht zu den Achsen einführen.

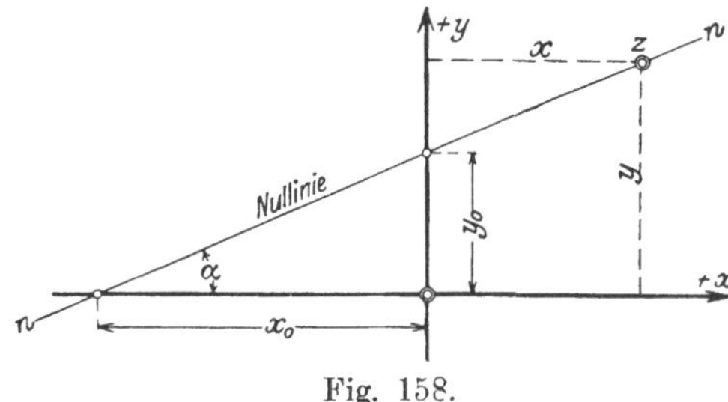

Fig. 158.

Ist die Nullinie, durch die Koordinaten x, y eines beliebigen Punktes ihrer Richtung und durch ihren Winkel α mit der positiven x-Richtung (Fig. 158) gegeben, so ist bei Zugrundelegung eines rechtwinkligen, aber nicht zugeordneten Achsenkreuzes nach Ersetzung von y_0 durch $y - x \operatorname{tg} \alpha$ und x_0 durch $-\frac{y - x \operatorname{tg} \alpha}{\operatorname{tg} \alpha}$

210) $$x_k = -\frac{J_y \cdot \operatorname{tg} \alpha - C_{xy}}{F[x \operatorname{tg} \alpha - y]}; \quad y_k = -\frac{C_{xy} \cdot \operatorname{tg} \alpha - J_x}{F[x \operatorname{tg} \alpha - y]}.$$

Nähert sich α dem Werte 90^0, so wird die Gleichung 210) wegen $\operatorname{tg} 90^0 = \infty$ unbequem; die Division durch $\operatorname{tg} \alpha$ gibt dann

210a) $$x_k = -\frac{J_y - C_{xy} \cdot \operatorname{cotg} \alpha}{F[x - y \cdot \operatorname{cotg} \alpha]}; \quad y_k = -\frac{C_{xy} - J_x \cdot \operatorname{cotg} \alpha}{F[x - y \cdot \operatorname{cotg} \alpha]}.$$

War das rechtwinklige Achsenpaar das Hauptachsenkreuz, so ist

$$211)\quad \begin{cases} x_k = -\dfrac{J_y}{F\,[x - y \operatorname{cotg} \alpha]} = -\dfrac{i_y^2}{x - y \operatorname{cotg} \alpha} = -\dfrac{i_y^2 \operatorname{tg} \alpha}{x \operatorname{tg} \alpha - y} \\[2ex] y_k = +\dfrac{J_x}{F\,[x \operatorname{tg} \alpha - y]} = \dfrac{i_x^2}{x \operatorname{tg} \alpha - y} = \dfrac{i_x^2 \operatorname{cotg} \alpha}{x - y \operatorname{cotg} \alpha}. \end{cases}$$

b) Zeichnerische Lösung.

Konstruktion der Nullinie bei Zugrundelegung eines beliebigen zugeordneten Achsenpaares bzw. der Schwerpunktshauptachse, Fig. 159. Zwischen den Koordinaten x_k und y_k eines Punktes A des Querschnittsrandes und den Abschnitten x_0 und y_0 der Nullinie auf den Achsen bestehen die Beziehungen nach Gleichung 206 a) bzw. 207 a). Der Trägheitshalbmesser in bezug auf eine Achse ist die mittlere Proportionale zwischen den Werten x_0 und x_k, wobei jedoch immer zu beachten ist, daß die Werte J_x und J_y parallel zu den Achsen zu rechnen sind. Die Konstruktion folgt aus Fig. 159 für ein beliebiges

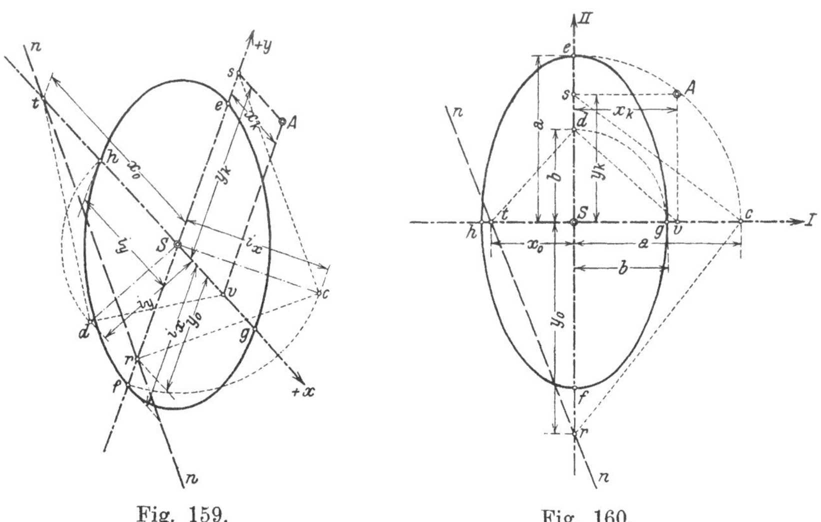

Fig. 159. Fig. 160.

zugeordnetes Achsenpaar x und y, aus Fig. 160 für die Schwerpunktshauptachsen I und II. In beiden Figuren ist die Trägheitsellipse eingetragen, die auf den Achsen in den Strecken S f und S h die Trägheitshalbmesser abschneidet. (NB. Bei den Werten J_x und J_y rechnet y und x parallel zur x- bzw. y-Achse. Die Trägheitshalbmesser $i_{x\,r}$ und $i_{y\,r}$ wären die Lote von S auf die Tangenten in e und h. Vgl. Abschnitt 37, S. 90.) Man macht Sc $= i_x$ senkrecht zur y-Achse (bzw. Achse II in Fig. 160) und S d $= i_y$ senkrecht zur x-Achse (bzw. Achse I in Fig. 160). Dann verbindet man s mit c und errichtet auf s c in c das Lot, S r ist dann gleich y_0; ebenso verbindet man d mit v und errichtet auf d v in d ein Lot; die Strecke t S ist x_0.

Soll aus der Nullinie n — n der Punkt A ermittelt werden, so ist der Weg nur der umgekehrte. Man verbindet t mit d und c mit r, errichtet in d auf t d, in c auf c r Lote, die die Achsen in v und s schneiden. Die Parallelen durch v und s zu den Achsen schneiden sich in A.

Zusammenfassend sollen noch einige allgemeine Sätze über die Beziehungen des Kerns gegeben werden:

1. Liegt der Kraftangriffspunkt auf einer Achse, so ist die Nullinie parallel der zugeordneten Achse. Ist die Tangente an den Querschnitt als Nullinie parallel einer Achse, so liegt der Kernpunkt auf der zugeordneten Achse.

2. Dreht sich die Nullinie um einen Punkt, so wandert der Kernpunkt auf einer geraden Linie. Wandert der Angriffspunkt A auf einer geraden Linie, so dreht sich die Nullinie (Tangente an den Kern) um einen Punkt.

3. Aus der Beziehung Gleichung 206 a) folgt

$$x_0 \cdot F = -\frac{J_y}{x_k}; \quad y_0 \cdot F = -\frac{J_x}{y_k}.$$

Für einen Punkt auf dem Querschnittsrande stellen x_k und y_k die Abstände (parallel zu den Achsen gemessen) des Punktes von den Achsen dar; $\frac{J_y}{x_k}$ und $\frac{J_x}{y_k}$ sind dann die Widerstandsmomente. Es ist also den absoluten Werten nach

212) $$W_y = x_0 \cdot F; \quad W_x = y_0 \cdot F.$$

Bezeichnet man allgemein die Entfernung zwischen Schwerpunkt S und Kernrand auf einer beliebigen Achse, die „Kernweite", mit k, so ist das Widerstandsmoment für die zugeordnete Achse

212 a) $$W = k \cdot F.$$

Hierbei sind alle Längen und Flächenmomente J_x, J_y, C_{xy}, W_x und W_y entweder parallel zu den Achsen oder senkrecht zu den Achsen zu messen.

Die Kerntheorie läßt sich sehr vorteilhaft zur Ermittlung der Spannungen aus exzentrischer Druck- oder Zugbeanspruchung verwerten. In Fig. 161 sei S der Schwerpunkt des Querschnittes, A der Angriffspunkt der Normalkraft N. A liegt auf der x-Achse, die y-Achse sei zugeordnete Achse. Die Spannungen in den am entferntesten von der y-Achse liegenden Punkten I und II sind:

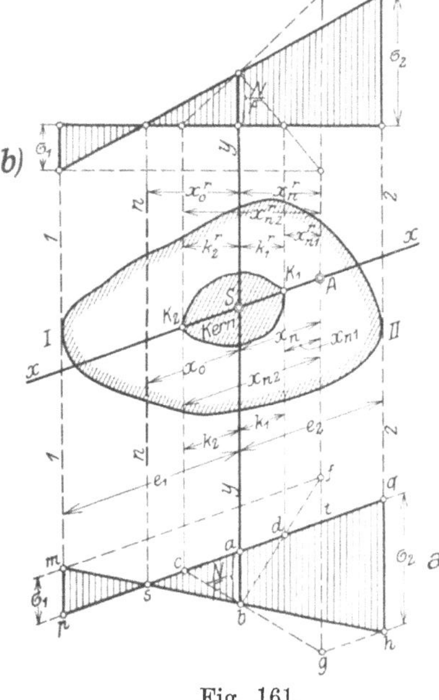

Fig. 161.

$$\sigma_1 = \frac{N}{F} - \frac{N \cdot x_n}{W_I}; \quad \sigma_2 = \frac{N}{F} + \frac{N \cdot x_n}{W_{II}}.$$

Sind K_1 und K_2 die Kernpunkte, die den Tangenten 1 — 1 und 2 — 2 an dem Querschnittsrand entsprechen, so ist

$$W_I = k_1 \cdot F; \quad W_{II} = k_2 \cdot F.$$

Damit ergeben sich die Spannungen von

$$\sigma_1 = \frac{N}{F} - \frac{N \cdot x_n}{k_1 \cdot F} = \frac{N}{k_1 F}(x_n - k_1) = \frac{N \cdot x_{n1}}{W_1}.$$

$$\sigma_2 = \frac{N}{F} + \frac{N \cdot x_n}{k_2 \cdot F} = \frac{N}{k_2 \cdot F}(x_n + k_2) = \frac{N \cdot x_{n2}}{W}.$$

Darin sind $N \cdot x_{n1}$ und $N \cdot x_{n2}$ die Momente der Kraft N in bezug auf die Kernpunkte K_1 und K_2, die sogenannten „Kernmomente". Bezeichnet man sie mit M_{K_1} und M_{K_2}, so lauten die Gleichungen für die Randspannungen:

213) $$\sigma_1 = -\frac{M_{K_1}}{W_1}; \quad \sigma_2 = +\frac{M_{K_2}}{W_2}.$$

Die zeichnerische Ermittlung der Spannungen σ_1 und σ_2 folgt aus Fig. 161a. Man zieht eine Parallele p — q zur x-Achse und holt die Punkte I, II, K_1, K_2, S und A parallel zur y-Achse auf p — q herab. Dies gibt die Punkte p, q, c, d, a und t. In a trägt man $ab = N/F$ auf, verbindet b mit c und d und verlängert diese Geraden bis zum Schnitt mit At. Die Schnittpunkte f und g werden parallel zu pq auf die Querschnittstangenten 1 — 1 und 2 — 2 projiziert, wodurch sich die Punkte m und h ergeben. Die Strecken pm und qh sind dann die Randspannungen σ_1 und σ_2. Die schraffierte Fläche ist das Spannungsdiagramm. Die Nullinie ist eine Parallele n — n zur y-Achse durch s. Der Beweis folgt aus folgenden Beziehungen:

$$\overline{gt}:\overline{ab} = \overline{ct}:\overline{ca}$$

oder

$$gt = \frac{\overline{ab}\cdot\overline{ct}}{\overline{ca}} = \frac{N}{F}\cdot\frac{x_{n2}}{k_2} = \frac{N\cdot x_{n2}}{W_2} = \sigma_2$$

$$\overline{ft}:\overline{ab} = \overline{dt}:\overline{ad}$$

oder

$$\overline{ft} = \frac{\overline{ab\cdot dt}}{\overline{ad}} = \frac{N}{F}\,\frac{x_{n1}}{k_1} = \frac{N\cdot x_{n1}}{W_1} = \sigma_1 .$$

Man kann auch nach Fig. 161b alle Längen senkrecht zu den Achsen messen, dann müssen aber auch alle Flächenmomente senkrecht zur y-Achse eingeführt werden.

46. Spannungsermittlung bei fehlender Zugfestigkeit.

Literatur: Keck-Hotopp, Elastizitätslehre. 1. Teil. 2. Aufl. S. 232, 266. — Müller-Breslau, Graph. Stat. d. Baukonstr. Bd. I. 3. Aufl. S. 86. — Mohr, Über die Verteilung der exzentr. Druckbelastg. eines Mauerwerkkörpers. Zeitschr. d. Arch.- u. Ing.-Vereins Hannover 1883. S. 163. — Hüppner, Zur Ermittlung der Druckverteilung in Mauerwerksquerschnitten. Zivilingenieur 1885. S. 39. — Keck, Graph. Statik. S. 43. — Schepp, Zentralbl. d. Bauverw. 1884. S. 152. — Mehrtens, Vorlesg. über Stat. d. Baukonstr. u. Festigkeitsl. I. Bd. S. 408.

Liegt der Angriffspunkt einer Druckkraft außerhalb des Kernes, so treten im allgemeinen nach Abschnitt 45, S. 114 in dem Querschnitt Druck- und Zugspannungen auf. Die beiden verschieden beanspruchten Querschnittsteile werden voneinander durch die Nullinie geschieden.

Ist das Material so beschaffen, daß es wohl Druckspannungen, nicht aber Zugspannungen aufzunehmen vermag, so wird der Querschnitt an der Seite, auf der die Zugspannungen auftreten, reißen. Es wird sich eine neue Lage der Nullinie einstellen, derart, daß die Mittelkraft aller Druckspannungen mit der angreifenden Normalkraft N im Gleichgewicht ist. Fig. 162. Es bestehen daher die Gleichungen

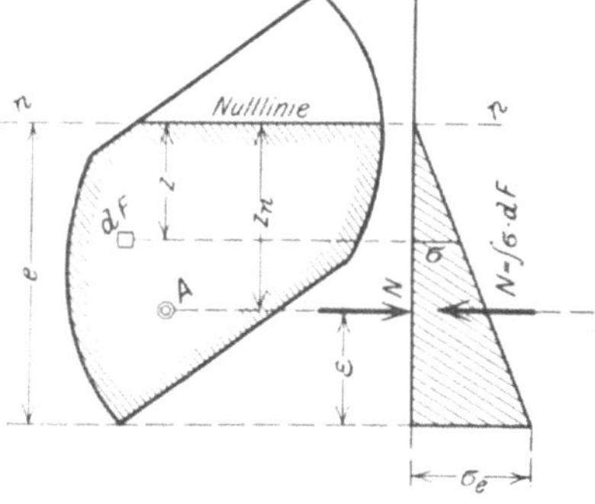

Fig. 162.

$$(1)\ N - \int \sigma\cdot dF = 0; \quad (2)\ N\cdot z_n - \int \sigma\cdot z\cdot dF = 0 .$$

Ist σ_e die Randspannung in dem Punkte, der von der Nullinie am entferntesten, im Abstande e liegt, so ist $\sigma = \frac{\sigma_e}{e} z$; damit lauten die beiden Gleichungen

$$(1)\ N - \frac{\sigma_e}{e}\int z \cdot dF = 0;\quad (2)\ N \cdot z_n - \frac{\sigma_e}{e}\int z^2 \cdot dF = 0.$$

$\int z \cdot dF = \mathfrak{S}$ stellt das statische Moment des wirksamen Querschnittsteiles in bezug auf die Nullinie dar, $\int z^2 \cdot dF = J$ das Trägheitsmoment desselben Teiles in bezug auf die Nullinie. Es ist also:

$$214)\qquad N = \frac{\sigma_e}{e}\mathfrak{S};\quad z_n = \frac{J}{\mathfrak{S}} = e - \varepsilon;\quad \sigma_e = N\frac{e}{\mathfrak{S}}.$$

In allgemeinen Fällen ist die rechnerische Lösung, da die Richtung der Nullinie unbekannt ist, nicht durchführbar. Ist dagegen die Querschnittsform nach einer bestimmten Kurve symmetrisch, und liegt der Kraftangriffspunkt A auf der Symmetrieachse, so wird die Nullinie senkrecht zu dieser Achse liegen. In diesen einfachen Fällen führt auch die rechnerische Lösung zum Ziele.

1. Das Rechteck. Fig. 163.

$$\mathfrak{S} = b\frac{e^2}{2};\quad J = b\frac{e^3}{3};\quad z_n = \frac{J}{\mathfrak{S}} = \frac{2}{3}e = e - \varepsilon;\quad e = 3\,\varepsilon.$$

$$215)\qquad \sigma = N\frac{e}{\mathfrak{S}} = \frac{2\,N}{3\,\varepsilon \cdot b}.$$

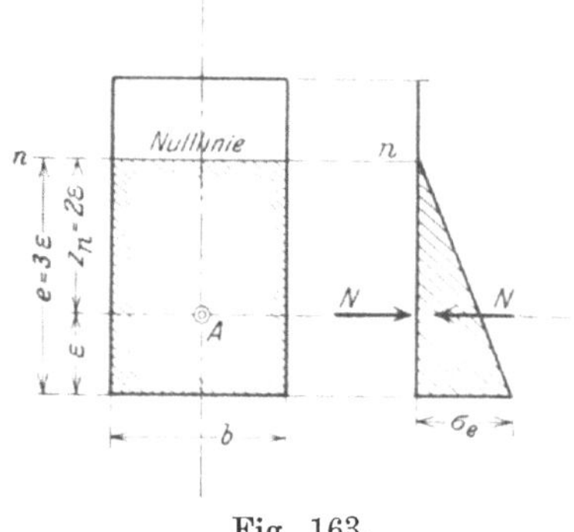

Fig. 163.

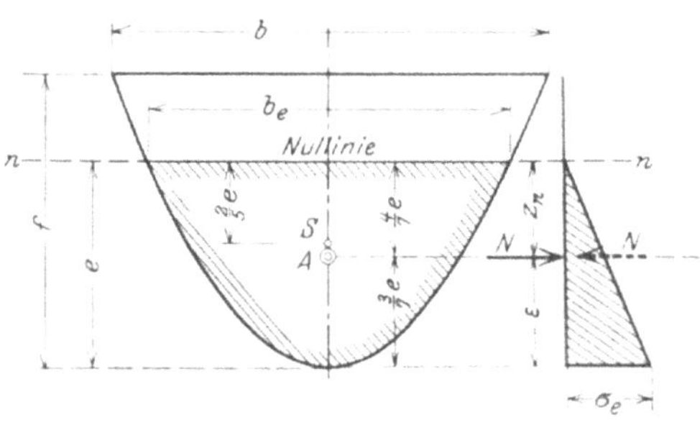

Fig. 164.

2. Die Parabel. Fig. 164. Nach Abschnitt 38 Ziffer 7 und Abschnitt 23 Ziffer 9 ist:

$$J = \frac{8}{35}F \cdot e^2;\quad \mathfrak{S} = \frac{2}{5}F \cdot e.$$

Zwischen f, b_e, b und e besteht die Beziehung $b_e^2 : b^2 = e : f$.

$$b_e = b\sqrt{\frac{e}{f}};\quad F = \frac{2}{3}b_e \cdot e = \frac{2\,b}{3\sqrt{f}}\sqrt{e^3}.$$

$$z_n = \frac{J}{\mathfrak{S}} = \frac{4}{7}e = e - \varepsilon;\quad \varepsilon = \frac{3}{7}e;\quad e = \frac{7}{3}\varepsilon.$$

$$216)\qquad \sigma_e = \frac{e \cdot N}{\mathfrak{S}} = \frac{5}{2}\frac{N}{F} = \frac{45 \cdot N\sqrt{f}}{28 \cdot b\sqrt{\frac{7}{3}\varepsilon^3}} = 1{,}05\frac{\sqrt{f}}{b}\frac{N}{\varepsilon\sqrt{\varepsilon}}.$$

3. Die Nullinie schneidet ein Dreieck ab. Fig. 165. A ist der Kernpunkt des wirksamen Dreiecks a b c und ergibt sich in $z_n = \varepsilon = \frac{e}{2}$. Die Lage der Nullinie findet man, indem man die Werte u und v je viermal auf den Kanten abträgt, also b c = 4 u und a c = 4 v macht. Die Spannung ergibt sich zu

217) $$\sigma_e = \frac{3}{8 \cdot \sin\alpha} \frac{N}{u \cdot v}.$$

Mit $\alpha = 90^0$ wird

217 a) $$\sigma_e = \frac{3}{8} \frac{N}{u \cdot v}.$$

In allen anderen Fällen, wo der Kraftangriffspunkt A nicht auf einer Symmetrieachse liegt oder die Begrenzung des Querschnittes nicht durch gesetzmäßige Kurven gebildet ist, ist die rechnerische Untersuchung sehr verwickelt oder überhaupt unmöglich. Man muß dann die zeichnerische Methode anwenden.

Zeichnerische Untersuchung. Der Querschnitt sei symmetrisch und die Kraft greife in einem Punkte A der Symmetrieachse an. Fig. 166. Die Nullinie liegt dann aus Gründen der Symmetrie senkrecht zur Symmetrieachse.

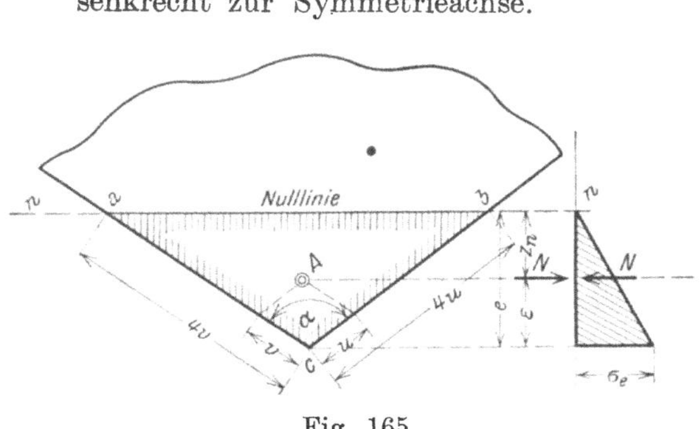

Fig. 165.

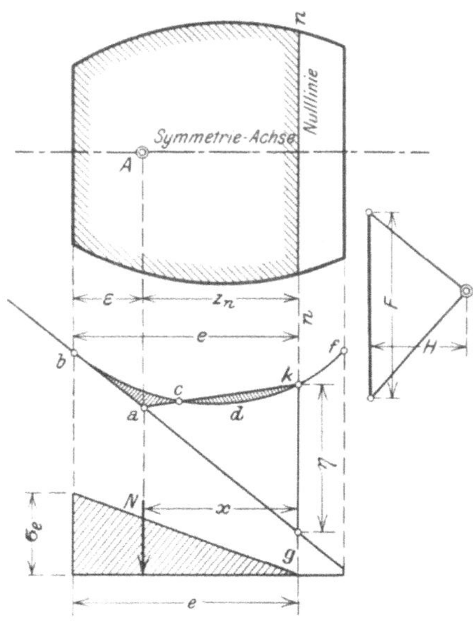

Fig. 166.

Man zeichnet zu der Querschnittsfläche eine Seillinie b c d k f, lotet Punkt A auf die Tangente in b hinüber und zieht von dem hierdurch gefundenen Punkte a die Gerade a k so, daß die Flächen b a c und c d k gleich sind. Der Punkt k gibt dann die Lage der Nullinie an. Der Beweis folgt aus der Beziehung $z_n = \frac{J}{\mathfrak{S}}$, $J = 2\,H \cdot$ Fläche b c d k g $= 2\,H \cdot$ Fläche a k g $= H \cdot \eta \cdot x$; $\mathfrak{S} = H \cdot \eta$; $\frac{J}{\mathfrak{S}} = x = z_n$.

Die Randspannung ist

218) $$\sigma_e = N \frac{e}{\mathfrak{S}} = \frac{N \cdot e}{H \cdot \eta}.$$

Die Normalkraft liegt beliebig. Das zeichnerische Verfahren hat insofern eine Schwäche, als die Richtung der Nullinie unbekannt ist. Die Lösung folgt aus Fig. 167. Es wird eine Nullinienrichtung n — n nach Augen-

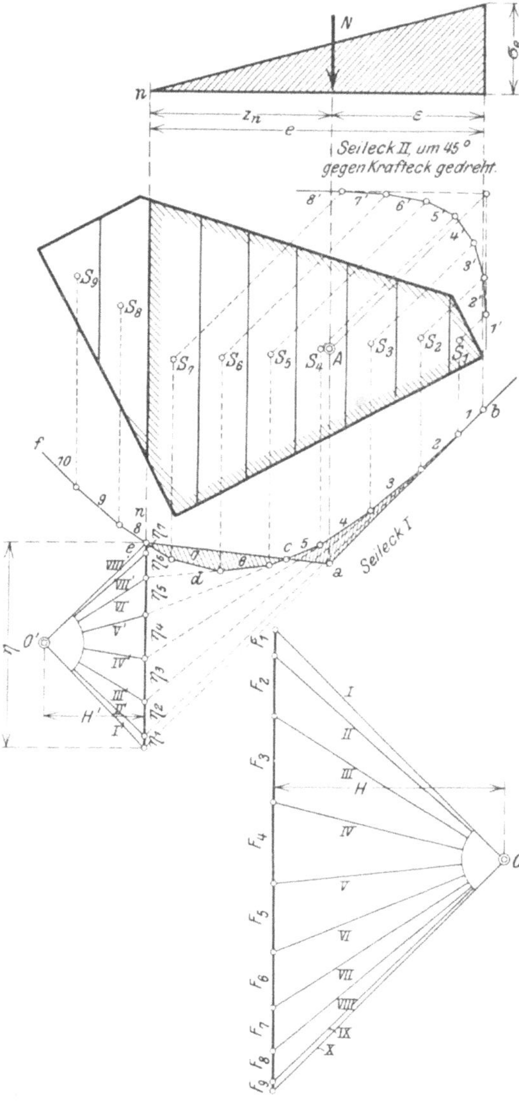

Fig. 167.

schein angenommen, am besten parallel der Nullinienrichtung bei Berücksichtigung der Zugspannungen. Parallel zu dieser Nullinienrichtung wird der Querschnitt in Streifen zerlegt und zu den Inhalten der Streifen ein Seileck I mit der Polweite H gezeichnet. Der Kraftangriffspunkt A wird parallel zu n — n auf die Tangente in b herübergeholt und a e so gezogen, daß die Flächen b a c und c e d einander gleich sind. Durch e muß dann die tatsächlich eintretende Nulllinie parallel zur Richtung n — n gehen. Es ist nur noch zu untersuchen, ob die angenommene Richtung n — n auch die richtige war. Die Mittelkraft aller Spannungen muß durch A gehen. Die auf die einzelnen Flächenstreifen entfallenden Anteile greifen angenähert in den Teilschwerpunkten an und sind verhältnisgleich den Strecken η_1 bis η_7, die die verlängerten Seileckseiten auf der Nullinie abschneiden. Ein unter einer beliebigen Drehung mittels beliebiger Polweite H′ gezeichnetes Seileck II muß eine Mittelkraft der Strecken η durch den Punkt A ergeben. Trifft dies nicht zu, so muß die Untersuchung mit einer zweckmäßig gedrehten neuen Richtung der Nulllinie wiederholt werden. Die Randspannung ergibt sich nach Gleichung 218).

47. Die Knickung.

Literatur: Keck-Hotopp, Mechanik. 2. Teil. 4. Aufl. S. 64. Elastizitätslehre. 1. Teil. 2. Aufl. S. 272. — W. Ritter, Graph. Statik. 1. Teil. S. 170ff. — Aug. Ritter, Lehrb. d. techn. Mech. 8. Aufl. S. 559. — Müller-Breslau, Neuere Methoden der Festigkeitslehre. 4. Aufl. S. 360. — Grashof, Elastizität u. Festigkeit. 2. Aufl. S. 164. — Euler, Methodus inveniendi lineas curvas. Additamentum: De curvis elasticis 1744. — Lagrange, Sur la figure des colonnes. Miscellanea Taurinensia Tome V, 1770—1773. — Engesser, Über die Knickfestigkeit gerader Stäbe. Zeitschr. d. Arch.- u. Ing.-Vereins Hannover 1889. S. 455. — Kármán, Untersuchungen über Knickfestigkeit. Mitteilungen über Forschungsarbeiten, herausgeg. v. Verein deutscher Ing., Heft 81. — Ostenfeld, Zeitschr. des Vereins deutscher Ing. 1898 Nr. 53, 1902 Nr. 48. — Tetmajer, Die Gesetze der Knickungsfestigkeit der techn. wichtigsten Baustoffe. Heft VIII der Mitteilungen der Materialprüfungsanstalt am schweiz. Polytechnikum in Zürich. — Föppl, Vorlesg. über techn. Mech. III. Bd. 4. Aufl. S. 320. — Mehrtens, Vorlesg. über Stat. d. Baukonstr. u. Festigkeitsl. III. Bd. S. 152.

Die Eulersche Knickformel bei konstantem Elastizitätskoeffizienten. Ein prismatischer Stab sei nach Fig. 168 mit einer Druckkraft P belastet. Der Stabquerschnitt habe ein Trägheitsmoment J. Das Material des Stabes folge dem Hookeschen Gesetz (vgl. Abschnitt 40, S. 100) und habe einen Elastizitätskoeffizienten E. Unter der Wirkung von P biegt sich der Stab aus und die elastische Linie folgt dem Gesetze nach Abschnitt 43, S. 105, Gleichung 191) bzw. Gleichung 191 a).

$$\frac{1}{\rho} = -\frac{M}{E\,J} = -P\,\frac{y}{E\,J}.$$

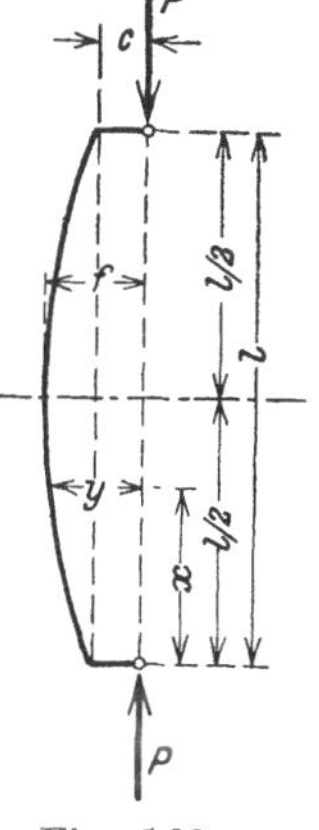

Fig. 168.

Setzt man für $\frac{1}{\rho}$ den angenäherten Wert $\frac{d^2 y}{dx^2}$ und $\frac{P}{E\,J} = \frac{1}{r^2}$, so liefert die zweimalige Integration die Gleichung der elastischen Linie

219) $$y = c \cdot \sin\frac{x}{r} \cdot \operatorname{tg}\frac{l}{2\,r} + c \cdot \cos\frac{x}{r}.$$

Die Durchbiegung f in der Stabmitte ergibt sich mit $x = \frac{l}{2}$ zu

220) $$f = \frac{c}{\cos\frac{l}{2\,r}} = \frac{c}{\cos\left(\frac{l}{2}\sqrt{\frac{P}{E\,J}}\right)}.$$

Entwickelt man die Kosinusfunktion in einer Reihe, so ergibt sich bei Berücksichtigung der drei ersten Reihenglieder

220 a) $$f = \frac{c}{1 - \frac{l^2}{8}\,\frac{P}{E\,J} + \frac{l^4}{384}\left(\frac{P}{E\,J}\right)^2}$$

Ist die Anfangsexzentrizität c gleich Null, so folgt aus Gleichung 220), daß im allgemeinen $f = 0$ ist; nur für den Fall, daß auch der Nenner Null wird, nimmt $f = \frac{0}{0}$ einen unbestimmten Wert an.

Aus

$$\cos\frac{l}{2}\sqrt{\frac{P}{E\,J}} = 0,\quad \frac{l}{2}\sqrt{\frac{P}{E\,J}} = \frac{\pi}{2}$$

folgt

221) $$P_0 = \frac{\pi^2 \cdot E\,J}{l^2}$$

Diese Gleichung wird nach ihrem Entdecker „Eulersche Knickformel" genannt. (Leonhard Euler 1707—1783.) Der Wert P_0 heißt „Knickkraft". Ist F der Stabquerschnitt, $i = \sqrt{\frac{J}{F}}$ der Trägheitshalbmesser des Stabquerschnitts, so ist die der Kraft P_0 entsprechende Spannung, die „Knickspannung"

221 a) $$\sigma_0 = \pi^2 \frac{E}{\left(\frac{l}{i}\right)^2}.$$

Gleichung 221) stellt die Größe der Knickkraft für den an beiden Enden gelenkig gelagerten Stab dar. Bei anderer Art der Lagerung hat die Knickkraft andre Werte. Die hauptsächlich in Betracht kommenden Fälle sind die der Fig. 169 bis 172.

	Beiderseitig gelenkige Lagerung	Einseitig frei eingespannt	Beiderseits eingespannt	Ein Ende eingespannt, das andere Ende gelenkig
	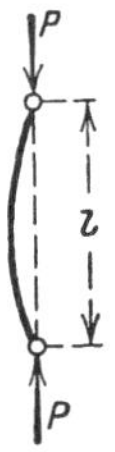 Fig. 169	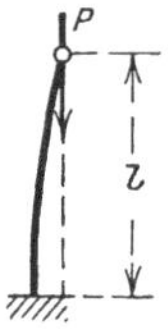 Fig. 170	 Fig. 171	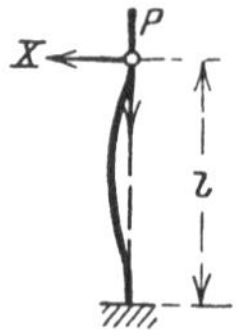 Fig. 172
$P_0 =$	$\frac{\pi^2 EJ}{l^2}$	$\frac{\pi^2 EJ}{4\, l^2}$	$\frac{4\,\pi^2 EJ}{l^2}$	$\frac{2{,}064\,\pi^2\, EJ}{l^2}$
$\sigma_0 =$	$\pi^2 \frac{E}{\left(\frac{l}{i}\right)^2}$	$\frac{\pi^2}{4} \frac{E}{\left(\frac{l}{i}\right)^2}$	$4\,\pi^2 \frac{E}{\left(\frac{l}{i}\right)^2}$	$2{,}064\,\pi^2 \frac{E}{\left(\frac{l}{i}\right)^2}$

Die Knickformel bei Zugrundelegung des genauen Ausdrucks für den Krümmungsradius. Setzt man für $\frac{1}{\rho}$ an einem zentrisch belasteten beiderseits gelenkig gelagerten Stabe den genauen Wert des Krümmungshalbmessers $\frac{d^2\,y/dx^2}{\left[1+\left(\frac{dy}{dx}\right)^2\right]^{\frac{3}{2}}}$ ein, so führt die Integration zu einem elliptischen Integral, das aber durch Auflösung in eine Reihe umgangen werden kann. Zwischen der Normalkraft P und der Ausbiegung f in Stabmitte ergibt sich dann die Gleichung

$$222)\qquad \frac{l}{\pi}\sqrt{\frac{P}{EJ}} = 1 + \left(\frac{1}{2}\right)^2 \frac{P\,f^2}{E\,J\,4} + \left(\frac{1\cdot 3}{2\cdot 4}\right)^2 \left(\frac{P}{E\,J}\,\frac{f^2}{4}\right)^2 \;\cdot\cdot\cdot\cdot\cdot$$

Die Diskussion dieser Gleichung gibt folgendes:

1. Solange $P < \frac{\pi^2\, E\, J}{l^2}$ ist, ist f imaginär.

2. Für $P = \frac{\pi^2\, E\, J}{l^2} = P_0$ ist $f = 0$.

3. Für $P > \frac{\pi^2\, E\, J}{l^2}$ hat f reelle Werte, die sehr schnell mit P wachsen.

Betrachtung des Knickvorganges. Wird der gerade zentrisch belastete Stab einer allmählich wachsenden Druckkraft P ausgesetzt, so vermag er bis zu einem gewissen Grenzwert P_0 der Kraft dieser gegenüber mit vollkommener Stabilität seine gerade Form aufrecht zu erhalten, d. h. wenn der mit P belastete Stab durch irgendeine vorübergehend wirkende Ursache um ein kleines Maß seitlich ausgebogen wird, so nimmt der Stab nach Verschwinden dieser Ursache seine gerade Form wieder an. (Dabei ist jedoch vorausgesetzt, daß die durch die Längskraft P und das Biegungsmoment der vorübergehenden Kraftwirkung hervorgerufenen Spannungen die Elastizitätsgrenze des Materials nicht überschreiten.)

Hat P jenen Grenzwert P_0 erreicht, so tritt an Stelle des stabilen der indifferente Gleichgewichtszustand, d. h. wenn nun der Stab um ein unendlich kleines Stück ausgebogen wird, so bleibt die Ausbiegung nach Verschwinden der Ursache bestehen. Jede Vergrößerung von P über P_0 hinaus hat eine verhältnismäßig starke Vergrößerung der Ausbiegung f zur Folge, deren Größe sich aus Gleichung 222) errechnet. Bei einem gewissen Größtwerte P_1 von P tritt dann der Bruch ein.

Der Augenblick der beginnenden Ausbiegung, wenn $P = P_0$, und der des Bruches, wenn $P = P_1$, treten aus dem Knickvorgange charakteristisch hervor, und es könnte zweifelhaft sein, welchen von diesen beiden Werten man mit „Knickkraft" zu bezeichnen hätte. Im Sinne der Eulerschen Formel ist dies der Grenzwert P_0. Dies hat insofern eine Berechtigung, als es als Konstruktionsvorschrift zu gelten hat, daß die gerade Stabform des Konstruktionsteiles gewahrt bleiben muß. Tatsächlich läßt sich auch nur dieser Wert P_0 mit annähernd mathematischer Schärfe festlegen.

Die Eulersche Formel für Materialien, die dem Hookeschen Gesetze nicht folgen. Der Knickvorgang bleibt seinem Wesen nach genau derselbe, wenn das Material dem Hookeschen Gesetz nicht mehr unterliegt. Ist $\sigma = f_{(\varepsilon)}$ das Gesetz der Dehnung, so stellt $\frac{d\sigma}{d\varepsilon}$ den einer bestimmten Spannung entsprechenden Elastizitätskoeffizienten T dar. T ist mit σ veränderlich, während es bei Dehnungen nach dem Hookeschen Gesetz konstant ist. Die Eulersche Formel ändert sich dann nur insofern, als das von σ_0 abhängige T an Stelle des konstanten E tritt.

Die Eulersche Formel bei Überschreitung der Elastizitätsgrenze des Materials. Besonders schwierig gestaltet sich das Knickproblem dann, wenn die Knickspannung die Elastizitätsgrenze des Materials überschreitet. Dies hat seinen Grund darin, daß nach Überschreitung der Elastizitätsgrenze die Dehnungen bei Spannungsverminderungen nicht mehr demselben Gesetze folgen wie bei Spannungszunahme, vielmehr gilt für steigende Spannungen das Dehnungsgesetz $\sigma = f_{(\varepsilon)}$, für abnehmende Spannungen dagegen annähernd das Hookesche Gesetz. Das Ergebnis der Untersuchungen ist folgendes:

Ist $n = \frac{T_0}{E_0}$ das Verhältnis der Elastizitätskoeffizienten für zu- und abnehmende Spannungen, so ergibt sich die Lage der neutralen Faser aus der Beziehung

$$223)\qquad St_1 : St_2 = T_0 : E_0 = n,$$

wo St_1 und St_2 die statischen Momente der beiden durch die neutrale Faser ge trennten, den Dehnungsgesetzen nach E_0 und T_0 unterliegenden Querschnittsteile in bezug auf diese Faser sind.

Sind J_1 und J_2 die Trägheitsmomente der beiden Querschnittsteile in bezug auf die neutrale Faser, J das Trägheitsmoment für die Schwerpunktsachse, so ergibt sich der „mittlere Elastizitätskoeffizient" T_1, der in der Eulerschen Formel an Stelle von E tritt, zu

$$224)\qquad T_1 = E_0\left[\frac{J_1}{J} + n\,\frac{J_2}{J}\right].$$

Die Eulersche Formel lautet also

$$225)\qquad P_0 = \pi^2\,\frac{T_1 \cdot J}{l^2};\quad \sigma_0 = \pi^2\,\frac{T_1}{\left(\frac{l}{i}\right)^2}.$$

Einführung von Näherungswerten für die veränderlichen Elastizitätskoeffizienten T und T_1. Die Werte T und T_1, die in der Eulerschen Formel an die Stelle des Elastizitätskoeffizienten E treten, wenn die Dehnungen nicht dem Hookeschen Gesetz folgen oder die Spannungen die Elastizitätsgrenze überschreiten, haben beide die Eigenschaft, daß sie mit steigendem Werte von σ_0 kleiner werden. Führt man verschiedene Näherungsgesetze zwischen σ_0 und den Elastizitätskoeffizienten T bzw. T_1 ein, so ergeben sich verschiedene Abarten der Eulerschen Formel.

1. Lineare Abhängigkeit zwischen σ_0 und T bzw. T_1.

Die Werte T bzw. T_1 mögen von einem Werte E bei $\sigma_0 = p$ linear auf Null bei $\sigma_0 = k$ fallen, sie folgen also einer Gleichung $A - B \cdot \sigma_0$. Es entsteht die Gleichung

$$226)\qquad \sigma_0 = \frac{k}{1 + \frac{k - p}{\pi^2 \cdot E}\left(\frac{l}{i}\right)^2} = \frac{k}{1 + \gamma\left(\frac{l}{i}\right)^2}$$

worin

$$\gamma = \frac{k - p}{\pi^2 \cdot E}.$$

Diese Gleichung ist unter dem Namen „Schwarz-Rakinesche“ oder „Naviersche“ Knickformel bekannt. (Rankine 1820-1872; Navier 1785-1836.)

Für Flußeisen ist $\gamma = 0{,}00014$, $k = 2{,}2$ t/qcm mit einem Gültigkeitsbereiche von $\frac{l}{i} = 20$ bis 250.

2. Hyperbolische Abhängigkeit zwischen σ_0 und T bzw. T_1.

Die Werte T bzw. T_1 mögen von einem Werte E bei $\sigma_0 = p$ nach einer Hyperbel auf Null bei $\sigma_0 = k$ fallen, sie folgen einer Gleichung $\frac{A_1}{\sigma_0} - B_1$. Die Einführung in die Eulersche Formel an Stelle von E liefert die Gleichung

$$227)\qquad \sigma_0 = \frac{k}{1 + \sigma_0 \frac{k - p}{\pi^2 \cdot E \cdot p}\left(\frac{l}{i}\right)^2} = \frac{k}{1 + \sigma_0 \eta \left(\frac{l}{i}\right)^2}.$$

Diese Gleichung ist unter dem Namen der „Langschen Knickformel“ bekannt.

3. Parabolische Abhängigkeit zwischen σ_0 und T bzw. T_1.

Die Werte T bzw. T_1 mögen von einem Werte E bei $\sigma_0 = p$ auf Null bei $\sigma_0 = k$ nach einer Parabel fallen, sie folgen also einer Gleichung

$$B_2 \cdot \sigma_0 - A_2 \cdot \sigma_0^2.$$

Die Einführung an Stelle von E in die Eulersche Formel gibt die Gleichung

$$228)\qquad \sigma_0 = k - \frac{p\,(k - p)}{\pi^2 \cdot E}\left(\frac{l}{i}\right)^2 = k - \alpha \left(\frac{l}{i}\right)^2.$$

Ist hierin noch $p = \frac{k}{2}$, so lautet die Gleichung

$$228\text{a})\qquad \sigma_0 = k - \frac{k^2}{4\,\pi^2 \cdot E}\left(\frac{l}{i}\right)^2 = k - \alpha_1 \left(\frac{l}{i}\right)^2.$$

Dies ist die unter dem Namen „Johnson-Ostenfeldsche Knickformel“ bekannte Gleichung.

Es sei hier bemerkt, daß man bei Aufstellung der Schwarz-Rankineschen und der Langschen Formel versuchte, jenen Wert P_1 (vgl. S. 125), bei dem der Bruch erfolgt, durch eine Gleichung festzulegen. Die Ostenfeldsche Formel wurde rein empirisch gefunden als eine Gleichung, die sich Versuchsresultaten von Tetmajer möglichst gut anpaßt und die durch die Eulersche Formel dargestellte Kurve berichtigt. Der Grund dafür, daß diese Formeln praktisch recht brauchbare Werte liefern, dürfte wohl hauptsächlich in ihrem inneren Zusammenhang mit der Eulerschen Formel zu suchen sein.

Die Gleichungen 226) bis 228 a) gelten für den Fall nach Fig. 169. Für die anderen drei Fälle ändern sich die Koeffizienten γ, η und α bzw. α_1 insofern, als π^2 durch die den verschiedenen Fällen entsprechenden Koeffizienten zu ersetzen ist.

Die Tetmajersche Knickformel. Sie ist auf Grund von Knickversuchen empirisch aufgestellt und lautet

229) $$\sigma_0 = k - \beta_1\left(\frac{l}{i}\right) + \beta_2\left(\frac{l}{i}\right)^2.$$

Die Werte k und β_1 und β_2 richten sich nach dem Baustoffe. Auch gilt die Gleichung nur innerhalb bestimmter Grenzen der Werte $\left(\frac{l}{i}\right)$, z. B. ist für Flußeisen bei Werten $\frac{l}{i} < 105$

229 a) $$\sigma_0 = 3{,}1 - 0{,}0114\left(\frac{l}{i}\right) \text{t/qcm.}$$

Für Schweißeisen bei $\frac{l}{i} < 112$

229 b) $$\sigma_0 = 3{,}03 - 0{,}013\left(\frac{l}{i}\right) \text{t/qcm.}$$

Für Gußeisen bei $\frac{l}{i} < 80$

229 c) $$\sigma_0 = 7{,}76 - 0{,}12\left(\frac{l}{i}\right) + 0{,}00053\left(\frac{l}{i}\right)^2 \text{t/qcm.}$$

Für Holz bei $\frac{l}{i} < 100$

229 d) $$\sigma_0 = 0{,}293 - 0{,}00194\left(\frac{l}{i}\right) \text{t/qcm.}$$

Um eine Sicherheit gegen das Ausknicken eines Stabes zu haben, wird in praktischen Fällen gefordert, daß die tatsächlich auftretende Druckkraft P nur einen Bruchteil der Knickkraft P_0 beträgt. Das Verhältnis $\frac{P_0}{P} = s$ wird die „Knicksicherheit" genannt. Für Flußeisen wird eine 4- bis 5 fache, für Holz eine 10 fache Sicherheit nach der Eulerschen Formel gefordert. Innerhalb des Gültigkeitsbereiches der Tetmajerschen Formel wird 2,5 bis 3,0 fache Sicherheit gefordert. (Tetmajer 1851—1905).

48. Widerstand gegen Abscherung.

Literatur: Keck-Hotopp, Elastizitätslehre. 1. Teil. 2. Aufl. S. 69, 179. — W. Ritter, Graph. Statik. 1. Teil. S. 59ff. — Aug. Ritter, Lehrb. d. techn. Mech. 8. Aufl. S. 569. — Müller-Breslau, Graph. Stat. d. Baukonstr. Bd. I. 3. Aufl. S. 101. — Grashof, Elastizität u. Festigkeit. 2. Aufl. S. 123. — Otzen-Barkhausen, Anhang zur 2. Aufl. der Zahlenbeispiele zur stat. Berechnung von Brücken u. Dächern (Wiesbaden 1909). S. 15. — Föppl, Vorlesg. über techn. Mech. III. Bd. 4. Aufl. S. 11, 21, 33, 108. — Mehrtens, Vorlesg. über Stat. d. Baukonstr. u. Festigkeitsl. I. Bd. S. 317, 366.

Befinden sich an einem Körper die äußeren Kräfte im Gleichgewicht, so wird das Gleichgewicht auch nicht gestört, wenn der Körper an einer beliebigen Stelle durchschnitten wird und die vorher vorhandenen inneren Spannungen als äußere Kräfte zugefügt werden. Jedes der beiden Teilstücke muß sich danach wieder im Gleichgewicht befinden, also den Gleichgewichtsbedingungen $\Sigma M = 0$; $\Sigma H = 0$; $\Sigma V = 0$ unterliegen. Die aus ΣM und ΣH sich ergebenden inneren Spannungen sind bereits in Abschnitt 44, S. 112 behandelt.

In lotrechter Richtung ist die Summe aller äußeren Kräfte gleich der Querkraft Q. Die in dem Querschnitt wirkende Spannung τ wird „Schub- oder Scherspannung" genannt. Diese verteilen sich nach irgendeinem vorläufig unbekannten Gesetze über die Querschnittsfläche. Sie werden im allgemeinen nicht lotrecht gerichtet sein, also in eine lotrechte und eine wagerechte Seitenspannung τ_y und τ_x zerfallen. In ihrer Gesamtheit müssen diese aber die Gleichungen erfüllen

230) $$Q = \int \tau_y \cdot dF; \quad \int \tau_x \cdot dF = 0.$$

In sehr vielen Fällen genügt es, die Schubspannung als über den ganzen Querschnitt F gleichmäßig verteilt anzusehen. Die sich aus dieser Annahme ergebende „mittlere Schubspannung" ergibt sich dann zu

231) $$\tau_m = \frac{Q}{F}.$$

Wie eine Längskraft das Bestreben hat, zwei parallele Querschnitte einander zu nähern oder voneinander zu entfernen, ein Moment das Bestreben hat, zwei Querschnitte gegeneinander zu verdrehen, so verursacht die Querkraft eine Parallelverschiebung der beiden Querschnitte nach Fig. 173, das rechtwinklige stark gezeichnete Prisma geht in das schiefwinklige gestrichelte Prisma über. Macht man die durch die Erfahrung genügend bestätigte Annahme, daß die Winkeländerung γ proportional der angreifenden Kraft Q und somit für ein unendlich kleines Prisma auch proportional der Schubspannung ist, so ergibt sich die Gleichung

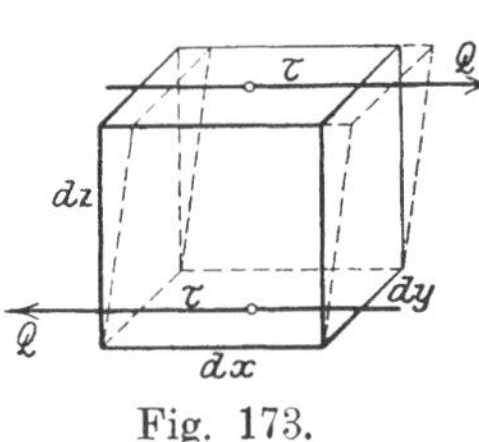

Fig. 173.

232) $$\gamma = \frac{\tau}{G}.$$

Der Proportionalitätsfaktor G (der dem Elastizitätskoeffizienten E bei Dehnungen entspricht) wird „Gleitzahl" genannt.

Aus Fig. 173 folgt, daß das unendlich kleine Prisma unter der Wirkung der Kräfte $Q = \tau \cdot dx \cdot dy$ nicht im Gleichgewicht sein kann, denn beide Kräfte Q geben ein Kräftepaar $\tau \cdot dy \cdot dx \cdot dz$, das den Körper zu drehen versucht. Das Gleichgewicht erfordert ein entgegengesetzt wirkendes gleich großes Kräftepaar aus Kräften in den Ebenen $dy \cdot dz$. Fig. 174. Sind τ_y und τ_z die Schubspannungen in den Ebenen $dy \cdot dx$ und $dx \cdot dz$, so sind die Kräfte in diesen Ebenen $\tau_y \cdot dy \cdot dx$ und $\tau_z \cdot dx \cdot dz$. Ihre Hebelarme sind dz und dy, demnach besteht die Gleichung $\tau_y \cdot dy \cdot dx \cdot dz = \tau_z \cdot dy \cdot dz \cdot dx$

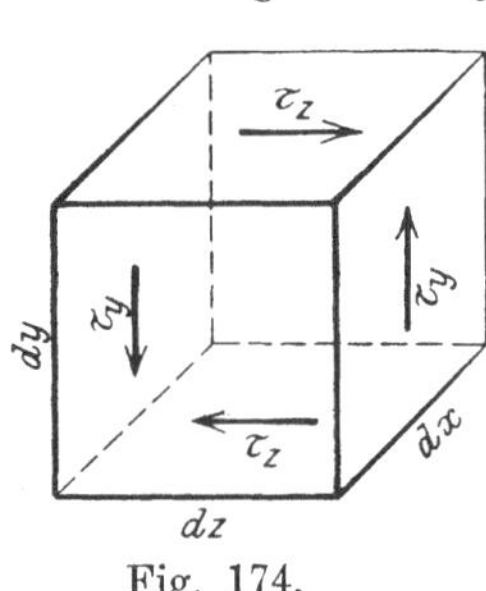

Fig. 174.

233) $$\tau_y = \tau_z.$$

Es besteht also folgender Satz: Die Schubspannungen, die in den Seitenflächen eines beliebigen aus einem Körper herausgeschnittenen rechtwinkligen Prismas rechtwinklig zu den Kanten auftreten, sind einander gleich und haben dieselbe Richtung zu den Kanten.

Es bleibt nun noch zu untersuchen, wie sich die Schubspannungen in einem beliebig belasteten Balken in Längs- und Querschnitten verteilen. In Fig. 175 stelle x — x die zur Momentenachsrichtung K — K zugeordnete Schwerpunktsachse dar. Die Spannung in einem beliebigen Punkte mit den Koordinaten x und y ist $\sigma = \frac{N}{F} + \frac{M}{J_x} y$. In einem Querschnitte im Abstande dz ist die Spannung um $d\sigma = d\left(\frac{M}{J_x} y\right) = \frac{y}{J_x} dM$ gewachsen. Nach Abschnitt 18, S. 26 ist aber $dM = Q \cdot dz$, also $d\sigma = \frac{Q \cdot dz}{J_x} y$. Denkt man

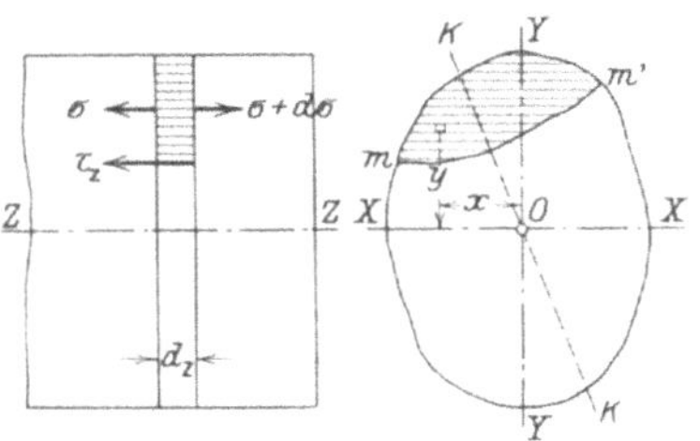

Fig. 175.

sich durch einen beliebigen Schnitt m — m' von der Länge b einen in Fig. 175 schraffierten Teil der dz starken Scheibe abgetrennt, so muß das Stück unter der Wirkung aller an ihm angreifenden Kräfte und Spannungen im Gleichgewicht sein. Ist τ_z die Schubspannung, so gibt die Nullgleichheit der wagerechten Kräfte

$$\tau_z \cdot b \cdot dz = \int d\sigma \cdot dF = \frac{Q\,dz}{J_x} \int y \cdot dF.$$

Das Integral stellt das statische Moment $\mathfrak{S}$ des durch den Schnitt m — m' abgetrennten Querschnittsteiles in Bezug auf die x-Achse dar. Die Lösung nach τ_z gibt

234) $$\tau_z = Q \frac{\mathfrak{S}}{b \cdot J_x}.$$

Die gesamte in dem Schnitt m — m' wirkende Schubkraft ergibt sich dann zu

234 a) $$T = b \cdot \tau_z = Q \frac{\mathfrak{S}}{J_x},$$

worin Q die Querkraft, $\mathfrak{S}$ das statische Moment des durch den Schnitt abgetrennten Querschnitteiles in bezug auf die zur Momentenachsrichtung zugeordnete x-Achse und J das Trägheitsmoment des gesamten Querschnittes in bezug auf dieselbe Achse ist.

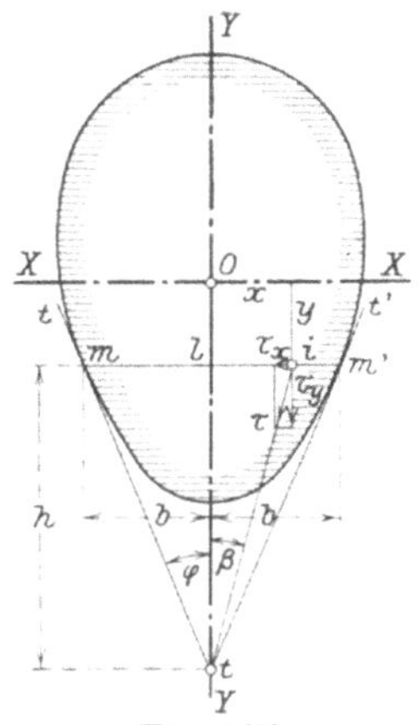

Fig. 176.

Was die Verteilung der Schubspannung über den Querschnitt angeht (Fig. 176), so gilt folgendes: An einem Punkte m des Querschnittrandes kann τ nur tangential an den Querschnitt gerichtet sein, denn jedes anders gerichtete τ würde eine Seitenspannung senkrecht zum Querschnittsrande liefern, die wiederum nach dem Satze S. 128 eine gleich große Spannung in der Balkenlängsrichtung bedingte. Auf der Oberfläche des Balkens können aber keine Schubspannungen wirken. In einem beliebigen Punkte i eines symmetrischen Querschnittes zerlegt sich die dort vorhandene Schubspannung τ in τ_x und τ_y. Letztere muß nach dem Satze S. 128 der Schubspannung τ_z gleich sein, also, wenn b die halbe Querschnittsbreite ist

235) $$\begin{cases} \tau_y = \tau_z = Q \dfrac{\mathfrak{S}}{2b \cdot J_x} \\ \tau_x = \tau_y \cdot \operatorname{tg} \beta = \tau_y \dfrac{x}{b} \operatorname{tg} \varphi \\ \tau = \sqrt{\tau_x^2 + \tau_y^2} \end{cases}$$

Ist die Querschnittsbegrenzung parallel zur y-Achse (Rechteck), also $\varphi = 0$, so wird $\tau_x = 0$, die Schubspannungen sind alle parallel zur y-Achse.

Da $\mathfrak{S}$ in der Schwerachse am größten ist, folgt, daß die Schubspannung in dieser Achse ihren Größtwert hat. Für ein Rechteck von der Breite b und der Höhe h ist in der Schwerachse $\mathfrak{S} = b\frac{h}{2}\cdot\frac{h}{4} = b\frac{h^2}{8}$, $J = b\frac{h^3}{12}$, also

$$236)\qquad \tau_y = \tau_z = Q\frac{\mathfrak{S}}{b\cdot J} = \frac{3}{2}\frac{Q}{b\cdot h} = \frac{3}{2}\frac{Q}{F}.$$

49. Widerstand gegen Torsion.

Literatur: Keck-Hotopp, Mechanik. 2. Teil. . Aufl. S. 71. Elastizitätslehre. 1. Teil. 2. Aufl. S. 290. — W. Ritter, Graph. Statik. 1. Teil. S. 70ff. — Aug. Ritter, Lehrb. d. techn. Mech. 8. Aufl. S. 573. — Grashof, Elastizität u. Festigkeit. 2. Aufl. S. 133. — Föppl, Vorlesg. über techn. Mech. III. Bd. 4. Aufl. S. 20, 299, 378. V. Bd. S. 145. — Mehrtens, Vorlesg. über Stat. d. Baukonstr. u. Festigkeitsl. I. Bd. S. 321.

Greift an einem prismatisch geformten Körper in einer Querschnittsebene ein Drehmoment nach Fig. 177 an, so hat dieses das Bestreben, die einzelnen Stabquerschnitte um die Stabachse zu verdrehen. Diese Beanspruchungsart des Stabes wird „Torsions- oder Drehungsbeanspruchung“ genannt. Da jeder Querschnitt gegen die benachbarten gedreht wird, so bilden die vorher geraden Linien der Mantelfläche des Stabes nach der Drehung schraubenförmige Linien.

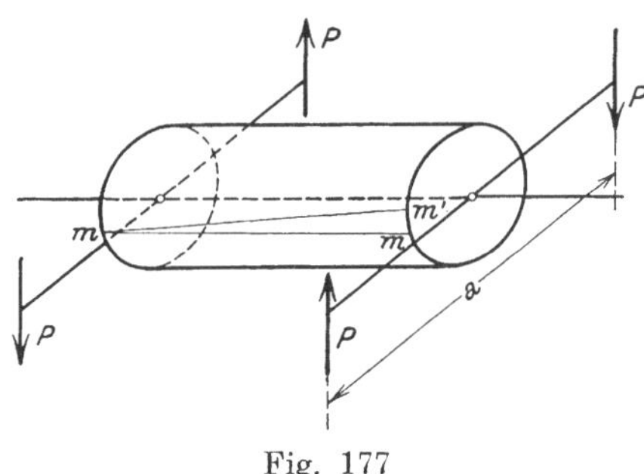

Fig. 177

Entsprechend dem Aufeinandergleiten der einzelnen Stabquerschnitte treten in ihnen Schubspannungen auf, die in ihrer Gesamtheit mit dem äußeren Momente M im Gleichgewicht sein müssen. Die Schubspannungen werden in diesem Falle, da sie aus einer Drehungsbeanspruchung hervorgehen, „Torsions- oder Drehungsspannungen“ genannt.

Eine mathematische Behandlung dieses Falles der Elastizitätstheorie führt in den meisten Fällen auf sehr verwickelte Verhältnisse und ist nur in einzelnen Fällen einfacher Querschnittsformen durchführbar. Dies ist aber im Hinblick darauf, daß die in praktischen Fällen der Torsionsbeanspruchung unterliegenden Körper fast ausnahmslos kreisförmig, kreisringförmig, allenfalls rechteckig sind, ohne Belang.

1. Der Kreisquerschnitt. Die Schubspannung τ nimmt nach Gleichung 232) Abschnitt 48, S. 128 verhältnisgleich mit dem Gleitungswinkel γ zu. Ist ρ der Abstand eines beliebigen Querschnittpunktes vom Mittelpunkte des Kreises, R der Radius des Kreises, so besteht zwischen den Spannungen τ_x und τ in den Abständen ρ und R vom Mittelpunkte die Beziehung $\tau_x : \tau = \rho : R$. Die Schubkraft auf einem Querschnittsteilchen dF ist $dT = \tau_x \cdot dF = \tau\frac{\rho}{R}dF$. Diese Kraft ist senkrecht zum Radius ρ gerichtet, also ist das Moment

$$dM = \tau\frac{\rho^2}{R}dF.$$

Die Integration gibt

$$M = \frac{\tau}{R}\int\rho^2\cdot dF = \frac{\tau}{R}\cdot J_p.$$

Da nach S. 94, Abschnitt 38, Gleichung 167) das polare Trägheitsmoment eines Kreises $J_p = R^4 \frac{\pi}{2}$ war, so ergeben sich die Gleichungen

237) $$M = \tau \cdot R^3 \cdot \frac{\pi}{2}; \; \tau = \frac{2\,M}{R^3 \cdot \pi}.$$

2. Der Kreisringquerschnitt. Mit $J_p = (R^4 - r^4) \frac{\pi}{2}$ ergibt sich

238) $$M = \tau \left(\frac{R^4 - r^4}{R}\right) \frac{\pi}{2}; \; \tau = \frac{2\,M \cdot R}{(R^4 - r^4)\,\pi}.$$

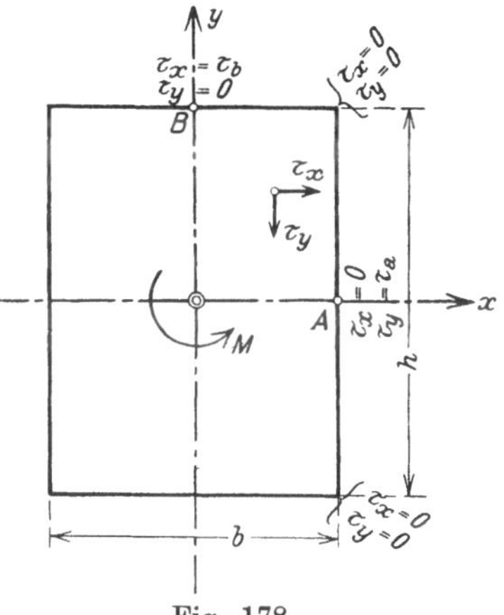

Fig. 178.

3. Der Rechteckquerschnitt. Fig. 178. Die Spannung τ in einem beliebigen Punkte mit den Koordinaten x und y zerlegt sich parallel zu den beiden Hauptachsen in τ_x und τ_y. Nach Abschnitt 48, S. 128 sind die Schubspannungen in zwei zueinander senkrechten Ebenen gleichgroß. Da in den Außenflächen des Balkens keine Schubspannungen auftreten können, so folgt, daß in den vier Eckpunkten sowohl τ_x als auch τ_y null sein muß. Versuche haben dazu geführt, folgende Annahmen für die Verteilung der Torsionsspannungen zu machen:

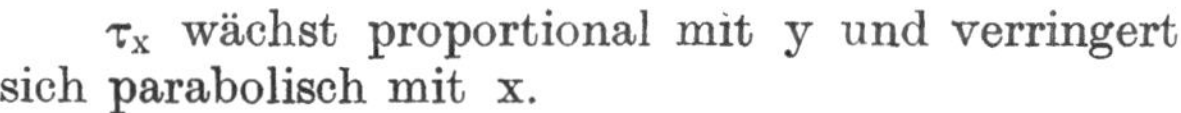

τ_x wächst proportional mit y und verringert sich parabolisch mit x.

τ_y wächst proportional mit x und verringert sich parabolisch mit y.

Demnach ist, wenn τ_a und τ_b die Spannungen in den Punkten A und B sind,

$$\tau_y = \tau_a \frac{2\,x}{b}\left(1 - \frac{4\,y^2}{h^2}\right); \; \tau_x = \tau_b \frac{2\,y}{h}\left(1 - \frac{4\,x^2}{b^2}\right) = \tau_a \frac{2\,y\,b}{h^2}\left(1 - \frac{4\,x^2}{b^2}\right).$$

Das Moment der auf ein Flächenteilchen dF entfallenden Spannungen τ_x und τ_y ist

$$dM = (\tau_x \cdot y + \tau_y \cdot x)\,dF.$$

$$M = \int \left[\tau_x \cdot y + \tau_y \cdot x\right] dF = 2\,\tau_a \left[\frac{1}{b}\int x^2 \cdot dF + \frac{b}{h^2}\int y^2 \cdot dF - \frac{8}{h^2 \cdot b}\int x^2 \cdot y^2\,dF\right]$$

Die Integrale bedeuten

$$\int x^2 \cdot dF = J_y = \frac{h\,b^3}{12}; \; \int y^2 \cdot dF = J_x = \frac{b\,h^3}{12}; \; \int x^2 \cdot y^2 \cdot dF = \frac{b^3 \cdot h^3}{144}.$$

Da $$\frac{b}{h^2} J_x = \frac{b^2\,h}{12} = \frac{1}{b} J_y$$

ist, so folgt:

$$M = 2\,\tau_a \left[\frac{2\,J_y}{b} - \frac{8 \cdot b^3\,h^3}{h^2 \cdot b \cdot 144}\right] = 2\,\tau_a \left[\frac{2\,J_y}{b} - \frac{2\,J_y}{3 \cdot b}\right] = \frac{8}{3}\,\frac{J_y}{b}\,\tau_a$$

239) $$\tau_a = \frac{3\,M \cdot b}{8\,J_y}; \; \tau_b = \frac{3\,M\,h}{8\,J_x}.$$

50. Zusammensetzung von Längsspannungen und Schubspannungen. Die Hauptspannungen.

Literatur: Keck-Hotopp, Elastizitätleehre. I. Teil. 2. Aufl. S. 192. — Müller-Breslau, Graph. Stat. d. Baukonstr. Bd. I. 3. Aufl. S. 104. — W. Ritter, Graph. Statik. 1. Teil. S. 8ff., 75ff. und S. 123ff. — Grashof, Elastizität u. Festigkeit. 2. Aufl. S. 5, 199, 203. — Föppl, Vorlesg. über techn. Mech. III. Bd. 4. Aufl. S. 28, 31, 115. V. Bd. S. 1ff. — Mehrtens, Vorlesg. über Stat. d. Baukonstr. u. Festigkeitsl. I. Bd. S. 375.

Denkt man sich aus einem im Gleichgewichte befindlichen Stabe ein unendlich kleines dreiseitiges rechtwinkliges Prisma herausgeschnitten (Fig. 179), so muß sich dieses nach Anbringung der in seinen Flächen wirkenden Längs- und Schubspannung ebenfalls im Gleichgewicht befinden. Ist dF die Hypothenusenfläche, so sind $dF \cdot \cos\alpha$ und $dF \cdot \sin\alpha$ die Kathetenflächen. σ_x und σ_y sind die in letzteren Flächen wirkenden Längsspannungen, τ_x die in beiden gleiche Schubspannung. In der Hypothenusenfläche wirke die Längsspannung σ und die Schubspannung τ. Die in den Kathetenflächen wirkenden Kräfte sind dann $\sigma_x \cdot \sin\alpha \cdot dF$ bzw. $\sigma_y \cdot \cos\alpha \cdot dF$ als Kräfte senkrecht zu den Kathetenflächen, $\tau_x \cdot \sin\alpha \cdot dF$ bzw. $\tau_x \cdot \cos\alpha \cdot dF$ als parallel zu ihnen. In der Hypothenusenfläche wirken die Kräfte $\sigma \cdot dF$ lotrecht, $\tau \cdot dF$ parallel zur Hypothenusenfläche. Zerlegt man alle diese Kräfte parallel zu $\sigma \cdot dF$ und $\tau \cdot dF$, so ergibt das Gleichgewicht nach Division durch dF folgende beiden Gleichungen:

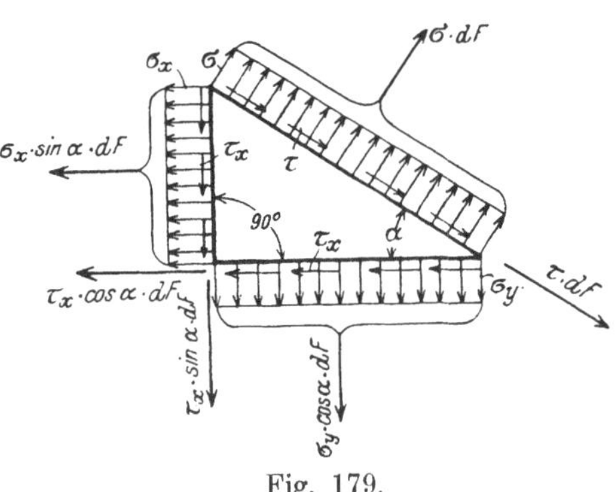

Fig. 179.

$$\sigma = \sigma_x \cdot \sin^2\alpha + \sigma_y \cdot \cos^2\alpha + 2\,\tau_x \cdot \sin\alpha \cdot \cos\alpha,$$
$$\tau = (\sigma_x - \sigma_y)\sin\alpha \cdot \cos\alpha + \tau_x\,(\cos^2\alpha - \sin^2\alpha).$$

Es soll untersucht werden, für welchen Wert von α die Längsspannung σ in der Hypothenusenfläche ihren Größtwert erreicht. Die Differentiation gibt

$$\frac{d\sigma}{d\alpha} = 2 \cdot (\sigma_x - \sigma_y)\sin\alpha \cdot \cos\alpha + 2\,\tau_x\,(\cos^2\alpha - \sin^2\alpha)$$
$$= 2\,\tau = (\sigma_x - \sigma_y)\sin 2\alpha + 2\,\tau_x \cdot \cos 2\alpha = 0.$$

240) $$\operatorname{tg} 2\alpha = -\frac{2 \cdot \tau_x}{(\sigma_x - \sigma_y)}.$$

Die Spannung σ wird demnach am größten, wenn τ zu Null wird.

Der Gleichung 240) entsprechen zwei Winkel α, die um 90° voneinander verschieden sind.

Führt man den Wert von α nach Gleichung 240) in die Gleichung für σ ein, so ergibt sich

241) $$\sigma_{\substack{1\\2}} = \frac{\sigma_x + \sigma_y}{2} \pm \sqrt{\left(\frac{\sigma_x - \sigma_y}{2}\right)^2 + \tau_x^2}.$$

Diese beiden Spannungen, die in zwei zueinander senkrechten Ebenen auftreten, werden „Hauptspannungen“ genannt.

Besonders häufig ist es der Fall, daß $\sigma_y = 0$ ist, also nur Längsspannungen in einer Richtung und Schubspannungen auftreten. In diesem Falle ist

240a) $$\operatorname{tg} 2\alpha = -\frac{2 \cdot \tau_x}{\sigma_x}$$

241a) $$\sigma_{\frac{1}{2}} = \frac{\sigma_x}{2} \pm \sqrt{\frac{\sigma_x^2}{4} + \tau_x^2}$$

Da in dieser Gleichung der Wurzelwert immer größer als $\frac{\sigma_x}{2}$ ist, so folgt daraus, daß die beiden Hauptspannungen entgegengesetzten Sinn haben. Sie werden daher „Hauptzugspannung" und „Hauptdruckspannung" genannt.

Am Querschnittsrande eines auf Biegung beanspruchten Balkens ist $\tau_x = 0$. Daraus folgt $\alpha = 0^0$ oder 90^0, $\sigma_1 = \sigma_x$, $\sigma_2 = 0$. In einem Punkte der Nullinie ist $\sigma_x = 0$, also $\alpha = 45^0$ oder 135^0, $\sigma_1 = +\tau_x$, $\sigma_2 = -\tau_x$.

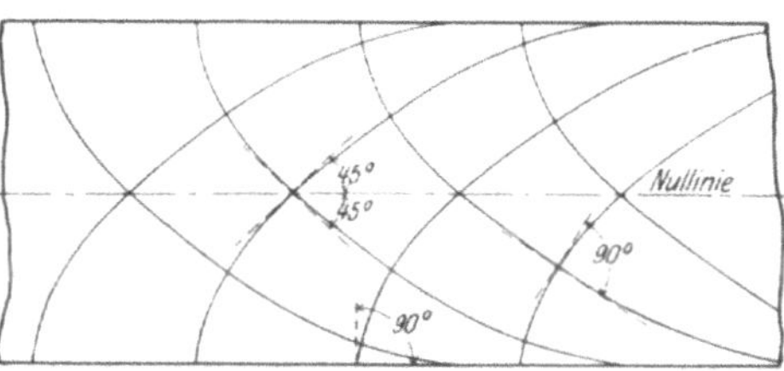

Fig 180.

Denkt man sich Punkte von der Nullinie aus, immer in der Richtung der Hauptspannungen, nach dem Querschnittsrande wandern, so durchlaufen sie Kurven nach Fig. 180, die „Spannungstrajektorien" genannt werden. Diese schneiden sich alle unter 90^0, gegen die Nullinie sind sie unter 45^0, gegen den einen Querschnittsrand unter 90^0 geneigt, während sie in den anderen Querschnittsrand tangential einlaufen.

In Fig. 181 ist das der Fig. 179 entsprechende Prisma so aus dem Körper geschnitten gedacht, daß die Kathetenflächen parallel den Hauptspannungen σ_1 und σ_2 sind. Dann sind in ihnen keine Schubspannungen vorhanden. Die Spannungen σ und τ in der Hypothenusenfläche sind zu ihrer Resultierenden σ_s vereinigt gedacht und die Größe von σ_s auf ihrer Richtung aufgetragen. Die Größe der Hypothenusenfläche ist wieder dF, dann besteht Gleichgewicht zwischen den 3 Kräften σ_s dF, $\sigma_1 \cdot$ dF $\cdot \sin \alpha$ und σ_2 dF $\cdot \cos \alpha$. Sind nun x und y die beiden Komponenten von σ_s in Richtung der Hauptspannungen σ_1 und σ_2, d. h. die Koordinaten des Endpunktes der σ_s Auftragung, so bestehen die beiden Gleichungen

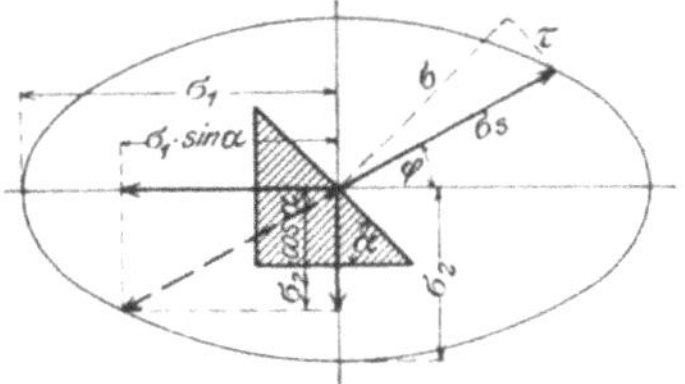

Fig. 181.

$$1. \quad \sigma_1 \cdot dF \cdot \sin \alpha = x \cdot dF$$
$$2. \quad \sigma_2 \cdot dF \cdot \cos \alpha = y \cdot dF$$
$$\sin \alpha = \frac{x}{\sigma_1}; \qquad \cos \alpha = \frac{y}{\sigma_2}$$
$$\sin^2 \alpha + \cos^2 \alpha = 1 = \frac{x^2}{\sigma_1^2} + \frac{y^2}{\sigma_2^2}.$$

Dies ist die Gleichung einer Ellipse mit den Hauptachsen σ_1 und σ_2. Den Winkel φ zwischen σ_s und σ_1 erhält man aus der Gleichung

242) $$\operatorname{tg} \varphi = \frac{\sigma_2 \cdot \cos \alpha}{\sigma_1 \cdot \sin \alpha} = \frac{\sigma_2}{\sigma_1} \operatorname{co tg} \alpha.$$

Diese Ellipse wird „Spannungsellipse" genannt. Die Hauptspannungen sind die Hauptachsen der Spannungsellipse, die resultierende Spannung in einer beliebigen unter α gegen σ_1 geneigten Ebene erscheint als Fahrstrahl der Ellipse, deren Richtung durch Gl. 242) gegeben ist.

In Punkten der Nullinie, $\sigma_1 = \sigma_2$, geht die Spannungsellipse in einen Kreis über. Für Punkte des Querschnittsrandes wird sie zu einer Geraden, da die eine Hauptspannung Null ist.

Das räumliche Spannungsproblem.

Ganz entsprechende Betrachtungen lassen sich auch für einen räumlichen Spannungszustand anstellen. Die bisherigen Ableitungen gingen von Spannungen σ und τ aus, die alle parallel zur Zeichenebene wirkten. Bei der Untersuchung des räumlichen Spannungszustandes sind auch Spannungen senkrecht zur Zeichenebene einzuführen. Man geht von einer räumlichen Pyramide aus, deren Kanten sich rechtwinklig schneiden und wählt diese 3 Pyramidenkanten als Koordinatenachsen. [Man denke sich die Pyramide dadurch entstanden, daß man durch das Koordinatensystem x, y, z eine die 3 Achsen schneidende Ebene legt.] Die Schubspannungen in den Seitenflächen der Pyramide sind in zwei zueinander senkrechten Ebenen gleich groß und haben gleiche Richtung auf die Kante der Pyramide. Die Kräfte in den Seitenflächen, hervorgehend aus den 6 Spannungen σ_x, σ_y, σ_z, τ_x, τ_y, τ_z müssen mit der Kraft in der Grundfläche der Pyramide, hervorgehend aus der resultierenden Spannung σ_s, im Gleichgewicht sein. Die Untersuchung führt zu folgenden Ergebnissen:

Die von einem Punkte aus auf ihrer Richtung aufgetragenen Spannungen σ_s sind die Halbmesser eines Ellipsoides, des „Spannungsellipsoides“.

Die 3 Hauptspannungen sind die Hauptachsen des Spannungsellipsoides. Sie stehen senkrecht zueinander. Die Schubspannungen sind in den 3 Hauptspannungsebenen Null. Eine der drei Hauptspannungen ist die größte, eine die kleinste aller Spannungen, die in den beliebigen durch einen Punkt gelegten Flächen auftreten.

Sind die Spannungen σ_x, σ_y, σ_z, τ_x, τ_y, τ_z in drei zueinander senkrechten Ebenen bekannt, so errechnen sich die 3 Hauptspannungen aus der kubischen Gleichung:

$$\begin{aligned} 243)\quad \sigma^3 - [\sigma_x + \sigma_y + \sigma_z]\,\sigma^2 + [\sigma_y\sigma_z + \sigma_x\sigma_z + \sigma_x\sigma_y - \tau_x^2 - \tau_y^2 - \tau_z^2]\cdot\sigma \\ = \sigma_x\cdot\sigma_y\cdot\sigma_z - \sigma_x\cdot\tau_x^2 - \sigma_y\cdot\tau_y^2 - \sigma_z\cdot\tau_z^2 + 2\,\tau_x\cdot\tau_y\cdot\tau_z. \end{aligned}$$

Die 3 reellen Wurzeln dieser Gleichung sind die Hauptspannungen.

Die Richtungswinkel α, β, γ irgendeiner der Hauptspannungen σ ergeben sich aus den Gleichungen

$$244)\qquad \cos\alpha = \pm\sqrt{\frac{A}{S}};\qquad \cos\beta = \pm\sqrt{\frac{B}{S}};\qquad \cos\gamma = \pm\sqrt{\frac{C}{S}}.$$

worin

$$\begin{aligned} A &= [\sigma_y - \sigma]\,[\sigma_z - \sigma] - \tau_x^2; \\ B &= [\sigma_z - \sigma]\,[\sigma_x - \sigma] - \tau_y^2; \\ C &= [\sigma_x - \sigma]\,[\sigma_y - \sigma] - \tau_z^2; \\ S &= A + B + C. \end{aligned}$$

Die Schubspannung wird ein Maximum für 6 Ebenen, die durch die Richtungslinien je einer der 3 Hauptspannungen gehen und die Winkel der beiden anderen Hauptspannungen halbieren. Da je zwei dieser Ebenen senkrecht zueinander stehen, folgt, daß die Schubspannungen in den beiden Ebenen durch die Richtungslinie von σ_1 gleich groß sind und entgegengesetztes Vorzeichen haben, ebenso die Schubspannungen in den beiden Ebenen durch die Richtungslinie von σ_2 und σ_3. Die 3 „Hauptschubspannungen“ τ_1, τ_2, τ_3 errechnen sich zu

245) $$\tau_1 = \pm \frac{\sigma_2 - \sigma_3}{2}; \qquad \tau_2 = \pm \frac{\sigma_3 - \sigma_1}{2}; \qquad \tau_3 = \pm \frac{\sigma_1 - \sigma_2}{2}.$$

Besteht die Beziehung

246) $$\sigma_x \cdot \sigma_y \cdot \sigma_z - \sigma_x \cdot \tau_x^2 - \sigma_y \cdot \tau_y^2 - \sigma_z \cdot \tau_z^2 + 2\,\tau_x \cdot \tau_y \cdot \tau_z = 0,$$

so wird nach Gleichung 243) die eine der 3 Hauptspannungen σ zu Null. Die beiden anderen errechnen sich aus der Gleichung

247) $$\sigma^2 - [\sigma_x + \sigma_y + \sigma_z]\,\sigma + \sigma_y \cdot \sigma_z + \sigma_x \cdot \sigma_z + \sigma_x \cdot \sigma_y - \tau_x^2 - \tau_y^2 - \tau_z^2 = 0.$$

Die Bedingung, daß Gl. 246 zu Null wird, trifft dann zu, wenn von den 6 Spannungen σ_x, σ_y, σ_z, τ_x, τ_y, τ_z drei Werte Null sind, die verschiedene Indizes haben und weder alle Normalspannungen noch alle Schubspannungen sind, also wenn z. B. $\sigma_y = \sigma_z = \tau_x = 0$ oder $\tau_y = \tau_z = \sigma_x = 0$ ist. Das Spannungsellipsoid geht dann in die Spannungsellipse über, der räumliche Spannungszustand wird zu einem ebenen Spannungszustande.

Im Falle $\sigma_y = \sigma_z = \tau_x = 0$ errechnen sich die Hauptspannungen σ_1 und σ_2 als Wurzeln der quadratischen Gleichung

248) $$\sigma^2 - \sigma_x \cdot \sigma - \tau_y^2 - \tau_z^2 = 0,$$

im Falle $\tau_y = \tau_z = \sigma_x = 0$ als Wurzeln der Gleichung

249) $$\sigma^2 - [\sigma_y + \sigma_z]\,\sigma + \sigma_y \cdot \sigma_z - \tau_x^2 = 0.$$

(Ableitung der Ergebnisse des räumlichen Spannungszustandes siehe Grashof, Theorie der Elastizität und Festigkeit, 2. Aufl. S. 5 bis 16.)

51. Spannungsermittlung in Querschnitten stabförmiger Verbundkörper.

Literatur: Keck-Hotopp, Elastizitätslehre. I. Teil. 2. Aufl. S. 212. — Mörsch, Der Eisenbetonbau. 4. Aufl. S. 147 u. 213. — Handbibl. für Bauing. Band Eisenbetonbau.

Begriff des stabförmigen Verbundkörpers.

Unter einem stabförmigen Verbundkörper versteht man einen stabförmigen Körper (Balken), der aus mehreren einzelnen stabförmigen Körpern gebildet ist, deren Stoffe voneinander verschiedene elastische Eigenschaften haben. Der Zusammenhang zwischen den Einzelkörpern in den Berührungsflächen muß ein derartig inniger sein, daß die verschiedenen Stoffe in den Berührungsflächen zu gleichen Dehnungen gezwungen sind.

Alle Eisenbetonkonstruktionen sind als Verbundkonstruktionen anzusprechen. Die folgenden Untersuchungen sollen in erster Linie auf den Eisenbetonbau zugeschnitten sein, es ist also ein Verbundkörper aus Beton mit eingebetteten Eiseneinlagen angenommen.

Die Spannungsermittlung geschieht in allen Fällen auf Grund folgender Voraussetzungen:

1) Ebene Querschnitte bleiben nach der Biegung eben.

2) Die Spannungen wachsen in beiden Verbundstoffen mit den Dehnungen nach dem Hookeschen Gesetz.

3) Die beiden den Verbundkörper bildenden Stoffe erleiden in den Berührungsflächen gleiche Dehnungen.

Es werden folgende Bezeichnungen eingeführt:

E_e = Elastizitätskoeffizient des Eisens,
E_b = Elastizitätskoeffizient des Betons,
$n = E_e/E_b$ (für Eisenbeton $n = 15$),
F_b = Betonquerschnitt,
fe und fe' = Querschnitte der Eiseneinlagen,
σ_e = Spannung in der Eiseneinlage,
σ_b = Spannung im Beton.

I. Beide Stoffe des Verbundkörpers können Druck- und Zugspannungen aufnehmen.

a) Spannungen aus zentrischen Längskräften (Fig. 182).

Ein Stück des Verbundkörpers von der Länge l dehne sich um Δl. Die Normalkraft N greife derart an, daß der Querschnitt t — t sich parallel um Δl in die Lage $t_1 - t_1$ verschiebt. Da für jeden Punkt des Stabquerschnittes die Dehnung den Wert $\Delta l/l$ hat, bestehen für Punkte des Beton- und Eisenteiles die beiden Gleichungen:

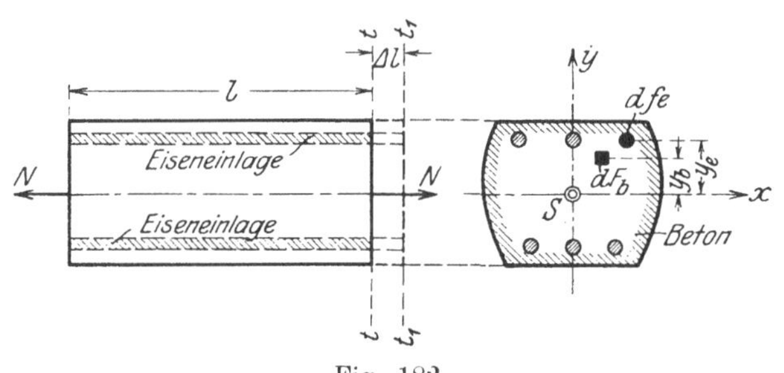

Fig. 182.

$$\varepsilon_b = \Delta l : l = \sigma_b : E_b$$

$$\varepsilon_e = \Delta l : l = \sigma_e : E_e .$$

Daraus folgt:

$$\sigma_b : E_b = \sigma_e : E_e ;$$

250) $$\sigma_e = \sigma_b \frac{E_e}{E_b} = n \cdot \sigma_b .$$

Die Gleichgewichtsbedingungen ergeben folgende Gleichungen:

1) $\sum H = 0$:

$$N - \int \sigma_b \cdot dF_b - \int \sigma_e \cdot dfe = 0;$$

2) $\sum M = 0$:

$$\int \sigma_b \cdot y \cdot dF_b + \int \sigma_e \cdot y \cdot dfe = 0.$$

Mit $\sigma_e = n \cdot \sigma_b$ lauten die Gleichungen:

1) $N - \sigma_b \int dF_b - n \cdot \sigma_b \int dfe = 0;$

2) $\sigma_b \int y \cdot dF_b + n \cdot \sigma_b \int dfe = 0.$

In der Gleichung 2) fällt σ_b fort, die beiden Integrale stellen die statischen Momente des Betonquerschnittes und des n-fachen Eisenquerschnittes dar. Da die Summe dieser statischen Momente Null sein soll, folgt daraus, daß die Kraft N im Schwerpunkt des Beton- und n-fachen Eisenquerschnittes angreifen muß.

In Gleichung 1) ist $\int dF_b = F_b$, $\int dfe = fe$, es ergibt sich daraus

251) $$\sigma_b = \frac{N}{F_b + n \cdot fe} ; \quad \sigma_e = n \cdot \sigma_b .$$

b) Spannung aus reiner Biegung.

Eine Untersuchung entsprechend der im Abschnitt 42, jedoch unter Beachtung, daß die Spannung im Eisen die n-fache der Betonspannung an der Berührungsfläche ist, ergibt folgende Sätze:

1) Man kann den Verbundquerschnitt durch einen homogenen Betonquerschnitt ersetzen, der aus dem ursprünglichen Betonquerschnitt und dem n-fachen Eisenquerschnitt in Beton gebildet ist.

2) Für diesen Ersatzquerschnitt gelten die gleichen Beziehungen wie in Abschnitt 42. Die Gleichungen 189a) bis 189d) und 190) behalten ihre Gültigkeit.

3) Die mathematischen Ausdrücke der Querschnittfläche und der Flächenmomente lauten:

$$252)\quad \left\{\begin{aligned} F &= F_b + n \cdot fe \\ J_x &= \int y_b^2 \cdot dF_b + n \int y_e^2 \cdot dfe \\ J_y &= \int x_b^2 \cdot dF_b + n \int x_e^2 \cdot dfe \\ C_{xy} &= \int x_b \cdot y_b \cdot dF_b + n \int x_e \cdot y_e \cdot dfe \\ W_x &= \frac{J_x}{y}; \quad W_y = \frac{J_y}{x}. \end{aligned}\right.$$

4) Die Nullinie geht durch den Schwerpunkt des Ersatzquerschnittes und ist eine zugeordnete Achsrichtung zur Momentenachsrichtung.

c) Spannungen aus Biegung und Längskräften.

Nach Bildung des Ersatzbetonquerschnittes durch Umwandlung des Eisenquerschnittes fe in einen n-fachen Betonquerschnitt gelten dieselben Beziehungen wie in Abschnitt 44 für homogene Querschnitte. Die mathematischen Ausdrücke für Querschnittsfläche F und die Flächenmomente J_x, J_y, C_{xy}, W_x und W_y sind die nach Gleichung 252).

II. Der eine Stoff des Verbundkörpers (das Eisen) vermag Zug- und Druckspannungen, der andere (Beton) nur Druckspannungen aufzunehmen.

a) Spannungen aus zentrischen Längskräften.

Die Kraft N muß nach den Entwicklungen unter I a) S. 136 im Schwerpunkte des Ersatzbetonquerschnittes angreifen. Ist N eine Druckkraft, so ist σ_b und σ_e durch Gleichung 251) gegeben.

Ist N eine Zugkraft, so ist der gesamte Betonquerschnitt nicht wirksam für die Spannungsaufnahme. N muß im Schwerpunkte der Eiseneinlagen angreifen. Die Spannungen sind

$$253)\quad \sigma_b = 0; \quad \sigma_e = \frac{N}{fe}.$$

b) Spannungen aus reiner Biegung.

Die Untersuchung soll auf den Fall eines rechteckigen Querschnittes und Momentenachsrichtung in einer Querschnittshauptachse beschränkt werden. Im übrigen sei auf die Literatur und auf den IV. Teil, Bd. 3 der „Handbibliothek für Bauingenieure“, „Massivbau“, verwiesen.

Mit den Bezeichnungen der Fig. 183, unter Beachtung der früher gefundenen Tatsache, daß die Spannung im Eisen die n-fache der Betonspannung einer Faser im gleichen Abstande von Nulllinie ist, ergibt sich

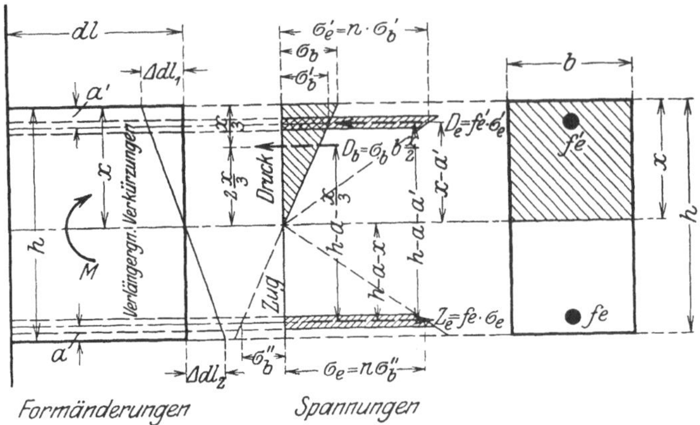

Fig. 183.

die gesamte Betondruckkraft zu $D_b = \sigma_b \frac{bx}{2}$,

die Eisendruckkraft zu $D_e = fe' \cdot \sigma_e' = n \cdot fe' \sigma_b \frac{x - a'}{x}$,

die Eisenzugkraft zu $Z_e = fe \cdot \sigma_e = n \cdot fe \, \sigma_b \frac{h - a - x}{x}$.

Die Gleichgewichtsbedingung $\sum H = 0$ ergibt die Gleichung

$$D_b + D_e - Z_e = 0$$

$$\sigma_b \frac{bx}{2} + n \cdot fe' \sigma_b \frac{x - a'}{x} - n \, fe \, \sigma_b \frac{h - a - x}{x} = 0$$

$$\frac{bx^2}{2} + n \, fe' (x - a') - n \cdot fe (h - a - x) = 0.$$

In dieser Form stellen die drei Glieder die statischen Momente des Betondruckquerschnittes und der n-fachen Eisenquerschnitte in bezug auf die Nullinie dar. Da die Summe der statischen Momente Null sein soll, so heißt dies, die Nullinie ist Schwerachse eines Ersatzbetonquerschnittes aus dem wirksamen Betondruckquerschnitt und den n-fachen Eisenquerschnitten. Die Lösung nach x ergibt:

$$x = -\frac{n(fe + fe')}{b} + \sqrt{\left[\frac{n(fe + fe')}{b}\right]^2 + \frac{2n}{b}\left[fe' \cdot a' + fe(h - a)\right]}. \tag{254}$$

Die Gleichgewichtsbedingung $\sum M = 0$ für die Zugeinlage als Drehpunkt gibt die Gleichung:

$$M - D_b\left(h - a - \frac{x}{3}\right) - D_e(h - a - a') = 0$$

$$M - \sigma_b \frac{bx}{2}\left(h - a - \frac{x}{3}\right) - n \, fe' \sigma_b \frac{(x - a')}{x}(h - a - a') = 0.$$

255) $$\begin{cases} \sigma_b = \dfrac{M}{\dfrac{bx}{2}\left(h - a - \dfrac{x}{3}\right) + n\,fe'\,\dfrac{(x - a')}{x}(h - a - a')} \\[2ex] \sigma_e' = n\,\sigma_b\,\dfrac{x - a'}{x}; \quad \sigma_e = n\,\sigma_b\,\dfrac{h - a - x}{x}. \end{cases}$$

c) Spannungen aus Biegung und Längskraft (Fig. 184).

Das Biegungsmoment M und die Längskraft N können als exzentrisch wirkende Längskraft N zusammengefaßt werden. Die Exzentrizität ergibt sich zu $e = \frac{M}{N}$. Fig. 184 zeigt die an dem Querschnitt wirkenden Kräfte für den Fall, daß N eine Druckkraft ist. Die Betondruckkraft und die Eisen-Druck- und Zugkraft haben dieselben Werte wie für reine Biegung.

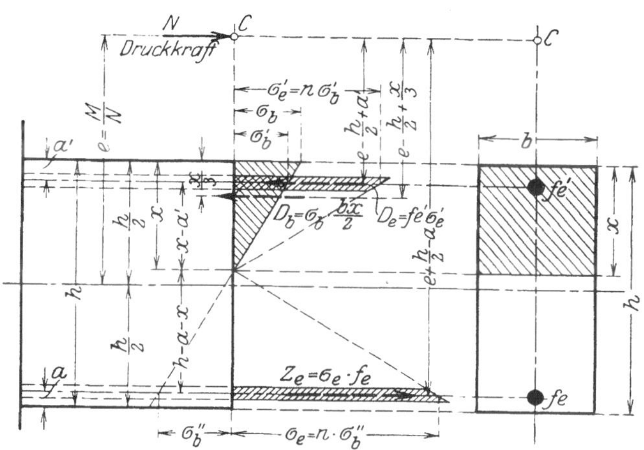

Fig. 184.

Die Gleichgewichtsbedingung $\sum M = 0$ für den Durchstoßpunkt C der Normalkraft N liefert die Gleichung:

$$D_b\left(e - \frac{h}{2} + \frac{x}{3}\right) + D_e\left(e - \frac{h}{2} + a'\right) - Z_e\left(e + \frac{h}{2} - a\right) = 0.$$

Die Einsetzung der Werte von D_b, D_e und Z_e ergibt:

$$\sigma_b \frac{bx}{2}\left(e - \frac{h}{2} + \frac{x}{3}\right) + n\,fe'\,\sigma_b\,\frac{x - a'}{x}\left(e - \frac{h}{2} + a'\right) - n\,fe\,\sigma_b\,\frac{(h - a - x)}{x}\left(e + \frac{h}{2} - a\right) = 0.$$

Nach Kürzung von σ_b und Ordnung nach Potenzen von x entsteht folgende Bestimmungsgleichung für x:

256) $$x^3 + x^2 \cdot 3\left(e - \frac{h}{2}\right) + x\,\frac{6n}{b}\left[fe'\left(e - \frac{h}{2} + a'\right) + fe\left(e + \frac{h}{2} - a\right)\right]$$
$$- \frac{6n}{b}\left[fe' \cdot a'\left(e - \frac{h}{2} + a'\right) + fe\,(h - a)\left(e + \frac{h}{2} - a\right)\right] = 0.$$

Die Lösung nach x erfolgt am besten durch Probieren.

Die Nullgleichheit der wagerechten Kräfte ergibt:

$$N - D_b - D_e + Z_e = 0$$

$$N - \sigma_b \frac{bx}{2} - n \cdot fe'\,\sigma_b\,\frac{(x - a')}{x} + n\,fe\,\sigma_b\,\frac{(h - a - x)}{x} = 0.$$

Die Lösung nach σ_b ergibt:

257) $$\sigma_b = \frac{N}{\dfrac{bx}{2} + n \cdot fe'\,\dfrac{x - a'}{x} - n \cdot fe\,\dfrac{h - a - x}{x}}.$$

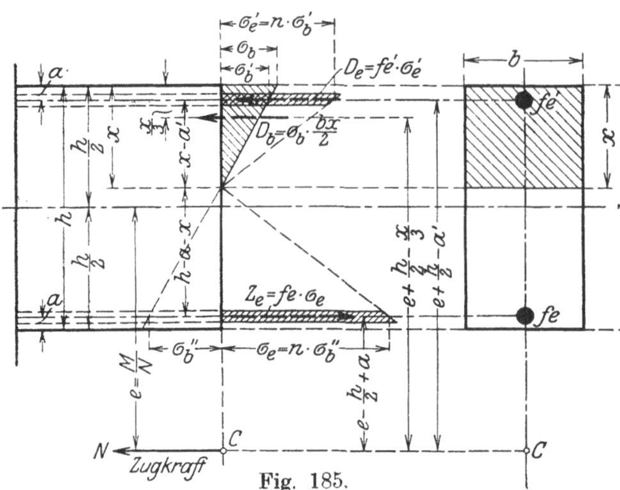

Fig. 185.

Für σ_e und σ_e' gelten die Gleichungen 255). Ist der Wert der Exzentrizität e klein, so ergibt sich $x > (h - a)$. In diesem Falle gelten die Gleichungen 204) und 204a) S. 114 und 252), S. 137.

Fig. 185 zeigt die Spannungsverteilung für den Fall, daß N eine Zugkraft ist.

Die Momentengleichung für Punkt C auf der Normalkraft N lautet:

$$D_b \cdot \left(e + \frac{h}{2} - \frac{x}{3}\right) + D_e \left(e + \frac{h}{2} - a'\right) - Z_e \left(e - \frac{h}{2} + a\right) = 0$$

$$\sigma_b \frac{bx}{2} \left(e + \frac{h}{2} - \frac{x}{3}\right) + n\,fe'\,\sigma_b \frac{(x - a')}{x} \left(e + \frac{h}{2} - a'\right) - n\,fe\,\sigma_b \frac{(h - a - x)}{x} \left(e - \frac{h}{2} + a\right) = 0$$

Daraus ergibt sich für x folgende Bestimmungsgleichung:

258) $$-x^3 + x^2 \cdot 3\left(e + \frac{h}{2}\right) + x\,\frac{6n}{b}\left[fe'\left(e + \frac{h}{2} - a'\right) + fe\left(e - \frac{h}{2} + a\right)\right]$$
$$- \frac{6n}{b}\left[fe' \cdot a'\left(e + \frac{h}{2} - a'\right) + fe\,(h - a)\left(e - \frac{h}{2} + a\right)\right] = 0.$$

Die Gleichgewichtsbedingung $\sum H = 0$ gibt

$$N + D_b + D_e - Z_e = 0$$

$$N + \sigma_b \frac{bx}{2} + n\,fe'\,\sigma_b \frac{x - a'}{x} - n\,fe\,\sigma_b \frac{h - a - x}{x} = 0$$

259) $$\sigma_b = \frac{N}{n\,fe \frac{(h - a - x)}{x} - n\,fe' \frac{(x - a')}{x} - \frac{bx}{2}}.$$

Weiter ist wie früher:

$$\sigma_e' = n \cdot \sigma_b \frac{x - a'}{x}; \quad \sigma_e = n\,\sigma_b \frac{h - a - x}{x}.$$

Für kleine Werte der Exzentrizität ergibt sich x negativ. In diesem Falle muß die gesamte Zugkraft N von den Eiseneinlagen aufgenommen werden. Die Spannungen in den Eiseneinlagen ergeben sich aus den Momentengleichungen für die Eiseneinlagen als Drehpunkte zu

260) $$\sigma_e = + \frac{N}{fe} \frac{\left(e + \frac{h}{2} - a'\right)}{(h - a - a')}; \quad \sigma_e' = + \frac{N}{fe'} \cdot \frac{\left(\frac{h}{2} - e - a\right)}{(h - a - a')}.$$

VI. Dynamik elastischer Körper.

52. Die Arbeitsvorgänge an elastisch festen Körpern.

Literatur: Keck-Hotopp, Mechanik, 2. Teil. 4. Aufl. S. 109, 149; 3. Teil. 2. Aufl. S. 68, 76. — Aug. Ritter, Lehrb. d. techn. Mechanik, 8. Aufl. S. 609. — Grashof, Elastizität u. Festigkeit, 2. Aufl. S. 371, 378, 388. — Otzen-Barkhausen, Anhang zur 2. Aufl. der Zahlenbeispiele zur stat. Berechnung von Brücken und Dächern (Wiesbaden 1909) S. 40. — Föppl, Vorlesg. über techn. Mechanik, III. Bd. 4. Aufl. S. 152, IV. Bd. 6. Aufl. S. 24, 61, 242. — Mehrtens, Vorlesg. über Stat. d. Baukonstr. u. Festigkeitslehre, III. Bd. S. 9, 64.

Allgemeine Betrachtungen über Arbeitsvorgänge.

Jedes elastische Bauwerk, das durch äußere Kräfte belastet wird, erleidet Formänderungen (Verbiegungen). Die Punkte des Bauwerkes verschieben sich, die einzelnen Fasern des Baustoffes ändern infolge der aus der Belastung entstehenden inneren Spannungen ihre Länge. Die an beliebigen Punkten des Bauwerkes angreifenden äußeren Kraftwirkungen (Kräfte oder Momente) legen infolge der Verschiebungen ihrer Angriffspunkte Wege zurück, sie leisten also Arbeit. Denkt man sich das ganze Bauwerk aus unendlich vielen, unendlich kleinen Massenteilchen zusammengesetzt, an denen die inneren Spannungen als Kräfte angreifen, so erleiden auch diese inneren Spannungen infolge der Faserdehnungen Verschiebungen, es leisten also auch die inneren Spannungen (Längsspannungen und Schubspannungen) Arbeit.

Die Zunahme der äußeren Belastung erfolge langsam, so daß die äußeren Kräfte so gut wie gar keine lebendige Kraft erhalten, ebenso wachsen die inneren Spannungen allmählich von Null auf den vollen Wert. Man kann dann in jedem Augenblicke des Durchbiegungsvorganges das Bauwerk als im Gleichgewicht befindlich ansehen. Am Ende dieses Vorganges kommt das Bauwerk wieder in den Zustand der Ruhe, der vorher vorhanden war. Daraus folgt, daß die Summe aller geleisteten Arbeiten der äußeren und der inneren Kräfte Null sein muß.

Die Arbeit einer Kraft ist positiv, wenn Kraft und Weg gleichen Sinn haben; sie ist negativ, wenn der Sinn entgegengesetzt ist. Aus der Nullgleichheit der Arbeiten der äußeren und inneren Kräfte ergibt sich somit, daß bei positiver Arbeit der äußeren Kräfte die Arbeit der inneren Kräfte gleich groß, aber negativ sein muß und umgekehrt, bei negativer Arbeit der äußeren Kräfte muß die Arbeit der inneren Kräfte gleich groß, aber positiv sein.

Bei der Bildung des mathematischen Arbeitswertes äußerer und innerer Kräfte sind zwei Möglichkeiten des Arbeitsvorganges zu unterscheiden:

1. Die äußere Kraftwirkung bzw. die innere Spannung ist selbst die Ursache der Knotenverschiebuug bzw. der Faserformänderung. Kraft bzw. Spannung nehmen mit der Knotenverschiebung bzw. Faserformänderung derartig zu, daß in jedem Augenblick des Durchbiegungsvorganges zwischen äußeren und inneren Kräften Gleichgewicht herrscht. Bei Zugrundelegung des Hookeschen Gesetzes bedeutet dies, daß die Kraft bzw. die Spannung proportional mit der Durchbiegung bzw. der Faserformänderung wächst. Der daraus entstehende Arbeitswert wird „wirkliche Arbeit“ oder „Formänderungsarbeit“ $= A$ genannt.

2. Der Weg der äußeren Kraftwirkung bzw. der inneren Spannung wird nicht durch diese selbst hervorgerufen, sondern durch irgend welche anderen Einwirkungen auf das Bauwerk, z. B. andere äußere Lasten. Temperatur-

änderungen, Lagerverschiebungen, Änderung der Stablängen durch ein Spannschloß. Die daraus entstehenden Werte der Arbeit werden „Verschiebungsarbeit" oder „virtuelle Arbeit" $= A^v$ genannt.

Bildung der mathematischen Ausdrücke der verschiedenen Arbeitswerte.

I. Die Arbeit äußerer Kraftwirkungen.

a) Wirkliche Arbeit.

1. Die Arbeit einer äußeren Kraft P.

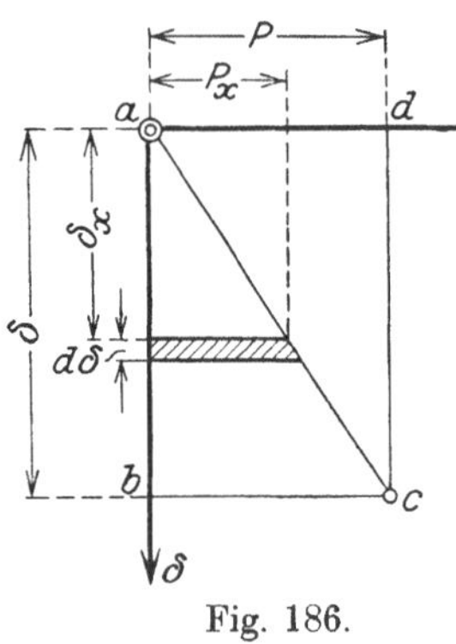

Fig. 186.

Die Größe der Kraft P wächst proportional mit dem Wege δ von Null auf den vollen Wert. Trägt man nach Fig. 186 Kraft P und Weg δ in einem Koordinatensystem auf, so ist die Beziehung zwischen P_x und δ_x durch eine Gerade dargestellt, es besteht die Gleichung $P_x = \frac{P}{\delta}\delta_x$, die Arbeit während des unendlich kleinen Weges $d\delta$ ist: $dA_a = P_x\, d\delta$, mithin

261) $$A_a = \int_0^\delta P_x\, d\delta = \frac{P}{\delta}\int_0^\delta \delta_x \cdot d\delta = P\frac{\delta}{2}.$$

In Fig. 186 ist A_a durch den Inhalt des Dreieckes abc dargestellt.

2. Die Arbeit eines äußeren Momentes M.

Ein Moment M ist dargestellt durch ein Kräftepaar $\frac{M}{e}$ am Hebel e (Fig. 187). Der Stab ab, an dem dieses Kräftepaar angreift, verdrehe sich infolge M um einen Punkt c um den Winkel τ in die Lage $a_1 b_1$. Dabei verschiebt sich Punkt a um $\delta_a = \tau[d + e]$ in Richtung von $\frac{M}{e}$. Punkt b um $\delta_b = \tau \cdot d$ in entgegengesetzter Richtung von $\frac{M}{e}$. Die

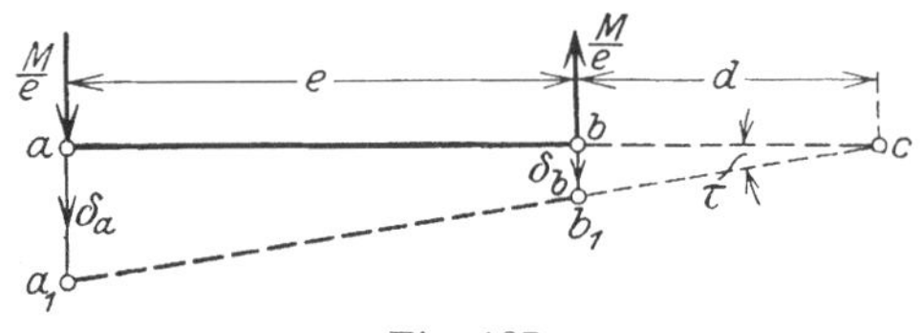

Fig. 187.

Größe der Kräfte $\frac{M}{e}$ wächst proportional mit den Wegen. Somit ist die Arbeit des Kräftepaares:

262) $$A_a = +\frac{M}{e}\cdot\frac{\delta_a}{2} - \frac{M}{e}\cdot\frac{\delta_b}{2} = \frac{M}{2e}[\tau(d+e) - \tau d] = \frac{M\cdot\tau}{2}.$$

b) Verschiebungsarbeit.

1. Die Arbeit einer äußeren Kraft P.

P ist während des ganzen Weges δ konstant, somit ist

263) $$A_a^v = P\cdot\delta = 2A_a.$$

Dieser Wert ist in Fig. 186 dargestellt durch den Inhalt des Rechteckes abcd.

2. Die Arbeit eines äußeren Momentes M.

Derselbe Gedanke wie unter **a)** 2., nur konstante Werte $\frac{M}{e}$ während der beiden Wege δ_a und δ_b, gibt:

264) $$A_a^v = \frac{M}{e}\delta_a - \frac{M}{e}\delta_b = \frac{M}{e}[\tau(d+e) - \tau \cdot d] = M \cdot \tau = 2 A_a .$$

II. Die Arbeit innerer Kraftwirkungen.

a) Wirkliche Arbeit.

1. Die Arbeit einer Spannkraft.

Eine Spannkraft S ruft an einem Stabe von der Länge s, vom Querschnitt F und Elastizitätskoeffizienten E nach Abschnitt 40 S. 100 Gl. 184) eine Längenänderung $\Delta s = s\frac{\sigma}{E} = \frac{S \cdot s}{EF}$ hervor. Δs wächst proportional mit σ und S. Dieselbe Überlegung wie bei der äußeren Kraft P führt zu der Gleichung

265) $$A_i = S\frac{\Delta s}{2} = \frac{S^2 \cdot s}{2\,EF}.$$

Erweitert man diese Gleichung mit F, und setzt man $\sigma = \frac{S}{F}$ und $V = F \cdot s$ = Volumen des Stabes, so heißt sie:

265a) $$A_i = \frac{S^2 \cdot s \cdot F}{2\,F^2 \cdot E} = \frac{\sigma^2 \cdot V}{2\,E}.$$

Dabei war angenommen, daß die Längskraft S für die ganze Länge s konstant ist. Trifft dies nicht zu, ist vielmehr die Längskraft nach irgendeinem Gesetze mit der Stablänge variabel, so ist die Arbeit des unendlich kurzen Stabteiles ds:

$$d A_i = \frac{S^2 \cdot d s}{2\,EF},$$

265b) $$A_i = \int_0^s \frac{S^2 \cdot d s}{2\,EF} = \int_0^s \frac{\sigma^2 \cdot dV}{2\,E}.$$

2. Die Arbeit eines Biegungsmomentes (Fig. 188).

Man denke sich ein Stück von der Länge dx aus dem Balken herausgeschnitten und den Einwirkungen eines Biegungsmomentes M ausgesetzt. Dieses ruft einen Spannungszustand nach Fig. 188 hervor, im Abstande z von der Nullinie entsteht eine Spannung

$$\sigma_z = \sigma_0 \frac{z}{e_1} = M\frac{e_1}{J}\frac{z}{e_1} = M\frac{z}{J}.$$

Zerschneidet man nun das Balkenteilchen von der Länge dx parallel zur Nullinie in Stäbchen von der Breite b_z und der Dicke dz, so hat jedes dieser Stäbchen eine gleich-

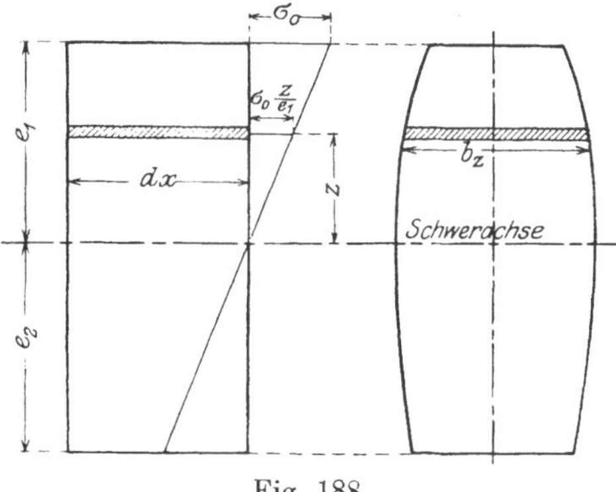

Fig. 188.

mäßige Spannung σ_z, das Volumen des Stäbchens ist $dV = b_z \cdot dz \cdot dx$, seine Arbeit ist somit:

$$d[dA_i] = \sigma_z^2 \frac{dV}{2E} = M^2 \frac{z^2}{J^2} \frac{dz \cdot dx \cdot b_z}{2E}.$$

Die Arbeit des ganzen Stückes von der Länge dx ist dann

$$dA_i = \frac{M^2 dx}{EJ^2} \int_{-e_2}^{+e_1} b_z \cdot z^2 \cdot dz = \frac{M^2 dx}{2EJ},$$

da der Integralwert das Trägheitsmoment J darstellt. Für den ganzen Balken von der Länge l ergibt sich demnach

266) $$A_i = \int_0^l \frac{M^2 dx}{2EJ}.$$

Dieser Wert läßt sich auch sehr einfach wie folgt ableiten. Die Arbeit der inneren Biegungsspannungen muß gerade umgekehrt so groß wie die Arbeit des Momentes M sein. Unter der Wirkung von M verdreht sich der Querschnitt um die Nullinie, der Verdrehungswinkel τ ist gleich der Dehnung der Randfaser dividiert durch Randabstand von der Nullinie

$$\tau = \sigma_0 \frac{dx}{E} \frac{1}{e_1}$$

$$dA_i = M \frac{\tau}{2} = M \frac{\sigma_0 dx}{2E \cdot e_1}; \qquad \sigma_0 = \frac{M \cdot e_1}{J}$$

$$dA_i = \frac{M^2 dx}{2EJ}; \qquad A_i = \int_0^l \frac{M^2 dx}{2EJ}.$$

Erweitert man den Wert unter dem Integralzeichen mit $J \cdot e^2$, wenn e der Abstand der Faser von der Nullinie bedeutet, in der die größte Spannung σ auftritt, so ist

$$A_i = \int_0^l \frac{M^2 dx\, J \cdot e^2}{2EJ^2 \cdot e^2}; \qquad \frac{M \cdot e}{J} = \sigma; \qquad J = F \cdot i^2; \qquad i = \text{Trägheitshalbmesser};$$

266 a) $$A_i = \int_0^l \frac{\sigma^2}{2E} \left[\frac{i}{e}\right]^2 F \cdot dx = \int_0^l \frac{\sigma^2}{2E} \left[\frac{i}{e}\right]^2 dV.$$

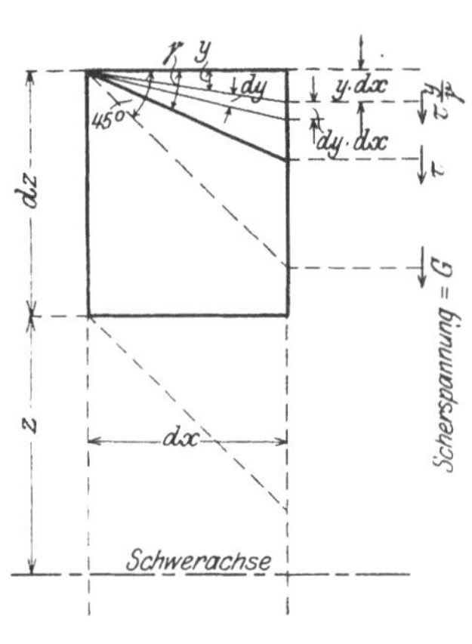

Fig. 189.

3. Die Arbeit einer Querkraft (Fig. 189).

Ist τ die Scherspannung, so entsteht nach Abschnitt 48 S. 128 Gl. 232) ein Verdrückungswinkel $\gamma = \frac{\tau}{G}$. Die unendlich kleine Platte $b_z dz dx$ ergibt bei einer Verdrückung um dy, entsprechend einer Schubspannung $\tau_y = \tau \frac{y}{\gamma}$, eine Formänderungsarbeit

$$d[dAi] = bz \cdot dz \frac{\tau \cdot y}{\gamma} dy \cdot dx.$$

Die Arbeit des Teilchens $b_z \cdot dz \cdot dx$ bei der Verdrückung um γ ist dann

$$dA_i = \int_0^\gamma \frac{b_z \cdot dz \cdot \tau \cdot dx}{\gamma} y \cdot dy = \frac{b_z \, dz \, \tau \cdot \gamma \, dx}{2}.$$

Mit $\gamma = \frac{\tau}{G}$ und $\tau = Q \frac{\mathfrak{S}}{b_z \cdot J}$ nach Abschnitt 48 S. 129 Gl. 234) gibt dies

$$d A_i = \frac{Q^2 \mathfrak{S}^2 \, dx \, dz}{2 \, b_z \cdot J^2 \cdot G}.$$

Für den ganzen Balken von der Länge l ist dann:

$$A_i = \int_0^l \frac{Q^2 \, dx}{2 \, G} \cdot \int_{-e_2}^{+e_1} \frac{\mathfrak{S}^2 dz}{b_z \cdot J^2}.$$

Das zweite Integral hat die Benennung $\frac{1}{cm^2}$, kann also gleich $\frac{1}{k \cdot F}$ gesetzt werden, wo k ein von der Querschnittsform abhängiger Festwert und F die Querschnittsfläche ist. Demnach ist die Arbeit:

267) $$A_i = \int_0^l \frac{Q^2 \, dx}{2 \, G \cdot k \cdot F}.$$

Für einen Rechteckquerschnitt wird $k = \frac{5}{6}$. Bei beliebiger Querschnittsform ermittle man den Wert $\frac{1}{k \cdot F} = \int_{-e_2}^{+e_1} \frac{\mathfrak{S}^2 dz}{b_z \cdot J^2}$ wie folgt. Man errechne für verschiedene Stellen des Querschnittes den Wert $\frac{\mathfrak{S}^2}{b_z \cdot J^2}$ aus und bilde daraus die Kurve, die die Abhängigkeit zwischen z und $\frac{\mathfrak{S}^2}{b_z \cdot J^2}$ darstellt. Der durch diese Kurve begrenzte Flächeninhalt stellt den Wert $\frac{1}{k \cdot F}$ dar.

b) Verschiebungsarbeit.

1. Die Arbeit einer Spannkraft.

Dieselbe Entwicklung wie unter *II.* a) 1., nur mit dem Unterschiede, daß S_1 und σ_1 während des ganzen Weges $\Delta s_2 = \frac{S_2 \, s}{E \, F}$ konstant ist, gibt:

268) $$A_i^v = S_1 \Delta s_2 = \frac{S_1 \, S_2 \, s}{E F} = \frac{\sigma_1 \, \sigma_2 \, V}{E}.$$

Ist noch $S_1 = S_2 = S$; $\sigma_1 = \sigma_2 = \sigma$, so wird

268 a) $$A_i^v = \frac{S^2 \cdot s}{E F} = \frac{\sigma^2 \, V}{E} = 2 \, A_i.$$

Bei veränderlichen Längskräften wird entsprechend

268 b) $$A_i^v = \int_0^s \frac{S_1 \, S_2 \, ds}{E F} = \int_0^s \frac{\sigma_1 \, \sigma_2 \, dV}{E}$$

bzw.

268c) $$A_i^v = \int_0^s \frac{S^2\,ds}{EF} = \int_0^s \frac{\sigma^2\,dV}{E}.$$

2. Die Arbeit eines Biegungsmomentes.

Entsprechend *II.* **a)** 2. ergibt sich

269) $$A_i^v = \int_0^l \frac{M_1\,M_2\,dx}{EJ} = \int_0^l \frac{\sigma_1\,\sigma_2}{E}\left[\frac{i}{e}\right]^2 dV.$$

Ist $M_1 = M_2 = M$, $\sigma_1 = \sigma_2 = \sigma$, so wird

269a) $$A_i^v = \int_0^l \frac{M^2 \cdot dx}{EJ} = \int_0^l \frac{\sigma^2}{E}\left[\frac{i}{e}\right]^2 dV = 2\,A_i.$$

3. Die Arbeit einer Querkraft.

Entsprechend *II.* **a)** 3. findet man

270) $$A_i^v = \int_0^l \frac{Q_1\,Q_2\,dx}{G \cdot k \cdot F}.$$

Ist $Q_1 = Q_2 = Q$, so wird

270a) $$A_i^v = \int_0^l \frac{Q^2\,dx}{G \cdot k \cdot F} = 2\,A_i.$$

Allgemein findet man den Satz: Die Verschiebungsarbeit ist doppelt so groß wie die wirkliche Arbeit

271) $$A^v = 2\,A.$$

Einwirkung plötzlicher nicht stoßwerker Belastung.

In der Mehrzahl der Fälle geht die Belastung eines Bauwerkes so vor sich, daß die äußere Belastung allmählich von Null auf den vollen Wert anwächst (Auffahren des Lastenzuges auf die Brücke). In demselben Maße, wie die äußere Belastung, wachsen auch die inneren Spannungen und damit die Faserdehnungen und die Durchbiegung. In jedem Augenblicke des Belastungsvorganges ist Gleichgewicht zwischen der äußeren Belastung und den inneren Spannungen vorhanden. Da die Belastung langsam wächst, erhalten weder die äußeren Lasten noch die Massenteile des Bauwerkes ein nennenswertes Arbeitsvermögen, man kann also in jedem Augenblicke des Belastungsvorganges das Bauwerk als in Ruhe, im Gleichgewicht ansehen. Die äußeren und inneren Kräfte leisten „wirkliche Arbeit", die Summe der Arbeiten der äußeren und inneren Kräfte ist Null, $A_a + A_i = 0$.

Denkt man sich dagegen das vorher unbelastete also spannungslose Bauwerk plötzlich durch eine Last belastet, etwa derart, daß man die Last an einem Faden unendlich dicht über dem Bauwerk aufhängt und den Faden durchschneidet, so leistet die äußere Kraft Verschiebungsarbeit, da sie von vornherein in voller Größe vorhanden ist. Die inneren Spannungen dagegen wachsen von Null an, leisten also Formänderungsarbeit. Es werde mit δ_0

die Verschiebung der äußeren Last P bezeichnet, die sie erleiden würde, wenn sie allmählich anwachsen würde, ebenso mit σ_0 die inneren Spannungen aus diesem Belastungsvorgange. Die Untersuchungen sollen auf den Fall beschränkt bleiben, daß die Eigenmasse des Bauwerkes gegen die Masse der Kraft P vernachlässigt werden kann. In dem Augenblicke, wo bei plötzlicher Belastung die Verschiebung δ_0 aufgetreten ist, ist dann die Summe aller Arbeiten:

$$\Sigma A = A_a^v + A_i = P\delta_0 - P\frac{\delta_0}{2} = P\frac{\delta_0}{2}.$$

Es ist also in diesem Augenblicke des Durchbiegungsvorganges ein Arbeitsüberschuß vorhanden, das Bauwerk kann also nicht zur Ruhe kommen, die Durchbiegung wächst weiter, damit auch die Faserdehnungen und die inneren Spannungen. δ_1 sei der Endwert der Durchbiegung, σ_1 der der inneren Spannungen. Dann ist

$$\Sigma A = 0 = A_a^v + A_i = P\delta_1 - Q\frac{\delta_1}{2},$$

wenn Q die äußere Kraft wäre, die bei allmählich anwachsender Belastung die Durchbiegung δ_1 erzeugen würde. Aus dieser Gleichung findet man

272) $$Q = 2P,$$

d. h. das Bauwerk biegt sich so durch, als ob es mit der doppelten Last, $Q = 2P$, allmählich belastet wäre, es erleidet also eine doppelt so große Durchbiegung und doppelt so große Spannungen, wie bei allmählicher Belastung

273) $$\delta_1 = 2\,\delta_0; \qquad \sigma_1 = 2\,\sigma_0.$$

Betrachtet man nun den Augenblick, in dem die Durchbiegung δ_1, Spannungen σ_1, eingetreten ist, so ist die Summe aller Arbeiten in diesem Augenblicke: $\Sigma A = P\cdot\delta_1 - Q\frac{\delta_1}{2} = 0$, da aber die inneren Spannungen σ_1 doppelt so groß sind als die der vorhandenen Last P entsprechenden Spannungen σ_0, befindet sich das Bauwerk nicht in Gleichgewicht, die inneren Spannungen lassen das Bauwerk wieder zurückfedern. In dem Augenblicke, wo diese rückläufige Bewegung soweit gediehen ist, daß $\sigma = \sigma_0$ ist, ist die Arbeitssumme

$$\Sigma A = +P\delta_0 - Q\frac{\delta_1}{2} = +P\delta_0 - 2P\delta_0 = -P\delta_0.$$

Unter dem Einfluß dieses Arbeitsunterschiedes geht die rückläufige Bewegung weiter bis zur Ruhelage, dort wiederholt sich der Vorgang. Das plötzlich belastete Bauwerk federt also um die Gleichgewichtslage δ_0 bei allmählicher Belastung, der Größtwert δ_1 der Durchbiegung und der Größtwert σ_1 der Spannungen ist das Doppelte der Werte, die bei allmählicher Belastung auftreten würden. Die Arbeit der äußeren und der inneren Kräfte ist der vierfache Wert, der bei allmählicher Belastung auftreten würde, $A = P\delta_1 = 2P\delta_0$ bei plötzlicher Belastung gegen $A = P\frac{\delta_0}{2}$ bei allmählicher Belastung.

Der Belastungsvorgang läßt sich wie folgt zeichnerisch darstellen (Fig. 190) Die Arbeit der äußeren Kraft P ist bei plötzlicher Belastung durch die Gerade c d dargestellt. Im Augenblicke δ_1 ist die Arbeit der Kraft P gleich dem Inhalt des Rechteckes a b c d. Die Arbeit der inneren Kräfte ist gerade so groß wie die wirkliche Arbeit einer äußeren Kraft $Q = 2P$, sie ist also durch den Inhalt des Dreieckes a b C dargestellt. Das $\triangle$ a d f gibt den Arbeitsüberschuß im Augenblicke δ_0 der Durchbiegung. In diesem Augenblicke ist wohl Gleichgewicht zwischen P und den Spannungen σ_0 vorhanden, die Bewegung schreitet aber infolge des P erteilten Arbeitsvermögens weiter fort, bis dieses durch die Arbeit der inneren Kräfte, dargestellt durch $\triangle$ c C f, aufgezehrt wird.

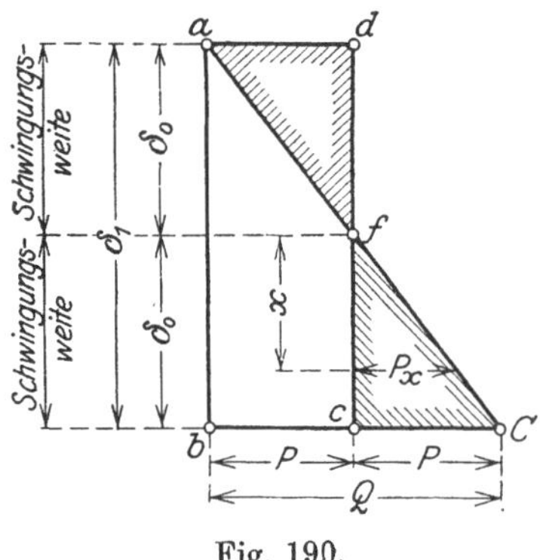

Fig. 190.

Es ist nun noch zu untersuchen, mit welcher Schwingungsdauer die Schwingungen um die Gleichgewichtslage δ_0 erfolgen. Die Schwingung kommt dadurch zustande, daß in jedem Augenblicke eine Kraft, nach der Gleichgewichtslage δ_0 hin wirkend, vorhanden ist. Die Größe dieser Kraft ist in Fig. 190 dargestellt durch die wagerechten Abstände zwischen den Geraden c d und a C, d. h. die auf die Gleichgewichtslage hin wirkende Kraft P_x ist am größten, gleich $P_x = P$, an den beiden Grenzlagen $\delta = 0$ und $\delta = \delta_1 = 2\,\delta_0$, in der Gleichgewichtslage ist sie Null, sie wächst proportional mit dem Abstand x von der Gleichgewichtslage δ_0, also $P_x = P\frac{x}{\delta_0}$. Die Untersuchung der Bewegung eines Massenpunktes m unter der Annahme eines derartigen Gesetzes für die daran angreifende äußere Kraft führt zu dem geradlinigen Schwingungsgesetze, bezüglich der Ableitung sei auf die Literatur verwiesen (Ritter, Lehrb. der techn. Mechanik, 8. Aufl. S. 103. — Keck-Hotopp, Mechanik, III. Teil, 2. Aufl. S. 68. — Föppl, Vorlesg. über techn. Mech., IV. Bd. 6. Aufl. S. 24). Für die Schwingungszeit einer einfachen Schwingung ergibt sich die Gleichung

274) $$t_1 = \frac{\pi}{\sqrt{q}},$$

wo q die Beschleunigung der schwingenden Masse m ist, die sie im Abstand $x = 1$ von der Gleichgewichtslage erleidet. Im Abstand x von der Gleichgewichtslage ist $q_x = \frac{P_x}{m} = \frac{P\,x}{m\,\delta_0} = g\frac{x}{\delta_0}$, also für $x = 1$, $q = \frac{g}{\delta_0}$.

275) $$t = \pi\sqrt{\frac{\delta_0}{g}}.$$

Die Geschwindigkeit c_0, mit der die Bewegung die Gleichgewichtslage durchläuft, ist

276) $$c_0 = \delta_0\sqrt{\frac{g}{\delta_0}} = \sqrt{\delta_0 \cdot g}.$$

Einwirkung plötzlicher stoßweiser Belastung.

Geht die Belastung so vor sich, daß die Last P an einem Faden in der Höhe h über dem Bauwerk aufgehängt wird und der Faden durchschnitten wird, so besitzt die Kraft P bei der Berührung mit dem Bauwerk ein Arbeitsvermögen $P \cdot h$ und eine Geschwindigkeit $v = \sqrt{2\,g\,h}$. Der Angriffspunkt von P biegt sich nun um das Maß δ_1 durch, folglich ist die gesamte äußere Arbeit $A_a = P(h + \delta_1)$. Diese muß durch die wirkliche Arbeit der inneren Kräfte vernichtet werden, die wiederum der Arbeit einer äußeren Kraft Q gleich sein muß

$$P(h+\delta_1) = Q\frac{\delta_1}{2}$$

277) $$Q = 2P\frac{h+\delta_1}{\delta_1} = 2P\left(\frac{h}{\delta_1}+1\right) = 2P + 2P\frac{h}{\delta_1}.$$

In Fig. 191 sind die Arbeit der äußeren Kraft P und die der Arbeit einer äußeren Kraft Q entsprechende Arbeit der inneren Kräfte aufgetragen. Aus der Figur folgt

$$Q : P = \delta_1 : \delta_0; \quad \delta_1 = \delta_0\frac{Q}{P}, \quad \text{also} \quad Q = 2P + 2P\frac{h\cdot P}{Q\cdot\delta_0}.$$

Die Lösung nach Q gibt:

278) $$Q = P + \sqrt{P^2 + 2P^2\frac{h}{\delta_0}} = P\left[1+\sqrt{1+2\frac{h}{\delta_0}}\right] = \varphi\cdot P;$$

278a) $$\varphi = 1 + \sqrt{1+2\frac{h}{\delta_0}}.$$

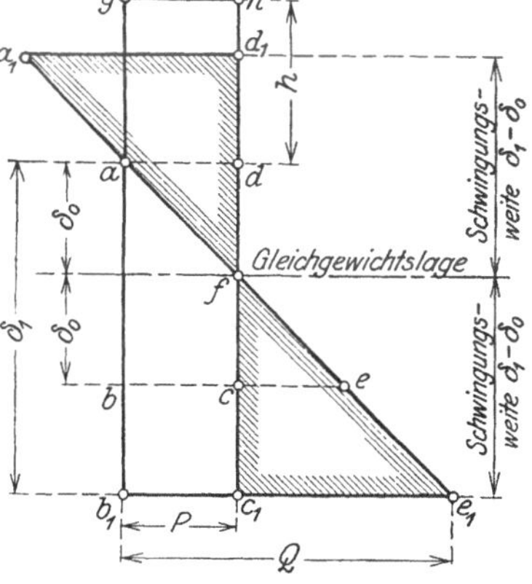

Fig. 191.

σ_0 sei wieder die Spannung bei allmählicher Aufbringung von P, dazugehörige Durchbiegung δ_0, σ_1 die Spannung bei stoßweiser Aufbringung von P, entsprechend allmählicher Aufbringung von Q. Dann ist

$$\sigma_1 : \sigma_0 = Q : P, \quad \sigma_1 = \sigma_0\frac{Q}{P}.$$

Aus Gl. 278) folgt

$$\frac{Q}{P} = 1 + \sqrt{1+2\frac{h}{\delta_0}} = \varphi,$$

also

279) $$\sigma_1 = \sigma_0 + \sqrt{\sigma_0^2 + 2\sigma_0^2\frac{h}{\delta_0}} = \sigma_0\left[1+\sqrt{1+2\frac{h}{\delta_0}}\right] = \varphi\cdot\sigma_0.$$

Wegen $\delta_1 = \delta_0\frac{Q}{P}$ ist weiter:

280) $$\delta_1 = \delta_0 + \sqrt{\delta_0^2 + 2\delta_0 h} = \delta_0\left[1+\sqrt{1+2\frac{h}{\delta_0}}\right] = \varphi\cdot\delta_0.$$

Besteht das Bauwerk z. B. in einfachster Weise aus einem Stabe von der Länge l (Fig. 192), der durch ein aus der Höhe h herabfallendes Gewicht P belastet wird, so ist

$$\delta_0 = \frac{Pl}{EF} = \frac{\sigma_0 l}{E}, \quad \text{mithin} \quad \varphi = 1 + \sqrt{1+2\frac{h}{l}\frac{E}{\sigma_0}}.$$

In den meisten Fällen wird der Wert δ_1 und δ_0 gegen h klein sein, man kann dann in Gl. 277) bzw. 278a) 1 gegen $\frac{h}{\delta_1}$ bzw. gegen $\frac{h}{\delta_0}$ vernachlässigen und erhält

281) $$\varphi_1 = \sqrt{2\frac{h}{\delta_0}}; \quad Q = \varphi_1\cdot P; \quad \sigma_1 = \varphi_1\cdot\sigma_0; \quad \delta_1 = \varphi_1\cdot\delta_0.$$

Für den Stab nach Fig. 192 findet man mit $\delta_0 = \frac{\sigma_0 l}{E}$

$$\varphi_1 = \sqrt{2 \frac{h \cdot E}{l \cdot \sigma_0}}.$$

Für die Verfolgung des ganzen Belastungsvorganges gelten sinngemäß dieselben Gesichtspunkte wie bei nicht stoßweiser plötzlicher Belastung. Im Augenblick δ_1 ist wohl die Arbeit der äußeren Kraft P vernichtet durch die Arbeit der allmählich auf σ_1 anwachsenden Spannungen, es besteht aber kein Gleichgewicht zwischen Belastung P und Spannungen σ_1, das Bauwerk federt also zurück. Es bilden sich Schwingungen um die Gleichgewichtslage δ_0. Die Schwingungsdauer t einer einfachen Schwingung ist unabhängig von der Größe von δ_1 und hat den Wert nach Gl. 275). Die lineare Geschwindigkeit dagegen, mit der die Bewegung erfolgt, ist verschieden, je nachdem die Belastung ohne oder mit Stoß erfolgt. Sie hat den Größtwert c_1 beim Durchlaufen der Gleichgewichtslage

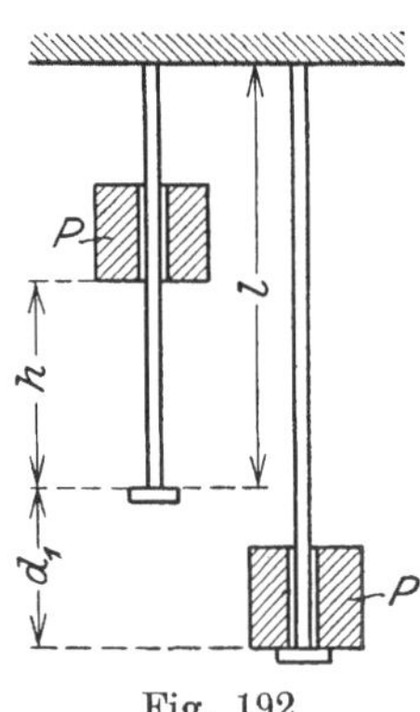

Fig. 192.

276a) $$c_1 = (\delta_1 - \delta_0)\sqrt{\frac{g}{\delta_0}},$$

sie ist Null in den beiden Grenzlagen der Schwingung.

$$c_1 : c_0 = (\delta_1 - \delta_0) : \delta_0 = (Q - P) : P$$

$$c_1 = c_0 \left[\frac{\delta_1}{\delta_0} - 1\right] = c_0 [\varphi - 1].$$

Setzt man $c_0 = \sqrt{\delta_0 \cdot g}$ und $\varphi = 1 + \sqrt{1 + 2\frac{h}{\delta_0}}$ ein, so wird

$$c_1 = \sqrt{\delta_0 \cdot g} \cdot \sqrt{1 + 2\frac{h}{\delta_0}} = \sqrt{\delta_0 \cdot g + 2\,g h} = \sqrt{c_0^2 + v^2},$$

wenn $v = \sqrt{2 g h}$ die Geschwindigkeit darstellt, mit der die aus der Höhe h herabfallende Last P auf das Bauwerk stößt.

Die Gleichungen für stoßweise Belastung in ihrer genauen Form (Koeffizient φ) gelten natürlich auch für plötzliche Belastung ohne Stoß. Mit $h = 0$ wird $\varphi = 2$.

Günstigste Ausbildung eines Bauwerkes für die Aufnahme stoßender Lasten.

Als günstigste Form eines stoßartig beanspruchten Bauwerkes ist diejenige Bemessung der einzelnen Querschnitte anzusprechen, bei der die größte Spannung σ_1 ihren Minimalwert erreicht. Nach Gl. 279) ist $\sigma_1 = \varphi \cdot \sigma_0$, wo σ_0 die Gleichgewichtsspannung bei allmählicher Aufbringung der Last P ist. Der Wert φ ist in genauer Form $\varphi = 1 + \sqrt{1 + 2\frac{h}{\delta_0}}$; h = Fallhöhe der Last P, δ_0 = Durchbiegung der Last P bei allmählicher Aufbringung. Angenähert, unter Vernachlässigung von 1 gegen $\frac{h}{\delta_0}$, ist der Koeffizient $\varphi_1 = \sqrt{\frac{2\,h}{\delta_0}}$.

Der Kleinstwert von φ bei $h = 0$ ist $\varphi = 2$, plötzliche nicht stoßende Belastung; bei $h > 0$ wird $\varphi > 2$. Die Gleichung für φ lehrt, daß φ um so kleiner wird, je größer δ_0 ist, die Spannung σ_1 wird also den Gleichgewichtswert σ_0 am wenigsten überschreiten, wenn δ_0 den größten Wert hat, d. h. wenn die Querschnitte des Bauwerkes so bemessen sind, daß die Durchbiegung des Lastangriffspunktes möglichst groß wird.

Dies bedeutet für einen durch eine reine Längskraft stoßartig beanspruchten Stab nach Fig. 193a mit zwei verschieden großen Querschnitten F_1 und $F_2 = n \cdot F_1$, $n > 1$ folgendes:

Es ist

$$\delta_0' = \frac{P l_1}{E F_1} + \frac{P l_2}{E F_2} = \frac{P}{E F_1}\left(l_1 + \frac{l_2}{n}\right) = \frac{\sigma_1}{E}\left(l_1 + \frac{l_2}{n}\right).$$

Hat dagegen der Stab auf der ganzen Länge $l = l_1 + l_2$ den kleineren Querschnitt F_1 nach Fig. 193b, so wird

$$\delta_0'' = \frac{P l}{E F_1} = \frac{\sigma_1}{E}(l_1 + l_2) > \delta_0'.$$

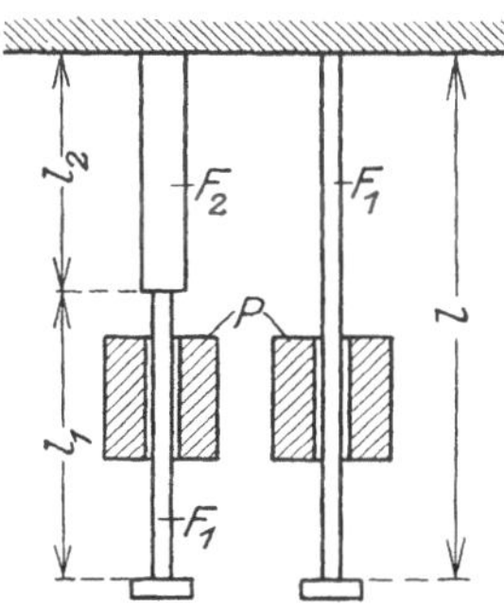

Fig. 193a. Fig. 193b.

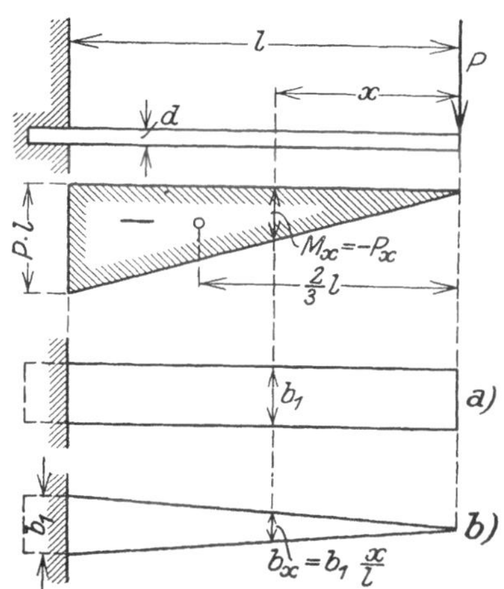

Fig. 194.

Demnach wird der Koeffizient φ und damit die Spannung σ_1 im Falle der Fig. 193b kleiner als im Falle der Fig. 193a. Man findet also das überraschend anmutende Ergebnis, daß durch Fortnahme von Material die Widerstandsfähigkeit des Stabes gegen stoßartig wirkende Lasten erhöht wird.

Für den Fall der Biegung eines vollwandigen Balkens soll die Untersuchung an einem frei auskragenden, einseitig eingespannten Balken durchgeführt werden. Fig. 194 zeigt das mit P belastete Bauwerk. Ist der Stabquerschnitt konstant (Fig. 194a), so ergibt sich die Durchbiegung δ_0 unter P bei allmählicher Aufbringung von P aus den Gleichungen 261) und 266)

$$A_a - A_i = 0 = \frac{P \delta_0'}{2} - \int_0^l \frac{M^2 \, dx}{2 E J}.$$

$M = -P \cdot x$ eingesetzt, gibt

$$P \frac{\delta_0'}{2} = \int_0 \frac{P^2 \cdot x^2 \, dx}{2 E J} = \frac{P^2}{2 E J} \frac{l^3}{3}$$

$$\delta_0' = P \frac{l^3}{3 E J} = P \frac{l^3 \cdot 12}{3 E \cdot b_1 \cdot d^3} = P \frac{4 l^3}{E \cdot b_1 \cdot d^3}.$$

Bildet man dagegen den Balkenquerschnitt so aus, daß in allen Querschnitten dieselbe Spannung $\sigma = \frac{M \cdot e}{J}$ auftritt, d. h. bildet man einen Körper von gleichem Widerstand, so ergibt sich nach Gl. 261) und 266a)

$$P \frac{\delta_0''}{2} = \int_0^l \frac{\sigma^2}{2\,E} \left(\frac{i}{e}\right)^2 dV.$$

Da M proportional mit x zunimmt, muß wegen des konstanten σ auch $\frac{J}{e}$ proportional mit x wachsen. Dies ist der Fall, wenn die Höhe d konstant bleibt und die Breite b des Querschnittes nach einem Dreieck wächst (Fig. 194b)

$$i^2 = \frac{J}{F} = \frac{b_x d^3}{12 \cdot b_x d} = \frac{d^2}{12}; \quad \left(\frac{i}{e}\right)^2 = \frac{d^2 \cdot 4}{12 \cdot d^2} = \frac{1}{3}$$

$$dV = b_x \cdot d \cdot dx = b_1 \frac{x}{l} d \cdot dx$$

$$\frac{P\,\delta_0''}{2} = \frac{\sigma^2}{2\,E} \frac{1}{3} \frac{b_1 \cdot d}{l} \int_0^l x\,dx = \frac{\sigma^2}{E} \frac{b_1 \cdot d \cdot l}{12}.$$

Mit $\sigma = \frac{M \cdot d}{2\,J} = \frac{6 \cdot P \cdot l}{b_1 \cdot d^2}$ wird

$$\frac{P\,\delta_0''}{2} = \frac{36 \cdot P^2 \cdot l^2 \cdot b_1 \cdot d \cdot l}{b_1^2 \cdot d^4 \cdot 12 \cdot E} = \frac{3 \cdot P^2 \cdot l^3}{E \cdot b_1 \cdot d^3}$$

$$\delta_0'' = P \frac{6 \cdot l^3}{E \cdot b_1 \cdot d^3}.$$

Die Werte δ_0' und δ_0'' ermitteln sich nach Abschnitt 43 wie folgt: Sie sind dargestellt durch das statische Moment der $\frac{M}{E\,J}$-Fläche in bezug auf das freie Ende

$$\delta_0' = P\,l \frac{l}{2} \frac{2}{3} \frac{l}{EJ} = P \frac{l^3}{3\,E\,J} = P \frac{4 \cdot l^3}{E \cdot b_1 \cdot d^3}$$

$$\delta_0'' = \int_0^l \frac{P \cdot x \cdot dx}{E \cdot J_x} x; \quad J_x = \frac{b_x \cdot d^3}{12} = b_1 \frac{x}{l} \frac{d^3}{12}$$

$$\delta_0'' = \int_0^l P \frac{x^2 \cdot dx \cdot 12 \cdot l}{E \cdot b_1 \cdot x \cdot d^3} = \int_0^l P \frac{12 \cdot x \cdot l \cdot dx}{E \cdot b_1 \cdot d^3} = P \frac{6 \cdot l^3}{E \cdot b_1 \cdot d^3}.$$

Da $\delta_0'' > \delta_0'$ ist, wird der Koeffizient φ bei konstantem Balkenquerschnitt, Durchbiegung δ_0', größer als der bei Ausbildung des Balkens als Körper gleichen Widerstandes, d. h. letzterer ist günstiger für die Aufnahme stoßartiger Belastungen. Auch hier findet man demnach, daß das Bauwerk mit geringerem Materialaufwand günstiger für die Stoßwirkung ist.

Weitere Betrachtungen über die Schwingungserscheinungen an elastischen Bauwerken.

In den vorhergehenden Betrachtungen war gefunden, daß jede plötzliche Belastung eines Bauwerkes dieses in Schwingungen versetzt. Bei der Ableitung der hierfür gültigen Formeln wurde die Eigenmasse des Bauwerkes gegen die der aufgebrachten Kraft P vernachlässigt. Die Gleichungen haben also nur Giltigkeit, solange die Masse des Bauwerkes gegen die Masse von P vernachlässigt werden kann. Anderenfalls wird ein Teil der von P geleisteten Arbeit dadurch vernichtet, daß den einzelnen Massenteilchen des Bauwerkes Beschleunigungen erteilt werden, die Durchbiegung und die Spannungen infolge der Stoßwirkung werden dadurch verringert. Die ungünstige Einwirkung auf das Bauwerk wird um so geringer sein, je größer die Bauwerksmasse im Verhältnis zur stoßenden Masse ist.

Infolge der Schwingungen führt das Bauwerk Bewegungen aus, die zur Folge haben, daß Spannungen entstehen, die mindestens die doppelten Werte der Gleichgewichtsspannungen haben. Die Größtspannungswerte treten in regelmäßigen Zeitfolgen, der Dauer einer doppelten Schwingung auf. Wiederholen sich nun die Stöße auf das Bauwerk ebenfalls in regelmäßigen Zeitfolgen, die ein Vielfaches der eigenen Schwingungsdauer sind, so wird dadurch die Durchbiegung, also auch die Spannung im Bauwerk weiter vergrößert, es ist die Möglichkeit vorhanden, daß das Bauwerk zerstört wird. Für Brücken hat man aus diesem Ergebnisse die Lehre gezogen, daß geschlossene Kolonnen nicht in geschlossenem Tritt überschreiten sollen, oder daß ein Eisenbahnzug nicht mit gleichbleibender Geschwindigkeit über eine Brücke fahren soll, da sonst infolge der gleichen Schienenstoßentfernungen taktartige Stöße auftreten. Man spricht von einer „kritischen Geschwindigkeit", die Stöße in Zeitabständen von einem Vielfachen der Eigenschwingung des Bauwerkes erzeugt.

53. Der Stoß.

Literatur: Keck-Hotopp, Mechanik. 2. Teil. 4. Aufl. S. 138. — Aug. Ritter, Lehrb. d. techn. Mech. 8. Aufl. S. 624. — Grashof, Elastizität u. Festigkeit. 2. Aufl. S. 373. — Föppl, Vorlesg. über techn. Mech. I. Bd. 6. Aufl. S. 315.

Unter „Stoß" versteht man die gegenseitige Berührung zweier sich mit verschiedenen Geschwindigkeiten bewegender Körper.

Fällt die Normale in der Berührungsstelle beider Körper in ihre Bewegungsrichtung vor dem Zusammentreffen, so heißt der Stoß ein „gerader Stoß", anderenfalls spricht man von einem „schiefen Stoß". Geht die Normale außerdem noch durch die Schwerpunkte beider Körper, so heißt der Stoß „zentraler Stoß", geht sie durch keinen oder nur durch einen der Schwerpunkte, so wird der Stoß „exzentrischer Stoß" genannt.

Für das Bauingenieurwesen hat die exzentrische Stoßerscheinung so gut wie gar keine Bedeutung, soll hier also nicht behandelt werden.

1. Der gerade und zentrale Stoß. Fig. 195. Die Masse M_1 bewege sich mit der Geschwindigkeit c_1, die Masse M_2 mit der Geschwindigkeit c_2. c_1 und c_2 fallen in eine Gerade und haben den gleichen Richtungssinn. (Ist die Bewegungsrichtung beider Körper entgegengesetzt, so ist die eine Geschwindigkeit negativ einzuführen.) Im Augenblicke des Zusammenstoßens üben beide Körper aufeinander einen Druck D aus, der zur Folge hat, daß der sich mit der kleineren Geschwindigkeit bewegende Körper, z. B. M_2, eine Beschleunigung p_2, der andere, sich mit der größeren Geschwindigkeit bewegende Körper M_1 eine Verzögerung p_1 erfährt. Da D für beide Körper denselben Wert hat, ergibt sich p_1 und p_2 nach Abschnitt 7, S. 8, Gleichung 17) zu

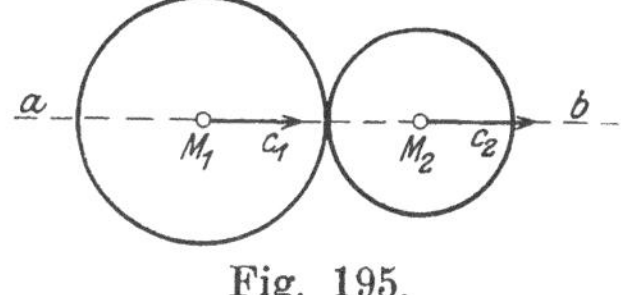

Fig. 195.

$$p_1 = \frac{D}{M_1}; \quad p_2 = \frac{D}{M_2} \quad \text{oder} \quad p_1 : p_2 = M_2 : M_1 .$$

Infolge der Elastizität des Materials drücken sich die beiden Körper beim Stoß zusammen. In diesem Augenblick hat die Druckkraft D ihren Größtwert erreicht. Die beiden Schwerpunkte haben gegeneinander keine relative Geschwindigkeit und beide Körper haben die gleiche absolute Geschwindigkeit u. Danach drücken sich die Körper wieder auseinander, die Druckkraft D wird kleiner, erteilt aber den beiden Massen M_1 und M_2 weiter eine Verzögerung bzw. Beschleunigung. Endlich, am Ende der Stoßerscheinung, wird $D = 0$ und die Massen M_1 und M_2 bewegen sich mit Geschwindigkeiten v_1 und v_2 weiter. Die ganze Stoßerscheinung zerfällt in zwei Abschnitte:

1. vom ersten Zusammentreffen bis zum Augenblick der größten Schwerpunktsannäherung,
2. von diesem Augenblick bis zur Trennung der beiden Massen.

Da sich in jedem Augenblicke die Beschleunigungen p_1 und p_2 wie die Geschwindigkeitsänderungen verhalten, so bestehen folgende Gleichungen:

für den ersten Teil der Stoßerscheinung

282) $$(c_1 - u) : (u - c_2) = M_2 : M_1;$$

für den zweiten Teil der Stoßerscheinung

282a) $$(u - v_1) : (v_2 - u) = M_2 : M_1;$$

für die ganze Stoßerscheinung

282b) $$(c_1 - v_1) : (v_2 - c_2) = M_2 : M_1.$$

Die gemeinsame Geschwindigkeit u beider Massen am Ende des ersten Teiles der Stoßerscheinung ergibt sich aus Gleichung 282) zu

283) $$u = \frac{M_1 . c_1 + M_2 . c_2}{M_1 + M_2}.$$

Während dieser Wert u am Ende des ersten Teiles sich mathematisch genau bestimmen läßt, sind die Werte v_1 und v_2 abhängig von dem Grade der Elastizität. Es ist augenscheinlich, daß vollständig unelastische Körper nach der Zusammenpressung nicht das Bestreben haben, ihre alte Form wieder anzunehmen, sie werden also am Ende des Stoßes in der veränderten Form beharren, aufeinander keinen Druck ausüben und mit der gemeinsamen Geschwindigkeit u weiterlaufen. Je größer die Elastizität ist, um so mehr sind die Massen bestrebt, ihre alte Form wiederzuerlangen, und üben dadurch auch nach Beendigung des ersten Teiles der Stoßerscheinung Drücke aufeinander aus, die dann am Ende des zweiten Teiles der Stoßerscheinung die Geschwindigkeiten v_1 und v_2 erzeugen. Die Geschwindigkeitsänderungen $(c_1 - u)$ und $(u - c_2)$ im ersten Teile der Stoßerscheinung werden zu denselben Werten $(u - v_1)$ und $(v_2 - u)$ im zweiten Teile der Stoßerscheinung in einem bestimmten, von dem Grade der Elastizität abhängigen Verhältnisse stehen, es wird also sein

284) $$k = \frac{u - v_1}{c_1 - u} = \frac{v_2 - u}{u - c_2}.$$

Dieser Wert k wird „Stoß-Elastizitätskoeffizient" oder „Stoßzahl" genannt. Gleichung 284) führt für die ganze Dauer der Stoßerscheinung zu den Gleichungen

285) $$(c_1 - v_1) = (c_1 - u)(1 + k);$$

$$(v_2 - c_2) = (u - c_2)(1 + k).$$

Die Einführung dieser Werte in Gleichung 282) ergibt die Geschwindigkeiten am Ende der Stoßerscheinung bei einem unvollkommenen elastischen Stoß zu

286) $$v_1 = \frac{M_1 \cdot c_1 + M_2 \cdot c_2 - k \cdot M_2 (c_1 - c_2)}{M_1 + M_2}.$$

$$v_2 = \frac{M_1 \cdot c_1 + M_2 \cdot c_2 + k \cdot M_1 (c_1 - c_2)}{M_1 + M_2}$$

Beim vollkommen elastischem Stoße ist $k = 1$, die Geschwindigkeitsänderung im ersten Teil der Stoßerscheinung ist gleich der im zweiten Teile. Die Endgeschwindigkeiten sind

286a) $$v_1 = \frac{M_1 \cdot c_1 + M_2 \cdot c_2 - M_2 (c_1 - c_2)}{M_1 + M_2}$$

$$v_2 = \frac{M_1 \cdot c_1 + M_2 \cdot c_2 + M_1 (c_1 - c_2)}{M_1 + M_2}.$$

Beim vollkommen unelastischen Stoß ist $k = 0$, die Geschwindigkeitsänderung im zweiten Teile der Stoßerscheinung ist gleich Null. Die Endgeschwindigkeiten sind

286b) $$v_1 = \frac{M_1 \cdot c_1 + M_2 \cdot c_2}{M_1 + M_2} = v_2 = u.$$

Bildet man die Werte des Arbeitsvermögens beider Massen vor und nach dem Stoß, $M_1 \frac{c_1^2}{2} + M_2 \frac{c_2^2}{2}$ und $M_1 \frac{v_1^2}{2} + M_2 \cdot \frac{v_2^2}{2}$, so findet man, daß beim unvollkommen elastischen Stoße das Arbeitsvermögen nach dem Stoße kleiner ist. Der Stoß hat also einen Arbeitsverlust, den „Stoßverlust", zur Folge. Dieser errechnet sich zu

287) $$A_V = \frac{1}{2} \frac{M_1 M_2}{M_1 + M_2} (c_1 - c_2)^2 (1 - k^2).$$

Beim vollkommen elastischen Stoße mit $k = 1$ ist der Stoßverlust gleich Null, beim vollkommen unelastischen Stoße mit $k = 0$ ist er

287a) $$A_V{}^1 = \frac{1}{2} \frac{M_1 M_2}{M_1 + M_2} (c_1 - c_2)^2.$$

2. Der schiefe und zentrale Stoß. Fig. 196. Es gelten im allgemeinen dieselben Formeln wie für den geraden zentralen Stoß, nur mit dem Unterschiede, daß an Stelle der Geschwindigkeiten c_1 und c_2 nur die Seitengeschwindigkeiten $c_1' = c_1 \cdot \cos \alpha_1$ und $c_2' = c_2 \cdot \cos \alpha_2$, lotrecht zur Berührungsebene a—b, einzuführen sind. Die Seitengeschwindigkeiten $c_1'' = c_1 \cdot \sin \alpha_1$

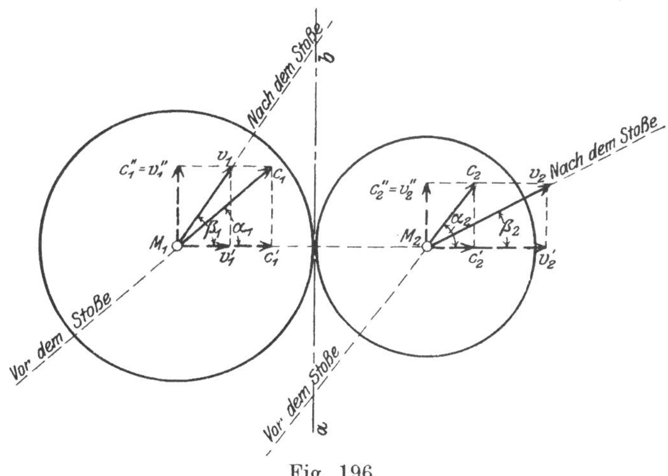

Fig. 196.

und $c_2'' = c_2 \cdot \sin \alpha_2$ parallel zur Berührungsebene werden durch den Stoß nicht beeinflußt. (Von dem Einfluß der Reibung wird abgesehen.) Sind β_1 und β_2 die Neigungen der Geschwindigkeiten v_1 und v_2 nach dem Stoße gegen die Berührungsebene, so bestehen zwischen den vier Unbekannten v_1, v_2, β_1 und β_2 folgende Gleichungen

$$288)\quad \begin{cases} v_1 \cdot \cos \beta_1 = \dfrac{M_1 \cdot c_1 \cdot \cos \alpha_1 + M_2 \cdot c_2 \cdot \cos \alpha_2 - k\, M_2\, (c_1 \cdot \cos \alpha_1 - c_2 \cdot \cos \alpha_1)}{M_1 + M_2} \\[2ex] v_2 \cdot \cos \beta_1 = \dfrac{M_1 \cdot c_1 \cdot \cos \alpha_1 + M_2 \cdot c_2 \cdot \cos \alpha_2 + k \cdot M_1\, (c_1 \cdot \cos \alpha_1 - c_2 \cdot \cos \alpha_2)}{M_1 + M_2} \\[2ex] v_1 \cdot \sin \beta_1 = c_1 \cdot \sin \alpha_1 \\ v_2 \cdot \sin \beta_2 = c_2 \cdot \sin \alpha_2 \end{cases}$$

3. Der exzentrische Stoß. Er ist für den Bauingenieur fast ohne Bedeutung, es wird daher auf die Literatur verwiesen.

VII. Statik flüssiger und gasförmiger Körper.

54. Unterscheidende Merkmale für feste, flüssige und gasförmige Körper.

Literatur: Keck-Hotopp, Mechanik, 2. Teil. 4. Aufl. S. 168. — Aug. Ritter, Lehrb. d. techn. Mech. 8. Aufl. S. 668. — Föppl, Vorlesg. über techn. Mech. I. Bd. 6. Aufl. S. 352.

Sollen an einem festen Körper Formänderungen hervorgerufen werden, so müssen auf ihn Kräfte (Zug-, Druck- oder Scherkräfte) ausgeübt werden. Im Gegensatz dazu stehen flüssige Körper, die der Veränderung ihrer Form gar keinen oder nur an bestimmte Gesetze gebundene Widerstände entgegensetzen. Man hat zwischen „tropfbar flüssigen“ und „gasförmig flüssigen“ Körpern zu unterscheiden. Erstere haben, frei im Raume schwebend gedacht, eine bestimmte Gleichgewichtsform, sie vergrößern ihr Volumen nicht, letztere dagegen werden nur durch äußere Druckkräfte auf ihrem Raum beschränkt. Von der äußeren Umhüllung befreit, hat ein gasförmiger Körper das Bestreben, sich unbegrenzt auszudehnen.

Tropfbar flüssige Körper verändern unter der Wirkung von Druckkräften ihr Volumen nur sehr wenig, man kann ihren Rauminhalt als fast unveränderlich ansehen, dagegen verändern gasförmige Körper unter der Wirkung von Druckkräften ihr Volumen erheblich, und zwar nach bestimmten Gesetzen.

Alle flüssigen Körper sind nicht in der Lage, Zugkräfte oder Schubkräfte aufzunehmen oder Reibungswiderstände zu leisten.

A. Tropfbar flüssige Körper.

55. Der hydrostatische Druck.

Literatur: Keck-Hotopp, Mechanik, 2. Teil. 4. Aufl. S. 171. — Aug. Ritter, Lehrb. d. techn, Mech. 8. Aufl. S. 670.

Begriffserklärung.

Denkt man sich durch einen unter der Wirkung äußerer Kräfte im Gleichgewichte befindlichen Flüssigkeitskörper eine beliebige Fläche ab gelegt, Fig. 197, so wird diese von beiden Seiten einen Flüssigkeitsdruck D erleiden, der sich als Mittelkraft der Drücke dD auf die Flächenteilchen dF ergibt. Die Drücke dD sind senkrecht zu dF gerichtet, da innerhalb einer Flüssigkeit keine Reibungskräfte auftreten können. Der Flüssigkeitsdruck auf die Flächeneinheit ist

289) $$p = \frac{dD}{dF}.$$

Dieser Druck wird „hydrostatischer Druck" genannt. Es ist demnach der Druck, der an einer beliebigen Stelle innerhalb eines durch äußere Kräfte im Gleichgewicht gehaltenen Flüssigkeitskörpers auf die Flächeneinheit entfällt.

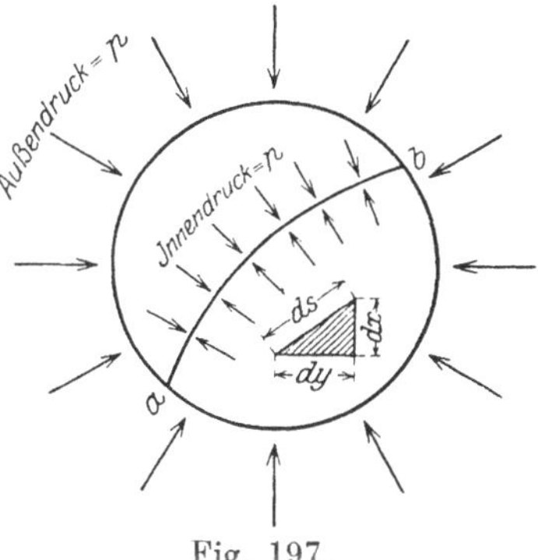

Fig. 197.

Größe des hydrostatischen Druckes.

Der hydrostatische Druck ist an allen Stellen des Flüssigkeitskörpers und nach allen Richtungen gleich groß. Der Beweis dieses Satzes folgt aus Fig. 198. Ein aus dem Körper Fig. 197 herausgeschnittenes rechtwinkliges Prisma von den Seiten dx, dy, ds und der Höhe dz habe an den drei Seiten die Drücke p_x, p_y und p_s auf die Flächeneinheit. Die Gesamtdrücke auf die drei Seiten sind dann $D_s = p_s \cdot ds \cdot dz$ senkrecht zu ds, $D_x = p_x \cdot dx \cdot dz$ senkrecht zu dx und $D_y = p_y \cdot dy \cdot dz$ senkrecht zu dy. Zerlegt man D_s parallel zu D_x und D_y, so bedingt das Gleichgewicht die beiden Gleichungen

$$p_s \cdot ds \cdot dz \cdot \sin \alpha = p_x \cdot dx \cdot dz$$
$$p_s \cdot ds \cdot dz \cdot \cos \alpha = p_y \cdot dy \cdot dz.$$

Wegen

$$\sin \alpha = \frac{dx}{ds}, \quad \cos \alpha = \frac{dy}{ds}$$

ist

$$p_s = p_x = p_y.$$

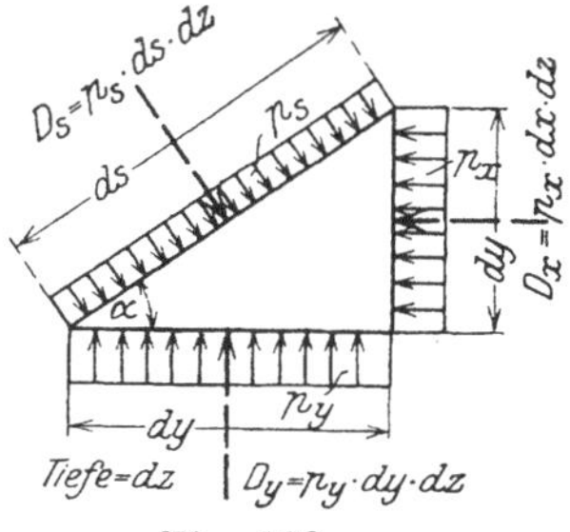

Fig. 198.

Größe des hydrostatischen Druckes auf eine beliebig gekrümmte Gefäßwand.

Der hydrostatische Druck auf ein beliebiges gekrümmtes Stück Gefäßwand errechnet sich wie folgt:

Der auf die Fläche dF entfallende Druck $dD = p \cdot dF$ wird auf ein beliebiges rechtwinkliges Koordinatensystem bezogen. Sind φ_x, φ_y und φ_z die Winkel von dD mit den drei Achsen und zerlegt man dD nach den drei Achsen in Seitenkräfte, so ergeben sich aus der Integration die drei Seitenkräfte von D in den drei Achsrichtungen:

$$D_x = p \int \cos \varphi_x \cdot dF; \quad D_y = p \int \cos \varphi_y \cdot dF$$
$$D_z = p \int \cos \varphi_z \cdot dF.$$

Die Integrale stellen die Projektionen der Fläche F auf die durch die Achsen gebildeten Ebenen dar. Bezeichnet man sie mit F_x, F_y und F_z, so ist

290) $$D_x = p \cdot F_x; \; D_y = p \cdot F_y; \; D_z = p \cdot F_z.$$

Die Projektionen verschiedener Teile der beliebig geformten Fläche fallen aufeinander.

Ist die Fläche so geformt, daß verschiedene Teile der Fläche dieselbe Projektion haben, so heben deren Drücke sich auf. Die Kräfte D_x, D_y und D_z gehen durch die Schwerpunkte der Projektionsflächen F_x, F_y und F_z. Bei beliebig gekrümmten Flächen schneiden sich im allgemeinen die drei Seitenkräfte nicht in einem Punkte, sie ergeben also außer einer Mittelkraft D noch ein Moment. Bei einem Teile einer Kugelfläche dagegen sind alle Drücke dD nach dem Mittelpunkte der Kugel gerichtet, es ergibt sich nur eine Druckkraft D.

Die Umgrenzungslinie der Fläche F liegt in einer Ebene.

Denkt man sich in der Umgrenzungslinie eine Schnittebene gelegt und das fragliche Flächenstück mit seiner Flüssigkeit abgetrennt, so ist nur Druck gegen diese Fläche F′ vorhanden. Sie ist aber die Projektion der Mantelfläche F auf die Ebene der Umgrenzungslinie.

Daraus folgt:

291) $$D = p \cdot F'.$$

Daraus folgt der Satz:

Der hydrostatische Druck gegen einen Teil F der Mantelfläche, der durch eine Ebene von der Gesamtfläche abgeschnitten wird, ist gleich dem Produkte aus dem Einheitsdrucke p und der Projektion F′ der Fläche F auf die abschneidende Ebene.

Zu demselben Ergebnisse würde man gelangen, wenn man für das Flächenstück, das durch eine Ebene von der Gesamtfläche abgeschnitten ist, das rechtwinklige Achsenkreuz so annimmt, daß zwei Achsen, etwa x und y, in der Ebene der Umgrenzungslinie der Fläche liegen. Die Projektion der Fläche auf die xy-Ebene ist dann F′. Bei den Projektionen auf die xz- und yz-Ebene decken sich immer zwei unendlich kleine Flächenteilchen, die Resultierenden nach diesen beiden Ebenen hin werden also nach S. 158 zu Null.

56. Hydraulische Pressen.

Literatur: Keck-Hotopp, Mechanik, 2. Teil. 4. Aufl. S. 174. — Aug. Ritter, Lehrb. d techn. Mech. 8. Aufl. S. 677.

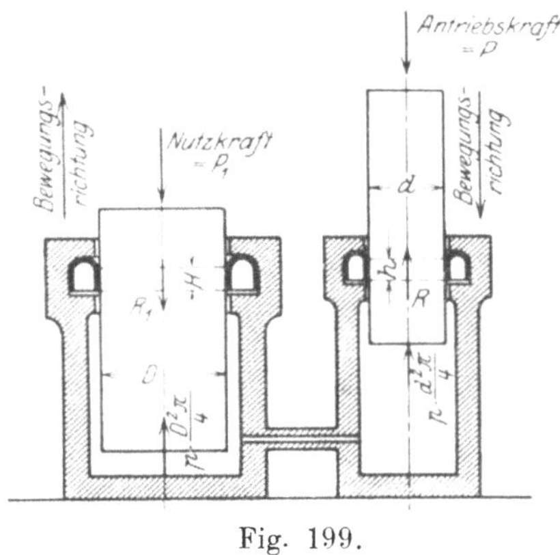

Fig. 199.

Eine hydraulische Presse besteht aus zwei miteinander verbundenen, mit einer Flüssigkeit gefüllten Zylindern, in denen sich Kolben von verschiedenen Durchmessern d und D bewegen. Sie ermöglichen es, mit einer geringen Antriebskraft P eine größere Nutzkraft P_1 auszuüben. Fig. 199.

Die Flüssigkeit befindet sich im Gleichgewichte, wenn überall an ihrer Oberfläche derselbe hydrostatische Druck p herrscht. An dem kleinen Zylinder greift in der Bewegungsrichtung außer der Antriebskraft P der Druck $p \cdot \frac{d^2\pi}{4}$ und die Reibung R an, letztere beiden der Bewegungsrichtung entgegen gerichtet. Die Kraft R wird dadurch hervorgerufen, daß eine Ledermanschette durch den Druck p gegen den Kolben gepreßt wird. Ist h die Höhe der Ledermanschette und f der Reibungskoeffizient, so ist

$$R = f \cdot p \cdot d \cdot \pi \cdot h.$$

Am großen Zylinder D wirken außer der Nutzkraft P_1 und der Reibung $R_1 = f \cdot p \cdot D \cdot \pi \cdot H$ entgegengesetzt der Bewegungsrichtung der Druck gegen den Zylinder $p \cdot \frac{D^2 \pi}{4}$. Das Gleichgewicht an beiden Kolben liefert die Gleichungen

$$P = p \frac{d^2 \pi}{4} + f \cdot p \cdot d \cdot \pi \cdot h = p \cdot d^2 \cdot \pi \left[0{,}25 + f \frac{h}{d}\right]$$

$$P_1 = p \frac{D^2 \pi}{4} - f \cdot p \cdot D \cdot \pi \cdot H = p \cdot D^2 \cdot \pi \left[0{,}25 - f \frac{H}{D}\right].$$

Das Verhältnis zwischen Nutzkraft und Antriebskraft ist also

292) $$\frac{P_1}{P} = \frac{D^2 \left(0{,}25 - f \frac{H}{D}\right)}{d^2 \left(0{,}25 + f \frac{h}{d}\right)}.$$

57. Flüssigkeitsdruck unter Wirkung der Schwere.

Literatur: Keck-Hotopp, Mechanik. 2. Teil. 4. Aufl. S. 183. — Aug. Ritter, Lehrb. d. techn. Mech. 8. Aufl. S. 681. — Föppl, Vorlesg. über techn. Mech. 1. Bd. 6. Aufl. S. 358.

A. Allgemeines.

Die Oberfläche einer Flüssigkeit, die allein unter der Wirkung der Schwere steht und sich im Zustande des Gleichgewichts befindet, bildet eine wagerechte Ebene (Flüssigkeit in einem ruhenden Gefäße).

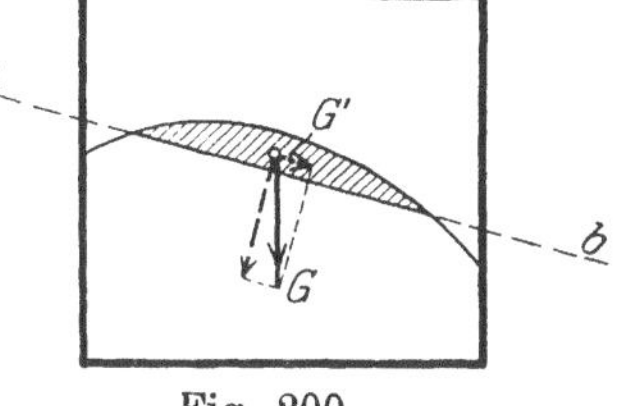

Fig. 200.

Wäre nämlich die Oberfläche keine wagerechte Ebene, sondern beliebig gekrümmt, Fig. 200, so kann man durch den oberen Teil der Flüssigkeit eine nicht wagerechte Ebene a — b legen. Der oberhalb dieser Ebene liegende Flüssigkeitsteil G würde dann, da innerhalb der Flüssigkeit keine Reibungskräfte geleistet werden können, unter der Wirkung der parallel zu a — b gerichteten Seitenkraft G′ von G auf der Ebene a — b abgleiten.

In einer Tiefe t (Fig. 201) unter der Oberfläche einer im Gleichgewichte befindlichen Flüssigkeit ist der in allen Richtungen gleich große Flüssigkeitsdruck

293) $$p = \gamma \cdot t$$

wenn γ das spezifische Gewicht der Flüssigkeit ist.

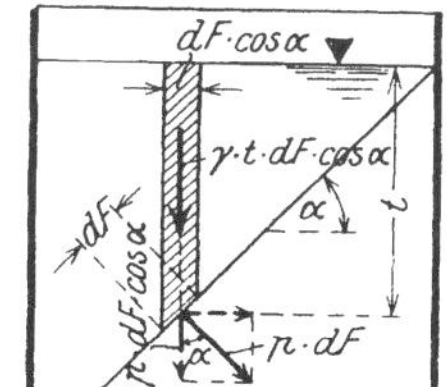

Fig. 201.

Der Beweis folgt aus Fig. 201. Das Flächenteilchen dF sei gegen die wagerechte um α geneigt. Der Druck $p \cdot dF$ lotrecht zu dF zerlegt sich in eine lotrechte und eine wagerechte Seitenkraft. Erstere hat den Wert $p \cdot dF \cdot \cos \alpha$ und muß im Gleichgewichte mit dem Gewichte des Flüssigkeitsprismas über der wagerechten Projektion von dF sein, also

$$p \cdot dF \cdot \cos \alpha = \gamma \cdot t \cdot dF \cdot \cos \alpha.$$

Daraus folgt:

$$p = \gamma \cdot t.$$

Hieraus ergibt sich ohne weiteres folgender Satz: Wagerechte Ebenen, die durch eine im Gleichgewicht stehende Flüssigkeit gelegt werden, erleiden in allen Punkten denselben Flüssigkeitsdruck.

B. Flüssigkeitsdruck gegen ebene Flächen.

Größe des Druckes.

Der Druck ist lotrecht zu der Fläche gerichtet und nimmt proportional mit der Tiefe t_y zu. Fig. 202.

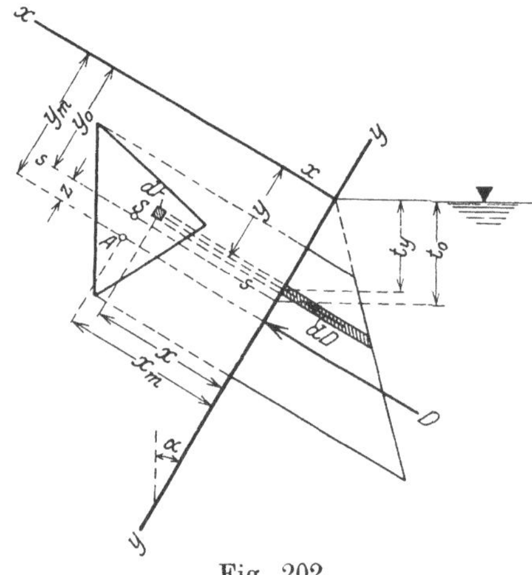

Fig. 202.

Der auf das Flächenteilchen dF in der Tiefe t_y entfallende Druck ist $dD = \gamma \cdot dF \cdot t_y$, mithin der Gesamtdruck

294) $$D = \int \gamma \cdot dF \cdot t_y = \gamma \cdot F \cdot t_0,$$

worin t_0 die Tiefe des Schwerpunktes S der Fläche F unter der Oberfläche bedeutet.

Angriffspunkt des Druckes.

Die Koordinaten y_m und x_m des Angriffspunktes A der Druckkraft D, „Druckmittelpunkt" genannt, in bezug auf das Achsenkreuz x — x und y — y in der Ebene der Fläche F ergeben sich aus den Momentengleichungen. Es ist $t_0 = y_0 \cdot \cos\alpha$ und $t_y = y \cdot \cos\alpha$, also $D = \gamma \cdot F \cdot y_0 \cdot \cos\alpha$.

Die Momentengleichung für x — x lautet

$$D \cdot y_m = \int dD \cdot y = \int \gamma \cdot dF \cdot t_y \cdot y = \gamma \cdot \cos\alpha \int y^2 \cdot dF$$

295) $$y_m = \frac{\gamma \cdot \cos\alpha \int dF \cdot y^2}{\gamma \cdot F \cdot y_0 \cdot \cos\alpha} = \frac{J_x}{\mathfrak{S}_x},$$

wo J_x das Trägheitsmoment und $\mathfrak{S}_x$ das statische Moment der Fläche F in bezug auf die Achse x — x ist.

Die Momentengleichung für y — y lautet:

$$D \cdot x_m = \int dD \cdot x = \int \gamma \cdot dF \cdot t_y \cdot x = \gamma \cdot \cos\alpha \int x \cdot y \cdot dF$$

296) $$x_m = \frac{\gamma \cdot \cos\alpha \int x \cdot y \cdot dF}{\gamma \cdot F \cdot y_0 \cos\alpha} = \frac{C_{xy}}{\mathfrak{S}_x}.$$

Darin ist C_{xy} das Zentrifugalmoment der Fläche F in bezug auf das Achsenkreuz x — x und y — y.

Da der Neigungswinkel α der Fläche F in den Werten x_m und y_m nicht enthalten ist, folgt der Satz: Die Lage des Druckmittelpunktes ist unabhängig von der Neigung der Fläche.

Aus Fig. 202 ergibt sich der Abstand z des Druckmittelpunktes A vom Schwerpunkte S aus der Gleichung

$$y_m = y_0 + z = \frac{J_x}{\mathfrak{S}_x} = \frac{J_s + F \cdot y_0^2}{F \cdot y_0} = \frac{J_s}{F \cdot y_0} + y_0$$

297) $$z = \frac{J_s}{F \cdot y_0}.$$

Darin ist J_s das Trägheitsmoment der Fläche F in Bezug auf die Schwerpunktsachse s — s. Der Abstand zwischen Druckmittelpunkt und Schwerpunkt nimmt mit der Tiefe ab. In unendlich großer Tiefe fallen beide Punkte zusammen, da in Gleichung 297) für $y_0 = \infty$ der Wert z zu Null wird.

Flüssigkeitsdruck gegen eine rechteckige Fläche.

Ist b die Grundlinie und h die Höhe, so folgt aus $J_s = \frac{b h^3}{12}$ und $F = b \cdot h$ der Abstand des Druckmittelpunktes vom Schwerpunkte zu

298) $$z = \frac{h^2}{12 \cdot y_0}.$$

C. Flüssigkeitsdruck gegen gekrümmte Flächen.

Man denke sich das Flächenteilchen dF (das als Ebene anzusehen ist) herausgeschnitten und den an ihm angreifenden Druck $dD = \gamma \cdot dF \cdot t$ nach den drei Koordinatenachsen zerlegt in

$$dD_x = \gamma \cdot dF \cdot t \cdot \cos \varphi_x = \gamma \cdot t \cdot dF_x$$
$$dD_y = \gamma \cdot dF \cdot t \cdot \cos \varphi_y = \gamma \cdot t \cdot dF_y$$
$$dD_z = \gamma \cdot dF \cdot t \cdot \cos \varphi_z = \gamma \cdot t \cdot dF_z$$

worin t die Tiefe des Teilchens dF unter der Flüssigkeitsoberfläche und dF_x, dF_y und dF_z die Projektionen der Fläche dF auf die y — z bzw. x — z bzw. x — y Ebene sind.

Die Integration liefert die Gleichungen

299) $$\begin{cases} D_x = \gamma \int t \cdot dF_x \\ D_y = \gamma \int t \cdot dF_y \\ D_z = \gamma \int t \cdot dF_z. \end{cases}$$

Dabei ist zu beachten, daß Drücke auf Flächenteile dF, deren Projektionen sich decken und die in derselben Tiefe t liegen sich aufheben.

58. Der Auftrieb.

Literatur: Keck-Hotopp, Mechanik, 2. Teil. 4. Aufl. S. 200. — Aug. Ritter, Lehrb. d. techn. Mech. 8. Aufl. S. 692.

Begriffserklärung und Größe des Auftriebes.

Ein gewichtlos gedachter mit Flüssigkeit gefüllter Behälter vom Inhalte V befinde sich im Gleichgewichte und sei in die gleiche Flüssigkeit wie sein Inhalt getaucht (Fig. 203). Die Oberfläche innerhalb und außerhalb des Behälters wird dann in dieselbe Ebene fallen. Von außen gegen die Gefäßwand wirkt der Druck p_x der Flüssigkeit. Die Mittelkraft aller äußeren Drücke muß mit dem Gewichte $G = \gamma \cdot V$ im Gleichgewichte sein. Da nun G im Schwerpunkte S der inneren Flüssigkeit angreift und lotrecht

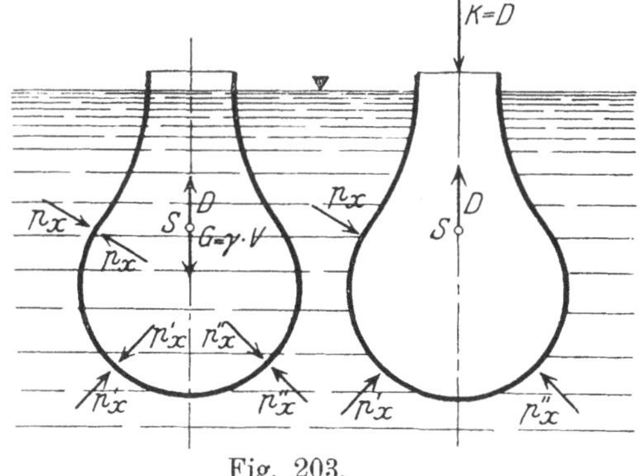

Fig. 203.

nach unten gerichtet ist, muß auch D in S angreifen und lotrecht nach oben gerichtet sein, und es muß die Gleichung bestehen

300) $$D = G = \gamma \cdot V.$$

Denkt man sich nun das Gefäß geleert, so verschwindet das Flüssigkeitsgewicht und der Behälter würde unter der Wirkung der Kraft D nach oben bewegt werden. Um ihn in der alten Lage unter Wasser zu halten, müßte eine Kraft K von der Größe des Gewichtes G aufgewendet werden. Der Druck D der äußeren Flüssigkeit auf die Gefäßwandung wird „Auftrieb" genannt. Es besteht der Satz: Der Auftrieb, den ein in eine Flüssigkeit getauchtes Gefäß erleidet, ist gleich dem Gewichte der durch das Gefäß verdrängten Flüssigkeitsmenge. Er ist lotrecht nach aufwärts gerichtet und greift im Schwerpunkt der verdrängten Flüssigkeitsmenge an.

Der Auftrieb ist mithin unabhängig von der Tiefenlage des Gefäßes, vorausgesetzt, daß durch den äußeren Druck der Körperinhalt nicht verändert wird.

59. Das Gleichgewicht schwimmender Körper.

Literatur: Keck-Hotopp, Mechanik, 2. Teil. 4. Aufl. S. 205. — Aug. Ritter, Lehrb. d. techn. Mechanik. 8. Aufl. S. 702. — Föppl, Vorlesg. über techn. Mech. I. Bd. 6. Aufl. S. 403.

Bedingung für das Schwimmen eines Körpers.

Wird ein Körper vom Gewichte G und vom Inhalte V in eine Flüssigkeit vom spezifischen Gewichte γ getaucht, so erleidet er nach Abschn. 58 einen Auftrieb $D = \gamma \cdot V$. Ist $G > \gamma \cdot V$, so sinkt der Körper unter, ist dagegen $G < \gamma \cdot V$, so hat der Auftrieb das Bestreben, den Körper aus der Flüssigkeit herauszudrücken. Hierbei veringert sich aber zugleich die verdrängte Flüssigkeitsmenge, der Auftrieb nimmt also ab. Der Körper wird durch den Auftrieb so lange emporgedrückt, bis Auftrieb und Gewicht im Gleichgewichte sind, der Körper schwimmt. In dieser Lage sei die verdrängte Flüssigkeitsmenge gleich V_s.

Es muß dann die Gleichung bestehen:

301) $$D = G = \gamma \cdot V_s, \text{ wo } V_s < V.$$

Ein schwimmender Körper verdrängt soviel Flüssigkeit, als er selbst wiegt.

Ist als Grenzfall $V_s = V$, das Gewicht des Körpers gleich dem Gewichte desselben Volumens Flüssigkeit, so halten sich für den völlig untergetauchten Körper Auftrieb und Gewicht das Gleichgewicht, der Körper bleibt in jeder Tiefenlage unter der Flüssigkeit in der ihm erteilten Stelle, der Körper schwebt.

Bedingungen für das stabile Gleichgewicht eines schwimmenden Körpers (Metazentrum).

Für das Schwimmen eines Körpers im stabilen Gleichgewicht nach Fig. 204a müssen demnach folgende Bedingungen erfüllt sein:

1. $G = \gamma \cdot V_s$, wo V_s das Volumen der verdrängten Flüssigkeitsmenge ist.
2. Der Schwerpunkt S des schwimmenden Körpers (Angriffspunkt von G) und der Schwerpunkt B des verdrängten Flüssigkeitsvolumens V_s (Angriffspunkt des Auftriebes D) müssen in eine senkrechte Achse, die „Schwimmachse", fallen. Bei symmetrischen Körpern ist die Symmetrieachse zugleich Schwimmachse.

Mit diesen beiden Bedingungen allein ist aber noch nicht gesagt, daß der schwimmende Körper stabil in seiner Lage verharrt, es ist denkbar, daß der Körper kippt.

Wird der schwimmende Körper durch ein auf ihn wirkendes Moment $\mathfrak{M}$ in eine schiefe Lage gekippt (Fig. 204b), so kann sich hierdurch das verdrängte Flüssigkeitsvolumen V_s nicht ändern, da sich das Gewicht G nicht ändert. Nur der Schwerpunkt B des Verdrängungskörpers wandert in eine neue Lage B_1. Die beiden Kräfte G und A werden nun im allgemeinen nicht mehr in eine Gerade fallen, vielmehr bilden sie ein Kräftepaar $G \cdot a$, das den Körper wieder aufzurichten oder weiter umzukippen bestrebt ist, je nachdem der Schnittpunkt M des Auftriebes mit der Schwimmachse BS oberhalb oder unterhalb von S zu liegen kommt. Im ersteren Falle schwimmt

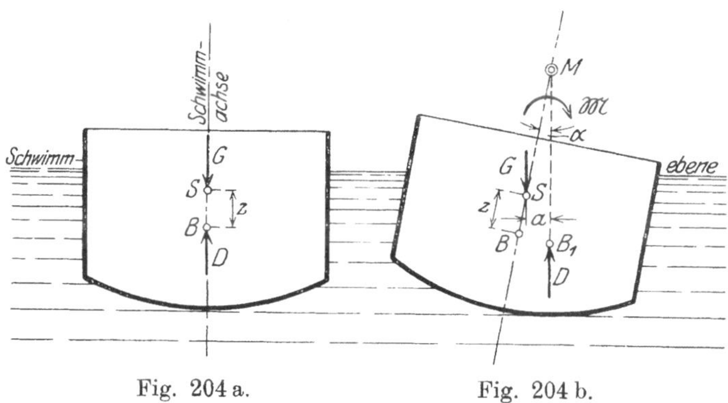

Fig. 204 a. Fig. 204 b.

der Körper im stabilen Gleichgewicht, der Auftrieb bringt den durch äußere Einwirkung schief gestellten Körper wieder in die ursprüngliche Lage, im zweiten Falle schwimmt er im labilen Gleichgewichte. Fallen Gewicht und Auftrieb bei jeder Lage des Körpers in dieselbe Lotrechte (Kugel, Zylinder), so schwimmt der Körper im indifferenten Gleichgewichte. Der Punkt M, dessen Lage gegen den Schwerpunkt S für die Art des Gleichgewichtzustandes maßgebend ist, wird „Metazentrum" genannt. Es ergibt sich, daß die Lage des Metazentrums bei kleinen Ausschlägen α unabhängig von α ist. Versteht man unter der „Schwimmebene" die Oberfläche des Wassers, so schneidet diese Ebene den Körper in der „Schwimmfläche". J sei das Trägheitsmoment dieser Fläche in Bezug auf die Achse, um die der Körper gekippt ist, V_s das verdrängte Flüssigkeitsvolumen, $z = BS$ der Abstand des Körperschwerpunktes und des Schwerpunktes des verdrängten Volumens. Dann ergibt sich die „metazentrische Höhe" zu

302) $$SM = \frac{J}{V_s} - z$$

(Beweis: Siehe Keck-Hotop, Mechanik, 2. Teil. 4. Aufl. S. 207).

B. Gasförmige Körper.

60. Das Mariottesche Gesetz.

Literatur: Keck-Hotopp, Mechanik. 2. Teil. 4. Aufl. S. 219, 343. — Aug. Ritter, Lehrb. d. techn. Mech. 8. Aufl. S. 708.

Allgemeines.

Im Gegensatze zu tropfbar flüssigen Körpern verändern gasförmig flüssige Körper unter äußerem Drucke ihr Volumen. (Die Veränderlichkeit des Volumens mit wechselnder Temperatur wird später unter Abschn. 61 behandelt.) Das Gewicht der Raumeinheit (1 cbm) eines Gases wird mit „Dichte" bezeichnet und soll die Bezeichnung γ erhalten (Benennung kg/m³). Ein Gasvolumen V von dem Gewichte G hat also eine Dichte $\gamma = \frac{G}{V}$. Der Rauminhalt, den die Gasmenge von 1 kg einnimmt, der „spezifische Rauminhalt", werde mit v bezeichnet. Es ist demnach $\gamma \cdot v = 1$; $\gamma = \frac{1}{v}$. Versuche von Boyle (1626—1691) und Mariotte (1620—1684) haben das Verhältnis zwischen Druck p und Dichte γ klargestellt. Es besteht danach zwischen diesen beiden Größen dasselbe Verhältnis, wie es das Hookesche Gesetz (vgl. S. 100) für elastische Körper angibt, beide Größen stehen in proportionaler Abhängigkeit.

303) $$\gamma : \gamma_1 = p : p_1 = v_1 : v = V_1 : V.$$

In Worten lautet das Mariottesche Gesetz (auch Boyle-Mariottesches Gesetz genannt):

Bei unveränderlicher Temperatur ändert sich die Dichte direkt proportional mit dem Drucke, das Volumen umgekehrt proportional mit dem Drucke.

61. Das Gay-Lussacsche Gesetz, spezifische Wärme, mechanisches Wärmeäquivalent, Zustandsänderungen von Gasen.

Literatur: Keck-Hotopp, Mechanik. 2. Teil. 4. Aufl. S. 225, 352. — Aug. Ritter, Lehrb. d. techn. Mech. 8. Aufl. S. 719.

Abhängigkeit der Dichte eines Gases von der Temperatur.

Die Veränderlichkeit der Gasdichte mit der Temperatur wird durch das Gay-Lussacsche Gesetz festgelegt. Ist p_0 der Druck eines Gasvolumens v_0 bei 0° Celsius, so dehnt sich dieses Volumen bei einer Erwärmung um t° und konstantem Druck p_0 auf ein Volumen

304) $$v_1 = v_0(1 + \alpha \cdot t)$$

aus. Die Volumenzunahme ist

304a) $$\Delta v = v_0 \cdot \alpha \cdot t.$$

Der Wert α heißt „Ausdehnungskoeffizient". Er hat für alle Gase den gleichen Wert

$$\alpha = \frac{1}{273} = 0{,}003665.$$

In Worten lautet das Gay-Lussacsche Gesetz (Gay-Lussac 1778—1850):

Bei gleichbleibendem Drucke ist die Ausdehnung (Volumenzunahme) eines Gases proportional der Temperaturänderung.

Tritt nun außer der Temperaturänderung um t° eine Druckänderung von p_0 auf einen Druck p auf, so ändert sich das Volumen v_0 in ein Volumen v. Zwischen diesen Werten besteht dann nach dem Mariotteschen Gesetz (Gl. 303) die Beziehung $p \cdot v = p_0 \cdot v_1$. Den Wert aus Gl. 304) eingesetzt, gibt:

305) $$p \cdot v = p_0 \cdot v_0 (1 + \alpha t).$$

In dieser Form stellt die Gleichung das „Mariotte-Gay-Lussacsche Gesetz" dar. Gl. 305) wird auch „Zustandsgleichung der Gase" genannt.

Der „absolute Nullpunkt".

Führt man für α den Wert $\frac{1}{273}$ ein, so lautet die Gleichung:

305 a) $$p \cdot v = \frac{p_0 \cdot v_0}{273}(273 + t).$$

Erreicht t den Wert — 273° Celsius, so muß $p \cdot v = 0$ sein, was aber nur denkbar ist, wenn $p = 0$ ist. Bei einer Temperatur von — 273° Cels. hört demnach das Ausdehnungsbestreben aller Gase auf. Diese Temperatur wird „absoluter Nullpunkt" genannt. Die von ihm nach Graden Celsius gerechneten Temperaturen heißen „absolute Temperaturen". Setzt man die absolute Temperatur $T = 273 + t$ und den für jedes Gas einen konstanten Wert, die „Gaskonstante", darstellenden Ausdruck $\frac{p_0 \cdot v_0}{273} = R$ in die Gl. 305 a) ein, so lautet die Zustandsgleichung

305 b) $$p \cdot v = R \cdot T.$$

Für atmosphärische Luft ergibt sich, da der Druck bei 0° Celsius $p_0 = 10333$ kg/qm, das Volumen der Gasmenge von 1 kg Gewicht bei 0° Celsius $v_0 = \frac{1}{\gamma_0} = \frac{1}{1,293}$ ist

$$R = \frac{10333}{1,293 \cdot 273} = 29,27\,.$$

Spezifische Wärme von Gasen und mechanisches Wärmeäquivalent.

Die „spezifische Wärme" eines Gases ist diejenige Wärmemenge, die erforderlich ist, um 1 kg des Gases um 1° Celsius zu erwärmen. Die Wärmemenge wird in „Wärmeeinheiten", auch „Kalorie" genannt, gemessen. Eine Wärmeeinheit (W. E.) ist diejenige Wärmemenge, die erforderlich ist, um die Temperatur von 1 kg Wasser von 0° auf 1° Celsius zu erhöhen.

Wird eine Gasmenge von 1 kg Gewicht um 1° Celsius erwärmt, wobei das Volumen konstant erhalten bleibt, so ergeben Versuche eine spezifische Wärme c_v, die „spezifische Wärme bei konstantem Volumen".

Wird dieselbe Gasmenge von 1 kg Gewicht um 1° Celsius erwärmt, wobei der Druck p konstant gehalten wird, während das Volumen v sich ändert, so ergeben Versuche eine andre spezifische Wärme, die mit c_p bezeichnet werden möge, die „spezifische Wärme bei konstantem Druck".

Das Verhältnis dieser beiden spezifischen Wärmen

$$n = \frac{c_p}{c_v}$$

ist für verschiedene Gase nahezu dasselbe. Die folgende Tabelle gibt die Werte von c_v und c_p, n, der Gaskonstanten R für verschiedene Gase.

Gas	c_v	c_p	n	R
Luft	0,1685	0,2375	1,41	29,27
Sauerstoff . . .	0,1543	0,2175	1,41	26,50
Stickstoff . . .	0,1729	0,2438	1,41	30,20
Wasserstoff . .	2,418	3,4090	1,41	420,00
Kohlensäure . .	0,1670	0,2169	1,305	19,25
Wasserdampf .	0,3760	0,4805	1,28	47,00

Dieser Unterschied in den Werten c_v und c_p erklärt sich auf folgende Weise: (Fig. 205).

Die Gasmenge von **1** kg Gewicht, dem Volumen v, dem Drucke p und der absoluten Temperatur $T = (273 + t)$ wird in einem zylinderförmigen Gefäße untergebracht gedacht.

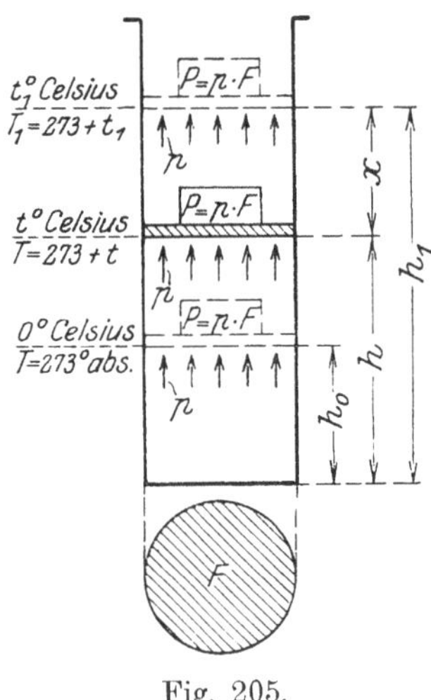

Fig. 205.

$$v = F \cdot h.$$

Der Druck p wird durch einen Kolben vom Querschnitte F erzeugt, der mit einem Gewichte $P = p \cdot F$ belastet ist. Wird dieses Gas auf $t_1{}^0$ Celsius, oder $T_1 = 273 + t_1$ absolute Temperatur erwärmt, so dehnt es sich aus, das Volumen vergrößert sich auf den Wert $v_1 = F(h + x)$, es hebt also das Gewicht G um das Maß x in Fig. 205. Das Gas leistet demnach die Arbeit $\mathfrak{A} = P \cdot x$. Um diese Arbeit zu leisten, muß dem Gase ein Mehr an Wärme zugeführt werden. Die zugeführte Wärmemenge Q hat also zwei Aufgaben und zerfällt dementsprechend in zwei Teile.

1. Der Teil Q_v, entsprechend der spezifischen Wärme c_v, der nur die Temperatur erhöht.

2. Der Teil Q_a, entsprechend der Differenz $c_p - c_v$ der spezifischen Wärmen, der die Arbeit $\mathfrak{A}$ leistet.

Bezeichnet man mit A die Anzahl der Wärmeeinheiten, die einer Arbeit von 1 m kg entspricht, das „mechanische Wärmeäquivalent", so muß sein

$$\mathfrak{A} = P \cdot x = \frac{Q_a}{A}.$$

Da es sich um eine Gasmenge von 1 kg Gewicht handelt, dessen Temperatur um $(t_1 - t)$ Grad Celsius erhöht wird, ist $Q_a = 1(c_p - c_v)(t_1 - t)$. Das Maß x errechnet sich nach Mariotte-Gay-Lussac wie folgt:

$$p v = p v_0 (1 + \alpha t)$$
$$p v_1 = p v_0 (1 + \alpha t_1)$$
$$v = F \cdot h; \quad v_1 = F(h + x)$$
$$x = \frac{v_1 - F \cdot h}{F} = \frac{v_1 - v}{F}$$
$$v_1 - v = v_0(1 + \alpha t_1) - v_0(1 + \alpha t) = v_0 \alpha (t_1 - t); \quad P = p \cdot F.$$

Die Einsetzung dieser Werte in die Gleichung für $\mathfrak{A}$ gibt:

$$p \cdot F \cdot \frac{v_0 \cdot \alpha (t_1 - t)}{\cdot F} = \frac{1}{A}(c_p - c_v)(t_1 - t).$$

Mit $\alpha = \frac{1}{273}$ wird daraus:

$$\frac{p v_0}{273} = R = \frac{1}{A}(c_p - c_v).$$

$$\frac{1}{A} = \frac{R}{c_p - c_v}; \quad A = \frac{c_p - c_v}{R}.$$

Für Luft ergibt dies:

$$A = \frac{0,2375 - 0,1685}{29,27} = \frac{1}{425} \text{ W. E.}$$

Der Arbeit von 1 mkg entsprechen also $\frac{1}{425}$ W. E, oder 1 W. E. entspricht einer Arbeit von 425 mkg.

Die Zustandsänderungen der Gase.

1. Der Rauminhalt bleibt konstant.

Isometrische Zustandsänderung, Druck und Temperatur ändern sich. Es ist:

$$p_1 \cdot v_1 = R \cdot T_1; \quad p_2 \cdot v_2 = R \cdot T_2.$$

Da $v_1 = v_2 = v$ sein soll, verhält sich

$$p_1 : p_2 = T_1 : T_2.$$

Die isometrische Zustandsänderung wird also nach Fig. 206 durch eine zur p-Achse parallele Gerade dargestellt.

Die geleistete Arbeit ist $\mathfrak{A} = 0$.

Die 1 kg der Gasmenge zuzuführende Wärmemenge ist

$$Q = c_v (T_2 - T_1) = c_v (t_2 - t_1) = \frac{c_v v}{R} (p_2 - p_1).$$

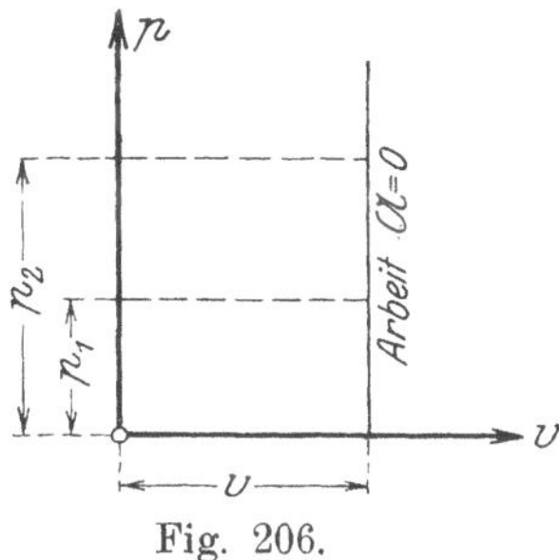

Fig. 206.

2. Der Druck bleibt konstant.

Isodynamische Zustandsänderung. Volumen und Temperatur ändern sich. Es ist:

$$p_1 \cdot v_1 = R \cdot T_1; \quad p_2 \cdot v_2 = R T_2.$$

Da $p_1 = p_2 = p$ sein soll, verhält sich

$$v_1 : v_2 = T_1 : T_2.$$

Die isodynamische Zustandsänderung wird nach Fig. 207 durch eine zur v-Achse parallele Gerade dargestellt.

Die durch die Gasmenge von 1 kg geleistete Arbeit ist:

$$\mathfrak{A} = p (v_2 - v_1) = R (T_2 - T_1).$$

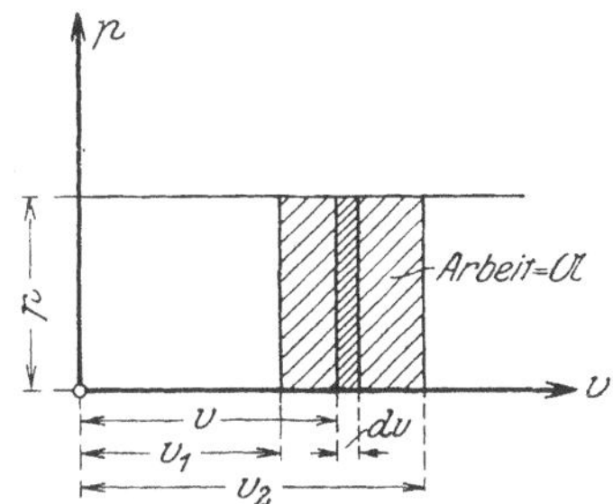

Fig. 207.

$\mathfrak{A}$ wird durch die in Fig. 207 schraffierte Fläche dargestellt.

Die der Gasmenge von 1 kg zuzuführende Wärmemenge ist

$$Q = c_p (T_2 - T_1) = c_p \frac{p}{R} (v_2 - v_1) = p (v_2 - v_1) A \frac{c_p}{c_p - c_v}$$

$$= p (v_2 - v_1) A \frac{n}{n-1} = \mathfrak{A} \cdot A \frac{n}{n-1}.$$

Die durch die angeführte Wärmemenge Q geleistete Arbeit ist also

$$\mathfrak{A} = \frac{Q}{A} \frac{n-1}{n}.$$

3. Die Temperatur bleibt konstant.

Isothermische Zustandsänderung. Druck und Volumen ändern sich. Es ist:

$$p_1 v_1 = R T_1; \quad p_2 \cdot v_2 = R \cdot T_2.$$

Da $T_1 = T_2 = T$ sein soll, ergibt sich:

$$p_1 \cdot v_1 = p_2 \cdot v_2.$$

Die isothermische Zustandsänderung wird entsprechend dieser Gleichung nach Fig. 208 durch eine gleichseitige Hyperbel dargestellt, deren Asymptoten die p- und v-Achsen sind.

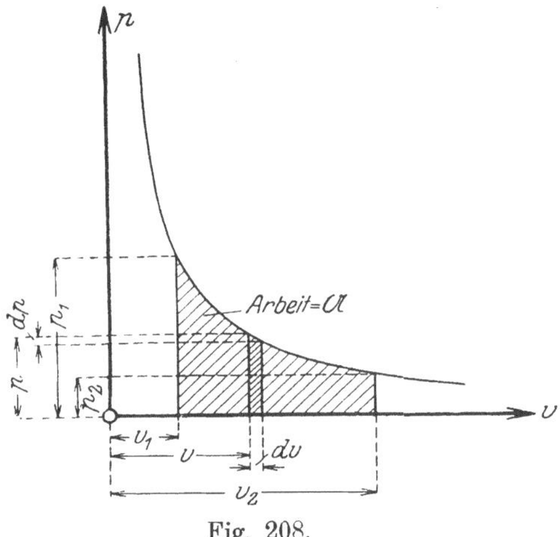

Fig. 208.

Die durch die Gasmenge von 1 kg geleistete Arbeit ergibt sich zu

$$\mathfrak{A} = \int_{v_1}^{v_2} p \cdot dv = p_1 \cdot v_1 \int_{v_1}^{v_2} \frac{dv}{v}$$

$$= p_1 \cdot v_1 \ln\left(\frac{v_2}{v_1}\right) = p_1 \cdot v_1 \ln\left(\frac{p_1}{p_2}\right)$$

$$= R \cdot T_1 \ln\left(\frac{p_1}{p_2}\right).$$

Die Arbeit $\mathfrak{A}$ ist durch die in Fig. 208 schraffierte Fläche dargestellt.

Die der Gasmenge von 1 kg zuzuführende Wärmemenge ist:

$$Q = A \cdot \mathfrak{A}.$$

4. Die Wärmemenge des Gases bleibt konstant.

Adiabatische Zustandsänderung. Volumen, Temperatur und Druck ändern sich. Man denke sich in einem Gefäße mit wärmeundurchlässigen Wandungen eine Gasmenge von 1 kg Gewicht unter dem Drucke p_1. Der Druck p_1 sei wieder durch einen belasteten Kolben erzeugt. Wird die Belastung des Kolbens verringert, so dehnt sich das Gas von Volumen v_1 auf das Volumen v_2 aus, bis es unter dem der verringerten Kolbenbelastung entsprechenden Drucke p_2 steht. Gleichzeitig sinkt die Temperatur von T_1 auf T_2. Die Wärmemenge, die durch die Temperaturzunahme $-(T_2 - T_1)$ frei wird, wird zur Erzeugung der Arbeit der Kolbenverschiebung benutzt.

Macht man die entsprechende Überlegung für eine unendlich kleine Entlastung des Kolbens, entsprechend einer Druckzunahme dp, Volumenzunahme dv und Temperaturänderung dT, so ist nach S. 167 die Wärmemenge, die aus der Temperaturänderung herrührt $c_p \frac{p}{R} dv$ (isodynamische Zustandsänderung), die aus der Volumenänderung herrührende Wärme (isometrische Zustandsänderung) $c_v \frac{v}{R} dp$. Da weder Wärme zukommt noch fortgeht, muß die Summe beider Werte Null sein, also:

$$0 = c_v \frac{v}{R} dp + c_p \frac{p}{R} dv$$

$$\frac{dp}{p} = -\frac{c_p}{c_v} \cdot \frac{dv}{v} = -n \frac{dv}{v}.$$

Die Integration ergibt:

$$\frac{p_1}{p_2} = \left(\frac{v_2}{v_1}\right)^n$$

Es ist weiterhin: $p_1 v_1 = R \cdot T_1$; $p_2 \cdot v_2 = R \cdot T_2$, also $p_1 : p_2 = T_1 \cdot v_2 : T_2 \cdot v_1$. Daher kann man auch schreiben:

$$\frac{T_1}{T_2} = \left(\frac{v_2}{v_1}\right)^{n-1} = \left(\frac{p_1}{p_2}\right)^{\frac{n-1}{n}}.$$

Die adiabatische Zustandsänderung wird durch eine Kurve nach Fig. 209 dargestellt. Über die Konstruktion der Kurve für verschiedene Werte von n siehe „Hütte", 19. Aufl. 1905, 1. Band, S. 299.

Die geleistete Arbeit folgt aus der Temperaturänderung

$$\mathfrak{A} = \frac{c_v}{A}(T_1 - T_2).$$

$\mathfrak{A}$ ist durch die in Fig. 209 schraffierte Fläche dargestellt.

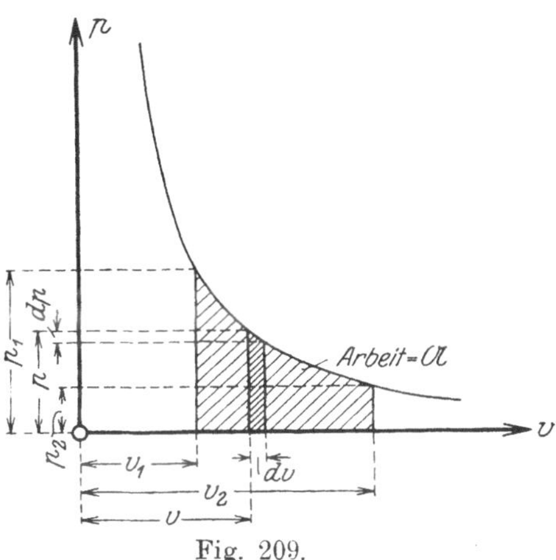

Fig. 209.

62. Der atmosphärische Luftdruck.

Literatur: Keck-Hotopp, Mechanik, 2. Teil. 4. Aufl. S. 220 u. 228. — Aug. Ritter, Lehrb. d. techn. Mech. 8. Aufl. S. 711.

Größe des atmosphärischen Luftdruckes.

Der Druck der atmosphärischen Luft beträgt bei mittlerem Barometerstande $p_0 = 1{,}0336$ kg/qcm. Das Gewicht eines m^3 Luft bei 0^0 Celsius und bei diesem Drucke p_0, die Dichte der Luft, beträgt $\gamma_0 = 1{,}293$ kg/m^3.

Beziehungen zwischen Luftdruck und Höhe bei konstanter Temperatur.

Da mit steigender Höhe der Luftdruck abnimmt, nimmt auch die Dichte der Luft mit wachsender Höhe ab. Es möge zunächst gleiche Temperatur in allen Höhenlagen vorausgesetzt sein. Ist G das Gewicht einer Luftsäule vom Querschnitt 1 und von der Höhe z (Fig. 210), p_0 der Druck an der unteren Fläche, p_z an der oberen Fläche, so erfordert das Gleichgewicht aller lotrechten Kräfte die Beziehung $p_z + G = p_0$. Die Differentiation nach z ergibt: $\frac{dp_z}{dz} = -\frac{dG}{dz}$. Ist γ_z die Dichte in der Höhe z, so ist $dG = \gamma_z \cdot dz$ also $dp_z = -\gamma_z \cdot dz$ und da $\gamma_z : \gamma_0 = p_z : p_0$ ist, so folgt $dp_z = -\frac{\gamma_0}{p_0} p_z \cdot dz$ oder $\frac{dp_z}{p_z} = -\frac{\gamma_0}{p_0} dz$.

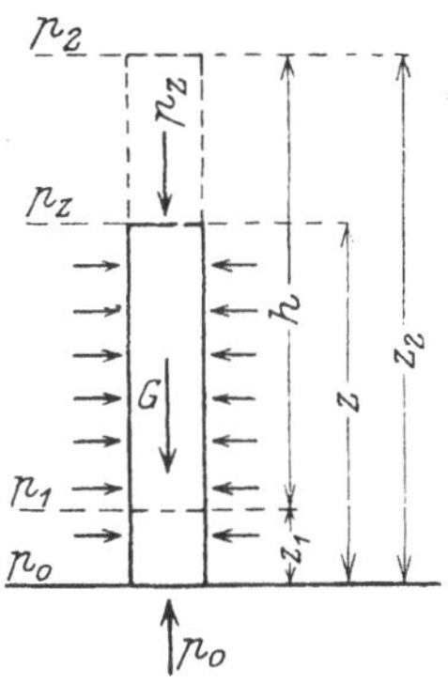

Die Integration gibt:

Fig. 210.

306) $$\ln p_z = -\frac{\gamma_0}{p_0} z + \text{Konst.}$$

Zwischen den Drücken p_1 und p_2 in den Höhen z_1 und z_2, wobei $z_2 - z_1 = h$ der Höhenunterschied ist, besteht die Gleichung:

306a) $$\ln\left(\frac{p_1}{p_2}\right) = -\frac{\gamma_0}{p_0}(z_1 - z_2) = +\frac{\gamma_0}{p_0} h$$

306b) $$h = \frac{p_0}{\gamma_0} \ln\left(\frac{p_1}{p_2}\right).$$

Bei Benutzung der Briggeschen Logarithmen und nach Einführung der Zahlenwerte von p_0 und γ_0 für 0^0 Celsius lautet die Gleichung:

306c) $$h = 18400 (\lg p_1 - \lg p_2),$$

worin h in Metern gerechnet ist.

Beziehungen zwischen Luftdruck und Höhe bei veränderlicher Temperatur.

Nimmt man an, daß die Temperatur von einem Werte t_1 (absolut $T_1 = 273 + t_1$) in der Höhe z_1 auf einen Wert t_2 (absolut $T_2 = 273 + t_2$) in der Höhe z_2 proportional abnimmt, so führt derselbe Rechnungsgang, wie für konstante Temperatur, jedoch unter Beachtung des Gay-Lussacschen Gesetzes zu der Gleichung:

$$\ln\left(\frac{p_1}{p_2}\right) = \frac{1}{R}\frac{h}{T_1 - T_2} \ln\left(\frac{T_1}{T_2}\right)$$

307) $$h = (T_1 - T_2) R \frac{\ln p_1 - \ln p_2}{\ln T_1 - \ln T_2} = (T_1 - T_2) R \frac{\lg p_1 - \lg p_2}{\lg T_1 - \lg T_2}.$$

(Beweis: Siehe Keck-Hotopp, Mechanik. 2. Teil. 4. Aufl. S. 230.)
Auf dieser Gleichung beruht die barometrische Höhenmessung.

Gleichungen für die barometrische Höhenmessung.

Die Temperatur wird gewöhnlich konstant zu

$$T = \frac{1}{2}(T_1 + T_2), \quad t = \frac{1}{2}(t_1 + t_2)$$

angenommen. Es entsteht dann die Gleichung

$$h = R \cdot T \cdot \ln\left(\frac{p_1}{p_2}\right) = 2{,}302\,585\, R \cdot T \cdot \lg\left(\frac{p_1}{p_2}\right).$$

Mit $R = 29{,}3$; $T = 273 + t$ lautet die Gleichung

308) $$h = 18464\,(1 + 0{,}003\,665\, t) \lg\left(\frac{p_1}{p_2}\right).$$

Für die Benutzung der Formel sind Tabellen aufgestellt (Jordan, Barometrische Höhentafeln).

Babinet entwickelt den Ausdruck $\lg\frac{p_1}{p_2}$ in einer Reihe, von der er nur das erste Glied berücksichtigt. Es entsteht die Gleichung

309) $$h = 16038\,(1 + 0{,}003\,665\, t) \frac{p_1 - p_2}{p_1 + p_2}.$$

Setzt man in Gleichung 309) noch $p = \frac{p_1 + p_2}{2}$ ($p =$ mittlerer Luftdruck), so lautet die Gleichung:

310) $$h = 8019\,(1 + 0{,}003\,665\, t) \frac{p_1 - p_2}{p}.$$

63. Der Auftrieb der atmosphärischen Luft.

Literatur: Keck-Hotopp, Mechanik. 2. Teil. 4. Aufl. S. 223. — Aug. Ritter, Lehrb. d. techn. Mech. 8. Aufl. S. 713.

Dieselben Überlegungen wie im Abschn. 58 für tropfbar flüssige Körper ergeben den Satz:

Der Auftrieb, den ein Körper vom Volumen V in der atmosphärischen Luft erleidet, ist gleich dem Gewichte des verdrängten Luftvolumens $D = \gamma \cdot V$. Er ist lotrecht nach aufwärts gerichtet und greift im Schwerpunkte des verdrängten Luftvolumens an.

Da die Dichte der Luft mit wachsender Höhe abnimmt, wird der Auftrieb kleiner, er ist also im Gegensatz zu tropfbar flüssigen Körpern veränderlich mit der Höhenlage.

Ist der Auftrieb D größer als das Gewicht des Körpers, so steigt der Körper in die Höhe (Luftballon). Bedeutet G das Gewicht der Ballonhülle und Gondel, $\gamma = 1{,}293$ kg/cbm die Dichte der Luft, γ_1 die Dichte des Füllgases ($\gamma_1 < \gamma$), so ergibt sich die Steighöhe unter Benutzung der Ergebnisse aus Abschn. 61 und 62 zu

311) $$h = 18\,400 \cdot \lg \left[\frac{V(\gamma - \gamma_1)}{G}\right].$$

C. Flüssige und gasförmige Körper.

64. Wirkung des Luftdruckes auf Flüssigkeiten.

Literatur: Keck-Hotopp, Mechanik. 2. Teil. 4. Aufl. S. 233. — Aug. Ritter, Lehrb. d. techn. Mech. 8. Aufl. S. 729.

Steighöhe.

Nach Abschn. 62, S. 169 übt der atmosphärische Luftdruck auf die Oberfläche einer Flüssigkeit einen Druck von $p_0 = 1{,}0336$ kg/qcm aus. Ist γ das spezifische Gewicht dieser Flüssigkeit, so folgt daraus, daß die Flüssigkeitshöhe

312) $$h_0 = \frac{p_0}{\gamma}$$

denselben Druck auf die Oberfläche ausübt, wie der atmosphärische Luftdruck.

Für Wasser mit $\gamma = 1000$ kg/cbm $= 0{,}001$ kg/cbcm ist

312a) $$h_0 = \frac{1{,}0336}{0{,}001} = 1033{,}6 \text{ cm} = 10{,}336 \text{ m}.$$

Für Quecksilber mit $\gamma = 13\,600$ kg/cbm $= 0{,}0136$ kg/cbcm ist

312b) $$h_0 = \frac{1{,}0336}{0{,}0136} = 76 \text{ cm} = 0{,}76 \text{ m}.$$

Barometer.

Auf diesen Ergebnissen beruhen die Apparate zum Messen von Gasdrücken, besonders des atmosphärischen Luftdruckes, die „Flüssigkeits-Barometer". Ein an einem Ende geschlossenes Rohr (Fig. 211) wird mit der betreffenden Flüssigkeit ge-

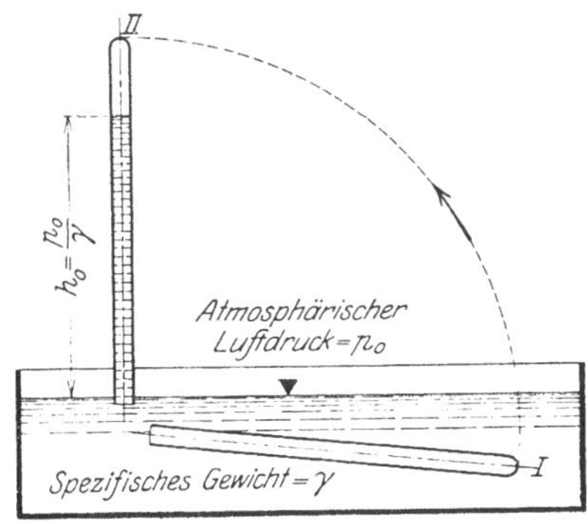

Fig. 211.

füllt und aus der Anfangslage I unterhalb der Oberfläche in die senkrechte Lage II gebracht, wobei das unverschlossene Rohrende immer unter der Oberfläche der Flüssigkeit bleiben muß. Das Ergebnis ist, daß die Flüssigkeit in dem Rohre bis auf den Wert $h_0 = \frac{p_0}{\gamma}$ sinkt. Mit wechselndem Drucke p_0 ändert sich h_0, was zum Messen der Drücke p_0 benutzt wird.

65. Die Taucherglocke, die Kolbenpumpe und der Heber.

1. Die Taucherglocke.

Literatur: Keck-Hotopp, Mechanik. 2. Teil. 4. Aufl. S. 240. — Aug. Ritter, Lehrb. d. techn. Mech. 8. Aufl. S. 735.

Eine Taucherglocke besteht aus einem oben geschlossenen, unten offenen prismatischen Gefäß, das, mit Luft gefüllt, mit dem offenen Ende auf das Wasser gesetzt wird (Fig. 212 Lage I) und durch das eigene Gewicht des Gefäßes oder durch angehängte Lasten unter die Wasseroberfläche gedrückt wird (Fig. 212, Lage II). Infolge des größeren Druckes tritt in der Lage II das Wasser um das Stück y in die Glocke hinein. Dadurch steigt der Luftdruck in der Glocke von dem Werte p_0 des atmosphärischen Luftdruckes auf einen Wert p_1. Wird angenommen, daß die Temperatur in der Glocke dieselbe bleibt, so besteht nach Abschnitt 60 S. 164 Gl. 303) die Gleichung:

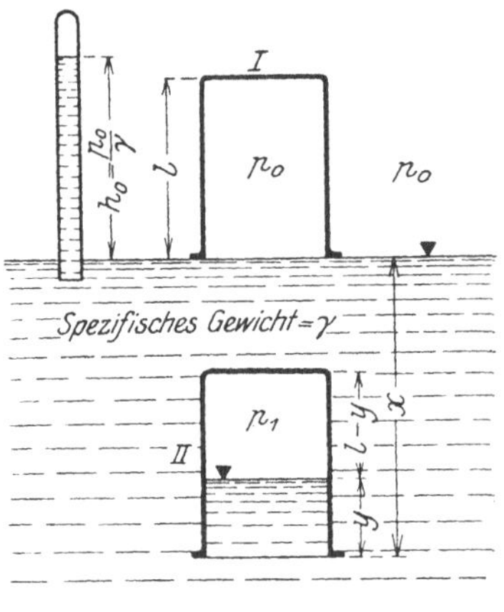

Fig. 212.

$$p_0 : p_1 = (l - y) : l.$$

Da sich in der Lage II aber innerer Luftdruck mit dem äußeren Wasserdruck im Gleichgewichte befinden muß, ist auch:

$$p_1 = \gamma \cdot (x - y) + p_0.$$

Setzt man noch für p_0 den Wert $\gamma \cdot h_0$ aus Abschnitt 64 Gl. 312) ein, so lautet die Lösung nach x:

313) $$x = y\left(1 + \frac{h_0}{l - y}\right).$$

Die Lösung nach y lautet:

313a) $$y = \frac{h_0 + l + x}{2} - \sqrt{\left(\frac{h_0 + l + x}{2}\right)^2 - l \cdot x}.$$

2. Die Kolbenpumpe.

Literatur: Keck-Hotopp, Mechanik. 2. Teil. 4. Aufl. S. 237. — Aug. Ritter, Lehrb. d. techn. Mech. 8. Aufl. S. 731.

In eine Flüssigkeit vom spezifischen Gewicht γ taucht nach Fig. 213 ein Rohr vom Querschnitte F, in dem sich ein beweglicher gegen die Rohrwand gedichteter Kolben befindet. Wird der Kolben aus seiner Anfangslage I durch eine Kraft K um eine Höhe h_1 in die Lage II hochgezogen, so drückt der äußere Luftdruck p_0 die Flüssigkeit in die untere Rohröffnung. An der

Unterseite des Kolbens herrsche ein Druck p_1. Er errechnet sich aus der Nullsetzung aller lotrechten Kräfte an der Wassersäule h_1:

$$h_1 \cdot \gamma + p_1 - p_0 = 0; \quad p_1 = p_0 - h_1 \cdot \gamma.$$

p_1 wird Null für einen Wert h_0 von h_1 (Lage III Fig. 213).

$$h_0 = \frac{p_0}{\gamma}.$$

Am Kolben greifen die Kräfte K, $p_0 \cdot F$ und $p_1 \cdot F$ an, deren Summe Null sein muß.

$$K + p_1 \cdot F - p_0 \cdot F = 0$$

$$K = F(p_0 - p_1) = F \cdot h_1 \cdot \gamma.$$

Wird $h_1 > h_0$ (Lage IV Fig. 213), so reißt die Flüssigkeitssäule vom Kolben ab. Unter dem Kolben entsteht ein luftleerer Raum mit dem Drucke Null. Die Maximal-Saughöhe ist also

$$h_{max} = h_0 = p_0 : \gamma.$$

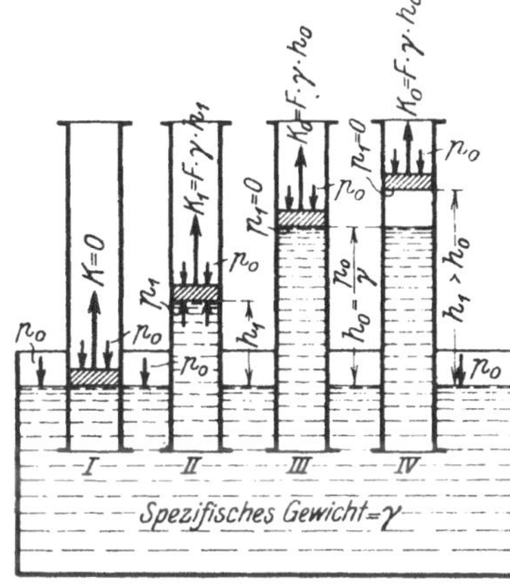

Fig. 213.

Für die Praxis verringert sich dieser Wert infolge der Verdampfung der Flüssigkeit unter vermindertem Druck und des dadurch entstehenden Druckes unter dem Kolben. Außerdem wirkt das bei Pumpen erforderliche Saugventil auf die Saughöhe vermindernd. Für Wasser ist mit $p_0 = 10\,336$ kg/qm, $\gamma = 1000$ kg/m³ die theoretische Saughöhe $h_0 = 10{,}336$ m. Tatsächlich ist ein Ansaugen bis nur etwa 10,0 m möglich.

3. Der Heber.

Literatur: Keck-Hotopp, Mechanik. 2. Teil. 4. Aufl. S. 239. — Aug. Ritter, Lehrb. d. techn. Mech. 8. Aufl. S. 732.

Ein Heber besteht im Prinzip aus einem U-förmig gebogenen Rohr, dessen offene Enden in die Flüssigkeiten zweier Behälter I und II der Fig. 214 tauchen. Der Flüssigkeitsspiegel in dem Behälter I liegt um die Höhe h höher als der im Behälter II. Das spezifische Gewicht der Flüssigkeit sei γ, der äußere Luftdruck p_0.

Man denke sich beide Rohrenden A und C durch geeignete Klappen verschlossen und nun das ganze Rohr mittels eines Stutzens an der höchsten Stelle bei B mit Flüssigkeit gefüllt. Bei B sei ein Schieber angebracht, der nach Füllung des Heberrohres verschlossen wird. Werden jetzt die beiden Klappen bei A und C geöffnet, so bilden sich links und rechts vom Schieber B die Drücke p_1 und p_2, die sich errechnen zu:

$$p_1 = p_0 - \gamma \cdot h_1; \quad p_2 = p_0 - \gamma \cdot h_2.$$

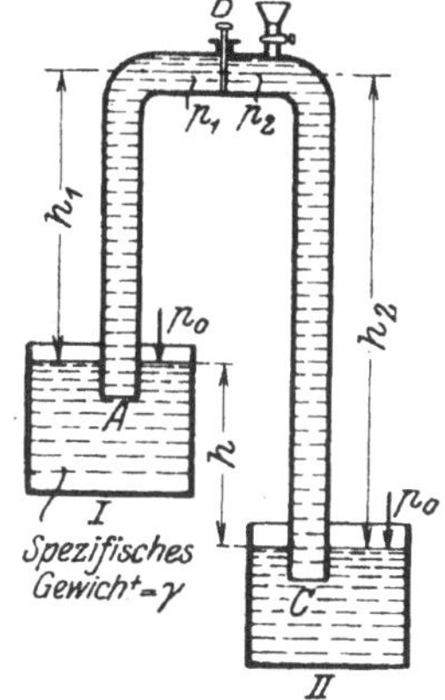

Fig. 214.

Da $h_2 > h_1$ ist, ist $p_1 > p_2$. Wird also Schieber B geöffnet, so wird unter der Wirkung des Druckunterschiedes $p_1 - p_2$ die Flüssigkeit in Bewegung geraten und vom Behälter I in den Behälter II abfließen. Das Druckgefälle ist

$$\Delta p = p_1 - p_2 = \gamma(h_2 - h_1) = \gamma \cdot h. \tag{314}$$

Für p_0 kann man noch einführen $\gamma \cdot h_0$. Damit wird:

$$p_1 = \gamma(h_0 - h_1); \quad p_2 = \gamma(h_0 - h_2).$$

So lange $h_1 < h_0$ ist, ist $p_1 > 0$, für $h_1 = h_0$ ist $p_1 = 0$. Ebenso ist für $h_2 < h_0$, $p_2 > 0$, für $h_2 = h_0$ ist $p_2 = 0$.

Wird $h_2 > h_0$ und $h_1 < h_0$, so entsteht rechts vom Schieber B der Druck $p_2 = 0$ und es bildet sich ein luftleerer Raum, nach Öffnung des Schiebers B herrscht also ein Druckgefälle

$$\Delta p = p_1 - p_2 = p_1 - 0 = p_0 - \gamma \cdot h_1 = \gamma(h_0 - h_1).$$

Wird $h_1 = 0$, so ist $p_1 = p_0$, p_1 hat seinen Maximalwert.

Wächst jetzt h_2 von $h_2 = 0$ auf $h_2 = h_0$, so fällt p_2 von $p_2 = p_0$ auf $p_2 = 0$, für $h_2 > h_0$ bleibt $p_2 = 0$ bestehen. Der Maximalwert des Druckgefälles ist also

$$\Delta p_{max} = \gamma \cdot h_0 \text{ für } h_1 = 0, \ h_2 \geqq h_0.$$

Wächst h_1, so fällt p_1 und für $h_1 = h_0$ ist $p_1 = 0$ und bleibt Null für $h_1 > h_0$. Das Druckgefälle ist $\Delta p = 0$. Die Heberwirkung hört auf.

Es gelten also folgende Gesetze für den Heber:

1. Die Saughöhe muß sein $h_1 < h_0$.
2. Die Höhe h_2 ist unbeschränkt.
3. Das maximale Druckgefälle ist $\Delta p_{max} = \gamma \cdot h_0$, d. h. Gleichung 314) $\Delta p = \gamma \cdot h$ gilt nur bis an den Grenzwert $h = h_0$.

D. Relatives Gleichgewicht von Flüssigkeiten.

66. Relatives Gleichgewicht einer beschleunigt fortschreitenden Flüssigkeit.

Literatur: Keck-Hotopp, Mechanik. 2. Teil. 4. Aufl. S. 211. — Aug. Ritter, Lehrb. d. techn. Mech. 8. Aufl. S. 743.

Ein Gefäß sei mit einer Flüssigkeit vom spezifischen Gewichte γ gefüllt (Fig. 215). So lange das Gefäß in Ruhe ist, nimmt die Oberfläche der Flüssigkeit eine wagerechte Ebene ein. Auf jedes Massenteilchen in der Flüssigkeit wirkt die Erdbeschleunigung g und ruft eine Kraft $m \cdot g$ hervor. Wird nun dem ganzen Gefäße eine Beschleunigung $g' = n \cdot g$, unter einem Winkel α gegen die Wagerechte gerichtet, erteilt, so setzt, entsprechend dem d'Alembertschen Prinzip (Abschnitt 33, S. 81), jedes Massenteilchen m der Bewegung einen Widerstand $m \cdot g' = m \cdot n \cdot g$ entgegen. Die beiden Kräfte $m \cdot g$ lotrecht und $m \cdot n \cdot g$ unter α gegen die Wagerechte geneigt, geben eine Mittelkraft K, die unter dem Winkel β gegen die Lotrechte geneigt ist.

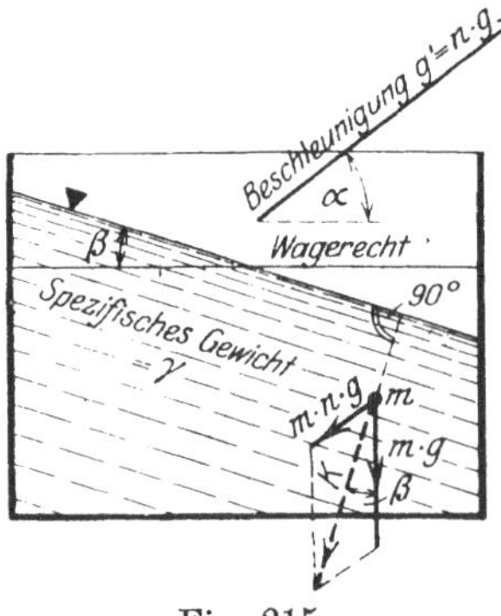

Fig. 215.

Nach dem im Abschnitt 57, S. 159 Gesagten wird sich dann auch die Oberfläche der Flüssigkeit unter einem Winkel β gegen die Wagerechte geneigt einstellen.

Die Kräfte K und $m \cdot n \cdot g$ wagerecht und lotrecht zerlegt, gibt die beiden Gleichungen

$$K \cdot \sin\beta = m \cdot n \cdot g \cdot \cos\alpha$$

$$K \cdot \cos\beta = m \cdot n \cdot g \cdot \sin\alpha + m \cdot g.$$

Daraus folgt der Winkel β durch Division beider Gleichungen zu

315) $$\operatorname{tg}\beta = \frac{n \cdot \cos\alpha}{1 + n \cdot \sin\alpha}$$

$$\alpha = 0 \text{ gibt } \operatorname{tg}\beta = n$$
$$\alpha = 90^0 \text{ gibt } \operatorname{tg}\beta = 0,\ \beta = 0^0.$$

67. Relatives Gleichgewicht einer rotierenden Flüssigkeit.

Literatur: Keck-Hotopp, Mechanik. 2. Teil. 4. Aufl. S. 212 u. 238. — Aug. Ritter, Lehrb. d. techn. Mechan. 8. Aufl. S. 745.

Kreiselpumpen. Turbinen.

Ein mit einer Flüssigkeit vom spezifischen Gewichte γ gefüllter zylindrischer Behälter werde mitsamt der Flüssigkeit in Rotation versetzt (Fig. 216). Die Winkelgeschwindigkeit sei ω. Dann erleidet ein im Abstande x von der Drehachse befindliches Massenteilchen m eine Zentrifugalbeschleunigung $\gamma_\omega = \omega^2 \cdot x$ (Abschnitt 6, S. 8).

Infolge dieser Beschleunigung γ_ω übt das Massenteilchen m eine wagerechte Kraft $H = \gamma_\omega \cdot m = m \cdot x \cdot \omega^2$ aus. Ferner unterliegt es noch der lotrecht wirkenden Schwerkraft $m \cdot g$. Die Oberfläche steht dann senkrecht zur Mittelkraft aus $m \cdot x \cdot \omega^2$ und $m \cdot g$, ist also gegen die Wagerechte unter einem Winkel α geneigt. α ist abhängig von x, die Oberfläche der Flüssigkeit bildet daher eine Kurve. Ist y die zur Abszisse x gehörige Ordinate der Oberfläche, so ist

$$\operatorname{tg}\alpha = \frac{dy}{dx} = \frac{m \cdot x \cdot \omega^2}{m \cdot g}.$$

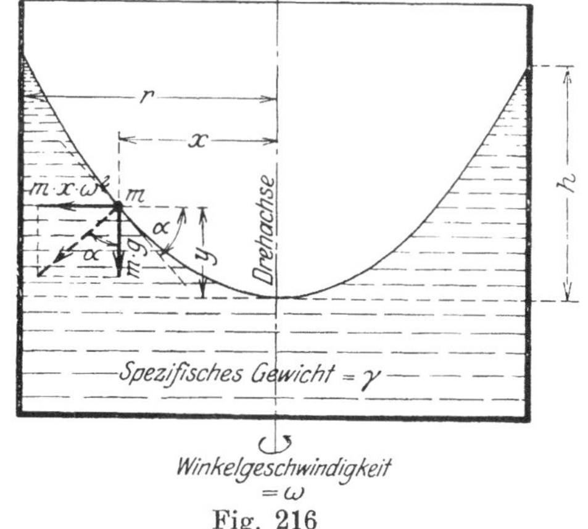

Fig. 216

Die Integration gibt

316) $$y = \frac{\omega^2 \cdot x^2}{2g} = \frac{v_x^2}{2g}$$

wenn v_x die Geschwindigkeit im Abstande x von der Drehachse ist.

Die Oberfläche der Flüssigkeit bildet ein Rotationsparaboloid.

Die Steighöhe h ergibt sich für $x = r$ zu

316a) $$h = \frac{\omega^2 \cdot r^2}{2g} = \frac{v_n^2}{2g}$$

wenn v_n die lineare Geschwindigkeit des Umfanges ist.

Kreiselpumpen.

Literatur: Keck-Hotopp, Mechanik. 2. Teil. 4. Aufl. S. 216 u. 238. — Aug. Ritter, Lehrb. d. techn. Mech. 8. Aufl. S. 748. — Herrmann, Turbinen u. Kreiselpumpen. — Müller, Francisturbinen u. die Entwicklg. des modernen Turbinenbaues (Hannover 1901). — Graf, Theorie der Turbinen (München 1904). — Danckwerts, Die Grundlagen der Turbinenberechnung (Wiesbaden 1904). Sonderabdr. aus d. Zschr. d. Hannov. Arch. u. Ing.-Vereins 1904: — Zeuner, Theorie der Turbinen (Leipzig 1899). — Pfarr, Zschr. d. Vereins deutsch. Ing. 1897. Die Turbinen.

Das soeben gefundene Ergebnis, daß es möglich ist, eine Flüssigkeit durch Rotation auf eine Höhe h zu heben, wird in der Kreiselpumpe praktisch verwertet. Die Rotation der Flüssigkeit wird durch ein Schaufelrad, das sich um eine Achse dreht, hervorgerufen (Fig. 217).

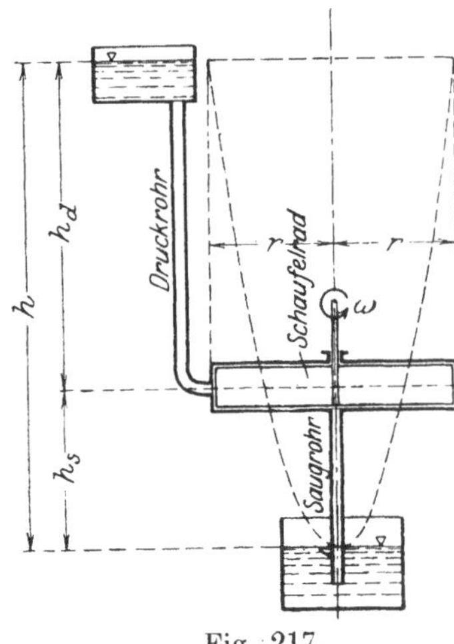

Fig. 217.

Ist h der Höhenunterschied zwischen zwei Flüssigkeitsspiegeln, h_s die Höhe von der Drehachse bis zum unteren, h_d bis zum oberen Flüssigkeitsspiegel (h_s = Saughöhe, h_d = Druckhöhe), so muß die Umfangsgeschwindigkeit der Flüssigkeit in der Trommel

$$317)\quad v_n = \sqrt{2g(h_s + h_d)} = \sqrt{2gh} = \omega \cdot r$$

sein, damit die Flüssigkeit im Gleichgewicht ist. Soll Flüssigkeit vom unteren in den oberen Behälter gefördert werden, so muß v_n größer als der Wert aus Gleichung 317) sein.

Die Saughöhe muß sein $h_s < h_0$, wenn $h_0 = \frac{p_0}{\gamma}$ die Flüssigkeitssäule ist, die dem atmosphärischen Luftdruck entspricht.

So lange $v_n = \sqrt{2gh}$, ist, abgesehen von der Überwindung der Reibungswiderstände, keine Arbeit zur Aufrechterhaltung des Gleichgewichtzustandes zu leisten. Erst wenn bei $v > \sqrt{2gh}$ eine Flüssigkeitsförderung auf die Höhe h einsetzt, muß bei der Drehung des Schaufelrades Arbeit geleistet werden, die sich aus dem Produkte der geförderten Flüssigkeitsmenge und dem Höhenunterschiede h errechnet.

Turbinen.

Eine Turbine kann als Umkehrung einer Kreiselpumpe aufgefaßt werden. Ist ein Druckhöhengefälle h vorhanden, so besteht bei einer Umfangsgeschwindigkeit $v_n = \sqrt{2gh}$ Gleichgewicht. Wird $v_n < \sqrt{2gh}$, so fließt Flüssigkeit durch die Turbine und das Schaufelrad muß, wenn v_n dasselbe bleiben soll, eine Arbeit leisten, die sich wieder aus dem Produkte von durchfließender Flüssigkeitsmenge und Höhenunterschied errechnet. Auch hierbei ist von der zur Überwindung der Reibungswiderstände erforderlichen Arbeit abgesehen.

VIII. Dynamik flüssiger und gasförmiger Körper.

68. Der freie Ausfluß von Flüssigkeiten aus Gefäßen.

Literatur: Keck-Hotopp, Mechanik. 2. Teil. 4. Aufl. S. 247. — Tolkmitt, Grundlagen der Wasserbaukunst. 2. Aufl. S. 85. — Aug. Ritter, Lehrb. d. techn. Mechanik. 8. Aufl. S. 753, 777. — Föppl, Vorlesg. über techn. Mech. I. Bd. 6. Aufl. S. 360.

Allgemeines.

In dem Boden eines Gefäßes (Fig. 218) befinde sich eine Öffnung, über dieser laste eine Flüssigkeitssäule h. Der Flüssigkeitsdruck an der Öffnung hat dann den Wert $p = \gamma \cdot h$. Unter der Wirkung dieses Druckes strömt die Flüssigkeit mit einer Geschwindigkeit v aus der Öffnung aus. Wird von Reibung der Flüssigkeit, inneren Strömungswiderständen usw. abgesehen, so ergibt sich die „ideelle Ausflußgeschwindigkeit" v_i. Dieser gegenüber steht die „wirkliche Ausflußgeschwindigkeit" v, unter Mitwirkung aller

Störungswiderstände entstehend. Die Ableitung für den Ausdruck der Ausflußgeschwindigkeit möge hier umgangen werden. Es gilt folgender Satz:

Die ideelle Ausflußgeschwindigkeit v_i ist unabhängig von der Art der Flüssigkeit. Sie ist nur durch die Höhe h der Flüssigkeitssäule über der Öffnung bedingt und steht zu dieser in derselben Beziehung wie Fallgeschwindigkeit zu Fallhöhe. Es gilt die Gleichung:

318) $$v_i = \sqrt{2g \cdot h}.$$

Ist F der Querschnitt der Öffnung, so ist die in der Zeiteinheit ausfließende Wassermenge, die „ideelle Ausflußmenge“:

319) $$Q_i = F \cdot v_i = F\sqrt{2gh}.$$

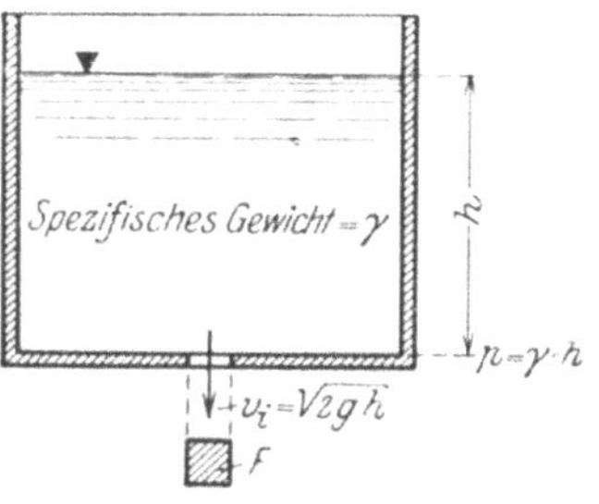

Fig. 218.

Ausfluß aus einer Seitenöffnung.

Dieselben Sätze gelten auch für eine Seitenöffnung (Fig. 219), wenn die Höhenausdehnung der Öffnung im Verhältnis zur Druckhöhe h klein ist, der Druck $p = \gamma \cdot h$ also für die ganze Öffnung als konstant angesehen werden kann.

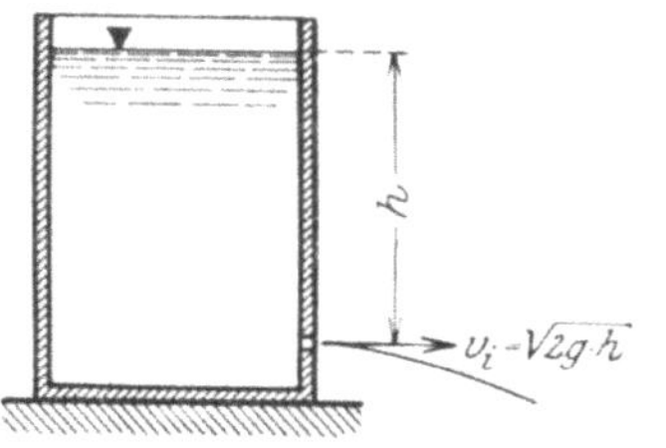

Fig. 219.

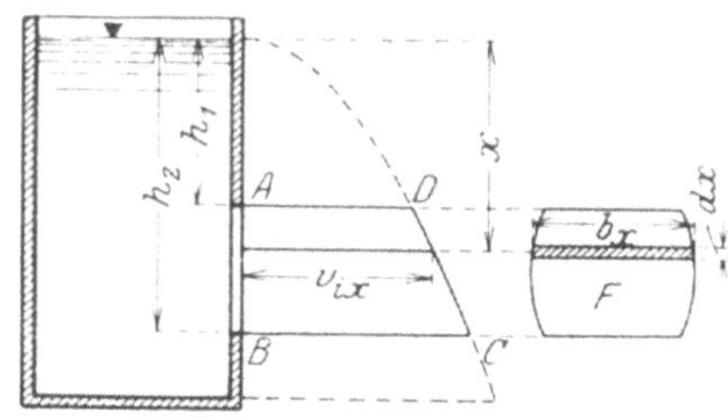

Fig. 220.

Bei größeren Höhenausdehnungen der Öffnung (Fig. 220) ist der Druck an den verschiedenen Punkten der Öffnung verschieden, die Ausflußgeschwindigkeit also ebenfalls. Die Ausflußgeschwindigkeit und die aus dem Öffnungsteilchen $dF = b_x \cdot dx$ in der Tiefe x unter dem Wasserspiegel in der Zeiteinheit ausfließende Wassermenge ist:

$$v_{ix} = \sqrt{2gx}; \quad dQ_i = dF \cdot \sqrt{2g \cdot x}.$$

Die gesamte Ausflußmenge ist dann:

320) $$Q_i = \sqrt{2g}\int_{h_1}^{h_2} dF \cdot \sqrt{x} = \sqrt{2g}\int_{h_1}^{h_2} b_x \cdot \sqrt{x}\,dx.$$

v_x steht zu x in parabolischer Beziehung. Ein Körper, dessen Grundfläche die Ausflußöffnung und dessen andre Fläche von der Parabelbogenfläche CD gebildet wird, stellt die in der Zeiteinheit ausfließende ideelle Wassermenge dar. ABCD ist die Projektion dieses Wasserkörpers.

Für einen rechteckigen Querschnitt von der Breite b ist:

320a) $$Q_i = b\sqrt{2g}\int_{h_1}^{h_2} \sqrt{x}\,dx = \frac{2}{3} b\sqrt{2g}[h_2^{\frac{3}{2}} - h_1^{\frac{3}{2}}].$$

Für $h_1 = 0$, $h_2 = h =$ Rechteckhöhe, ist:

320 b) $$Q_i = \frac{2}{3} b h \sqrt{2gh} = \frac{2}{3} F \sqrt{2gh}.$$

Einfluß von Reibungswiderständen auf Ausflußgeschwindigkeit und Ausflußmenge.

Die tatsächlich auftretende „wirkliche Ausflußgeschwindigkeit“ v und „wirkliche Ausflußmenge“ Q ist immer kleiner als die in den Gleichungen 318) und 319) errechneten „ideellen“ Werte, da die Reibung der Flüssigkeit an den Gefäßwandungen die Geschwindigkeit und die Einschnürung des ausfließenden Strahles die Ausflußmenge beeinflussen. Das Verhältnis φ der wirklichen zur ideellen Ausflußgeschwindigkeit

$$\varphi = \frac{v}{v_i}$$

heißt „Geschwindigkeitsziffer“.

Die wirkliche Geschwindigkeit ist

321) $$v = \varphi \sqrt{2gh}.$$

Ebenso erklärt sich das Verhältnis ψ der wirklichen zur ideellen Ausflußmenge

$$\psi = \frac{Q}{Q_i}$$

als „Einschnürungsziffer“.

Die wirkliche Ausflußmenge ist:

322) $$Q = \psi F \cdot v = \psi \cdot \varphi F \sqrt{2gh} = \mu \cdot F \sqrt{2gh}.$$

Das Produkt $\psi \cdot \varphi = \mu$ wird „Ausflußziffer“ genannt.

Mittelwerte von φ, ψ und μ für Wasser sind

$$\varphi = 0{,}95; \quad \psi = 0{,}65; \quad \mu = 0{,}62.$$

In Wirklichkeit sind die Koeffizienten abhängig von der Druckhöhe, der Querschnittsform der Ausflußöffnung, der Lage der Ausflußöffnung in der Gefäßwand, der Dicke der Gefäßwand und der Art der Flüssigkeit.

69. Der hydraulische Druck.

Literatur: Keck-Hotopp, Mechanik. 2. Teil. 4. Aufl. S. 278. — Aug. Ritter, Lehrb. d. techn. Mech. 8. Aufl. S. 763. — Föppl, Vorlesg. über techn. Mech. I. Bd. 6. Aufl. S. 368 (Strahlpumpen). — Tolkmitt, Die Grundlagen der Wasserbaukunst. 2. Aufl. S. 101.

Unterschied zwischen hydrostatischem und hydraulischem Druck.

Nach Abschnitt 57, S. 159 übt eine in Ruhe befindliche Flüssigkeit vom spezifischen Gewichte γ in der Tiefe t einen nach allen Richtungen gleich großen „hydrostatischen Druck“ $p = \gamma \cdot t$ aus. In Fig. 221 sei an ein Gefäß ein Rohr mit veränderlichem Querschnitt angesetzt. An verschiedenen Stellen seien auf dieses Rohr dünne Röhrchen, sog. „Piëzometer-Rohre“, aufgesetzt. So lange die Endöffnung A des Rohres verschlossen ist, die Flüssigkeit sich also in Ruhe befindet, herrscht in dem Rohre hydrostatischer Druck, die Flüssigkeit in den aufgesetzten Röhrchen steht überall gleich hoch mit dem Flüssigkeitsspiegel im Gefäße.

Nun werde das Rohr bei A geöffnet. Die Flüssigkeit kommt in Bewegung und fließt bei A mit einer Geschwindigkeit v_a aus. Während vorher bei A der Druck $\gamma \cdot h$ herrschte, ist er jetzt zu Null geworden. Wird von allen Störungserscheinungen, Einschnürung, Reibung usw. abgesehen, so ist an Stelle des Druckes $p = \gamma \cdot h$ in A die Geschwindigkeit $v_a = \sqrt{2g \cdot h}$ getreten. Dieselbe Wassermenge Q, die bei A ausfließt, muß auch an jeder anderen Stelle durch das Rohr laufen. Sind F_a und F_b die Rohrquerschnitte bei A und B,

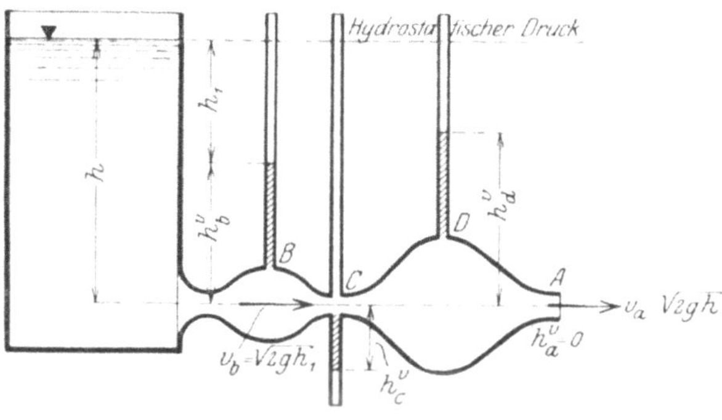

Fig. 221.

$$v_a = \frac{Q}{F_a}, \quad v_b = \frac{Q}{F_b}$$

die Geschwindigkeiten bei A und B, so ist zur Erzeugung der Geschwindigkeit v_b eine Druckhöhe h_1 erforderlich, die sich aus dem Arbeitsvermögen der Flüssigkeitsmenge Q errechnet:

$$v_b = \sqrt{2gh_1}; \quad h_1 = \frac{v_b^2}{2g}.$$

Der in B tatsächlich vorhandene Druck ist also nicht mehr gleich dem der Flüssigkeitssäule h, $p = \gamma \cdot h$, sondern

$$p^v = p - \frac{v_b^2}{2g}\gamma,$$

oder in Flüssigkeitssäule ausgedrückt, die sich in den Piëzometerrohren zeigt,

323) $$h_b^v = h - \frac{v_b^2}{2g}.$$

Diese Druckhöhe h_b^v im Punkte B wird „hydraulischer Druck“ genannt. Für ihn gilt der Satz:

Der hydraulische Druck ist gleich dem hydrostatischen Drucke, vermindert um die Druckhöhe, die erforderlich ist, um die in dem betreffenden Punkte vorhandene Geschwindigkeitserhöhung zu erzeugen.

Der hydraulische Druck kann positiv und negativ sein. An sehr engen Stellen des Rohres, an denen eine Geschwindigkeit $v > \sqrt{2gh}$ erforderlich ist, um die Menge Q durchzuführen, ist der hydraulische Druck negativ, ist $v < \sqrt{2gh}$, so ist er positiv, bei $v = \sqrt{2gh}$ ist er gleich Null.

70. Drückhöhenverlust infolge plötzlicher Querschnittsänderungen.

Literatur: Keck-Hotopp, Mechanik. 2. Teil. 4. Aufl. S. 265. — Aug. Ritter, Lehrb. d. techn. Mech. 8. Aufl. S. 768. — Föppl, Vorlesg. über Mechanik. VI. Bd. S. 465 flg. — Danckwerts, Der Stoß des Wassers (Wiesbaden 1916). Sonderabdr. aus Zschr. d. Hannov. Arch.- u. Ing.-Vereins 1906. — Rühlmann, Hydromechanik § 178. — Tallquist, Technische Mechanik (Helsingfors 1904). — Wien, Hydrodynamik (Leipzig 1900). — Krey, Zschr. d. Hannov. Archit- u. Ingen.-Vereins 1904. — Krey, Zentralbl. d. Bauverw. 1904. S. 635. — Lieckfeld, Zentralbl. d. Bauverw. 1903. S. 497. — Danckwerts, Die Grundlagen d. Turbinenberechng § 2 (Wiesbaden 1904). Sonderabdr. aus Zschr. d. Hannov. Arch.- u. Ing.-Vereins 1904.

Der Stoßverlust.

Für die Ableitungen in den Abschnitten 68 bis 69 war Voraussetzung, daß die Querschnitte allmählich ineinander übergingen, daß also die Geschwindigkeitsänderung sich allmählich in endlichen Zeiträumen vollzog.

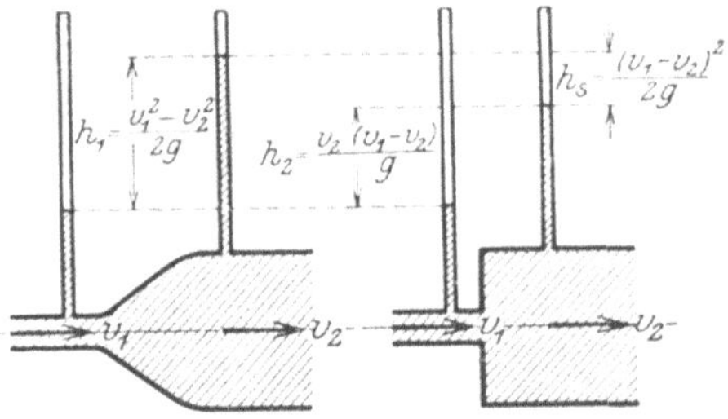

Fig. 222a. Fig. 222b.

Ändert sich der Rohrquerschnitt (Fig. 222b) dagegen plötzlich, so muß die Geschwindigkeit v_1 in einem unendlich kleinen Zeitraume in die Geschwindigkeit v_2 übergehen, die Flüssigkeit stößt mit der Geschwindigkeit v_1 auf die Flüssigkeit mit der Geschwindigkeit v_2. Da nun Flüssigkeiten als fast vollkommen unelastisch gelten können, gilt für den Stoß eines Flüssigkeitsmassenteilchens m mit der Geschwindigkeit v_1 auf eine Masse M mit der Geschwindigkeit v_2 die Stoßformel Gleichung 287a) in Abschnitt 53 S. 155. Der Arbeitsverlust infolge des Stoßes ist

$$A_s = \frac{1}{2}\frac{M \cdot m}{M + m}(v_1 - v_2)^2 = \frac{m}{1 + \frac{m}{M}} \frac{(v_1 - v_2)^2}{2}.$$

Da nun m gegen M als unendlich klein angesehen werden kann, ist:

$$A_s = m \frac{(v_1 - v_2)^2}{2}.$$

Bezeichnet h_s den Verlust an Druckhöhe, der diesem Verluste an Arbeitsvermögen entspricht, so muß sein

$$m \cdot g \cdot h_s = m \frac{(v_1 - v_2)^2}{2}$$

324) $$h_s = \frac{(v_1 - v_2)^2}{2g}.$$

Fig. 222a u. b zeigt einen Vergleich der hydraulischen Drücke bei allmählicher und plötzlicher Querschnittsänderung. Im ersteren Falle wird die ganze Geschwindigkeitsänderung in einer Druckhöhe $h_1 = \frac{v_1^2 - v_2^2}{2g}$ zurückgewonnen. Im letzteren Falle dagegen geht von diesem Drucke der Druckverlust

$$h_s = \frac{(v_1 - v_2)^2}{2g}$$

ab, das im weiteren Rohre in Form von Druckhöhe wiedergewonnene Arbeitsvermögen ist also

$$h_2 = h_1 - \frac{(v_1 - v_2)^2}{2g} = \frac{v_1^2 - v_2^2 - v_1^2 - v_2^2 + 2 v_1 v_2}{2g} = \frac{v_2 (v_1 - v_2)}{g} < h_1.$$

71. Gleichförmige Bewegung von Flüssigkeiten in Röhren.

Literatur: Tolkmitt, Grundlagen der Wasserbaukunst. 2. Aufl. S. 95. — Keck-Hotopp. Mechanik. 2. Teil. 4. Aufl. S. 296. — Aug. Ritter, Lehrb. d. techn. Mech. 8. Aufl. S. 781.

Allgemeines.

Der Bewegung einer Flüssigkeit durch ein Rohr stellt sich, ähnlich wie bei der Bewegung fester Körper, der Reibungswiderstand entgegen. Der auftretende Widerstand ist annähernd proportional der Rohrlänge l und dem benetzten Rohrumfange u, d. h. annähernd proportional der Berührungsfläche im Rohre, ferner annähernd proportional der Geschwindigkeitshöhe $h = \frac{v^2}{2g}$, oder, was dasselbe ist, dem Quadrate der Geschwindigkeit, und umgekehrt proportional der Querschnittsfläche F des Rohres. Ist ξ der aus Versuchen zu ermittelnde Proportionalitätsfaktor, so ist der Reibungswiderstand als Druckhöhenverlust ausgedrückt:

325) $$w = \xi \frac{u \cdot l}{F} \frac{v^2}{2g}.$$

Rohr mit Kreisquerschnitt.

Für Kreisquerschnitte mit dem Durchmesser d ist

$$u = d\pi \qquad F = \frac{d^2\pi}{4}; \qquad \text{also:}$$

325a) $$w = \xi \frac{4l}{d} \frac{v^2}{2g} = \lambda \frac{l}{d} \frac{v^2}{2g}.$$

Der Koeffizient $\lambda = 4\xi$ wird „Widerstandsziffer kreisförmiger Rohre" genannt. Für Wasser ist angenähert $\lambda = 0{,}03$, also $\xi = 0{,}0075$. Der Druck im Rohre nimmt bei gleichbleibender Rohrabmessung nach einer geraden Linie ab (Fig. 223). Der infolge der Reibung auf einer Strecke l auftretende Druckhöhenverlust errechnet sich nach Gleichung 325).

Bezeichnet man den Druckhöhenabfall für die Längeneinheit des Rohres, $\frac{w}{l} = J$, mit „Gefälle", so ergibt Gleichung 325):

$$\frac{w}{l} = J = \frac{\xi u}{F} \frac{v^2}{2g},$$

daraus

326) $$v = \sqrt{\frac{2g}{\xi}} \sqrt{\frac{F}{u}} J = k \sqrt{R \cdot J},$$

wenn

$$\sqrt{\frac{2g}{\xi}} = k \quad \text{und} \quad \frac{F}{u} = R$$

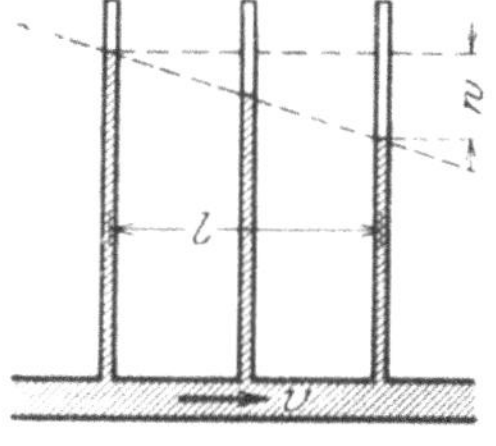

Fig. 223.

als „reibender Radius" bezeichnet sind. $\xi = 0{,}0075$ ergibt $k = 51{,}2$. Gleichung 326) wird nach dem Entdecker die „Chézy-Eytelweinsche Formel" genannt.

Widerstand eines sich verjüngenden Rohres mit Kreisquerschnitt (Düse).

Hat das Rohr die Form eines Kegelstumpfes (Fig. 224), so ist der Widerstand in Druckhöhe für die Strecke dx:

$$dh = \lambda \frac{dx}{z} \frac{v_x^2}{2g}.$$

Ferner ist:

$$v_x = v \frac{D^2}{z^2}; \qquad \frac{D - z}{D - d} = \frac{x}{l}$$

oder

$$-dz = \frac{D - d}{l} dx.$$

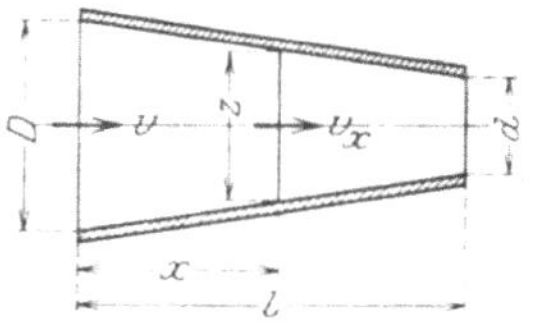

Fig. 224.

Diese Werte in die Gleichung für dh eingesetzt, geben:

$$dh = -\lambda \frac{l}{D-d} \frac{v^2 D^4}{2gz^5} dz.$$

Die Integration gibt den Gesamtwiderstand:

327) $$h = -\lambda \frac{l D^4}{D-d} \frac{v^2}{2g} \int_D^d z^{-5} \cdot dz = \lambda \frac{l}{D} \frac{v^2}{2g} \frac{1}{4} \left[\frac{\frac{D^4}{d^4} - 1}{1 - \frac{d}{D}} \right].$$

72. Gleichförmige Bewegung von Flüssigkeiten in offenen Kanälen.

Literatur: Tolkmitt, Grundlagen der Wasserbaukunst. 2. Aufl. S. 106. — Keck-Hotopp, Mechanik. 2. Teil. 4. Aufl. S. 310. — Aug. Ritter, Lehrb. d. techn. Mech. 8. Aufl. S. 786. — Föppl, Vorlesg. über techn. Mech. I. Bd. 6. Aufl. S. 391.

Übergang von geschlossenen Röhren zu offenen Kanälen.

Die auf eine geschlossene Rohrleitung aufgesetzten Piëzometerrohre zeigen den an der betreffenden Stelle herrschenden hydraulischen Druck, in Flüssigkeitssäule gemessen, an. Die Flüssigkeit übt an jeder Stelle gegen die obere Rohrleitung den durch die Piëzometer angezeigten Druck aus, der infolge der Reibung im Rohre mit wachsender Rohrlänge abnimmt. Bei gleichbleibenden Rohrabmessungen fand diese Druckabnahme nach einer geraden Linie statt, die als „Gefälle" bezeichnet wurde. Hebt man nun das Rohr aus seiner ursprünglichen Lage I (Fig. 225) in diese Gefällslinie II, so ist der Druck gegen die obere Rohrleitung an allen Punkten gleich Null, der vorhandene Druckhöhenabfall genügt gerade zur Überwindung der Reibung. In diesem Falle kann natürlich die obere Rohrleibung ganz fortgelassen werden. Dadurch ist die geschlossene Rohrleitung in eine oben offene Leitung übergegangen. Für die Geschwindigkeit gilt Gleichung 326) Abschnitt 71:

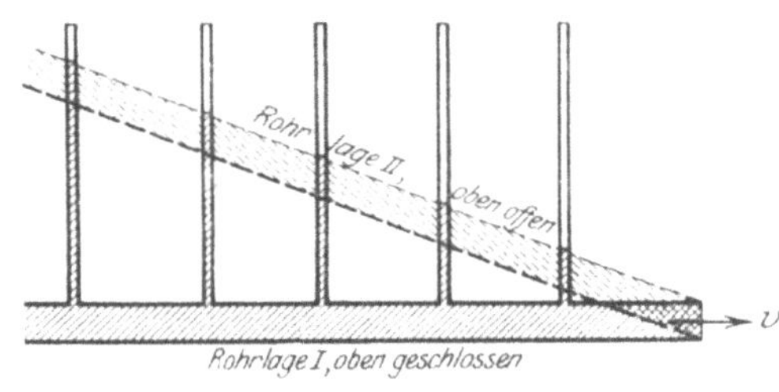

Fig. 225.

326) $$v = k \sqrt{R \cdot J} = \sqrt{\frac{2g}{\xi}} \sqrt{\frac{F}{u}} J.$$

Werte für den Koeffizienten k.

Wie aus Versuchen hervorgeht, ist die Zahl k nicht als vollkommen konstant anzusehen. Es wurden verschiedene Formeln für ihre Ermittlung aufgestellt.

1. Eytelwein nahm sie als konstant zu $k = 50{,}9$ (für Wasser) an.
2. Bazin und Darcy stellten die Gleichung

328) $$k = \sqrt{\frac{1}{\alpha + \frac{\beta}{R}}}$$

auf, wo $R = \frac{F}{u}$ der „hydraulische Radius" $= \frac{\text{Durchflußquerschnitt}}{\text{benetzter Umfang}}$ ist. Die

Zahlen α und β sind von der Beschaffenheit der Kanalwandungen abhängig. Ihre Werte sind:

Für gehobeltes Holz:	$\alpha = 0{,}00015$; $\beta = 0{,}0000045$
Für Quader und ungehobeltes Holz:	$\alpha = 0{,}00019$; $\beta = 0{,}0000133$
Für Bruchsteinmauerwerk:	$\alpha = 0{,}00024$; $\beta = 0{,}00006$
Für Erdkanäle:	$\alpha = 0{,}00028$; $\beta = 0{,}00035$
Für Geschiebe:	$\alpha = 0{,}00040$; $\beta = 0{,}0007$.

3. Bazin stellte eine neuere Formel auf:

328a)
$$k = \frac{87}{1 + \frac{\gamma}{\sqrt{R}}}.$$

Die Werte von γ für verschiedene Beschaffenheiten der Kanalwandungen sind:

Für gehobeltes Holz:	$\gamma = 0{,}06$
Für Quader und ungehobeltes Holz:	$\gamma = 0{,}16$
Für Bruchsteinmauerwerk:	$\gamma = 0{,}46$
Für Erdkanäle mit gepflasterten Böschungen:	$\gamma = 0{,}85$
Für Erdkanäle:	$\gamma = 1{,}30$
Für Geschiebe:	$\gamma = 1{,}75$.

4. Ganguillet und Kutter stellten für k die Gleichung auf:

328b)
$$k = \frac{23 + \frac{1}{n} + \frac{0{,}00155}{J}}{1 + \left[23 + \frac{0{,}00155}{J}\right]\frac{n}{\sqrt{R}}}.$$

Die Werte von n sind:

Für gehobeltes Holz:	$n = 0{,}010$
Für ungehobeltes Holz:	$n = 0{,}012$
Für Quadermauerwerk:	$n = 0{,}014$
Für Bruchsteinmauerwerk:	$n = 0{,}017$
Für Erdkanäle mit gepflasterten Böschungen:	$n = 0{,}020$
Für regelmäßige und reine Kanäle und Flüsse:	$n = 0{,}025$
Für steinige Kanäle und Flüsse mit einigen Wasserpflanzen:	$n = 0{,}030$
Für schlecht unterhaltene Kanäle und Flüsse:	$n = 0{,}035$

5. Heßle stellt die Formel auf:

328c)
$$k = 25\left(1 + \frac{1}{2}\sqrt{R}\right).$$

6. Weisbach (1806—1871) benutzt die Gleichung:

$$v = \sqrt{\frac{2g}{\xi}}\sqrt{\frac{F}{u}J}.$$

Für ξ stellt er die Gleichung auf:

329)
$$\xi = 0{,}007409 + \frac{0{,}000434}{v}.$$

73. Ungleichförmige Bewegung von Flüssigkeiten in offenen Kanälen. Staukurven. Senkungskurven.

Literatur: Tolkmitt, Grundlagen der Wasserbaukunst. 2. Aufl. S. 115. — Keck-Hotopp, Mechanik. 2. Teil. 4. Aufl. S. 325. — Aug. Ritter, Lehrb. d. techn. Mech. 8. Aufl. S. 788. — Danckwerts, Tabelle zur Berechng. d. Stauweiten in offenen Wasserläufen (Wiesbaden 1903). Sonderabdr. aus Zschr. d. Hannov. Arch.- u. Ing.-Vereins 1903. — Danckwerts, Die Grundlagen der Turbinenberechnung (Wiesbaden 1904). Sonderabdr. aus Zeitschr. d. Hannov. Arch.- u. Ing.-Vereins 1904. — Förster, Taschenbuch f. Bauingenieure. 3. Aufl. S. 1098.

Allgemeines.

Entsprechend dem Begriffe einer ungleichförmigen Bewegung hat die Geschwindigkeit an verschiedenen Querschnitten des Kanales verschiedene Größen. Die Querschnittsfläche an verschiedenen Stellen ändert ihre Größe, behält aber ihre äußere Form bei. An jeder Stelle muß das Produkt aus Geschwindigkeit v und Querschnitt F gleich der Flüssigkeitsmenge Q sein, die der Kanal führt, also

$$F_1 \cdot v_1 = F_n \cdot v_n = Q.$$

Das Gefälle.

Es läßt sich zunächst beweisen, daß unter dem die gesamte Arbeit verrichtenden Gefälle die Neigung der Wasseroberfläche, nicht die Neigung der Kanalsohle, zu verstehen ist (Fig. 226). Ein Flüssigkeitskörper bewege sich aus der Lage ABCD in die Lage $A_1B_1C_1D_1$. Man kann sich die Bewegung so entstanden denken, daß der Flüssigkeitskörper ABB_1A_1 in die Lage CDD_1C_1 versetzt worden ist. Sind die Längen $AA_1 = dx_1$ und $DD_1 = dx_2$ sehr klein, so muß sein:

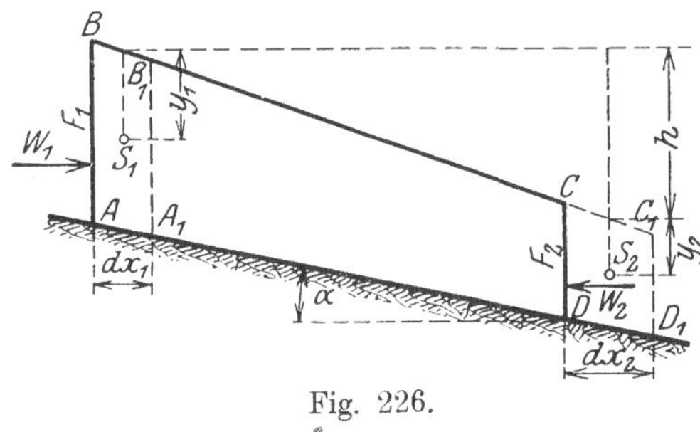

Fig. 226.

$$F_1 \cdot dx_1 = F_2 \cdot dx_2 = V.$$

S_1 und S_2 seien die Schwerpunkte der Körper ABB_1A_1 und CDD_1C_1, die in den Tiefen y_1 und y_2 unter dem Flüssigkeitsspiegel liegen.

Die Arbeit der Schwerkraft des Flüssigkeitskörpers V vom Gewichte $V \cdot \gamma$ ist dann

$$A_1 = \gamma \cdot V \cdot (h + y_2 - y_1).$$

An den Querschnitten AB und CD greifen die wagerecht gerichteten Drücke $W_1 = \gamma \cdot F_1 \cdot y_1$ und $W_2 = \gamma \cdot F_2 \cdot y_2$ an (vgl. Abschnitt 57, B), die sich in der Kraftrichtung um dx_1 und dx_2 verschieben, und zwar W_1 im gleichen Sinne der Kraft, W_2 im entgegengesetzten Sinne. Die Arbeit der Drücke W_1 und W_2 ist dann:

$$A_2 = W_1 \cdot dx_1 - W_2 \cdot dx_2 = \gamma \cdot F_1 \cdot y_1 \cdot dx_1 - \gamma \cdot F_2 \cdot y_2 \cdot dx_2.$$

Mit $F_1 \cdot dx_1 = F_2 \cdot dx_2 = V$ ist:

$$A_2 = \gamma \cdot V (y_1 - y_2).$$

Dann ist die gesamte Arbeit:

$$A = A_1 + A_2 = \gamma \cdot V (h + y_2 - y_1) + \gamma \cdot V (y_1 - y_2) = \gamma \cdot V \cdot h,$$

d. h. für die bei der Bewegung geleistete Arbeit ist nur der Höhenunterschied h der Flüssigkeitsoberfläche maßgebend.

Beschleunigte und verzögerte Bewegung.

Die bei einer ungleichförmigen Bewegung geleistete Arbeit, und damit auch die Höhe h, setzt sich aus folgenden beiden Teilen zusammen:

1. Der Teil k, der zur Veränderung der Geschwindigkeit erforderlich ist. Sind v_1 und v_2 die Geschwindigkeiten in den Querschnitten F_1 und F_2, so ist

$$k = \frac{v_2^2}{2g} - \frac{v_1^2}{2g}.$$

2. Der Teil w, der zur Überwindung der Reibungswiderstände der Kanalwände erforderlich ist. Bei Annahme einer mittleren Geschwindigkeit

$$v = \frac{v_1 + v_2}{2},$$

eines mittleren Querschnittes

$$F = \frac{F_1 + F_2}{2}$$

und eines mittleren reibenden Umfanges

$$u = \frac{u_1 + u_2}{2}$$

errechnet er sich aus der Formel 326) Abschnitt 71:

$$v = k \cdot \sqrt{R \cdot J} = \sqrt{\frac{2g}{\xi}} \sqrt{\frac{F}{u} \frac{w}{l}}$$

zu

$$w = \xi \frac{v^2}{2g} \frac{u \cdot l}{F}.$$

Fig. 227 zeigt den Fall einer beschleunigten Bewegung, es ist $h > w$. Der Unterschied

$$h - w = k_u - k_0 = \frac{v_u^2 - v_0^2}{2g}$$

bewirkt die Vergrößerung der Geschwindigkeit von der Größe v_0 auf v_u.

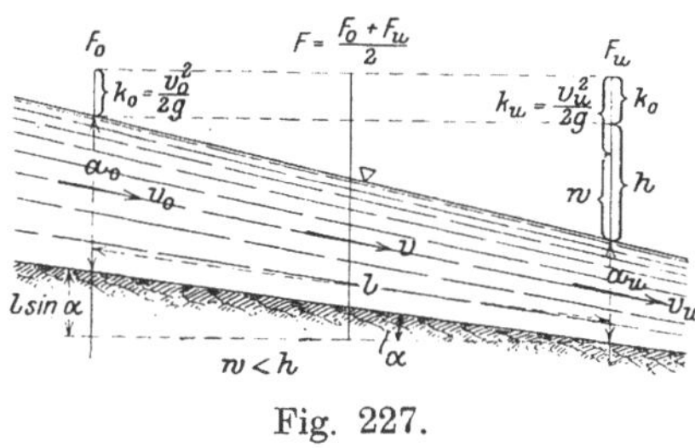

Fig. 227.

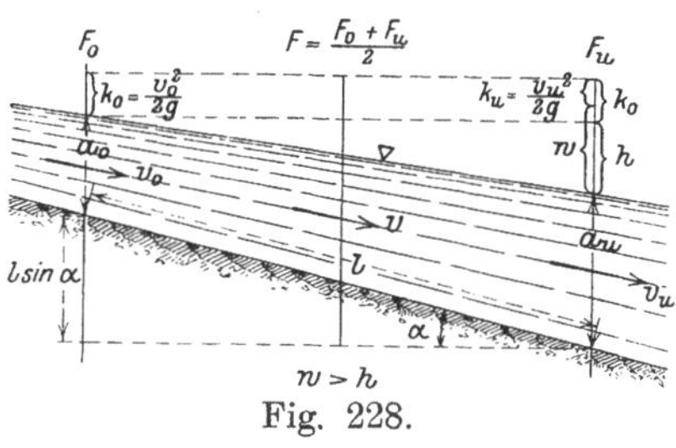

Fig. 228.

Fig. 228 zeigt den Fall der verzögerten Bewegung. Es ist $w > h$. h genügt nicht zur Überwindung des Reibungswiderstandes. Die Geschwindigkeit nimmt von v_0 auf v_u ab, woraus ein Gewinn an Druckhöhe entsteht

$$w - h = k_0 - k_u = \frac{v_0^2 - v_u^2}{2g}.$$

In beiden Fällen gilt die allgemeine Gleichung:

$$h = a_0 + l \sin \alpha - a_u = k + w = k_u - k_0 + w = \frac{v_u^2 - v_0^2}{2g} + \xi \frac{v^2}{2g} \frac{u \cdot l}{F}.$$

Soll bei gemessenen Werten F_0, F_u, v_0, v_u, u_0, u_u und l die Wassermenge Q ermittelt werden, so setze man in obiger Gleichung

$$v_0 = \frac{Q}{F_0}, \quad v_u = \frac{Q}{F_u}, \quad v = \frac{v_0 + v_u}{2} = \frac{Q}{2}\left(\frac{1}{F_0} + \frac{1}{F_u}\right)$$

$$F = \frac{F_0 + F_u}{2}, \quad u = \frac{u_0 + u_u}{2}.$$

Dann lautet die Gleichung:

$$h = \frac{Q^2}{2g F_u^2} - \frac{Q^2}{2g F_0^2} + \frac{\xi \cdot l}{2g} \cdot \frac{Q^2}{4}\left(\frac{1}{F_0} + \frac{1}{F_u}\right)^2 \frac{u_0 + u_u}{F_0 + F_u}$$

$$= \frac{Q^2}{2g F_u^2} - \frac{Q^2}{2g F_0^2} + \xi \cdot l \frac{Q^2}{8g} \frac{(u_0 + u_u)(F_0 + F_u)}{F_0^2 \cdot F_u^2}.$$

Die Lösung nach Q lautet:

330) $$Q = \frac{\sqrt{2gh}}{\sqrt{\frac{1}{F_u^2} - \frac{1}{F_0^2} + \frac{\xi l (u_0 + u_u)}{4} \frac{(F_0 + F_u)}{F_0^2 \cdot F_u^2}}}.$$

Setzt man in der Ausgangsgleichung $v = \frac{Q}{F}$, so ergibt sich

$$h = \frac{Q^2}{2g \cdot F_u^2} - \frac{Q^2}{2g \cdot F_0^2} + \frac{\xi u l \cdot Q^2}{F^3 \cdot 2g}$$

$$= \frac{Q^2}{2g}\left[\frac{1}{F_u^2} - \frac{1}{F_0^2} + \frac{\xi u \cdot l}{F^3}\right].$$

330a) $$Q = \frac{\sqrt{2 \cdot g \cdot h}}{\sqrt{\frac{1}{F_u^2} - \frac{1}{F_0^2} + \frac{\xi u \cdot l}{F^3}}}.$$

Sind die Messungen von F, v usw. für eine größere Anzahl von Kanalquerschnitten in den Abständen l_1 bis l_m erfolgt, so lautet die Gleichung für h:

$$h = \frac{v_m^2}{2g} - \frac{v_0^2}{2g} + \Sigma \xi \frac{v^2}{2g} \frac{u \cdot l_n}{F}$$

$$= \frac{Q^2}{2g}\left[\frac{1}{F_u^2} - \frac{1}{F_0^2} + \Sigma \frac{\xi u \cdot l_n}{F^3}\right].$$

Mithin ergibt sich Q zu:

330b) $$Q = \frac{\sqrt{2 \cdot g \cdot h}}{\sqrt{\frac{1}{F_u^2} - \frac{1}{F_0^2} + \Sigma \frac{\xi u l_n}{F^3}}}.$$

Darin ist:

$$\sum \xi \frac{u l_n}{F^3} = \xi_1 \cdot l_1 \frac{(u_0 + u_1)(F_0 + F_1)}{4 F_0^2 \cdot F_1^2}$$

$$+ \xi_2 l_2 \frac{(u_1 + u_2)(F_1 + F_2)}{4 F_1^2 \cdot F_2^2} + \ldots$$

Verschiedene Beispiele einer ungleichförmigen Bewegung von Flüssigkeiten.

1. Ausfluß einer Flüsigkeit aus einem Behälter in einen Kanal, Fig. 229.

Der Querschnitt durch den Behälter an der Einmündungsstelle des Kanals sei im Verhältnis zum Kanalquerschnitte sehr groß. Dann ist $v_0 = 0$. Im Kanale soll eine Flüssigkeitsmenge Q mit gleichbleibender Geschwindigkeit v fließen.

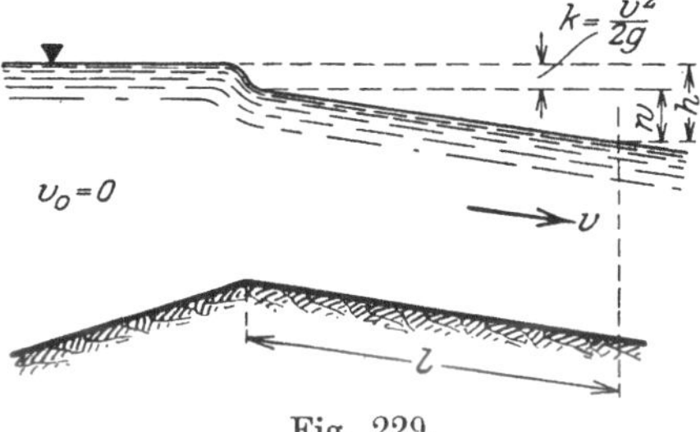

Fig. 229.

Für eine Länge l des Kanales ist der Bedarf an Druckhöhe

$$h = \frac{v^2}{2g} + \xi \frac{v^2}{2g} \frac{u l}{F} = \frac{v^2}{2g}\left[1 + \frac{\xi u l}{F}\right].$$

Der Teil $\frac{v^2}{2g}$ ist erforderlich, um die Geschwindigkeit der Flüssigkeit von $v_0 = 0$ auf v zu bringen, der Teil $\xi \frac{v^2}{2g} \frac{u l}{F}$ zur Überwindung der Reibung auf der Strecke l. Da die Bewegung im Kanale gleichförmig sein soll, ist nach Abschnitt 72: $\frac{v^2}{2g} = \frac{F}{u} \frac{J}{\xi}$, wenn J das Gefälle der Sohle ist.

Damit ergibt sich:

$$h = \frac{F}{u} \frac{J}{\xi}\left[1 + \frac{\xi u \cdot l}{F}\right] = J\left[\frac{F}{u \cdot \xi} + l\right].$$

Bezeichnet man nach Abschnitt 71 mit $\frac{F}{u} = R$ den reibenden Radius, so lautet die Gleichung:

$$h = J\left[\frac{R}{\xi} + l\right]$$

oder nach dem Gefälle J gelöst:

$$J = \frac{h \cdot \xi}{R + l \cdot \xi}. \tag{331}$$

Ist der Kanalquerschnitt und die gesamte Höhe h für eine Länge l des Kanals gegeben, so kann nach Gleichung 331) ermittelt werden, in welches Gefälle der Kanal gelegt werden muß und wieviel Wasser er führt. Aus der Form und Größe des Kanalquerschnittes folgt der Wert von ξ. Gleichung 331) gibt den Wert von J, mithin ist die Widerstandshöhe $w = l \cdot J$ bekannt, woraus wiederum die Geschwindigkeitshöhe $k = h - w$ folgt. Diese ergibt die Geschwindigkeit $v = \sqrt{2gk}$ und dieses wieder die Wassermenge $Q = v \cdot F$.

2. Stau einer Flüssigkeit durch ein Wehr.

Die zu lösende Aufgabe ist gewöhnlich folgende: Es ist ein bestimmter Höhenunterschied h_1 zwischen den Wasserspiegeln ober- und unterhalb des Wehres gefordert, die über das Wehr fließende Wassermenge Q und deren Geschwindigkeit v_0 oberhalb des Wehres ist gegeben. Gesucht ist die Höhe x des einzubauenden Wehres.

Es sind zwei Arten von Wehren zu unterscheiden:

a) Das Überfallwehr, Fig. 230.

Die Oberkante des Wehres liegt höher als der untere Wasserspiegel, $x > a_u$. Da das Wasser oberhalb des Wehres mit einer Geschwindigkeit v_0 fließt, kann man sich den oberen Wasserspiegel um das Maß $k_0 = \frac{v_0^2}{2g}$ gehoben denken. Die überfließende Wassermenge Q errechnet sich dann nach Abschnitt 68, Gleichung 320a), S. 177, freier Ausfluß aus einer rechteckigen Öffnung. Den Maßen h_1 und h_2 der Fig. 220 entsprechen die Maße k_0 und $h + k_0$ der Fig. 230. Unter Einführung des Koeffizienten μ nach S. 178 ergibt sich

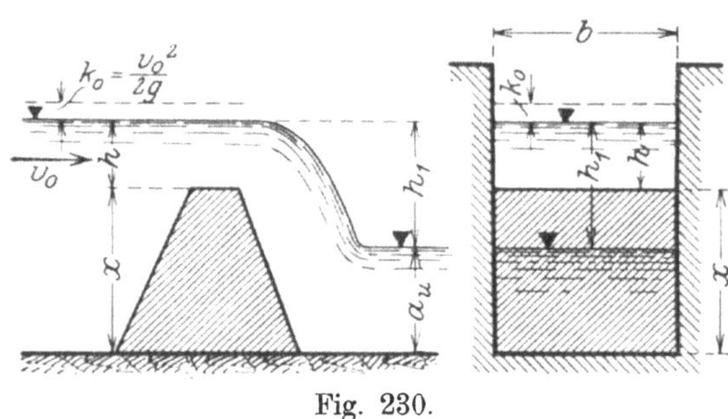

Fig. 230.

$$Q = \frac{2}{3}\mu b\sqrt{2g}\left[(h + k_0)^{\frac{3}{2}} - k_0^{\frac{3}{2}}\right].$$

Daraus errechnet sich h zu

$$332)\qquad h = \left[\frac{3 \cdot Q}{2\mu b\sqrt{2g}} + k_0^{\frac{3}{2}}\right]^{\frac{2}{3}} - k_0$$

$$x = a_u + h_1 - h.$$

b) Das Grundwehr, Fig. 231.

Die Oberkante des Wehres liegt tiefer als der untere Wasserspiegel, $x < a_u$. Die über das Wehr fließende Wassermenge Q zerlegt sich in zwei Teile Q_1 und Q_2. Q_1 errechnet sich als frei ausfließende Wassermenge für die Ausflußhöhe h_1 zu

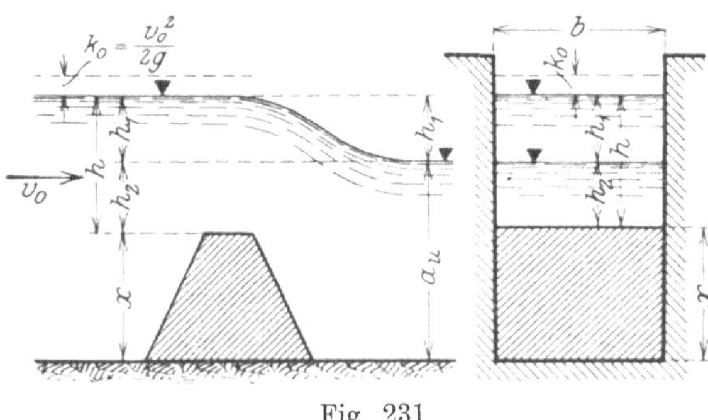

Fig. 231.

$$Q_1 = \frac{2}{3}\mu_1 b\sqrt{2g}\,(h_1 + k_0)^{\frac{3}{2}} - k_0^{\frac{3}{2}}.$$

Q_2 errechnet sich als Ausfluß unter Wasser für eine Ausflußhöhe h_2 unter einem Drucke $h_1 + k_0$ zu

$$Q_2 = \mu_2 b h_2 \sqrt{(h_1 + k_0)}.$$

Setzt man $h_2 = h - h_1$, so lautet die Gleichung für Q:

$$Q = \frac{2}{3}\mu_1 b\sqrt{2g}\left[(h_1 + k_0)^{\frac{3}{2}} - k_0^{\frac{3}{2}}\right] + \mu_2 \cdot b(h - h_1)\sqrt{(h_1 + k_0)}.$$

Die Lösung nach h ergibt:

$$h = \frac{Q}{\mu_2 b\sqrt{2g(h_1 + k_0)}} - \frac{\frac{2}{3}\mu_1\left[(h_1 + k_0)^{\frac{3}{2}} - k_0^{\frac{3}{2}}\right]}{\mu_2\sqrt{h_1 + k_0}} + h_1.$$

Daraus $x = a_u + h_1 - h$

333) $$x = a_u - \frac{Q}{\mu_2 b \sqrt{2g(h_1 + k_0)}} + \frac{\frac{2}{3}\mu_1 \left[(h_1 + k_0)^{\frac{3}{2}} - k_0^{\frac{3}{2}}\right]}{\mu_2 \sqrt{h_1 + k_0}}.$$

Die Werte von μ_1 und μ_2 sind:

für abgerundete Wehrkrone: $\mu_1 = 0{,}83$; $\mu_2 = 0{,}67$
„ eckige „ $\mu_1 = 0{,}68$; $\mu_2 = 0{,}62$.

Da es sich von vornherein nicht übersehen lassen wird, ob ein Überfallwehr oder ein Grundwehr erforderlich sein wird, um den Höhenunterschied h_1 zu erreichen, empfiehlt sich gewöhnlich folgende Voruntersuchung. Man nehme die Wehrhöhe $x = a_u$ an, also $h = h_1$, und errechne die Wassermenge Q' nach der Formel für freien Ausfluß

$$Q' = \frac{2}{3}\mu_1 b \sqrt{2g}\left[(h_1 + k_0)^{\frac{3}{2}} - k_0^{\frac{3}{2}}\right].$$

Ist $Q' > Q$, so muß ein Überfallwehr angeordnet werden, ist $Q' < Q$, so muß ein Grundwehr angeordnet werden.

3. Stau infolge eingebauter Pfeiler (Fig. 232).

Die Gleichung für Q ergibt sich aus der entsprechenden Gleichung für das Grundwehr mit

$$x = 0, \quad h_2 = a_u, \quad h = a_u + h_1, \quad \mu_1 = \mu_2 = \mu.$$

Sie lautet:

a) $$Q = \mu b \sqrt{2g}\left[\frac{2}{3}\left\{(h_1 + k_0)^{\frac{3}{2}} - k_0^{\frac{3}{2}}\right\} + a_u \sqrt{h_1 + k_0}\right].$$

Ist die zulässige Stauhöhe h_1 gegeben, so lautet die Gleichung für b:

334) $$b = \frac{Q}{\mu \sqrt{2g}\left[\frac{2}{3}\left\{(h_1 + k_0)^{\frac{3}{2}} - k_0^{\frac{3}{2}}\right\} + a_u \sqrt{h_1 + k_0}\right]}.$$

Darin ist

$$v_0 = \frac{Q}{B(a_u + h_1)}, \quad k_0 = \frac{v_0^2}{2g}.$$

Ist dagegen Q und b gegeben und die Stauhöhe h_1 gesucht, so wird die Lösung der Gleichung a) nach h_1 schwieriger. Häufig genügt dann folgendes Näherungsverfahren: Man setzt angenähert

$$v_0 = \frac{Q}{B \cdot a_u},$$

daraus k_0 in die Gleichung a) eingesetzt. Die Lösung nach h_1 erfolgt durch Probieren mit verschiedenen Werten von h_1.

Eine genauere Lösung folgt auf folgende Art:

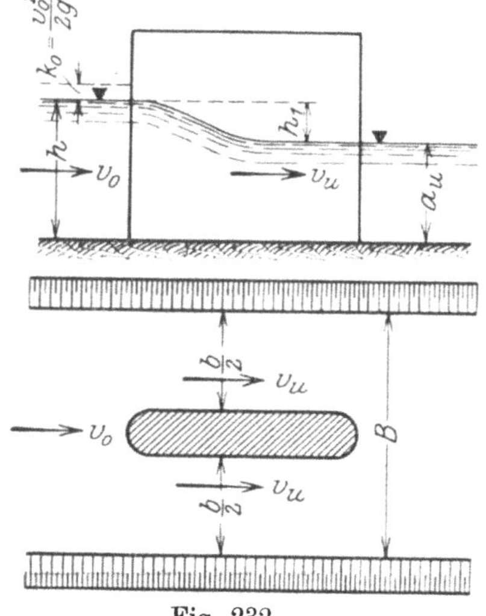

Fig. 232.

Ist v_0 die Geschwindigkeit oberhalb der Pfeiler v_u zwischen den Pfeilern, so muß sein

$$h_1 = \frac{v_u^2 - v_0^2}{2g}.$$

Darin setze man

$$v_u = \frac{Q}{\mu b \cdot a_u}; \quad v_0 = \frac{Q}{B(h_1 + a_u)}.$$

$$h_1 = \frac{Q^2}{2g}\left[\frac{1}{\mu^2 \cdot a_u^2 \cdot b^2} - \frac{1}{B^2 (h_1 + a_u)^2}\right].$$

Die Lösung nach h_1 erfolgt durch Probieren mit verschiedenen Werten h_1.

Die Werte von μ schwanken mit der Form des Pfeilerkopfes. Stumpf abgeschnittene Pfeiler: $\mu = 0{,}85$. Geradlinig schwach zugespitzte Pfeiler: $\mu = 0{,}90$. Etwa unter 60^0 zugespitzte oder halbkreisförmig abgerundete Pfeiler: $\mu = 0{,}95$. Spitzbogenförmige Pfeilerköpfe: $\mu = 0{,}97$.

Staukurven.

Literatur: Tolkmitt, Grundlagen der Wasserbaukunst. 2. Aufl. S. 117. — Keck-Hotopp, Mechanik. 2. Teil. 4. Aufl. S. 333. — Aug. Ritter, Lehrbuch d. techn. Mech. 8. Aufl. S. 791. — Föppl, Vorlesg. über techn. Mech. I. Bd. 6. Aufl. S. 395. — Danckwerts, Tabelle zur Berechng. der Stauweiten in offenen Wasserläufen (Wiesbaden 1903). Sonderabdruck aus Zeitschr. d. Hannov. Arch.- u. Ing.-Vereins 1903. — Rühlmann, Hydromechanik. — Zeuner, Theorie der Turbinen (Leipzig 1899). — Walter, Zeitschr. für Gewässerkunde 1902, Heft 2. Über ein neues analytisch-graphisches Verfahren zur Bestimmung der Stauweiten. — Förster, Taschenbuch für Bauingenieure. 3. Aufl. S. 1100.

Jede Verengerung des Kanalbettes ruft nach vorhergehendem einen Stau hervor, dessen Größe h_1 sich je nach dem vorliegenden Falle nach den ermittelten Gleichungen errechnen läßt.

Es fragt sich nun, wie dieser Stau auf den Spiegel des Oberwassers zurückwirkt, insbesondere, welche Stauhöhe h_x im Abstande l_x oberhalb der Stauanlage besteht und in welchem Abstande L von der Stauanlage sich der Stau verliert.

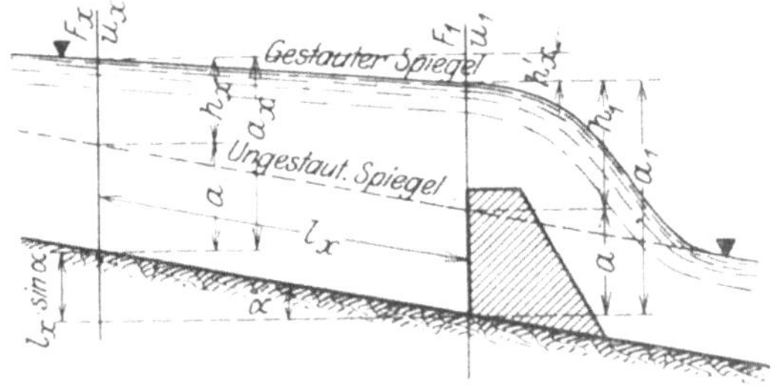

Fig. 233.

Ein allgemeines Verfahren (Fig. 233) liefert die Gleichung für Q aus der Untersuchung des Falles der verzögerten Bewegung, entsprechend der Fig. 228 (S. 185). Ist die Stauhöhe h_1 der Stauanlage errechnet, so nimmt man einen beliebigen kleineren Wert $h_x < h_1$ des Staues an.

Der Spiegelgefällsunterschied für die Strecke l_x ist dann

$$h_x' = a_x + l_x \cdot \sin a - a_1,$$

worin

$$a_x = a + h_x$$

$$a_1 = a + h_1$$

wenn a die Tiefe des ungestauten Wasserlaufes ist.

Nun ermittelt man aus der Gleichung für die verzögerte Bewegung den Abstand l_x, in dem h_x' auftritt. Nach S. 185 lautete die Gleichung:

$$h_x' = a_x + l_x \cdot \sin\alpha - a_1$$
$$= \frac{Q^2}{2g}\left[\frac{1}{F_1^2} - \frac{1}{F_x^2}\right] + \xi\, l_x \frac{Q^2}{8g}\frac{(u_x + u_1)(F_x + F_1)}{F_x^2 \cdot F_1^2}.$$

Bezeichnet man mit $\sin\alpha = J$ das Gefälle der Sohle, so lautet die Lösung nach l_x:

335) $$l_x = \frac{a_1 - a_x - \frac{Q^2}{2g}\left[\frac{1}{F_x^2} - \frac{1}{F_1^2}\right]}{J - \xi \frac{Q^2}{8g}\frac{(u_x + u_1)(F_x + F_1)}{F_x^2 \cdot F_1^2}}.$$

In dieser Gleichung kann das Glied

$$\frac{Q^2}{2g}\left[\frac{1}{F_x^2} - \frac{1}{F_1^2}\right]$$

noch häufig vernachlässigt werden, da es klein ist und auch ein Verlust an lebendiger Kraft infolge der Wirbelbildungen bei der verzögerten Bewegung eintritt. Gleichung 335) nimmt dann die Form an:

335a) $$l_x = \frac{a_1 - a_x}{J - \xi \frac{Q^2}{8g}\frac{(u_x + u_1)(F_x + F_1)}{F_x^2 \cdot F_1^2}}.$$

Durch die Gleichung 335) u. 335a) ist es möglich, beliebig viele Punkte der Staukurve zu ermitteln. Für $h_x = 0$, $a_x = a$ erhält man den Abstand L von der Stauanlage, in dem sich der Stau verliert.

Die Gleichung der Staukurve.

Zu einer Gleichung der Staukurve kommt man auf folgende Weise: Mit den Bezeichnungen der Fig. 234 muß sein:

$$dh_x' = \frac{v_x^2}{2g} - \frac{(v_x + dv_x)^2}{2g} + \xi \frac{u_x}{F_x}\frac{v_x^2}{2g} dl_x$$
$$= -\frac{v_x \cdot dv_x}{g} + \xi \frac{u_x}{F_x}\frac{v_x^2}{2g} dl_x$$
$$dh_x' = dh_x + dl_x \cdot \sin\alpha$$
$$= dh_x + J \cdot dl_x$$
$$dl_x = \frac{dh_x + \frac{v_x dv_x}{g}}{J - \xi \frac{u_x}{F_x}\frac{v_x^2}{2g}}.$$

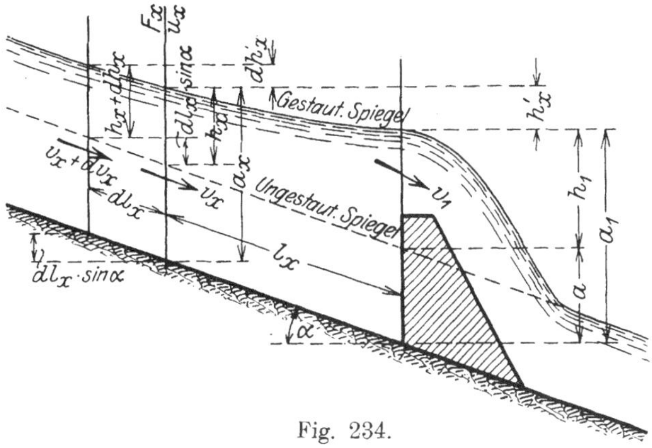

Fig. 234.

In dieser Gleichung ist v_x, u_x und F_x mit l_x veränderlich. Nimmt man nach Tolkmitt (Grundlagen der Wasserbaukunst, 2. Aufl., S. 123) das Flußprofil als Parabel mit einer Füllhöhe a für den ungestauten Wasserlauf, den reibenden Umfang u_x gleich der Profilbreite des gestauten Wasserlaufes an, so lassen sich v_x, u_x und F_x als Funktionen von h_x darstellen. Die Integration liefert für das Parabelprofil die Gleichung:

336) $$l_x = \frac{a}{J}\left[\mathbf{F}\frac{a + h_x}{a} - \mathbf{F}\frac{a + h_1}{a}\right]\left(1 - \frac{2J}{\xi}\right) + \frac{h_1 - h_x}{J}.$$

Darin bedeutet:

$$\mathsf{F}\left(\frac{a+h_x}{a}\right)=\frac{1}{4}\ln\left(1+\frac{2a}{h_x}\right)+\frac{1}{2}\operatorname{arctg}\left(1+\frac{h_x}{a}\right)-\frac{\pi}{4}$$

$$\mathsf{F}\left(\frac{a+h_1}{a}\right)=\frac{1}{4}\ln\left(1+\frac{2a}{h_1}\right)+\frac{1}{2}\operatorname{arctg}\left(1+\frac{h_1}{a}\right)-\frac{\pi}{4}$$

Die Werte von $\mathsf{F}\left(\frac{a+h_x}{a}\right)$ bzw. $\mathsf{F}\left(\frac{a+h_1}{a}\right)$ ergeben sich aus folgender Tabelle:

Tabelle zur Berechnung von Staukurven.

$\frac{a+h}{a}$	$\mathsf{F}\left(\frac{a+h}{a}\right)$	$\frac{a+h}{a}$	$\mathsf{F}\left(\frac{a+h}{a}\right)$	$\frac{a+h}{a}$	$\mathsf{F}\left(\frac{a+h}{a}\right)$	$\frac{a+h}{a}$	$\mathsf{F}\left(\frac{a+h}{a}\right)$
1,000	∞	1,125	0,345	1,36	0,153	1,65	0,079
1,005	1,107	1,130	0,337	1,37	0,149	1,70	0,072
1,010	0,936	1,135	0,329	1,38	0,145	1,75	0,065
1,015	0,836	1,140	0,322	1,39	0,141	1,80	0,060
1,020	0,766	1,15	0,308	1,40	0,138	1,85	0,055
1,025	0,712	1,16	0,295	1,41	0,134	1,90	0,050
1,030	0,668	1,17	0,282	1,42	0,131	2,0	0,043
1,035	0,632	1,18	0,272	1,43	0,128	2,1	0,037
1,040	0,600	1,19	0,262	1,44	0,125	2,2	0,032
1,045	0,572	1,20	0,252	1,45	0,122	2,3	0,028
1,050	0,548	1,21	0,243	1,46	0,119	2,4	0,024
1,055	0,526	1,22	0,235	1,47	0,116	2,5	0,022
1,060	0,506	1,23	0,227	1,48	0,113	2,6	0,019
1,065	0,487	1,24	0,219	1,49	0,111	2,7	0,017
1,070	0,471	1,25	0,212	1,50	0,108	2,8	0,015
1,075	0,455	1,26	0,205	1,51	0,106	2,9	0,014
1,080	0,441	1,27	0,199	1,52	0,103	3,0	0,012
1,085	0,428	1,28	0,193	1,53	0,101	3,5	0,008
1,090	0,415	1,29	0,187	1,54	0,099	4,0	0,005
1,095	0,403	1,30	0,181	1,55	0,097	4,5	0,004
1,100	0,392	1,31	0,176	1,56	0,094	5,0	0,003
1,105	0,382	1,32	0,171	1,57	0,093	6,0	0,002
1,110	0,376	1,33	0,166	1,58	0,091	8,0	0,001
1,115	0,362	1,34	0,162	1,59	0,089	10,0	0
1,120	0,353	1,35	0,157	1,60	0,087	∞	0

Mittels dieser Tabelle und Gleichung 336) kann bei errechnetem Stau h_1 für jede Stauhöhe h_x der Abstand l_x von der Stauanlage errechnet werden, in dem h_x auftritt.

Die Gesamtlänge L des Staues ergibt sich mit $h_x = 0$ zu

$$L=\frac{a}{J}\left[\infty-\mathsf{F}\left(\frac{a+h_1}{a}\right)\right]\left(1-\frac{2J}{\xi}\right)+\frac{h_1}{J}=\infty.$$

Ein Blick auf die Zahlentafel lehrt, daß $\mathsf{F}\left(\frac{a+h_x}{a}\right)$ für Werte $\frac{a+h_x}{a}$, die etwas größer als 1 sind, zu 1 wird. Man kann daher die praktisch erkennbare Stauweite zu

337) $$L=\frac{a}{J}\left[1-\mathsf{F}\left(\frac{a+h_1}{a}\right)\right]\left(1-\frac{2J}{\xi}\right)+\frac{h_1}{J}$$

annehmen.

Für große Werte von $\frac{a+h_1}{a}$ ist $\mathsf{F}\left(\frac{a+h_1}{a}\right)=0$, d. h. bei Vernachlässigung von $\frac{2J}{\xi}$:

337a) $$L_1=\frac{a+h_1}{J}.$$

Der Stau reicht bis zu der Stelle, wo die Wagerechte durch den Stauspiegel am Wehr in die Flußsohle einschneidet.

Der Wassersprung.

Es wird auf die Gleichung für dl_x (S. 191) zurückgegriffen

$$dl_x=-\frac{dh_x+\frac{v_x\cdot dv_x}{g}}{J-\xi\frac{u_x}{F_x}\frac{v_x^2}{2g}}.$$

Es ergibt sich bei Annahme eines Parabelprofiles, dessen Breite B_x und Tiefe $(a+h_x)$ im Abstande l_x von der Stauanlage ist:

$$v_x=\frac{Q}{\frac{2}{3}B_x(a+h_x)};\quad dv_x=-\frac{Q\cdot dh_x}{\frac{2}{3}B_x(a+h_x)^2}$$

$$v_x\cdot dv_x=-\frac{Q^2}{\left(\frac{2}{3}B_x\right)^2(a+h_x)^3}dh_x=-\frac{v_x^2}{a+h_x}dh_x.$$

Die Gleichung für dl_x lautet damit:

a) $$dl_x=-\frac{1-\frac{v_x^2}{g(a+h_x)}}{J-\xi\frac{u_x}{F_x}\frac{v_x^2}{2g}}dh_x.$$

Je größer l_x, um so kleiner $(a+h_x)$ und um so größer v_x.

In der Gleichung a) werden also Zähler und Nenner mit wachsendem l_x kleiner. Wird der Nenner gleich Null,

$$J=\xi\frac{u_x}{F_x}\frac{v_x^2}{2g},$$

so ist

$$\frac{dh_x}{dl_x}=0.$$

Die Staukurve tangiert den ungestauten Wasserspiegel, die Bewegung ist eine gleichförmige geworden.

Wird in Gleichung a) der Zähler gleich Null, während der Nenner größer als Null ist, so wird

$$\frac{dh_x}{dl_x}=-\infty,$$

der Wasserspiegel stellt sich senkrecht ein, es entsteht der „Wassersprung". Die Nullsetzung des Zählers gibt:

$$\frac{v_x^2}{2g}=\frac{a+h_x}{2}=k_x.$$

Die Geschwindigkeitshöhe k_x ist gleich der halben Wassertiefe. Da der Nenner größer als Null sein muß, folgt:

$$J > \xi \frac{u_x}{F_x} \frac{v_x^2}{2g} = \xi \frac{u_x}{F_x} \frac{a + h_x}{2}.$$

Wird für den Parabelquerschnitt

$$F_x = \frac{2}{3} B_x (a + h_x)$$

und u_x angenähert gleich B_x eingeführt, so ist:

$$\frac{u_x}{F_x} = \frac{B_x}{\frac{2}{3} \cdot B_x \cdot (a + h_x)} = \frac{3}{2 \cdot (a + h_x)}.$$

und es ergibt sich $J > \frac{3 \cdot \xi}{4}$.

Nach Eytelwein ist (S. 182)

$$k = \sqrt{\frac{2g}{\xi}} = 50{,}9; \quad \xi = 0{,}0076.$$

Dies gibt ein Gefälle

$$J = 0{,}0057 = 1:175.$$

Der Wassersprung tritt also nur bei sehr starkem Sohlengefälle auf.

Ist a die Tiefe des ungestauten Wasserlaufes, a′ die Tiefe unmittelbar hinter dem Wassersprunge, also a′ — a die Höhe des Wassersprunges, so ermittelt sich a′ unter Berücksichtigung des Stoßverlustes an der Sprungstelle zu

338) $$a' = \frac{v^2}{4g} + \sqrt{\frac{v^2}{2g} a + \left(\frac{v^2}{4g}\right)^2}.$$

Beweis: Siehe Keck-Hotopp, Mechanik. 2. Teil. 4. Aufl. S. 337.

Senkungskurven.

Ist die Sohle eines Kanalbettes an einer Stelle gesenkt worden, so tritt an dieser Stelle eine Senkung h_1 des Wasserspiegels ein, die sich nach S. 185 bis S. 186 errechnet. Oberhalb der Senkungsstelle bildet sich eine beschleunigte Bewegung des Wassers, die wiederum eine Senkungskurve des Wasserspiegels zur Folge hat (Fig. 235). Wie für die Staukurve die Gleichung der verzögerten Bewegung ein allgemeines Verfahren zur Ermittlung von l_x für ein beliebiges h_x liefert, so ergibt sich aus der einer beschleunigten Bewegung entsprechenden Gleichung S. 185 (Fig. 227) die Gleichung für l_x der Senkungskurve.

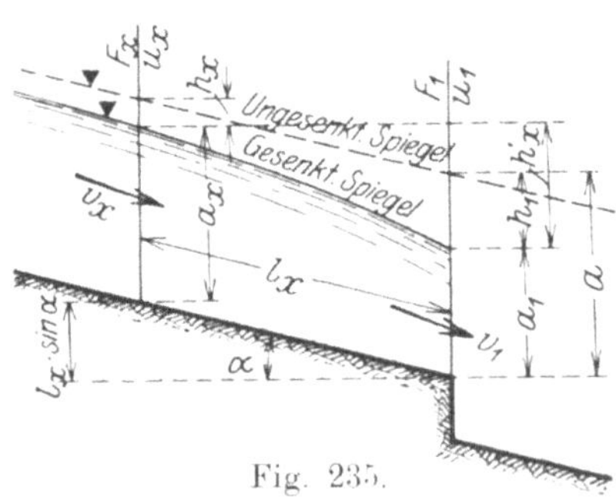

Fig. 235.

Es ist:

$$h_x' = a_x + l_1 \cdot \sin\alpha - a_1 = \frac{v_1^2 - v_x^2}{2g} + \xi l_x \frac{u}{F} \frac{v^2}{2g}$$

$$= \frac{Q^2}{2g}\left[\frac{1}{F_1^2} - \frac{1}{F_x^2}\right] + \xi l_x \frac{Q^2}{8g} \frac{(u_x + u_1)(F_x + F_1)}{F_x^2 \cdot F_1^2}.$$

Daraus folgt:

339) $$l_x = \frac{a_x - a_1 - \frac{Q^2}{2g}\left[\frac{1}{F_1^2} - \frac{1}{F_x^2}\right]}{\xi \frac{Q^2}{8g} \frac{(u_x + u_1)(F_x + F_1)}{F_x^2 \cdot F_1^2} - J}.$$

Betrachtet man das Flußprofil wieder als Parabel, so ergibt sich entsprechend den Betrachtungen für die Staukurve die Gleichung für l_x der Senkungskurve zu:

340) $$l_x = \frac{a}{J}\left[\mathsf{F}\left(\frac{a - h_x}{a}\right) - \mathsf{F}\left(\frac{a - h_1}{a}\right)\right]\left(1 - \frac{2J}{\xi}\right) - \frac{h_1 - h_x}{J}.$$

Darin ist:

$$\mathsf{F}\left(\frac{a - h_x}{a}\right) = \frac{1}{4} ln\left(\frac{2a}{h_x} - 1\right) + \frac{1}{2} \operatorname{arctg} \frac{a - h_x}{a}$$

$$\mathsf{F}\left(\frac{a - h_1}{a}\right) = \frac{1}{4} ln\left(\frac{2a}{h_1} - 1\right) + \frac{1}{2} \operatorname{arctg} \frac{a - h_1}{a}.$$

Die Werte $\mathsf{F}\left(\frac{a - h_1}{a}\right)$ und $\mathsf{F}\left(\frac{a - h_x}{a}\right)$ ergeben sich aus folgender Tabelle:

Tabelle zur Berechnung von Senkungskurven.

$\frac{a-h}{a}$	$\mathsf{F}\left(\frac{a-h}{a}\right)$	$\frac{a-h}{a}$	$\mathsf{F}\left(\frac{a-h}{a}\right)$	$\frac{a-h}{a}$	$\mathsf{F}\left(\frac{a-h}{a}\right)$	$\frac{a-h}{a}$	$\mathsf{F}\left(\frac{a-h}{a}\right)$
1,000	∞	0,905	1,118	0,76	0,823	0,57	0,583
0,995	1,889	0,900	1,103	0,75	0,808	0,56	0,572
0,990	1,714	0,895	1,089	0,74	0,794	0,55	0,561
0,985	1,610	0,890	1,075	0,73	0,780	0,54	0,550
0,980	1,536	0,885	1,062	0,72	0,766	0,53	0,539
0,975	1,479	0,880	1,049	0,71	0,752	0,52	0,528
0,970	1,431	0,875	1,037	0,70	0,739	0,51	0,517
0,965	1,391	0,870	1,025	0,69	0,726	0,50	0,506
0,960	1,355	0,865	1,013	0,68	0,713	0,475	0,480
0,955	1,324	0,860	1,002	0,67	0,701	0,450	0,454
0,950	1,296	0,85	0,980	0,66	0,688	0,425	0,428
0,945	1,270	0,84	0,960	0,65	0,676	0,400	0,402
0,940	1,246	0,83	0,940	0,64	0,664	0,350	0,351
0,935	1,224	0,82	0,922	0,63	0,652	0,300	0,300
0,930	1,204	0,81	0,904	0,62	0,640	0,200	0,200
0,925	1,185	0,80	0,887	0,61	0,628	0,100	0,100
0,920	1,166	0,79	0,870	0,60	0,617	0	0,000
0,915	1,149	0,78	0,854	0,59	0,606		
0,910	1,133	0,77	0,838	0,58	0,594		

Die Gesamtlänge L der Senkungskurve ergibt sich mit $h_x = 0$ zu

$$L = \frac{a}{J}\left[\infty - \mathsf{F}\left(\frac{a - h_1}{a}\right)\right]\left(1 - \frac{2J}{\xi}\right) - \frac{h_1}{J} = \infty.$$

Die Absenkungskurve wird also theoretisch ebenfalls unendlich lang. Die Tabelle zeigt aber, daß für Werte $\frac{a-h}{a}$ etwas kleiner als 1 der Ausdruck $\mathsf{F}\left(\frac{a-h}{a}\right)$ die Größe $1+\frac{a-h}{a}$ annimmt. Man kann also für praktisch meßbare Werte von h schreiben:

341) $$L=\frac{a}{J}\left[2-\mathsf{F}\left(\frac{a-h_1}{a}\right)\right]\left(1-\frac{2J}{\xi}\right)-\frac{h_1}{J}.$$

Für starke Absenkungen h_1, d. h. kleine Werte $\frac{a-h_1}{a}$, wird

$$\mathsf{F}\left(\frac{a-h_1}{a}\right)=\frac{a-h_1}{a},$$

also bei Vernachlässigung des Wertes $\frac{2J}{\xi}$

341a) $$L_1=\frac{a}{J}\left[2-1+\frac{h_1}{a}\right]-\frac{h_1}{J}=\frac{a}{J}.$$

Die Absenkungskurve reicht bis dahin, wo die Wagerechte durch den ungesenkten Wasserspiegel an der Absenkungsstelle in die Sohle einschneidet.

74. Bewegung gasförmiger Körper.

Literatur: Keck-Hotopp, Mechanik. 2. Teil. 4. Aufl. S. 350, 362. — Aug. Ritter, Lehrb. d. techn. Mech. 8. Aufl. S. 784. — v. Loessl, Die Luftwiderstandsgesetze (Wien 1896). Zschr. d. österr. Ing.- u. Arch.-Vereins 1881. Zentralbl. d. Bauverw. 1885. — Föppl, Vorlesg. über techn. Mech. I. Bd. 6. Aufl. S. 364, 384.

1. Ausfluß von Gasen aus Gefäßen.

Ein Gefäß sei mit Gas vom Drucke p_1, der Temperatur $T_1=273+t_1$ und der Dichte γ_1 gefüllt. Eine Gasmenge von 1 kg Gewicht nimmt dann einen Raum $v_1=\frac{1}{\gamma_1}$ ein. Außerhalb des Gefäßes herrsche ein Druck p, eine Temperatur $T=273+t$ und eine Gasdichte γ.

Zunächst sei die Voraussetzung gemacht, daß der Unterschied zwischen den Drücken p_1 und p nur gering sei.

Wird das Ausflußrohr geöffnet, so strömt das unter dem Druck p_1 stehende Gas aus. Dabei ändert es seine Dichte und Temperatur. Diese Änderung kann aber bei Werten $\frac{p}{p_1}>0{,}9$ vernachlässigt werden, man macht also die Annahme, daß das Gas mit der Dichte γ_1 ausströmt. Unter dieser Voraussetzung verhält sich das Gas gerade so wie tropfbar flüssige Körper. Für diese ergab sich nach Abschnitt 68 S. 176 die ideelle Ausflußgeschwindigkeit zu $u_i=\sqrt{2g(h_1-h)}$. Ersetzt man hierin h durch den an der Öffnung herrschenden Druck p_1 und das spezifische Gewicht γ_1, also $h_1=\frac{p_1}{\gamma_1}$, ebenso für den Außendruck $h=\frac{p}{\gamma_1}$, so ergibt sich eine ideelle Ausflußgeschwindigkeit

$$u_i=\sqrt{2g\frac{p_1-p}{\gamma_1}}.$$

Nach dem Gay-Lussacschen Gesetz ist

$$p_1\cdot v_1=p_1\frac{1}{\gamma_1}=R\cdot T_1;\quad \frac{1}{\gamma_1}=\frac{R\cdot T_1}{p_1}.$$

Damit wird:

342) $$u_i = \sqrt{2g \cdot v_1 (p_1 - p)} = \sqrt{2gR \cdot T_1 \left(1 - \frac{p}{p_1}\right)}.$$

Die ideelle sekundliche Ausflußmenge in Gewichtsteilen ergibt sich dann, wenn F der Querschnitt der Ausflußöffnung ist, zu

$$G_i = \gamma_1 \cdot F \cdot u_i = \frac{p_1}{R \cdot T_1} F \cdot \sqrt{2gR \cdot T_1 \left(1 - \frac{p}{p_1}\right)} = \frac{F}{v_1} \sqrt{2g \cdot v_1 (p_1 - p)}.$$

Ebenso wie bei tropfbar flüssigen Körpern ist wegen der in der Ausflußöffnung auftretenden Reibung die wirkliche Ausflußgeschwindigkeit $u < u_i$. Der Unterschied wird durch eine „Geschwindigkeitsziffer“ $\varphi = \frac{u}{u_i}$ berücksichtigt. Es ist also die wirkliche Ausflußgeschwindigkeit

342 a) $$u = \varphi \sqrt{2gR \cdot T_1 \left(1 - \frac{p}{p_1}\right)} = \varphi \sqrt{2g v_1 (p_1 - p)}.$$

Ebenso wie bei tropfbar flüssigen Körpern tritt beim Ausfluß der Gase eine Einschnürung des Ausflußquerschnittes F ein, die durch einen Koeffizienten ψ, die „Einschnürungsziffer“, berücksichtigt wird. Damit ist die wirkliche Ausflußmenge in Gewichtsteilen

$$G = \psi \cdot G_i = \varphi \cdot \psi \cdot F \cdot u_i \cdot \gamma_1.$$

Setzt man das Produkt $\varphi \cdot \psi = \mu =$ „Ausflußziffer“, so ist die wirkliche Ausflußmenge in Gewichtsteilen:

343) $$G = \mu \cdot F \cdot \frac{p_1}{R T_1} \sqrt{2gRT_1 \left(1 - \frac{p}{p_1}\right)} = \mu \cdot \frac{F}{v_1} \sqrt{2g v_1 (p_1 - p)}.$$

Die Werte φ, ψ und μ sind durch Versuche von Weisbach ermittelt worden. Man kann setzen:

$$\varphi = 0{,}98; \quad \psi = 0{,}65; \quad \mu = 0{,}64\,.$$

Ist die Voraussetzung: Unterschied zwischen p_1 und p gering, nicht mehr zutreffend, so muß die Temperaturänderung infolge der Druckänderung in Rechnung gestellt werden. Ist u_i die ideelle Ausflußgeschwindigkeit, so ist das Arbeitsvermögen von 1 kg des ausströmenden Gases $\frac{u_i^2}{2g}$ und die diesem Arbeitsvermögen gleichwertige Wärmemenge

$$Q = A \cdot \frac{u_i^2}{2g}.$$

Da der Vorgang des Ausströmens sehr schnell vor sich geht, kann angenommen werden, daß eine Wärmezuführung von außen nicht erfolgt, der Vorgang kann also als adiabatische Zustandsänderung aufgefaßt werden. Die aus der Temperaturabnahme von T_1 auf T frei werdende Wärmemenge für 1 kg Gas ist $c_p(T_1 - T)$.

Es muß also sein

$$A \cdot \frac{u_i^2}{2g} = c_p (T_1 - T)$$

$$u_i = \sqrt{\frac{2g \cdot c_p}{A} T_1 \left(1 - \frac{T}{T_1}\right)}.$$

Setzt man noch aus der Entwicklung für die adiabatische Zustandsänderung (S. 169)

$$\frac{T}{T_1} = \left(\frac{p}{p_1}\right)^{\frac{n-1}{n}},$$

so lautet die Gleichung

344) $$u_i = \sqrt{\frac{2gc_p}{A} T_1 \left[1 - \left(\frac{p}{p_1}\right)^{\frac{n-1}{n}}\right]}.$$

Nach S. 166 war

$$A = \frac{c_p - c_v}{R} = c_v \frac{\frac{c_p}{c_v} - 1}{R} = c_v \frac{n-1}{R}.$$

Dies in Gleichung 344) für A eingesetzt, gibt

344a) $$u_i = \sqrt{2gR \frac{n}{n-1} T_1 \left[1 - \left(\frac{p}{p_1}\right)^{\frac{n-1}{n}}\right]}.$$

Die wirkliche Ausflußgeschwindigkeit ist wie früher

$$u = \varphi \cdot u_i.$$

Bei einem Ausflußquerschnitt F ist, entsprechend dem auf S. 197 Gesagten, die wirkliche Ausflußmenge

$$G = \mu \cdot F \cdot u_i \cdot \gamma, \text{ worin } \gamma = \frac{1}{v}.$$

Nach S. 169 war $$\frac{p}{p_1} = \left(\frac{v_1}{v}\right)^n,$$

mithin $$\gamma = \left(\frac{p}{p_1}\right)^{\frac{1}{n}} \frac{1}{v_1}.$$

Die Einsetzung der Werte von u_i und γ in die Gleichung für G gibt:

345) $$G = \mu \cdot F \sqrt{2gR \frac{n}{n-1} \frac{T_1}{v_1^2} \left[1 - \left(\frac{p}{p_1}\right)^{\frac{n-1}{n}}\right] \cdot \left(\frac{p}{p_1}\right)^{\frac{2}{n}}}.$$

Die Bildung des Differentialquotienten $\frac{dG}{dp}$ ergibt das Maximum von G für

$$\frac{p}{p_1} = \left(\frac{2}{n+1}\right)^{\frac{n}{n-1}}$$

346) $$G_{max} = \mu \cdot F \sqrt{2g \frac{R \cdot T_1}{v_1^2} \cdot \frac{n}{n+1} \left(\frac{2}{n+1}\right)^{\frac{2}{n-1}}}$$

$$= \mu F \sqrt{2g \frac{p_1^2}{R \cdot T_1} \frac{n}{n+1} \left(\frac{2}{n+1}\right)^{\frac{2}{n-1}}}.$$

Für Luft mit $R = 29{,}27$, $n = 1{,}41$ wird $G_{max} = 0{,}3972\, \mu \cdot F \frac{p_1}{\sqrt{T_1}}$.

2. Bewegung von Gasen in Röhren.

Ein Gas, das eine Rohrleitung von der Länge l und dem Durchmesser d mit der Geschwindigkeit u durchströmt, reibt sich an der inneren Rohrwand. Ebenso wie für tropfbar flüssige Körper (Abschnitt 71, S. 180) tritt ein Druckverlust Δp ein. Gibt man den Druckverlust als Gewicht einer Gassäule von der Höhe w an, so ist entsprechend S. 181 für tropfbar flüssige Körper

$$\Delta p = \gamma \cdot w = \gamma \cdot \lambda \frac{l}{d} \frac{u^2}{2g}.$$

Setzt man

$$\gamma = \frac{1}{v} = \frac{p}{RT},$$

so ist

347) $$\frac{\Delta p}{p} = \frac{1}{R \cdot T} \lambda \frac{l}{d} \frac{u^2}{2g}.$$

λ die „Widerstandsziffer kreisförmiger Rohre" im Mittel $\lambda = 0{,}018$.

Lorenz (Z. d. V. d. I. 1892, S. 627 und 836) setzt für Druckluft

$$\frac{\lambda}{2R \cdot g} = \alpha,$$

benutzt also die Gleichung in der Form

$$\frac{\Delta p}{p} = \alpha \frac{l}{d} \frac{u^2}{T}.$$

Den Wert α bestimmt er aus Versuchen als abhängig von d. Er setzt folgende Werte fest:

d in mm =	50	75	100	125	150	175	200	250	300	350
α	0,0426	0,0377	0,0342	0,0319	0,0301	0,0287	0,0276	0,0258	0,0243	0,0232

Gleichung 347) gilt nur für geringen Druckabfall.

3. Winddruck.

Theoretische Untersuchungen über die Größe des Druckes, den die mit einer Geschwindigkeit c sich bewegende Luft auf eine Fläche F ausübt, hat Friedrich Ritter v. Loessl angestellt (Zschr. d. österr. Ing.- u. Arch.-Vereins 1881. Zentralbl. d. Bauverw. 1885. Friedr. Ritter v. Loessl, Die Luftwiderstands-Gesetze, Wien 1896). Er kommt zu dem Ergebnis, daß sich vor der Fläche F nach Fig. 236 ein Stauhügel bildet, dessen Seitenflächen gegen die Fläche F unter einem Winkel von 45° geneigt sind. Er findet die Größe des Winddruckes

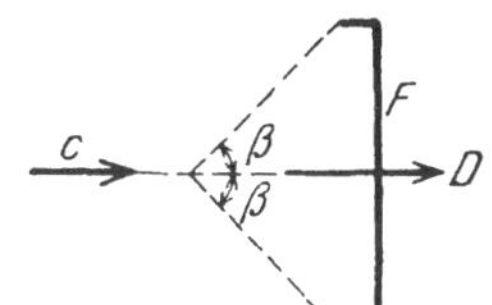

Fig. 236.

348) $$D = \frac{\gamma}{g} F \cdot c^2.$$

Ist die Fläche F gegen die Windrichtung unter einem Winkel α geneigt (Fig. 237), so setzt v. Loessl $\operatorname{tg}\beta = \sin\alpha$ und findet den senkrecht zur Fläche wirkenden Druck

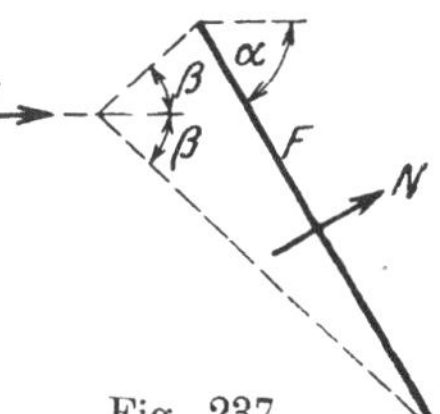

Fig. 237.

349) $$N = \frac{\gamma}{g} F \cdot c^2 \cdot \sin\alpha.$$

Keck-Hotopp (Mechanik. 2. Teil. 4. Aufl. S. 376) findet die Gleichung

350) $$N = \frac{\gamma}{g} F \cdot c^2 \frac{2 \sin^2 \alpha}{1 + \sin^2 \alpha}.$$

Der Unterschied zwischen den Werten $\sin \alpha$ und $\frac{2 \sin^2 \alpha}{1 + \sin^2 \alpha}$ wird um so größer, je kleiner α ist.

Für $\alpha > 35^0$ empfiehlt es sich die v. Loesslsche Gleichung 349) anzuwenden, dagegen für $\alpha < 35^0$ die genauere Gleichung 350).

Für Winddruck auf eine Kegelfläche fand v. Loessl

351) $$D = 0{,}83 \frac{\gamma}{g} F \cdot c^2 \cdot \sin \alpha.$$

Für eine Zylinderfläche ist nach v. Loessl:

352) $$D = \frac{2}{3} \frac{\gamma}{g} \cdot F \cdot c^2.$$

Keck-Hotopp findet für eine Zylinderfläche:

353) $$D = \frac{\gamma}{g} F \cdot c^2 \cdot 2 \cdot \sin^2 \beta \cdot \cos \beta.$$

Mit $\beta = 45^0$ wird $2 \cdot \sin^2 \beta \cdot \cos \beta = 0{,}707$ gegen $\frac{2}{3} = 0{,}667$ der v. Loesslschen Gleichung 352).

Für eine Kugelfläche findet v. Loessl:

354) $$D = \frac{1}{3} \frac{\gamma}{g} F \cdot c^2.$$

Keck-Hotopp findet:

355) $$D = \frac{\gamma}{g} F \cdot c^2 \cdot 2 \cdot \sin^2 \beta \cdot \cos^2 \beta.$$

Aus beiden Gleichungen würde sich $\beta = 27^0\ 22'$ ergeben.

Sachverzeichnis.